华建集团 科创成果系列丛书
ARCPLUS

机场航站楼
结构设计与工程实践

STRUCTURAL DESIGN TECHNOLOGY AND
PRACTICE OF AIRPORT TERMINALS

周健 ◎ 著

中国建筑工业出版社

图书在版编目（CIP）数据

机场航站楼结构设计与工程实践 = STRUCTURAL DESIGN TECHNOLOGY AND PRACTICE OF AIRPORT TERMINALS / 周健著 . —北京：中国建筑工业出版社，2023.5

（华建集团科创成果系列丛书）

ISBN 978-7-112-28579-2

Ⅰ.①机… Ⅱ.①周… Ⅲ.①航站楼 — 结构设计

Ⅳ.① TU248.6

中国国家版本馆 CIP 数据核字（2023）第 056849 号

本书在分析当代机场航站楼建筑结构特点的基础上，结合国内外工程实践，对航站楼结构设计中涉及的典型技术问题进行了系统全面的总结，内容涵盖特殊场地形成、地基基础与地下、主体结构、屋盖结构、附属结构、幕墙支承结构与屋面系统、既有航站楼更新改造等方面，并对轨致振动、防恐抗爆及结构健康监测等专项问题进行了探讨。最后，在作者近30年主持和参与的航站楼结构设计项目中选取了12项进行深入的案例分析。希望本书可为航站楼及交通枢纽类建筑结构的设计、研究、施工者提供借鉴。

责任编辑：刘瑞霞　辛海丽
责任校对：芦欣甜

华建集团科创成果系列丛书

机场航站楼结构设计与工程实践
STRUCTURAL DESIGN TECHNOLOGY AND
PRACTICE OF AIRPORT TERMINALS

周健　著

*

中国建筑工业出版社出版、发行（北京海淀三里河路 9 号）
各地新华书店、建筑书店经销
北京点击世代文化传媒有限公司制版
临西县阅读时光印刷有限公司印刷

*

开本：889 毫米 ×1194 毫米　1/16　印张：27¾　字数：778 千字
2023 年 4 月第一版　2023 年 4 月第一次印刷
定价：**298.00** 元
ISBN 978-7-112-28579-2
（41063）

作者简介

周健，华建集团华东建筑设计研究院有限公司结构总工程师、教授级高工。

长期从事大跨空间结构、超高层和各类复杂建筑结构的设计与研究工作，在机场航站楼和综合交通枢纽结构设计领域具有丰富的实践经验。设计中追求结构与建筑的有机融合，关注结构美在建筑中的表达，完成了众多国内原创设计作品。主持了包括浦东国际机场 T2 航站楼和卫星厅、虹桥机场 T2、虹桥机场 T1 改造、南京禄口机场 T2、杭州萧山机场 T4、乌鲁木齐机场 T4、呼和浩特新机场、太原机场 T3、合肥机场 T2、昆明机场 T2、宁波机场 T2、温州机场 T2、苏中机场、港珠澳大桥珠海口岸等 20 余座航站楼和交通枢纽建筑的结构设计。

总序 PREFACE

当今世界处于百年未有之大变局时期，唯有科技创新才能持续引领行业发展。随着新一轮科技革命和产业变革深入发展，以及"碳达峰、碳中和"纳入生态文明建设整体布局，数字中国和智慧城市建设，将带动 5G、人工智能、工业互联网、物联网、绿色低碳等"新型基础设施"建设和发展。当前，在构建双循环新发展格局的背景下，实行高水平对外开放，深化"一带一路"国际合作，持续推进雄安新区、粤港澳大湾区、长江经济带和长三角一体化发展，以及黄河流域生态保护和高质量发展等国家战略，将为行业带来新的、重要的战略机遇，勘察设计行业应加快创新转型发展，瞄准科技前沿，在关键核心技术和引领性原创成果方面不断突破，切实将科技创新成果转化为促进发展的源动力。

华东建筑集团股份有限公司（以下简称华建集团）作为一家以先瞻科技为依托的高新技术上市企业，引领着行业的发展，集团定位为以工程设计咨询为核心，为城乡建设提供高品质、综合解决方案的集成服务商。旗下拥有华东建筑设计研究院、上海建筑设计研究院、上海市水利工程设计研究院、上海地下空间与工程设计研究院、建筑装饰环境设计研究院、数创公司等 20 余家分公司、子公司和专业机构。集团业务领域覆盖工程建设项目全过程，作品遍及全国各省市及全球 7 大洲 70 个国家及地区，累计完成 3 万余项工程设计及咨询工作，建成大量地标性项目，工程专业技术始终引领并推动着行业发展和攀升新高度。

集团拥有 1 个国家级企业技术中心、9 家高新技术企业和 6 个上海市工程技术研究中心，近 5 年有 1500 多项工程设计、科研项目和标准设计荣获国家、省（市）级优秀设计和科技进步奖，获得知识产权 610 余项。历年来，主持和参与编制了各类国家、行业及上海市规范、标准共 270 余册，体现了集团卓越的行业技术创新能力。累累硕果来自数十年如一日的坚持和积累，来自企业在科技创新和人才培养方面的不懈努力。集团以"4+e"科技创新体系为依托，以市场化、产业化为导向，创新科技研发机制，构建多层级、多元化的技术研发平台，逐渐形成了以创新、创意为核心的企业文化，是全国唯一一家拥有国家级企业技术中心的民用建筑设计咨询企业。在专项业务领域，开展了超高层、交通、医疗、养老、体育、演艺、工业化住宅、教育、物流等专项建筑设计产品研发，形成一系列专项核心技术和知识库，解决了工程设计中共性和关键性的技术难点，提升了设计品质；在专业技术方面，拥有包括超高层结构分析与设计技术、软土地区建筑地基基础和地下空间设计关键技术、大跨空间结构分析与设计技术、建筑声学技术、建筑装配式集成技术、建筑信息模型数字化技术、绿色建筑技术、建筑机电技术等为代表的核心技术，在提升和保持集团在行业中的领先地位方面，起到了强有力的技术支撑作用。同时，集团聚焦中高端领军人才培养，实施"213"人才队伍建设工程，不断提升和强化集团在行业内的人才比较优势和核心竞争力，集团人才队伍不断成长壮大，一批批优秀设计师成为企业和行业内的领军人才。

为了更好地实现专业知识与经验的集成和共享，推动行业发展，承担国有企业社会责任，我们将华建集团各专业、各领域领军人才多年的研究成果编撰成系列丛书，以记录、总结他们及团队在长期实践与研究过程中积累的大量宝贵经验和所取得的成就。

　　丛书聚焦建筑工程设计中的重点和难点问题，所涉及项目难度高、规模大、技术精，具有普通小型工程无法比拟的复杂性，希望能为广大设计工作者提供参考，为推动行业科技创新和提升我国建筑工程设计水平尽一点微薄之力。

华东建筑集团股份有限公司党委书记、董事长

序一 / PREFACE

　　伴随世界文化经济深入融合与发展，大型航空枢纽已成为全球生产要素的最佳结合点之一，这也为机场航站楼的建设获得了难得的机遇。航站楼作为航空枢纽的核心建筑，如何实现与综合交通枢纽一体化、如何实现与城市一体化、如何满足功能多样化、智慧化等需求，这些新挑战也伴随着发展机遇而呈现。同时，这些挑战也意味着对航站楼的规模、标准、复合程度等设计提出了新的要求，为应对航站楼建设中复杂环境条件、大跨超限结构、精致空间品质等特殊需求，结构设计也需要用更为先进和综合的技术手段来满足航站楼的建设需求。

　　作为中国一流的勘察设计企业，华建集团及其下属华东建筑设计研究院有限公司长期从事机场航站楼及综合交通枢纽的设计，并形成了专注原创、追求精致、重视科研、集成设计总包服务的特点。其机场交通枢纽的设计实践最早可追溯至 20 世纪 60 年代的虹桥机场 T1 航站，后经浦东机场 T1 及 T2 航站楼、虹桥综合交通枢纽、南京禄口机场二期工程、虹桥机场 T1 航站楼改造、浦东机场卫星厅、乌鲁木齐机场改扩建工程、萧山机场三期综合交通枢纽、呼和浩特新机场、昆明长水机场二期等一大批国家门户和枢纽机场的实践积累，形成了核心技术优势，得到了社会各界和业主的高度认可和好评，并涌现了一批为我国民航建设事业作出卓越贡献的优秀建筑师和工程师，华东建筑设计研究院有限公司华东总院结构总工程师周健就是代表之一。

　　本书由周健先生倾注多年心血撰写而成，凝聚了其多年来专注航站楼和交通枢纽结构设计专项领域的工程技术经验和理论创新成果，也是华建集团长期坚持产学研一体化发展的成就展示。书中通过对大量具有广泛影响力的重大工程项目实践案例及国内外著名航站楼案例的梳理和分析，结合长期的科技创新研究成果，对航站楼的场地形成、地基基础、结构选型、大跨空间、抗风抗震、防恐抗爆、建筑结构融合等各个方面进行了系统总结和理论创新，体现了当今国内外先进设计理念和设计技术。相信本书的出版将会填补目前市场上航站楼结构设计这一专项领域学术论著的空白，可为广大的结构设计工作者提供极有裨益的专业参考。同时，也期望本书的出版，能为我国机场航站楼和综合交通枢纽建筑结构的设计实践与技术创新作出积极贡献。

华东建筑集团股份有限公司　总裁

　　《机场航站楼结构设计与工程实践》一书，是华东建筑设计研究院周健总工程师在总结数十年来机场航站楼结构设计实践经验的基础上，经归纳、提炼而写成的。我读了之后深受启发，认为是一本有广度、有深度、有理论支撑、有实践验证的著作，对今后航站楼的结构设计有较大的参考价值。

　　作者对当代航站楼的结构特点有较深的认识，其中也包括了对航站楼建筑功能和与设计相关的其他重要影响因素的较全面的理解，因而在航站楼的结构设计中能较全面地综合所有这些因素，使结构设计成为整个航站楼的有机组成部分，取得最佳的总体效果。

　　现代机场占地巨大，其所处位置可能是平原、山区、沼泽地甚至沿海新近沉积地带，场地条件的复杂性是机场飞行区和航站区结构设计的难点和特点之一。作者从自身经历的形形色色不同场地条件项目的设计中，归纳出不同地基的处理方法和设计对策，这是十分难能可贵的，可供类似项目的设计参考。

　　航站楼的主体结构包含基础与地下结构、下部主体结构和屋盖结构，是一个完整的结构体，规模宏大、受力复杂、使用功能多样，关系错综复杂，还承载着代表城市形象的功能，没有两座航站楼是完全相同的。作者从纷繁复杂的结构类型中进行分类和归纳，提出了各种结构类型的布置原则、分析方法、特殊问题的考虑，包括当前比较关注的减震隔震方式的运用和双碳对策，内容可谓十分全面，我认为基本上反映了当前国际国内航站楼结构设计发展的趋势。

　　本书的下篇是设计案例，其中选录了近三十年来华东建筑设计研究院在全国各地设计的大量航站楼中的十二个项目。这些项目的设计都具有以人为本、立足原创、关注品质的鲜明特点，其中多数项目已经投入运行，正为我国的民航事业发挥着巨大的作用。这些项目的结构设计既注重结构方案的合理性、创新性，也注重结构与建筑的有机融合以及与其他相关专业的相容，结构设计本身也非常注重细部，力求使结构美成为建筑美的一个组成部分。这一点也非常难能可贵。

　　总体上看，我认为我国的民航机场航站楼的设计在世界上已经处于比较前列，本书的内容部分地反映了这一点，这是令人高兴的。期望今后能有更多优秀的航站楼出现，把我国的民航事业推向更高的水平。

全国工程勘察设计大师

华东建筑设计研究院资深总工程师

目录/CONTENTS

总序

序一

序二

上篇　设计技术

第1章　当代航站楼结构特点 003

1.1　匹配机场功能流程的结构组成 006

1.1.1　空侧流程主导的结构单体组合 006

1.1.2　旅客及行李流程塑造的楼内空间 007

1.1.3　楼前车辆流程对结构需求 013

1.1.4　枢纽化趋势伴随的结构与轨交融合 014

1.2　塑造门户形象的建筑结构一体化 017

1.2.1　大跨屋盖塑造建筑形态 017

1.2.2　结构作为建筑表达元素 018

1.3　伴随超大用地的地基基础问题 020

1.3.1　特殊条件下的场地形成方式 020

1.3.2　复杂多样的基础形式 020

1.4　保障生命线工程的综合防灾考量 021

1.4.1　地震灾害 021

1.4.2　风雪灾害 022

1.4.3　火灾 023

1.4.4　恐怖袭击 023

1.5　契合可持续发展的结构低碳对策 023

1.5.1　适应分期建设和改扩建的结构设计 024

1.5.2　高效结构形式 024

参考文献 025

第2章　特殊场地形成 027

2.1　填挖方场地 029

2.1.1　土石方平衡策划 030

2.1.2　填方场地的填筑设计 031

2.1.3　挖方场地的开挖设计 035

2.1.4　乌鲁木齐地窝堡国际机场北区改扩建
工程填方工程 036

2.1.5　昆明长水国际机场改扩建工程 T2 航站
区填挖方工程 038

2.2　填海造陆 041

2.2.1　填海机场形式分类 042

2.2.2　造陆方式 043

2.2.3　港珠澳大桥珠澳口岸人工岛填海工程 046

2.2.4　浦东国际机场围海造地工程 048

参考文献 051

第3章　基础与地下结构 053

3.1　基础设计 055

3.1.1　地基特点与基础选型 055

3.1.2　特殊场地条件下的桩基设计 055

3.2　地下结构设计　061

3.2.1　航站楼地下室　061

3.2.2　地下通道与管廊　063

3.2.3　地下轨交车站　066

3.2.4　敞开式地下车库　068

3.3　地下结构典型问题　069

3.3.1　超长地下结构抗裂　069

3.3.2　盾构下穿航站楼对策　070

3.3.3　地下结构抗震　070

3.3.4　首层结构选型　074

参考文献　075

第4章　下部主体结构　077

4.1　体系选型与设计要点　079

4.1.1　主体结构选型　079

4.1.2　结构分缝策略　082

4.1.3　柱网与净高控制　084

4.1.4　预应力混凝土技术的应用　088

4.1.5　主体混凝土结构与支承屋盖钢柱的连接　090

4.1.6　清水混凝土的应用　092

4.2　结构抗震分析与设计　094

4.2.1　航站楼常见抗震超限类型及对策　095

4.2.2　地震行波效应影响分析　096

4.2.3　复杂场地条件地震影响　101

4.2.4　航站楼消能减震设计　103

4.2.5　航站楼隔震设计　109

参考文献　117

第5章　屋盖结构　119

5.1　航站楼屋盖结构特点　121

5.1.1　时代特征明显　121

5.1.2　结构形式丰富　124

5.1.3　材料选择多样性　127

5.1.4　建筑结构融合　129

5.1.5　参数化技术的应用　132

5.2　主楼屋盖结构选型　133

5.2.1　梁桁整体抗弯类　134

5.2.2　拱壳压弯类　139

5.2.3　悬索类　142

5.3　指廊与卫星厅钢屋盖结构选型　142

5.3.1　混凝土框架　143

5.3.2　钢梁柱结构　143

5.3.3　钢桁架、网架　145

5.3.4　张弦结构　146

5.3.5　拱形结构　147

5.4　柱的选型　148

5.4.1　一字柱　148

5.4.2　分叉柱　150

5.4.3　组合柱　152

5.4.4　影响柱选型的因素　152

5.5　天窗设计　154

5.5.1　顶天窗　154

5.5.2　侧天窗　160

5.6　连接节点设计　161

5.6.1　铰接节点　161

5.6.2　刚接节点　163

5.6.3　半刚接节点　164

5.6.4　索节点　164

5.7　屋盖结构分析要点　165

5.7.1　模型选取　165

5.7.2　整体稳定与极限承载力分析　165

5.7.3　抗风分析　166

5.7.4　雪荷载的确定　168

5.7.5　温度效应分析　168

5.7.6　抗震分析　169

5.7.7　防连续倒塌分析　170

5.7.8　节点有限元分析　171

5.7.9　施工模拟分析　171

参考文献　172

第6章　附属结构 175

6.1　登机桥 177

6.1.1　固定段桥体结构 177

6.1.2　人致振动与舒适度控制 180

6.2　房中房结构 182

6.2.1　办票岛 182

6.2.2　商业岛 182

6.2.3　罗盘 183

6.3　连桥与通道 184

6.3.1　连桥 184

6.3.2　钢坡道 188

6.4　楼电梯 189

6.4.1　透明电梯 189

6.4.2　钢楼梯 190

6.4.3　自动扶梯 191

6.5　雨篷 192

参考文献 193

第7章　幕墙支承结构和屋面系统 195

7.1　幕墙支承结构 197

7.1.1　幕墙支承结构类型 198

7.1.2　结构抗风体系布置 205

7.1.3　幕墙支承结构设计要点 209

7.2　金属屋面系统 209

7.2.1　系统多维度分类 210

7.2.2　系统选择 213

7.2.3　抗风揭设计 215

7.2.4　抗雪设计 216

参考文献 216

第8章　既有航站楼更新改造 217

8.1　常见更新改造类型 219

8.1.1　楼内局部改造 219

8.1.2　楼内整体改造 219

8.1.3　指廊延伸 220

8.2　不同年代结构改造的加固目标 220

8.2.1　原设计采用的规范及其安全度 220

8.2.2　改造加固的最低目标要求 221

8.2.3　影响加固目标确定的因素 222

8.2.4　加固目标确定流程 224

8.3　不停航条件下的结构检测与评估 224

8.3.1　重点检测内容 225

8.3.2　限制条件下的结构检测 225

8.3.3　基于加固目标的抗震能力评估 225

8.4　不停航条件下结构改造设计 225

8.4.1　基于制约条件的结构方案选择 226

8.4.2　动态调整的加固设计方案 227

8.5　浦东国际机场 T1 航站楼不停航改扩建案例 228

8.5.1　不停航条件下的结构加层 229

8.5.2　不停航条件下的幕墙改造 231

参考文献 232

第9章　专项研究 233

9.1　航站楼轨交车致振动与噪声控制 235

9.1.1　噪声与振动类型及控制标准 235

9.1.2　结构振动与噪声的主要影响因素 236

9.1.3　振动和噪声控制策略 236

9.1.4　列车振动分析方法 240

9.2　航站楼结构防恐抗爆安全设计 241

9.2.1　风险分析与安全规划 242

9.2.2　关键结构构件的抗爆设计 244

9.2.3　结构防连续倒塌设计 246

9.2.4　建筑幕墙的抗爆设计 246

9.3　航站楼结构健康监测 248

9.3.1　航站楼结构健康监测的必要性 248

9.3.2　主要监测内容 249

9.3.3　监测系统的组成 252

9.3.4　结构的健康评估 255

参考文献 257

下篇 设计案例

华东建筑设计研究院有限公司
1990 年至 2022 年机场项目汇总 260

案例一 浦东国际机场 T1 航站楼 263

1.1 工程概况 265

1.2 地基基础 266

1.3 下部主体结构 266

1.4 钢屋盖结构 267

1.5 节点设计 273

1.6 试验与研究 275

1.7 吊装方案与施工模拟分析 276

参考文献 278

案例二 浦东国际机场 T2 航站楼 279

2.1 工程概况 281

2.2 地基基础 282

2.3 下部主体结构 283

2.4 钢屋盖结构 284

2.5 设计难点及关键问题研究 287

2.6 试验研究 289

参考文献 293

案例三 虹桥综合交通枢纽 295

3.1 工程概况 297

3.2 地基基础 298

3.3 地下结构 299

3.4 体系丰富的上部主体结构 301

3.5 建筑结构的融合和结构的表达 305

3.6 防恐抗爆设计在工程中的创新性应用 308

3.7 关键技术问题及对策 312

参考文献 317

案例四 南京禄口国际机场 T2 航站楼 319

4.1 工程概况 321

4.2 地基基础 322

4.3 下部主体结构 322

4.4 钢屋盖结构 324

4.5 节点设计 328

4.6 结构专项分析 329

参考文献 330

案例五 扬州泰州国际机场航站楼 331

5.1 工程概况 333

5.2 地基基础 333

5.3 下部主体结构 333

5.4 钢屋盖结构 334

案例六 虹桥国际机场 T1 航站楼改造 339

6.1 工程概况 341

6.2 不停航改造 343

6.3 不同年代共存的结构改造设计 343

6.4 结构与建筑的紧密融合 345

案例七 浦东国际机场卫星厅 351

7.1 工程概况 353

7.2 地基基础 354

7.3 地下结构 355

7.4 上部主体结构 357

7.5 钢屋盖结构 359

7.6 次结构设计 360

参考文献 361

案例八 杭州萧山国际机场 T4 航站楼 363

8.1 工程概况 365

8.2 地基基础 366

8.3 地下结构 366

8.4 下部主体结构 368

8.5 钢屋盖结构 368

8.6 专项分析 371

参考文献 374

案例九 乌鲁木齐地窝堡国际机场

T4 航站楼 375

9.1 工程概况 377

9.2 高填方地基及基础设计 378

9.3 下部主体结构 378

9.4 钢屋盖结构 384

9.5 基于风险评估的防恐防爆结构分析 388

参考文献 389

案例十 呼和浩特新机场航站楼 391

10.1 工程概况 393

10.2 地基基础及地下结构 394

10.3 主楼中心区主体结构 395

10.4 钢屋盖结构 396

参考文献 402

案例十一 合肥新桥国际机场 T2 航站楼 403

11.1 工程概况 405

11.2 地基基础与地下结构 406

11.3 航站楼主体结构 408

11.4 航站楼钢屋盖结构 410

11.5 屋盖钢结构的抗火分析与设计 412

11.6 考虑行波效应的多点激励地震分析 415

参考文献 415

案例十二 太原武宿国际机场 T3 航站楼 417

12.1 工程概况 419

12.2 场地条件及基础设计 421

12.3 主楼中心区下部主体结构 421

12.4 高烈度区减隔震技术应用 422

12.5 钢屋盖结构 424

参考文献 428

后记 429

上篇　设计技术

第 1 章 | 当代航站楼结构特点

1.1　匹配机场功能流程的结构组成　　　　006

1.2　塑造门户形象的建筑结构一体化　　　017

1.3　伴随超大用地的地基基础问题　　　　020

1.4　保障生命线工程的综合防灾考量　　　021

1.5　契合可持续发展的结构低碳对策　　　023

航站楼是提供飞行旅客陆-空、空-空交通转换功能的一个庞大而复杂的机器，自其诞生开始，一直随民航业的不断发展处于快速变化之中，是升级迭代最为迅速的建筑类型之一[1]。

民航的萌芽时期是从第一次世界大战结束后开始的，那时机场的英文并非"Airport"，而是"Airfield"，所谓的"机场"只是一片适合飞机起降的旷野；直到20世纪30年代，作为提供旅客短暂休憩场所的早期候机楼概念才在伦敦等地开始出现[2]。

世界民航业在第二次世界大战以后进入了较快的发展期，航站楼开始正式进入人们的视野，但这一时期的航站楼规模小，功能简单，尚未体现出与其他公共建筑的明显的差异性，建筑造型也未形成独立的交通建筑风格[3]（图1.1-1）。

20世纪60—90年代，机场功能流程逐渐完善，航站楼建筑的功能空间基本成型，大型机场航站楼陆续出现[4]。为在有限的场地容纳尽可能多的机位，并实现航站楼、空侧与陆侧的综合平衡，新的航站楼构型不断出现；独立的旅客集疏运体系如楼前高架系统，以及独立的楼前停车场，开始在航站楼中出现（图1.1-2）。

进入21世纪，随着旅客量级的跃升，航站楼向超大体量化发展，流线组织更加复杂，航站楼运营效率和旅客体验的重要性凸显；陆侧系统更加多样，结合多种交通方式的地面交通中心GTC（Ground Traffic Center）逐渐成为大型航站楼的标配（图1.1-3）。

近年来，越来越多的枢纽型超大航站楼开始出现，航站楼从单一的空运功能类型，发展成为集航空、高铁、地铁、公交等多元交通方式联动的综合性城市旅客集散枢纽，并且融入酒店、商务会谈、商业、公共艺术展示等多样化都市生活的内容，成为具有复合特征的建筑综合体（图1.1-4）。

图1.1-1　伦敦希斯罗机场航站楼（1955年）

图1.1-2　巴黎戴高乐机场T2A（1982年）

图1.1-3　虹桥交通枢纽（2010年）

图1.1-4　樟宜机场综合体"星耀樟宜"（2019年）

航站楼的升级迭代也改变着其建筑结构的组成，对结构设计提出新的要求，从而形成这个时代航站楼结构设计的特点。本章将从机场功能流程、门户形象塑造、超大用地需求、生命线工程防灾、可持续发展五个方面出发，分析当代航站楼结构设计的特点。

1.1 匹配机场功能流程的结构组成

作为一部功能明确的机器，在帮助旅客完成空 - 陆、空 - 空交通转换流程的同时，飞机、行李、信息、机电等各系统都需要完成一系列的对应流程，以保证航站楼的顺畅运营。每一个流程，都会对航站楼的总体布局、空间安排和结构布置提出相应需求，这些需求决定了航站楼不只是单一的结构体，而是由多种形式的结构形成的组合体。以下从不同流程的维度，分析航站楼的结构组成特点。

1.1.1 空侧流程主导的结构单体组合

民航机场中，飞机起降、滑行和停靠占用的面积往往达到机场航站区和飞行区总面积的 90% 以上，飞机运行的高效与否是影响机场效率的决定性因素。因此，在航站楼设计中，飞机流程的合理性具有最高的优先级，航站楼的平面构型首先基于空侧流程需求确定，然后再兼顾陆侧布置、楼内部功能流程和造型等因素进行局部调整[5]。根据登机口与航站主楼的位置关系，航站楼的构型可以分为前列式、指廊式、卫星式三个基本大类[6]（图 1.1-5），并在此基础上进行不同的变体与组合。登机口与飞机间通过相互串联的固定段登机桥和活动段登机桥连接，跨越楼前工作道路的固定段登机桥一般作为航站楼结构的一部分进行设计，连接飞机舱门的可伸缩旋转的活动段登机桥通常作为成品采购。

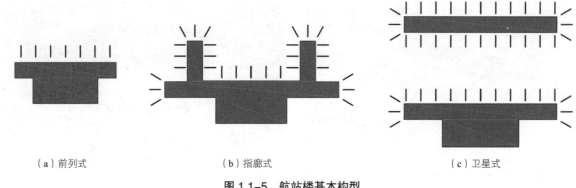

（a）前列式　　　　　　　　（b）指廊式　　　　　　　　（c）卫星式

图 1.1-5　航站楼基本构型

前列式是登机口沿航站楼前沿单侧布置，此时航站楼只有一个主楼单体，结构组成最为简单。由于主楼面宽有限，能停靠的飞机数量受到限制，因此单纯的前列式一般仅适用于小型机场，如 3 万 m² 的扬州泰州机场 T1 航站楼（图 1.1-6a）。

指廊式是航站楼带有一条或多条登机廊道，登机廊道因平面细长如手指而称为指廊，登机口沿指廊布置，旅客的步行距离随指廊长度的增加而增大（图 1.1-6b）；对于大型航站楼，既需要足够的外边轮廓长度来增加飞机接驳量，又要控制楼内的旅客步行距离，两者形成了构型设计的一对主要矛盾，因此出现了放射型或类放射型指廊的变体形式。指廊式构型的航站楼由一个集中的主楼结构和多段的指廊结构组成，由于主楼和指廊分别承担办票值机和候机登机功能，二者的结构形式也有明显的差别。

卫星式是在航站主楼之外建造称作卫星厅的独立登机廊，登机口环绕卫星厅布置。卫星厅的功能与指廊相同，结构形式也接近，一般为简单的一字形，也有组合成相对复杂形状的，如平面呈工字形的上海浦东国际机场 S1/S2 卫星厅（图 1.1-6c），卫星式一般和指廊式组合使用以获得更多的停机位。卫星厅与主楼间需通过下穿机坪的地下捷运系统运送旅客往返，通过地下行李通道联通二者的行李机房或行李机房与楼前工作道路，一般还需地下工作道路将主楼与卫星厅的楼前工作道路相连，三类地下通道可以合建或分建，根据其埋深情况和施工条件，或采用明挖隧道结构，或采用顶管、管幕、盾构等暗挖方式实施的隧道结构。

（a）前列式的扬州泰州机场

（b）指廊式的杭州萧山机场

（c）卫星式的上海浦东机场

图 1.1-6 不同构型的航站楼案例

空侧流程中还有一个核心的建筑是塔台，塔台分为提供飞机起降相关控制系统的空管塔台和提供飞机在机场站坪滑行控制系统的站坪塔台。基于通视条件，空管塔台和站坪塔台或合二为一（图 1.1-7）或分开设置，站坪塔台也有结合航站楼的形态设置于楼内的情况。空管塔台高度 80m 左右，是机场的最高建筑，也是机场范围内仅有的细高塔状结构，由于顶部需设置观察席位，通信雷达等设备也主要设在上半部，因而呈现下小上大的形态。

图 1.1-7 浦东机场合二为一的空管与站坪塔台

1.1.2 旅客及行李流程塑造的楼内空间

出发旅客从到达航站楼、办票值机、验证出关、安检、候机直至登机离开，到达旅客从飞机着陆、登楼经过到达通道、验证入关、提取行李直至离开航站楼，流程中的每一处都有不同的功能和体验需求，航站楼各处的空间形态与尺度应适合这些需求，结构形式也相应地需要与之匹配。

1. 出发流程空间需求

值机大厅是旅客和送机人员的汇聚之地，布置有大量的办票柜台和自助办票设施，是航站楼内最繁忙的公共区域，空间尺度需求最大。值机大厅也是旅客对机场留下第一印象的重要场所，有着展现城市"门户"形象的功能，因此往往被作为最重要的空间进行设计。由于值机大厅一般位于航站楼最上层，大跨度钢结构有机会在此得到广泛应用，如采用张弦梁结构的浦东机场 T1 航站楼、采用悬索结构的华盛顿杜勒斯机场主航站楼，结构跨度都在 80m 以上（图 1.1-8 和图 1.1-9）；随着自助办票的普及，值机大厅的面积需求有所减小，具有特色的中等尺度结构形式得到采用的机会也越来越多，如采用钢折梁的虹桥机场 T1 航站楼结构跨度在 24m 左右（图 1.1-10）。值机大厅立面往往采用高大的幕墙提供采光和实现通透性，动辄二三十米高的幕墙支撑结构也需要结合建筑主体结构进行统一设计（图 1.1-11）。

图 1.1-8　浦东机场 T1 航站楼

图 1.1-9　华盛顿杜勒斯机场

图 1.1-10　虹桥机场 T1 航站楼

图 1.1-11　浦东 T2 航站楼幕墙

机场航站楼结构设计与工程实践

验证和安检区是旅客空陆侧的过渡区域，行进和排队的人流虽仍然密集，但已无大件行李的羁绊因而行动便利，对平面柱网尺寸需求降低，12～18m 中等柱网已能满足功能的需求。由于该区域有较强的安全控制要求，往往会降低空间的高度以利于识别性和管控性（图 1.1-12a）。有时也会结合大屋盖的整体造型需要，将验证安检区域设在办票大厅的同一个大空间中（图 1.1-12b）。

现代航站楼越来越重视空侧商业的开发，在验证安检区域后会布置相对集中的商业设施，这些商业设施一般采用独立的钢框架以实现最大的自由度，结构上称之为钢浮岛。为营造商业气氛，有时会在集中商业区设计较为高大且设有天窗的无柱空间，创造类似商场中庭的购物环境（图 1.1-13）。

（a）降低空间高度的虹桥机场 T2 安检区

（b）位于大空间下的禄口机场 T2 安检区

图 1.1-12　不同形式安检区

（a）禄口机场 T2 安检后商业　　　　　　　　　　　　（b）新加坡樟宜机场安检后商业区

图 1.1-13　安检后商业

候机区域的空间需求具有二重性：匆匆赶往登机口的旅客需要一个指向明确且相对高大宽敞的空间，而已经到达登机口附近休息候机的旅客则需要一个相对安静独立的空间。因此，候机区域较多地被处理成柱网尺度和层高都适中至稍偏大的空间，钢结构和混凝土结构都能够实现（图 1.1-14a 和图 1.1-14b）。也有将通行区和休息区分成不同高度空间以匹配不同需求（图 1.1-14c）。候机区的两侧通常都配以高大的通透幕墙，以提供候机旅客开阔的视野。

（a）尺度较大的浦东机场 T2　　　　　　（b）尺度适中的虹桥机场 T2　　　　　　（c）中 - 小尺度匹配的芝加哥机场

图 1.1-14　不同空间尺度的候机区

2. 到达流程空间需求

对于初次降落一个机场的旅客，首先经过的空间是前往验证厅或行李提取厅的长长通道，由于登机桥连接口高度的限制，这个通道的高度经常受到很大的约束，如何在此约束条件下创造一个宽敞舒适的空间，需要建筑师的创意和结构师的努力（图 1.1-15）。

（a）浦东机场卫星厅到达层通道　　　　　　　　　　　（b）虹桥机场 T2 到达层通道

图 1.1-15　到达层通道

到达验证厅的空间需求与出发验证安检区相当，一般采用中等柱网尺度。

行李提取厅的柱网尺寸取决于行李转盘的需求，12～18m 的中等柱网可以满足要求，由于平面面积很大，经常会通过打通两个楼层以减弱压抑感，这会带来楼板大面积缺失等结构不规则情况（图 1.1-16）。

迎客大厅是和值机大厅同样繁忙的公共区域，由于一般其上部还有楼层，自身无法做出大跨的高大空间，经常采用"峡谷空间"的处理方式，使到达大厅与上部的离港大厅有一定的视线联系，共享出发大厅的大屋盖（图 1.1-17）。

图 1.1-16　禄口机场 T2 行李提取大厅

图 1.1-17　浦东机场 T2 迎客层的峡谷空间

3. 行李流程对结构空间的要求

行李处理是航站楼特有的专项系统，包括离港、到港两个主要流程和中转、超大、早到、团体行李等几个小流程。基本的离港行李流程包括从值机柜台收运行李、经行李输送带至分拣机进行分拣、分发到不同的离港转盘，最后由人工将行李从离港转盘搬上行李车运至机舱；基本的到港行李流程包括行李车将行李从机舱带至到港转盘的操作区侧卸放，行李随转盘转至提取大厅供旅客提取。

行李系统对结构的影响主要体现在四个方面：一是对高大空间的需求，离港转盘和到港转盘的部分所在的行李处理机房，转盘本身需要占用很大的面积，还要留出空间供行李车的运作，对柱网尺寸有较大要求，经常采用 18m 的柱网，机房内的行李输送系统需要占用很大的空间高度，因此机房区域一般两层通高；二是输送带经常需要从楼顶悬挂以让出下部空间，分拣机等设备也会从楼顶悬挂接入输送带中，因此有很多的吊挂平台和很大的吊挂荷载作用于机房顶楼层（图 1.1-18）；三是行李输送带需要从值机大厅到行李机房的不同楼层间穿行，缓坡穿越楼层需要楼板上开设较大洞口，同时对结构梁的布置产生较大的限制（图 1.1-19）；四是行李系统的连续性不能被结构构件打断，消能减震装置等占用空间的构件的布置位置受到限制。

4. 机电系统对结构的影响

航站楼的体量巨大，能源需求量大，为保证供暖制冷和电源供应的效率，一般需要设置集中的能源中心和高压变电站。能源中心的冷水机组、锅炉等大型设备和高压变电设备在航站楼内难有合适的布置位置，因此一般在航站楼外独立设置能源中心，与航站楼间通过地下总体设备共同沟连接。总体共同沟将冷热水、10kV 高压电以及市政管网水送到航站楼内的按区域布置的几个集中热力站

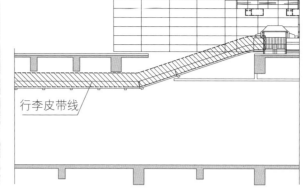

行李皮带线

图 1.1-18　行李机房的吊挂荷载　　　　　　图 1.1-19　行李穿越楼层剖面

房、变电站和水泵房，再接力分送到均布于全楼的各使用末端。

从总体共同沟与航站楼接口到达最终使用末端各个机房的管线通路对本已紧张的建筑剖面设计带来挑战，大型航站楼往往通过在楼内设置地下共同沟来缓解这一难题。楼内共同沟为窄长条形，贯穿整个航站楼地下，成为航站楼内主要的地下结构（图 1.1-20）。

航站楼内设备管线众多、空间占用需求大（图 1.1-21），建筑对室内净高的要求高，结构的大跨重载对梁高需求大，三者间矛盾的协调是航站楼设计中需要面对的一个难题。梁的布置方式、预应力与型钢混凝土的应用、梁上大量的预留洞、楼板与面层内管线空间的需求等，都是结构设计一开始就要关注的问题。

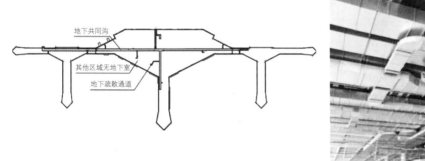

地下共同沟

其他区域无地下室

地下疏散通道

图 1.1-20　地下共同沟平面图（太原机场）　　　　图 1.1-21　密集的设备管线排布

5. 旅客流程对应的航站楼剖面形式

航站楼主楼的剖面形式主要根据旅客流程在竖向上的布置情况进行划分，其基本形式可分为一层式、一层半式、二层式、三层式四种，这里的"层"是指旅客主要流程占用的层而非航站楼的实际建筑层数，未计入其他可能的辅助楼层，如商业、设备机房、内部办公等[7]。

一层式是将车道、车道边、出发和到达旅客办理手续设在同一层内，出发和到达流程在平面上进行分隔；一层半式是指道路和车道边是单层而航站楼是双层的，地面层具有混合的出发和到达处理系统及行李的处理系统，二层是出发旅客的休息厅（图 1.1-22a）；二层式有两层车道边，旅客的出发和到达流程在剖面上分离，一般出发大厅在上层，到达大厅在下层，出发行李在二层办票柜台交运后通过行李系统传输设备送到一层处理，到达行李流程则也是在一层进行，国内流程和国际流程一般是在平面上进行分离（图 1.1-22b）；三层式一般最上层是出发大厅，二层为到达大厅，底层为行李处理机房和其他辅助功能（图 1.1-22c）。除了这些常规剖面形式，结合场地的特殊条件，还有将国际、国内的出发大厅、到达大厅均单独设层的情况，以及结合轨道交通的站厅层另外再多增设一个出发厅的情况（图 1.1-22d）。

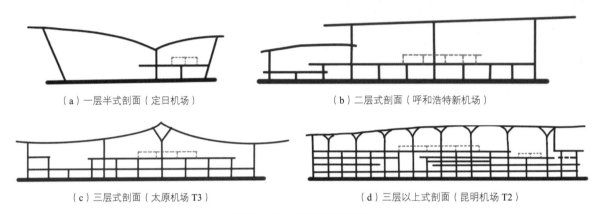

（a）一层半式剖面（定日机场）　　　　　　　　（b）二层式剖面（呼和浩特新机场）

（c）三层式剖面（太原机场 T3）　　　　　　　　（d）三层以上式剖面（昆明机场 T2）

图 1.1-22　主楼剖面形式

从各种形式的主楼剖面可以看出，航站主楼结构较多采用下部主体为钢筋混凝土、屋盖为钢结构的混合结构体系，一个屋盖结构单元经常对应下部多个主体结构单元，同时具有大跨度楼面、平面楼板不连续、局部竖向不规则等典型特点。

候机廊的剖面形式与主楼剖面类型有一定的对应关系。采用一层式和一层半式主楼的航站楼规模较小，候机功能都在主楼内解决，一般不再单独设置候机廊。二层式主楼对应的候机廊或者采用空侧同层的二层剖面形式，单一通道的登机桥连至二层同时用于离港和到港（图 1.1-23a）；或者采用增设到港夹层的剖面形式，剪刀式登机桥的离港和到港通道分别连通二层和夹层（图 1.1-23b）。三层式和三层以上式的主楼对应的候机廊较多采用空侧分层或空侧多层剖面，此时登机桥需要一侧连接标高差异较大的多个楼层、一侧连接固定高度的飞机舱门（图 1.1-23c、d），登机桥内部的形式也因此而丰富多样了。由于登机廊的总宽度较小，使用角度对空间的高度和柱网的间距要求可高可低，因此屋盖采用钢结构或者钢筋混凝土结构都可以胜任。

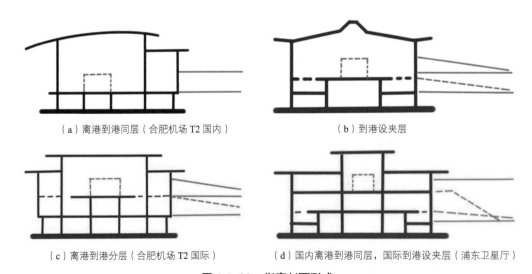

（a）离港到港同层（合肥机场 T2 国内）　　　　　（b）到港设夹层

（c）离港到港分层（合肥机场 T2 国际）　　　（d）国内离港到港同层，国际到港设夹层（浦东卫星厅）

图 1.1-23　指廊剖面形式

1.1.3　楼前车辆流程对结构需求

非单层的航站楼，值机大厅一般设在上层，相应需要设置高架车道将出发旅客直接送到大厅前。该车道是楼前高架道路系统的一部分，通常采用市政桥梁的结构形式来实现（图 1.1-24）。当需要利用该高架结构来支承航站楼与交通中心间的旅客连接通道时，或者航站楼的大跨屋盖结构需要有支承柱落到该高架桥面时，相应段的高架也可采用建筑结构的方式来实现，桥建合一的处理可以给连接通道和大屋盖的设计提供更大的自由度，从而更利于建筑功能和效果的实现（图 1.1-25）。对于国际国内办票大厅分层设置的情况，楼前出发层车道相应也设置为双层，该双层车道边也可根据情况选择按市政桥梁形式（图 1.1-26）或按建筑结构形式处理（图 1.1-27）。

当一个机场设有数个航站楼时，各楼间的陆侧联通除依靠楼前道路系统外，也有采用陆侧高架捷运系统的，捷运的支承一般采用市政桥梁的方式。

航站楼还经常会出现市政道路从楼下穿过的情况，当穿越深度较深时，市政道路一般采用独立的隧道形式；深度较浅时，也可以直接利用航站楼的地下结构，或者让航站楼底层结构直接跨过开敞的下穿通道（图 1.1-28）。

楼前停车库是航站楼功能的必要配套设施，为了在提供足够车位的同时又不阻挡航站楼的立面形象，车库会部分设于地下。周边下沉式庭院和内庭院在机场地下车库中经常得到应用以获得良好的使用环境，这对结构的挡土墙设计和抗浮设计也提出了严格的要求（图 1.1-29）。

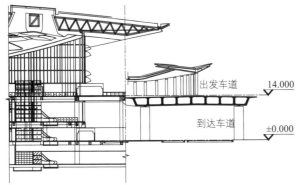

图 1.1-24　市政桥梁形式楼前高架（合肥机场 T2）

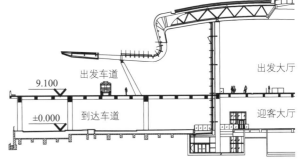

图 1.1-25　建筑结构形式楼前高架（宁波机场 T2）

图 1.1-26　市政桥梁式双层车道边（大兴机场）

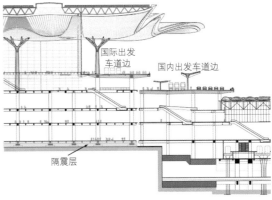

图 1.1-27　建筑结构形式双层车道边（昆明机场 T2）

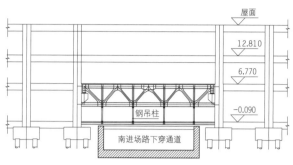

图 1.1-28 浦东机场卫星厅 S32 下穿剖面

图 1.1-29 下沉式车库（虹桥机场 T2 车库）

1.1.4 枢纽化趋势伴随的结构与轨交融合

机场需最大限度地与城市基础交通设施进行衔接以提升自身的辐射范围和综合服务水平，城市也需要空铁一体化的交通体系以利于其经济的快速发展，二者的共同需求促进了机场综合交通枢纽化的发展，地面交通中心（Ground Traffic Center，GTC）由此产生，并日趋成为大型机场发展的选择。

轨交车站、公交车站、长途巴士、社会停车场等设施集中布置于 GTC，与航站楼间通过人行通道便捷相连；高铁车站也被引入机场，或与 GTC 毗邻而建，或成为 GTC 的一部分；结合人行通道还可布置旅游、餐饮、商业等设施以提升旅客服务水平，航站楼的值机功能也可延伸至 GTC，使其成为航站楼的一部分。

按照轨道交通线路及站点与航站楼的位置关系，GTC 可归纳为垂直尽端式、垂直穿越式、平行式以及综合式四种模式[8]。

垂直尽端式，轨道线路与航站楼成垂直或近似垂直的关系，轨道交通到达航站楼前即为轨道线路的终点（图 1.1-30a）；垂直穿越式，轨道线路需穿越航站楼，GTC 可紧邻航站楼或直接进入航站楼布置以尽量缩短旅客的换乘距离（图 1.1-30b）；平行式，轨道线路与航站楼成平行关系，由于不存在轨交对航站楼主体的影响，因此 GTC 的布置也相对自由（图 1.1-30c）；综合式，运用上述两种或三种模式所形成的综合模式，当机场有两条或以上不同方向的轨道线路时可采用（图 1.1-30d）。

无论采用何种模式，轨道交通的引入都将具有明显自身结构特点的轨交结构形式与常规的建筑结构形式融合到了一起，形

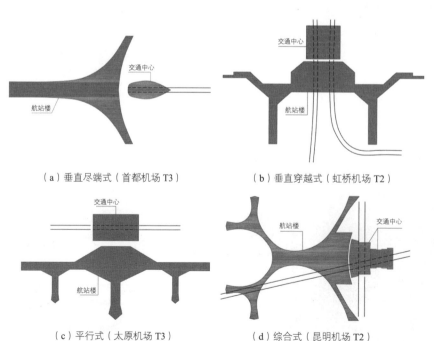

（a）垂直尽端式（首都机场 T3）　　（b）垂直穿越式（虹桥机场 T2）

（c）平行式（太原机场 T3）　　（d）综合式（昆明机场 T2）

图 1.1-30 轨交线路及站点与航站楼位置关系

成复合型的结构，给结构设计带来技术上的挑战，同时也伴随设计标准、建设时序上的新课题。

1. 建轨界面

轨交垂直穿越式的GTC，轨交车站只能设在地下，其他几种模式的轨交车站可以是地下式，也可以是高架式，地面式由于会给地面交通带来阻隔，一般不被采用。

对于地下的城市轨交结构，其区间段常用的结构形式是隧道，车站段可作为GTC主体结构的地下室统一设计，但需要采用轨道车站的设计标准，其与房屋结构的主要差别体现在

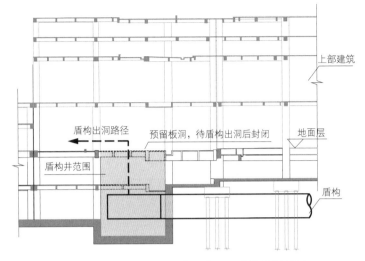

图 1.1-31 盾构井 - 虹桥机场 T2 盾构进洞剖面

设计使用年限和地震作用的考虑。为保证地铁车辆正常运行，轨道车站对铺轨后的结构沉降及沉降差控制要求更为严格，车站与区间隧道间的接口也要采取防止发生沉降突变的构造；对于盾构法施工的隧道，车站端部与盾构连接处一般需通过设置直通地面的盾构出发井或接收井，供盾构机的进出（图 1.1-31）。

当城市轨交区间段垂直下穿航站楼时，根据下穿深度与航站楼结构的关系，可以采用独立的隧道或作为航站楼地下室的一部分整体建设。基于轨交线路整体方案情况及地质条件的不同，独立隧道又可以选用明挖、盖挖、盾构法等施工方式，不同施工方式对隧道外壁与航站楼桩基及底板的净距有不同的要求，必要时还需对隧道周边土体进行加固。

对于高架的城市轨交结构，其区间段常用桥梁结构形式。轨道支承结构在车站段内可以仍旧采用桥梁形式，与GTC主体结构分开，也可直接利用GTC主体结构，前者称为桥建分离（图 1.1-32a），后者称为桥建合一（图 1.1-32b）。采用桥建分离方式时，承轨层以下建筑使用空间内有桥梁和建筑两种结构的立柱，需要占用很大的建筑空间；而桥建合一时两种结构合二为一，立柱数量减少，可为建筑提供更宽敞的使用空间。桥建分离结构的桥梁部分与房屋建筑部分可以分别以各自规范进行设计，但车站直接相关范围需要采用轨道车站的100年设计年限标准；桥建合一的结构一般先采用

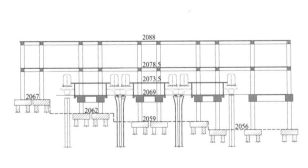

（a）桥建分离的地铁车站

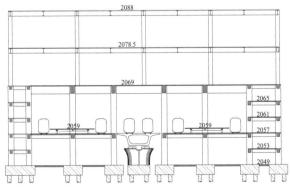

（b）桥建合一的高铁车站（正线桥建分离）

图 1.1-32 昆明机场 T2 航站楼 GTC 中桥建分离与桥建合一的轨交车站

房屋结构规范对全 GTC 结构进行设计，车站直接相关范围同样采用 100 年设计年限，再用桥梁的相关要求对承轨结构进行复核。

对于进入 GTC 或下穿航站楼的高铁段，其结构形式与设计处理方式与普通城市轨交均相似，只需将依据的设计规范由轨交的改为高铁的。二者在设计标准上的主要差别在于城市轨交对车站段整体结构的设计年限要求为 100 年；而高铁对车站仅要求承轨结构按 100 年，承轨结构以外范围仍为 50 年设计年限。

2. 车致振动

城市轨道交通通过 GTC 和航站楼，列车行进造成的振动会传递至上部结构，从而影响上部的结构安全性和人员舒适性；当高铁也被引入时，随着运行速度的提高，高速列车对环境振动的影响变得更为明显，车致振动成为设计中必须考虑的问题。车致振动按其产生机理可分为两种情况，一是轮轨激励导致的振动，二是列车风激励导致的振动。轮轨激励振动源于车轮与轨道间的相互滚动、冲击、摩擦等动力作用，当承轨结构与建筑主体结构分开时，该动力作用由承轨结构传至环境土层，再传至 GTC 和航站楼主体结构造成振动影响，此种情况下振动影响相对较小；当承轨结构与主体结构连成一体时，轮轨间的动力作用直接传至主体结构引起结构振动，影响较为明显。

列车风激励振动是列车行驶时，由于空气的黏性作用，使到列车表面一定距离内的空气被列车表面带动并随之一起流动而引起的结构振动。城市轨交由于车速较慢风效应影响不明显，而高速列车的风效应不可忽视。在一定的车速下，列车风效应的大小与列车周边的空间情况关联较大，与桥建合一或桥建分离的结构形式关系不大。

在建筑方案阶段就需要先对这两种振动的影响进行量化的分析和评估，然后依据评估结果确定是否要对方案进行调整或者是否需要采用针对性的减振措施。通常可采用轨道减振方法直接减小车行振动激励的输入；当轨行区上部有环境舒适度要求高的休息区、酒店等设施时，也可采用整体或局部结构支座隔振的方式。列车风激励导致的振动需要通过对列车周边导风空间的优化进行改善。

3. 建设时序

航站楼、高铁、地铁分属民航、铁路和城市轨道交通三个不同的行业领域，有不同的投资和管理主体，项目的审批程序和推进节奏也各不相同，但往往需要在机场投运时都能够投入运营。相比独立的航站楼，高铁和地铁的建设进程受整条线路建设进度的制约，将其引入机场 GTC，必然会出现对 GTC 乃至航站楼的建设进程产生影响。另外，由于 GTC 的位置优越，其上部往往会结合酒店或办公功能进行开发，这些开发一般不包含在机场建设投资之内，需单独立项进行建设，其进程也往往不能与 GTC 同步推进。这些不同步都会对结构设计提出新的要求。

经常遇到的第一种不同步情况是航站楼和 GTC 先完成相关审批并具备开工条件，而高铁、轨交尚未具备全线开工条件，此情况下必须要争取高铁、轨交车站的主体结构与 GTC 同步设计和建造，车站内轨道、专项设备和轨交的区间段可留在后期建设。此时车站两端需要同时预留与区间段连接的条件，一般是设置盾构井，并在其地面周边留出盾构机出入的空间，当贴近 GTC 的区域没有足够空间时，可以先期建造一段隧道将盾构井延伸至满足操作空间需求处。后期施工的盾构区间段如果需要从航站楼或 GTC 以下穿越，则需在盾构边界与结构底板及桩基间留出足够的距离，并对盾构周边的土体进行适当的加固。

第二种不同步情况是航站楼和 GTC 建造时，高铁和轨交已经建设完成并开始运营，航站楼或 GTC 主体结构需要跨越已经运行的轨交车站和区间线路，原车站也需要做适当的改造以配合 GTC 的功能流线，如深圳机场 T4 航站楼（图 1.1-33）。这种情况对航站楼或 GTC 结构设计的限制最大，基础形式、柱网、荷载都要结合已有条件进行。

第三种不同步情况是 GTC 上的后期开发在 GTC 开工时还未完成项目立项。由于 GTC 内存在对沉降敏感的轨交轨道结构，上部开发的绝大部分荷载需要在轨交运行前全部作用到 GTC 上。因此，在上部开发项目完成立项前，一般需要基本锁定上部开发的方案，保证 GTC 主体结构的设计能够考虑其影响，并在 GTC 主体施工的同时，完成上部立项、设计和审批，尽可能在下部完成后连续施工上部结构，确保在轨交运行前完成大部分上部主体结构的施工。上部结构也尽可能选择对下部影响小的方案（图 1.1-34）。

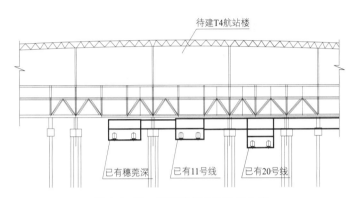

图 1.1-33 深圳机场 T4 投标方案

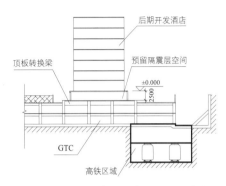

图 1.1-34 合肥机场地上酒店隔震层预留剖面

1.2 塑造门户形象的建筑结构一体化

　　机场航站楼作为一座城市甚至一个国家的门户，是给外来旅客留下第一印象的重要场所，建筑的外部形态和内部空间往往被赋予塑造城市形象的特殊使命。尽管地域特点、人文气质、时代精神这些层面的演绎可能超过了作为一座交通建筑所能承载的内涵，但建筑师还是会在满足航站楼功能性需求的同时，在建筑造型的设计上力图使其具有独特性和标志性。建筑结构一体化设计理念的融入，有机会在建筑效果得到最好呈现的同时，更好地实现结构合理性和经济性。

1.2.1 大跨屋盖塑造建筑形态

　　航站楼平面尺寸巨大，建筑高度因飞行控制要求一般限制于 45m 之内，因此其整体形象总是由被称作第五立面的屋面形态所塑造，屋面造型往往是建筑师的第一关注对象。结合值机大厅、候机厅等对使用空间的需求，大跨度屋盖经常是结构的优先选择。

　　由于航站楼的平面构型变化多样，内部空间布置也没有一定之规，航站楼的屋盖通常难以直接"套用"一种现成的结构形式。结构工程师有时是在建筑形态的确定过程中就将结构需求融入，从头开始参与建筑的创作；有时是在建筑师初步设定空间形态的基础上，依据结构的逻辑来构造杆件的拓扑关系，与建筑师一起优化空间形态，从而形成特定的结构形式；有时是在建筑师确定了屋盖形态和杆件拓扑关系后，对常用结构体系进行一定的变换去适应建筑需求。无论从哪个阶段开始介入，与建筑师密切配合、实现建筑结构一体化，都是结构工程师应该追求的。这种一体化可以是结构作为建筑效果的直接展示，也可以是结构不露声色地以最妥帖的方式隐藏在建筑表皮之后。

　　如在浦东机场一、二期工程中，新型的屋盖张弦结构体系与建筑形态完美契合，直接进行了展示：T1 航站楼的建筑外形犹如一群展翅欲飞的海鸥伫立在东海之滨，寓意改革开放之初即将腾飞的浦东新区，结构采用一组支承于稳重的混凝土基座上的轻灵的弧形单跨张弦梁屋盖结构；T2 航站楼的建筑外形是舒展着翅膀翱翔于蓝天的海鸥，寓意十年以后已经快速发展的新浦东，主楼屋盖采用了斜柱支撑的三跨连续张弦梁结构体系（图 1.2-1）。

图 1.2-1　浦东机场 T1、T2 整体侧立面

在乌鲁木齐机场 T4 航站楼中，屋面的造型采用了"丝路天山"的意向，连绵起伏的屋面山体形态、结合曲线条状天窗形成的丝带掀起的灵动效果，结构采用自由曲面空间网架结合条形天窗桁架的形式，在建筑形态的确定过程中就融入了结构对曲面形态及天窗形状的需求，以保证柱顶位置空间网格结构的传力路径连续性，结构虽未作过多展示，但从一气呵成的形态中可以感受到结构与建筑的自然融合（图 1.2-2）。

图 1.2-2　乌鲁木齐机场 T4 效果图

1.2.2　结构作为建筑表达元素

对乘机旅客而言，航站楼大屋面造型的整体效果只能从航拍照片上看到，航站楼室内空间效果却是能最直接、最长时间感受的，室内效果对提高旅客体验、提升航站楼门户形象具有非常重要的意义，结构的表达在其中也有不可忽视的作用。很多情况下，对屋盖整体结构体系恰如其分的暴露和对节点的精细化处理，可以展示力流传递的美感，体现出时代的技术特征。如在虹桥机场 T1 航站楼改造工程中，根据办票大厅空间尺度较小、结构体系选择自由度大的特点，采用了一种梁 - 杆组合的单元结构形式，全部支撑杆两端铰接，控制杆件截面尺寸，通过精细的铰接节点显示其仅承受轴力的特点，结构杆件的尺度与建筑空间的尺度相得益彰，整体效果自然和谐，给平实的室内空间增添了生机（图 1.2-3）。

图 1.2-3　虹桥机场 T1 改造

　　天窗也最适宜作为结构表达的部位，光线把本来隐藏在建筑装饰之后的结构构件直接展示在光影之下，使之成为目光聚焦之点，如何将这些结构构件融入建筑表达，是天窗设计的关键（图 1.2-4）。

　　支撑屋盖的柱、幕墙支撑结构、室内钢连桥、透明电梯钢架等外露的钢结构，也都有机会成为建筑表达的重要元素（图 1.2-5 和图 1.2-6）。

图 1.2-4　禄口机场 T2 天窗

图 1.2-5　萧山机场 T4 荷花谷

图 1.2-6　虹桥机场 T2 钢连桥

1.3 伴随超大用地的地基基础问题

机场项目占地面积巨大，中大型机场的航站区一般就要占地 $1km^2$ 左右，加上飞行区和工作区，新建一个机场需要的平坦用地面积往往以 $10km^2$ 量级计。对于平原地区的城市，新建或扩建机场往往伴随着巨大的征地拆迁；对位于丘陵、山区等非平原地区的城市，要在起伏的自然地形中平整出一块平坦用地，则意味着巨大的填方或挖方地形改造工作；对位于沿海用地紧张的城市，则常常不得不向海要地，通过围海造地或者造岛，人工创造出一块平坦的机场建设场地。场地平整或者人工造地，都需要面对众多的技术问题；在这些改造的场地上建造航站楼，又会面临一些特有的地基基础问题。由于涉及的工程量巨大，这些技术问题的解决方案对工程投资的影响非常巨大。

1.3.1 特殊条件下的场地形成方式

1. 挖填方场地

非平原场地上的机场建设，站坪标高的合理选择是关系到场地处理工程量大小的最关键因素，在满足飞行净空需求的前提下尽可能达到填挖土方平衡是确定站坪标高的基本原则之一。

对于挖方区域，结构的主要课题是处于挖方边坡附近的建筑地基稳定性问题以及基础多样性问题；对于填方区域，结构设计需要面对的问题更为多样：首先是回填料的选择，不同种类的填料及土石料比例对回填场地的工程特性影响显著；然后是回填场地的地基处理方式，需根据不同位置后续的具体使用需求，平衡沉降控制标准和地基处理投资综合确定，一般情况下，上部有建筑位置的场地工后沉降绝对值控制要求高于跑道和站坪，跑道和站坪更关注工后沉降的均匀性；还有填方区域边缘放坡的坡度选择和边坡支护形式，以及新填筑区域地震参数的确定问题；对于建筑下的回填区域，还存在是采用土石回填还是部分采用结构架空的选择问题。

2. 填海造地

机场占地面积大，空域要求高，并常有远期扩建的需求，在海岸甚至海上建设机场，可以减少或不占用耕地，避免城市建设中拆迁和征地的大难题。我国的经济发达城市大都集中在沿海地区，机场扩建需求高，因此尽管填海造陆工程投资很高，填海造陆建设机场仍是解决土地资源紧缺、同时减少机场运行对城市环境影响的重要选项。随着居民动迁补偿费用急剧攀升，机场建设成本组成比例发生逆转，通过填海造陆获取建设用地的综合成本逐渐低于陆地，各方面优势逐渐展现。

根据填海造陆的不同形式，可以分为离岸人工岛机场和连岸式半岛机场，澳门机场和建设中的厦门新机场、大连机场都属于前者，上海浦东机场、香港机场、深圳宝安机场属于后者。

人工岛的形成方式主要有填埋式、桩基式、浮体式三种，其中填埋式为岛主体的最常用成形方式；桩基式一般结合填埋式局部使用于连岸通道、跑道的进近灯等长条状用地需求，或者为保留原有水流的通道需求局部使用；浮体式目前还没有在机场使用的案例。

按施工工艺可以将填埋式人工岛分为围堰形成、陆域形成、软基处理三个步骤，围堰形成方式包括抛石围堰、模袋围堰、复合围堰等，陆域形成可以分为吹填、抛填和堆填等，软基处理方法主要包含排水固结法、强夯法、振冲挤密法等，具体方法的选用需根据所在场地的水文地质环境条件、原材料供应情况、岛上设施的需求情况等，经综合比选、反复论证确定。

1.3.2 复杂多样的基础形式

航站楼的占地面积远大于一般建筑物，遭遇复杂地质条件的可能性明显增大，同一结构跨越不同地质的机会也时常出现，经常需要面对软弱地基、岩溶、液化土层、湿陷性黄土等复杂情况。

在非平原地区的机场建设中，挖方场地和填方场地往往是伴随出现的，航站楼的基础也会部分处于挖方区的原状地基、部分处于新近回填土上，天然基础与桩基的混用、不同长度乃至不同持力层的桩基的混用也是基础设计中经常要面对的问题。

高填方场地填筑结束后会在高自重应力作用下产生蠕变沉降，这个沉降过程需要历经多年完成，一般情况下没有条件待填方土体沉降完全稳定后才开始进行上部航站楼等建筑物的桩基施工，因此桩基的负摩阻力影响问题是需要特别关注的问题。

1.4 保障生命线工程的综合防灾考量

随着航空运输在交通中占比的不断上升，作为空中运输系统的地面节点，机场已成为其所在地区乃至整个国家正常运行和发展不可或缺的基础设施；在承受地震等自然灾害的特殊时期，机场往往是抗震救灾的重要通道；在战争时期，机场更有其不可替代的作用。机场已经是实实在在的生命线工程，任何情况下机场正常功能的受损，都会带来巨大的直接或间接财产损失和社会舆论影响。因此，除了保证其在一般条件下能正常工作外，机场还需要有很高的综合防灾能力，确保其在各种灾害条件下能维持基本功能。

1.4.1 地震灾害

地震是一种复杂的突发性自然灾害，一旦发生破坏力巨大。我国位于世界两大地震带——环太平洋地震带与欧亚地震带之间，受太平洋板块、印度板块和菲律宾海板块的挤压，地震断裂带十分活跃，大量的机场无法避免地位于中高抗震设防烈度区，对建筑进行抗震设计是应对地震危险的主要手段。

随着对地震破坏机理认识的不断提高和结构技术的持续发展，建筑抗震设计正在从单纯的"硬抗"往"消抗结合"发展，消能减震和隔震技术在抗震设计中逐渐得到推广应用，针对航站楼建筑的功能特点，消能减震和隔震技术的应用有其自身特点。

减震结构一般通过设置一定数量的消能减震器来耗散地震动输入结构的能量，航站楼建筑内大量的空间用作旅客的通行，消能减震器的布置位置受到较大的限制，如何实现建筑功能与结构受力需求的统一是对设计的主要挑战，建筑设计与结构设计需要从方案阶段就进行深入的协调互动，让消能减震器避开主要旅客通道，或者设法使其成为空间中的一个点缀之物（图 1.4-1）。

隔震设计是通过设置隔震支座直接大幅减小输入建筑的地震能量，从而减小建筑结构和设备设施的地震响应，进而保障建筑能够在地震作用下维持正常的运营功能（图 1.4-2）。对于航站楼而言，隔震设计面临的几个主要挑战是：如何让隔震设计对刚度相对较小的空旷大跨屋盖结构也能起到高效的隔震作用；常见的局部地下室情况带来的错层隔震问题如何应对；如何保障大量穿越隔震与非隔震区域的设备管线在地震时的正常工作；如何保障可能需要穿过车道、幕墙、机房的隔震缝在平时和地震时都不妨碍被其分割设施功能的正常使用。

航站楼平面尺寸巨大，地震波从结构单元的一端传到另一端存在一定的延时，即传到结构各处的地震动不是完全同步的，结构的地震响应分析需要考虑这一行波效应的影响，这也是航站楼抗震设计的一个特点。

对于处于填挖方边坡的航站楼建筑，还会面对特殊的抗震问题，即如何考虑场地对建筑物地震输入的影响和建筑物对场地地震稳定性的影响。将结构与岩土整体建模进行共同作用的分析可能是未来发展的方向，但目前该技术还不能有效地应用于设计实践。因此，需要从确定考虑地形影响的地震参数、提高结构和边坡各自的抗震能力、结构设计与边坡设计更多地统一考虑和设计互动、结构和边坡相互影响程度系数的合理取值这几个方面来应对这个难题。

图 1.4-1　虹桥枢纽 BRB

图 1.4-2　乌鲁木齐机场 T4 隔震层

1.4.2　风雪灾害

1. 风灾

相比于地震，风灾发生的概率要更大，特别是我国东部沿海地区，几乎每年都要遭受多次台风袭击并且造成实质性灾害。航站楼建筑中，对风灾最为敏感的是大跨钢屋盖结构及其轻型屋面围护系统，以及大面积的立面玻璃幕墙，它们是航站楼抗风灾设计的重点。

确定设计风荷载是抗风设计的基础，由于航站楼外形设计的丰富性，风荷载一般无法直接根据规范确定，实体模型风洞试验是确定风荷载取值的重要手段，CFD 数值模拟也可以作为外形方案确定过程中风荷载估算的辅助。

大跨钢屋盖结构的风敏感性主要体现在风荷载方向与结构重力方向的反向性，这对于包含索这种只有抗拉承载力杆件的结构体系比如张弦结构、索网结构的影响特别显著，直接影响其安全性，对于一般的刚性结构更多的是影响其经济性。

对于屋面围护系统，虽然局部屋面板的吹落对结构安全并没有直接的影响，但由于机场功能的特殊性，飘落到飞机跑道的屋面板对机场的正常运营乃至飞机的飞行安全带来的威胁是不可估量的。屋面围护系统的抗风设计关键在于系统的合理选择和节点设计，由于多种常用屋面板的节点连接方式无法通过理论计算确定承载力，因此需要通过抗风揭试验来验证节点的可靠性。

风荷载也是大面积立面幕墙设计的控制性荷载，直接影响幕墙设计的安全性和经济性。还需要引起关注的是风荷载对幕墙上排烟开启扇自由开合的影响，这直接关系到火灾情况下楼内的人员安全。

2. 雪灾

雪灾是指由于大规模、长时间的持续降雪的而形成的大范围积雪、雪崩等灾害的自然现象，对人类的生产与生活影响巨大。近年受全球气候变暖的影响，大气环流异常，拉尼娜现象频现，世界各地极端冰雪灾害频发，因积雪导致的建筑物、构筑物倒塌与破坏事故显著增加。对于机场航站楼，采用大跨度轻型结构的屋盖是雪敏感结构，由于屋面面积大，积雪在屋面上存在沉积、侵蚀、漂移等一系列复杂过程，因此往往会造成屋面积雪存在严重的不均匀分布现象，同时积雪的密度还受到建筑暴露状态、屋面材质、建筑供暖等因素影响，雪荷载在屋面的分布难以准确预测。

我国现行《建筑结构荷载规范》GB 50009—2012 无法涵盖多变的航站楼屋面形式，考虑的环境影响因素也较少，因此在设计受雪灾影响概率高的区域的机场大跨轻型屋盖时，需要进行雪荷载取值的专项研究，一般是通过数值仿真来模拟雪在各种因素影响下的可能分布形式从而确定雪荷载取值。同时在设计中还要考虑在屋面设置挡雪装置防止积雪滑落对地面人员安全及机场正常运营的影响，以及采取适当的融雪措施预防消融雪水再结冰引起排水系统堵塞从而导致的远大于雪荷载的冰荷载在局部区域集中的不利情况。

1.4.3　火灾

火灾是突发性的人为灾害或者某些自然灾害导致的次生灾害，对于航站楼这种空间复杂、人流密度大的特大型公共建筑，火灾可能造成的人员伤亡以及财产损失巨大。为减少火灾损失，除设置报警、排烟、灭火、疏散等消防设施外，提高结构自身的抗火能力也是不可缺少的一环。

相对而言，受火灾影响大的主要为钢结构，钢材的强度和刚度随温度升高不断降低，在300℃时承载能力明显退化，至600℃时基本失去承载能力。一般通过表面包覆防火涂料或防火板材来延缓钢材温度升高的速度，钢构件内灌混凝土也能一定程度延长钢材升温时间。航站楼的钢结构较多用于办票大厅、候机厅等公共区域的柱子及大跨屋盖，这些高大空间区域的可燃物分布有其自身特点，着火后大空间内的环境温度升温情况与标准升温曲线有明显差别，因此，往往通过消防性能化分析的方法对特定的空间进行抗火分析，进而确定不同部位钢结构的具体抗火措施，包括是否需要进行防火保护、防火保护的防护厚度是多少。由于这些公共区域对外露的钢构件同时有很高的美观要求，采用基于消防性能化分析的抗火设计可以在安全性、美观性和经济性之间找到合理的平衡点。

1.4.4　恐怖袭击

民航业历来是恐怖组织视野范围里理想的袭击目标。美国"9·11"事件后，各国政府显著加强了对劫机炸机恐怖活动的防范和打击力度，传统的劫机炸机恐怖活动难以轻易实施，针对地面民用机场的恐怖活动逐渐频繁，如土耳其伊斯坦布尔机场爆炸、俄罗斯莫斯科多莫杰多沃机场爆炸、比利时布鲁塞尔扎芬特姆国际机场爆炸等，均造成了重大人员伤亡和财产损失。我国民用机场也存在较高的受恐怖袭击风险，恐怖袭击成为机场设计时必须要考虑的一种人为灾害。

除信息系统袭击和生化袭击外，其他常见的恐怖袭击形式包括汽车撞击和爆炸，对后两者的防护都与结构设计有关。可以设想的袭击对象包括机场机坪、机场供油设施、空中管制设施及人员密集的航站楼等，这些恐怖袭击轻则危害飞机的正常起降，重则造成重大财产损失和人员伤亡，乃至引发楼塌人亡、机毁人亡事件。

提高机场的防恐能力需要从人防、物防、技防三个方面同时进行。结构设计属于物防的一部分，需要关注的工作包括：提高机场围界、道口和航站楼出入口的防冲撞入侵能力，将大当量汽车炸弹挡在关键区域以外；提高航站楼、空中管制塔台的结构抗爆能力，避免爆炸作用下结构的连续性倒塌；提高玻璃幕墙等围护系统的抗爆能力，减少爆炸时玻璃飞溅对人员的伤害等（图1.4-3）。

1.5　契合可持续发展的结构低碳对策

可持续发展的理念可以用生态效率来进行量化评价，生态效率＝产品或服务的价值／生态负荷[9]，对于航站楼建设而言，根据客运量增长情况进行新航站楼的分期建设、通过渐进式升级改造提升已有航站楼服务水平，可以最大程度减少一次性建设投入、降低生态负荷、提高生态效率，是可持续发展理念的最重要的落地点，结构设计需要主动适应分期建设和改扩建的特点。同时，结构

（a）乌鲁木齐机场 T4 防爆柱　　　　　　　　　　　　（b）虹桥机场 T2 防撞墩

图 1.4-3　结构防爆措施

设计通过提高结构效率实现材料的节约，并从结构形式上为建筑和机电专业的节能减排设计提供支持，也是可持续发展理念在结构的另外两种呈现方式。

1.5.1　适应分期建设和改扩建的结构设计

每个机场的运营能力需求，总是随着时间推进而不断发展且不容易准确预测的，因此，基于可持续发展的理念，新建航站楼的建设始终遵循"近远期规划、分期建设"的原则。分期建设方式可归纳为四种模式："集中式扩容模式"是在前期对航站楼设施、容量、空间、规模等进行有计划的可扩容预留，以便于在后期通过对航站楼的适度改造满足旅客量继续拓展的各项设施需求；"大主楼＋卫星厅模式"是一次性建设一个满足远期规划目标的大航站主楼、而候机区容量按本期目标建设，远期候机区扩容通过未来新建"捷运系统＋远端候机卫星楼"或延伸候机指廊予以解决；"单元式扩容模式"是根据旅客容量预测分阶段进行航站楼建设，在未来通过新建航站楼解决各项设施需求；"一体化模式"是在本期航站主楼基础上，通过候机指廊向两侧延伸衔接新建航站楼 [10]。

上述四种模式中，"集中式扩容模式"往往需要在新建航站楼时预留弹性空间，为航站楼的空间转换与增添设施设备预留发展的可能，结构设计需要为此做好较多预留；对于"大主楼＋卫星厅模式"，需要考虑后期捷运隧道接入航站楼地下以及穿越机坪的结构预留条件。另两种模式相应的结构影响较小，主要是接口部分的预留。

基于航空业务量分阶段预测目标的不确定性和旅客、运营单位等使用者需求的不断变化及相关技术的持续升级与更新的现实，除了前述的分期建设外，每一座航站楼的运营必然也是一个不断调整和完善的过程，航站楼建成之日往往便是其改造之始，机场在没有爆发性增长的预期条件下，通过改造升级渐进式发展是机场改扩建的常态模式。

由于空港需要不停航使用的特殊性，航站楼的改扩建往往需要边运行边改造，结构的改造设计也需要充分考虑不停航施工的需求：结构改造前必需的结构检测鉴定一般无法按常规进行，检测方法和评估标准经常根据实际情况专门确定；被改造的航站楼本身可能存在不同年代结构共存的情况，改造加固目标需要针对性确定；受持续运营的条件限制，改造加固的设计原则和策略需要结合具体情况专门研究确定。上海虹桥机场 T1 航站楼改造即是这一类改造的典型案例。

1.5.2　高效结构形式

高效的结构形式可以减少结构材料的用量，从而直接降低一次性建设的生态负荷，这是所有建筑类型的结构设计都要追求的目标。

对于航站楼主体结构，由于建筑功能对空间的需求相对确定性，其结构形式一般是在框架结构体系的基础上，根据项目所处区域的抗震设防烈度及建筑的不规则情况辅以适当的抗侧力结构。由于结构专业对影响结构效率的层高、柱网等要素的调整余地非常小，提高结构效率的主要工作体现在抗侧力结构的选择和优化上，比如如何结合建筑的流线功能巧妙地设置支撑、剪力墙，如何选择合适的消能减震或者隔震技术。

航站楼的大跨屋盖在整体结构成本中经常会有较大的占比，其结构效率的高低很大程度取决于屋盖的建筑形态，如何在方案阶段与建筑师深入沟通、参与到建筑方案的形成过程、尽力促成建筑形态与结构合理的平衡，是实现高效屋盖结构的关键。

航站楼的地下管线共同沟长度动辄上千米，涉及较大的开挖和基坑支护量，如何选择合适的共同沟截面以减少相应材料和人力投入，也值得引起关注。

对于处于起伏地貌的航站楼建筑，如何适应地形地势条件，将场地填挖方、基坑支护、基础设计各方面一体化考虑，是得到高效解决方案的关键。

结合航站楼所在地域的特定自然气候条件进行节能减排设计是建筑绿色设计的一个重要内容，自然通风、自然采光、自然排烟这几种常用的做法如果要与建筑设计自然融合，都会对结构设计提出新的要求，比如办票大厅屋顶特定位置设置的天窗需要大跨钢结构屋盖在结构形式选择时就将其作为一个重要的因素，敞开式地下车库的边庭设置需要将基坑支护挡墙与永久结构的关系作统一的考虑。结构工程师需要把这些为建筑节能减排提供条件的设计作为结构设计自身的重要内容。

参考文献

[1] 欧阳杰，蒋作舟 . 我国机场航站楼的现状特征及发展趋势 [J]. 华中建筑，2005（1）: 76-77+80.

[2] 郭建祥，阳旭 . 快速变化中的当代航站楼建筑设计 [J]. 世界建筑，2020（6）: 10-17+144.

[3] 郭建祥 . 时代性与枢纽性——快速变化中的交通建筑 [J]. 建筑实践，2022（3）: 42-53.

[4] Edwards B. The modern airport terminal: New approaches to airport architecture[M]. Taylor & Francis，2004.

[5] 李东 . 现代航空港空间设计理论研究 [D]. 天津：天津大学，2004.

[6] 欧阳杰 . 中国区域机场体系的规划布局 [J]. 中国民用航空，2004（3）: 38-41.

[7] 房萍 . 浅析枢纽机场旅客航站楼剖面流程设计特点 [J]. 建筑学研究前沿，2012（12）.

[8] 李树栋 . 最后一公里问题：大型机场陆侧交通与航站楼的接驳方式研究 [J]. 建筑创作，2012（6）: 112-119.

[9] WBCSD. Eco-efficient Leadership for Improved Economic and Environmental Performance[R]. World Business Council for Sustainable Development，Geneva，1998.

[10] 夏崴 . 机场航站区分阶段发展的基本维度与发展模式 [J]. 城市建筑，2018（2）: 116-119.

第 2 章 │ 特殊场地形成

2.1 填挖方场地　　　　　　029

2.2 填海造陆　　　　　　　041

机场项目巨大的用地需求，对于非平原地区的城市，往往意味着需要通过巨大的填挖方地形改造以在起伏的自然地形中平整出平坦的用地；对于位于沿海地区且用地紧张的城市，则经常需要通过填海造地人工创造出平坦的机场建设场地。挖、填方场地或者填海造地，都涉及巨大的岩土工程量和投资成本，需要进行全面的技术比选以获得最为经济合理的解决方案。

2.1 填挖方场地

随着我国航空运输业的不断发展以及"一带一路"倡议的实施，中西部山地、丘陵地貌地区的新建及改扩建机场项目越来越多，当既有的平缓土地面积不能满足机场建设需求时，就要进行大面积场地平整以及大体量土石方填、挖处理（图 2.1-1）。国内在大规模填挖方场地上建设的部分机场的填挖方概况见表 2.1-1。

（a）昆明机场原状场地卫星影像图　　　　　　　　　（b）攀枝花保安营机场

图 2.1-1　机场填挖方需求

国内部分机场填挖方概况 [1]　　　　　　　　　表 2.1-1

机场名称	主要填料	填料处理工艺	最大填方厚度（m）
乌鲁木齐地窝堡机场	卵砾石	分层碾压结合强夯补强、冲击碾压	35
贵阳龙洞堡机场	块碎石	强夯	54
昆明长水机场	块碎石、红黏土	强夯、冲击碾压、分层碾压	70
重庆江北机场	块碎石	强夯	130
九寨沟黄龙机场	块碎石	强夯、分层碾压	102
攀枝花保安营机场	块碎石	强夯、分层碾压	123
吕梁大武机场	黄土	强夯	84
贵州荔波机场	块碎石	强夯、冲击碾压	60
腾冲驼峰机场	粉质黏土	强夯、分层碾压	61
绵阳南郊机场	土夹石	分层碾压、强夯	28

机场建设对平缓场地的要求，除航站楼及跑道纵坡外，还包括跑道端头及两侧的净空区对障碍物限制面的坡度要求，所涉及的场地平整区域往往会超出机场的围界范围。全局填挖方平衡策略和场地填挖设计的合理性对建设成本起决定性的作用。

2.1.1 土石方平衡策划

1. 策划目标

对于填、挖方场地的机场，土石方工程所占的工程量巨大，对于控制机场建设的工程造价至关重要，土石方平衡分析往往被作为确定场地标高的重要依据[1]。在确保飞机起降安全的高度和坡度要求、净空处理要求、全场排水要求等条件下，寻找合理的场地竖向设计方案，使得土石方综合工程量最小是土石方平衡策划需要达到的目标。

2. 影响因素

土石方综合工程量平衡不只是狭义的场地内填、挖方体积达到平衡，而是考虑了工程经济性因素的广义的平衡，这些因素还包括工程地质条件、场地周边建设条件、分区分块建设情况、土石方来源及弃土条件、土石方调配，以及土石方工程对相关专项设计的影响等。

其中工程地质条件是指场地挖方区土石料的物理力学性质情况，当工程地质条件较差时，需进行填料改良、外购和较差填料的外弃，挖方区料源的填挖比直接影响土石方平衡计算的结果。当挖方区有物理力学性质优良的砂石料时，还有可能直接用作建筑材料就地取材，大幅降低工程造价。

场地周边建设条件是指场地内土石方工程改变原有地形地貌后，需协调场地与周围环境、地形、建（构）筑物的关系及评估相应的工程造价，以及与临近区其他有大挖或大填需求项目的多项目土石方综合平衡分析。

分区、分块建设条件是指在考虑全场土石方平衡时，需将机场分期、分区自身平衡作为基础条件进行分析，包括分区、分期建设进度，各功能分区对不同填料的物理力学性质要求，分区经济运距等[2]。

土石方来源及弃土条件是指对于无法实现土石方自平衡的情况，需对场地周边土石方来源、价格、运距及场地内外弃土条件等进行调查研究，评估其对本项目工期及造价的影响。填方单价与挖方外运单价可能相差较大，不应仅仅局限于土石方运输量的狭义平衡。

土石方调配是指在综合考虑不同区域对填料的要求、分区分块建设条件、施工进度要求等前置条件下，确定合理的填、挖方调配方向。

土石方工程对专项设计的影响，是指不同土石方平衡方案所对应的边坡支挡、地基处理、防排水和抗震等专项工程的造价、进度以及潜在风险所受到的影响。

3. 基本原则

基于上述影响土石方综合平衡结果的众多因素，土石方平衡策划时应遵循以下基本原则。

首先，土石方量计算应采用科学合理的方法，以获得较为精确的土石方挖填料用以指导地势设计。不单纯强调土石方量的平衡，应从全局经济性的角度出发，结合场地地势设计、建设条件、施工周期等因素综合考虑，做到基于工程造价条件下的土石方平衡[3]。

其次，以分区、分期建设条件为基础，综合考量分区、分期自身平衡与全场平衡的要求。地势设计时充分利用现有地形，减少填、挖方工程量，减小土石方工程综合造价。

再次，除完成场地整平标高所需的主要土石方量以外，还应充分计算其他附加土石方量，包括场地清表产生的弃土量、建（构）筑物基坑开挖后的余土量、作为建筑材料的土石方量、地基处理所需的换填量等。

最后，应通过多方案比选及风险分析选择综合经济技术指标最优的土石方平衡方案。采用动态分析方法，根据施工时现场实时土石方物理力学性质、填挖比变化等情况进行灵活调整。

4. 策划步骤

土石方平衡策划流程图如图 2.1-2
所示。

（1）建立现状地形三维模型，通过
三维地形高程分析、坡度分析、坡向分
析、流域分析等深入了解现状地形条件，
梳理高低起伏趋势、用地各部位高差、
排水情况等地形条件。

（2）梳理场地工程地质条件、水文
地质条件、地质构造、地质灾害、地震
情况等，场地工程地质条件复杂、工程
量巨大时，还应建立地质三维模型。

（3）梳理场地建设条件及周边环
境条件。

（4）根据机场的使用功能要求对
场地地势进行初步设计分析。

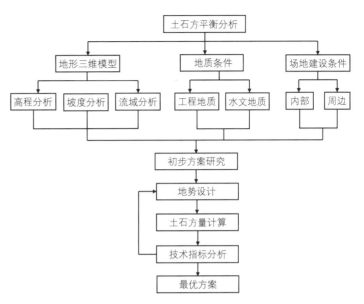

图 2.1-2　土石方平衡策划流程图

（5）对场地地势初步设计方案进行土方平衡技术指标分析，包括场地平整后各地块面积、最低
标高、最高标高、平均高程、最大挖填方厚度、各向坡度、挖填方总量、各地块挖填方量、填方边坡、
挖方边坡等，研究各技术指标的相互作用以及对整体工程的影响。

（6）根据技术指标研究，结合项目建设进度安排等外部条件，通过多方案的技术指标比选、投
资估算及风险分析，对场地土石方平衡方案进行优化。

2.1.2　填方场地的填筑设计

需进行大规模填方的场地通常具有地形起伏较大、地质条件复杂、土石方材料种类繁多等特点，
由此带来的填方地基稳定性及沉降控制问题非常突出[4]。跑道对工后差异沉降有较高的要求，而坐
落在填筑体上方的航站楼通常采用桩基础，需重点考虑填筑体变形对桩基的影响以及整个填筑地基
的稳定性，填方场地的填筑设计应在满足填筑地基密实均匀的同时控制地基的变形及稳定性。

1. 原地基处理

填筑前的原地基需承受后续填筑体的荷载，当原地基存在软弱土、特殊性岩土及不良地质条件
时，需首先对原地基进行处理，常用的处理方法包括换填、强夯、强夯置换、复合地基、堆载预压
等（图 2.1-3），可参照《建筑地基处理技术规范》JGJ 79—2012 的相关要求进行。

（a）换填　　　　　　　　　　（b）复合地基　　　　　　　　　（c）堆载预压

图 2.1-3　原地基处理方法

2. 填料选择

高填场地填方区通常就地取材，尽可能利用场地内挖方区开挖的天然土石料作为填料。机场场地分为飞行区道面影响区、飞行区土面区、航站区、工作区、预留发展区、填方边坡稳定影响区等对承载力、变形、稳定性的控制要求不同的功能区域，填料选择时，应充分考虑利用场内的一种或多种填料，分别提出相应的填料要求及压实要求以达到预定的设计控制指标。当场内开挖的土石方材料性质多样时，应合理选择不同区域使用的填料，提高整个工程的经济性[5]。

根据《民用机场高填方工程技术规范》MH/T 5035—2017，填料按土石类别分为石料、土石混合料、土料、特殊土料四大类，然后根据粒组、级配、强度指标等物理力学性质参数进一步赋予 A、B、C、D 四组填料代号，其中 A 组填料物理力学性能最优，B、C 组次之，D 组主要为膨胀土、红黏土、软土、冻土、盐渍土、污染土、有机质土、液限大于 50% 且塑性指数大于 26 的黏性土等特殊性岩土，物理力学性能最差。

对场地挖方区可用填料进行分组编号后，可根据不同场地分区对强度和变形的控制要求，按表 2.1-2 选用相应代号的填料。

填料选择应与土石方调配紧密结合，在满足分区填料要求的前提下尽量就近调配。性质不同的填料应水平分层、分区填筑。当场地内优质填料有限时，建（构）筑物所在区域与边坡稳定影响区应优先保证采用物理力学性质较好的填料，其他填料可用于飞行区土面区、工作区、预留发展用地等区域。当填料实际情况与勘察资料不符时，应及时调整填料选择方案及土石方调配方案。

填料分区选用原则　　　　　　　　　　　　　　　　表 2.1-2

区域	选择因素	选用填料
飞行区道面影响区	①地基的强度； ②沉降及不均匀沉降控制	①优选 A 组填料； ②当场地挖方区缺乏 A 组填料时，也可采用物理力学性质较好的 B 组填料
飞行区土面区	满足排水、管线和建（构）筑物等设施的使用要求	A、B、C 组填料
航站区、工作区	①填料粒径对桩基施工的影响； ②填筑体沉降及不均匀沉降对上部建（构）筑物的影响	A、B、C 组填料，当填方厚度较大时应优选 A 组
预留发展用地	总体规划	A～D 组均可，使用 D 组时需进行专项研究，确定合理的改良处理工艺
填方边坡稳定影响区	填料强度指标对边坡稳定性的影响	①边坡高度较高、坡率较陡时应优先选用 A 组填料； ②边坡高度较低、坡率较缓时也可采用 B 组填料； ③如果采用 C 组填料，应进行专项研究

填料可以来源于场地挖方区，也可来源于场外料源。当场地内特殊土料，即 D 组填料较多时，应对改良特殊土料作为填料及外购填料的经济性进行比较，选择经济性最优的填料方案。

3. 填筑体处理工艺

根据填料的种类及填筑地基的强度、稳定性、变形控制指标选择合理的处理工艺，对于保证填方场地的长期稳定性至关重要。在填方工程中，常用填筑体处理工艺主要有碾压、冲击碾压和强夯三种[6]（图 2.1-4）。

（a）碾压

（b）冲击碾压

（c）强夯

图2.1-4　填筑体处理工艺

（1）碾压

碾压法是通过碾压机械的重力在填筑体上来回反复碾压，达到压实的效果。常见的碾压设备包括平碾、羊足碾、振动碾等。机场填方场地多采用振动碾压，就是将振动压实机放在土层表面，在压实机振动作用下，土颗粒发生相对位移而达到紧密状态。振动碾压一般适用于细粒土和粒径较小的粗粒土，最大粒径一般不超过虚铺厚度的2/3，填料为爆破石渣、碎石类土、杂填土和粉性黏土等非黏性土时效果较好。同时振动碾压的分层厚度小（20～50cm），压实均匀性好，且施工作业面相对较小，可用于邻近边坡临空面的填料压实，也可通过改进的设备对坡面进行压实。由于要求填料的最大粒径较小，对于爆破石料通常需要进行二次破碎才能满足要求。碾压需关注激振力、虚铺厚度、碾压遍数、填料要求等技术指标。

（2）冲击碾压

冲击压实机是靠三边形或五边形的"轮子"在高速运动中冲击地面达到压实地基或土石填料的目的。压实轮滚动与地基或填料接触，冲压轮凸点与冲压平面交替抬升与落下，轮子行驶滚动中产生集中的冲击能量并辅以滚压、揉压的综合作用，连续对地基或填料产生作用，使土体颗粒间的空隙减小，土基得以压实。其相较于振动碾压的主要特点是冲击作用力对土基的作用深度大，分层厚度相对较大（60～80cm），对填料最大粒径和最优含水率要求范围宽，特别是石方施工时可减少二次爆破增加的费用。但冲击碾压需要冲击施工设备达到一定速度时方可达到压实效果，因此需要的施工作业面相对较大，距离边坡临空面还需预留一定的安全距离。冲击碾压需关注虚铺厚度、冲击遍数、行驶速度、机具势能、填料要求等技术指标。

（3）强夯

强夯法是利用夯锤自由下落的冲击力来夯实土壤。强夯法与冲击碾压、振动碾压方案相比，一次性处理厚度较大，适用范围广，从黏性土到粒径很大的块碎石填料均可进行处理。但强夯所需的施工作业空间大，面层压实效果差，同时夯点间填料密实度较夯点位置偏低，均匀性不如振动碾压及冲击碾压。强夯需关注能级、夯点间距、夯击遍数、分层厚度、填料要求等技术指标。

振动碾压、冲击碾压、强夯适用的压实方案优缺点对比如表2.1-3所示。

压实方案优缺点对比　　　　　　　　　　　　　　　表2.1-3

压实方法	优点	缺点
振动碾压	①施工对周围环境影响小； ②施工设备轻便灵活、施工简单； ③形成后场地空间范围内均匀性较好	①分层填筑厚度薄，分层数量多； ②填料粒径、含水率要求高，$w_{op}\pm2\%$； ③土方工程施工效率低

压实方法	优点	缺点
冲击碾压	①施工对周围环境影响小； ②施工设备轻便灵活、施工简单； ③施工效率较高	①对作业面的大小要求较高，狭窄沟道施工效率低； ②填料粒径、含水率要求高，$w_{op} \pm 2\%$； ③压实质量受含水率变化影响较大
分层强夯	①填料粒径、含水率要求相对低； ②施工受冬季影响相对小； ③沟道狭窄，作业面狭小时可首先采取一次性回填大厚度填土，快速打开作业面； ④夯击能量大，单位土方击实功较大，处理效果较好	①振动噪声大，对周围环境影响较大； ②施工设备庞大笨重

4. 填方边坡处理

机场场地形成时将在填方区外围形成填方边坡，如何采用经济合理的工程措施对填方边坡进行处理，避免出现边坡失稳的风险，也是场地设计时需重点考虑的因素之一 [7]。

填方边坡由填料填筑形成，可对填料物理力学性能及压实度进行控制，在场地用地范围允许、地形和填料不受限制的情况下应优先采用坡率法对填方边坡进行设计，通过减缓坡比、设置抗滑平台、反压平台等自稳定形式来确保填方边坡的稳定性（图 2.1-5）。在满足边坡稳定性要求的前提下，可适当加大填方边坡坡率，减少土石方工程量及边坡用地面积。对于原地基存在软弱土或相对软弱层，单纯采用坡率法的用地范围及土石方量过大时，可采用原地基处理结合坡率法的形式，通过提高原地基强度来满足合理坡率下填方边坡的稳定性。

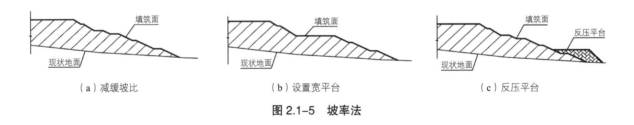

（a）减缓坡比　　　　　　　　　（b）设置宽平台　　　　　　　　　（c）反压平台

图 2.1-5　坡率法

当场地用地范围、地形填料等条件受限，不能通过放坡满足边坡稳定性要求时，可采用加筋土、挡土墙、抗滑桩等工程支挡措施来保证填方边坡的稳定性（图 2.1-6）。具体选用的工程支挡措施需根据场地地形地貌、工程地质条件等综合判断。

（a）加筋土　　　　　　　　　（b）挡土墙　　　　　　　　　（c）抗滑桩

图 2.1-6　边坡支挡措施

5. 填方边坡抗震

由于地震工况下滑坡推力往往较大，填方边坡宜尽量采用边坡自稳的形式，减少刚性支挡措施。因此，提高填方边坡抗震工况稳定性的优选方式包括尽量放缓坡率，边坡区采用物理力学性质更优的填料，加强原地基处理等。

6. 填方区排水工程

排水工程在填方场地设计中有至关重要的影响：地基土中的水无法排除可能导致地基土固结缓慢，地基工后沉降较大；填筑体排水不畅容易造成浸润线上升，边坡在渗流作用和填料强度降低影响下失稳；边坡坡面排水不畅可能导致坡面冲刷较大及水土流失。

原地基可以通过布设盲沟、水平排水层等对地下水径流、泉眼等进行疏排（图 2.1-7）。对于填筑体排水，当填料渗透性较好时可不单独设置填筑体排水系统，对于渗透性较差的填料需设置排水层、隔水层对地表渗入填筑体内的水进行疏排（图 2.1-8）。边坡坡面主要通过坡顶截水沟、马道排水沟、坡脚边沟以及连接各级平台排水沟的竖向排水沟组成的排水系统进行排水（图 2.1-9）。

在高填方场地形成中可能遇到沟谷中存在大流量泉群的情况。泉眼是地下水相对集中的一种出露排泄方式，需进行专项排水设计确保排水畅通。泉眼分为线状出露及面状出露，可根据泉眼类型、流量大小采用管涵式集中导排、碎石排水层面状导排或相结合的导排方式。

图 2.1-7 原地基排水　　　　　　图 2.1-8 填筑体排水　　　　　　图 2.1-9 坡面排水

2.1.3 挖方场地的开挖设计

1. 土石方开挖与爆破

土石方开挖时应自上而下逐级开挖并根据其所属填料分组分类堆放，对于岩石还应根据岩石类别、风化程度、岩层产状、断裂构造、施工环境等情况综合确定开挖方案。

对于机械开挖较为困难的坚硬岩石，可采用爆破开挖。填方区填料对石料的最大粒径、颗粒级配等有一定的要求，同时碎石筛分机械设备对石料的要求严格，因此应基于填方区填料的设计粒径要求，对料源的爆破开挖进行控制，降低爆破大块率，使石料粒径满足要求，避免二次破碎及降低挖运效率导致施工成本增加和施工工期延误。临近坡面位置采用预裂爆破、光面爆破等控制爆破技术，使挖方边坡坡面一次成型，避免二次刷坡带来的造价及工期增加。

2. 挖方区地基处理

对于挖方区地基，在开挖至设计标高后，应根据上部建（构）筑物的具体使用功能要求决定是否需要进行地基处理，并根据地基承载力、变形及稳定性要求选择相应的处理方法。对于暂无明确使用功能的预留发展用地，开挖至设计标高后可不进行处理。

挖方区地基与填方区地基在交界区域容易形成薄弱部位,变形协调也是挖方区地基处理需要重点考虑的因素之一。在填挖交界区位置,可采取在挖方区进行超挖形成坡率1:8~1:10的缓坡过渡段,挖填零线两侧进行强夯补强,挖填零线两侧搭接土工格栅或土工格室等措施,以有效控制填挖分界区的不均匀沉降。

3. 挖方边坡处理

机场挖方边坡通常为满足飞机起降净空要求形成。民用机场要求端净空坡比不陡于1:50,侧净空坡比不陡于1:7,坡率较缓,稳定性通常能满足边坡稳定需求。工作区外围可能因地形衔接形成较陡的挖方边坡,需根据用地范围、边坡高度、工程地质条件、不良地质作用等条件,通过边坡稳定性计算分析,采用坡率法、挡土墙、抗滑桩等措施进行挖方边坡支护。

挖方边坡截排水设计也是防止坡面冲刷、确保边坡稳定性的关键因素之一。挖方边坡每级马道上应设排水沟,坡脚设置边沟,坡面根据具体岩土特性设置坡面防护,防止雨水冲刷。挖方边坡坡顶还应根据地形条件、分水岭位置、降雨量等因素设置截水天沟。

2.1.4 乌鲁木齐地窝堡国际机场北区改扩建工程填方工程

1. 工程概况

乌鲁木齐地窝堡国际机场位于天山山脉北麓荒漠冲积带的边缘,机场东、南、西三面为天山山脉延伸坡地,北面及西北面为开阔地带。北区改扩建区域南面以机场现有围墙为界,东起宣仁墩路,西至乌昌高速,场地东西长约5.6km,场地南北宽2.5~3.1m,场地周长20km,占地面积约14km²(图2.1-10)。

北区改扩建工程内容主要包括飞行区、航站区和工作区三部分(图2.1-11)。飞行区在现有跑道北侧新建长度分别为3600m和3200m的第二、第三跑道,新建多条平行滑行道、快速出口滑行道、旁通滑行道和联络道,新建停机位和除冰机位约200个。航站区包括新建T4航站楼和北侧交通中心,其中T4航站楼及附属建筑物建筑面积约54万m²;航站楼东侧新建北区交通中心、停车楼、航站交通及服务设施等,总建筑面积约45万m²。工作区包括新建货运站及业务辅助用房、货运代理仓库用房和机场运行控制中心等,总建筑面积约6.3万m²。

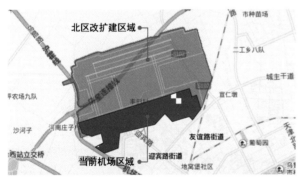

图2.1-10 乌鲁木齐机场改扩建工程地理位置

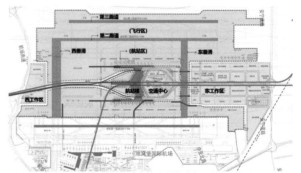

图2.1-11 改扩建区域平面布置图

北区改扩建工程原场地海拔高程+602~+653m,受原有跑道和机场周边场地标高条件的限制,北区设计完成面标高定为+625~+645m(图2.1-12),存在8~25m不等的厚填方,总填方量高达1.9亿m³,是当时国内已建和在建机场中填方总量最大的项目。

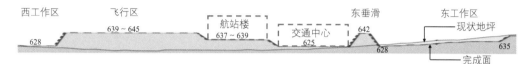

图 2.1-12 现状地坪与完成面标高对比典型剖面

场地主要地层为杂填土、耕土、素填土、粉土和圆砾。杂填土广泛分布在整个场地，成分包含建筑垃圾、生活垃圾、采砂厂弃料、工业废弃物、工程弃土、碎石土、粉土等，一般厚度 0.5 ~ 5.4m。其中粉土层具有湿陷性，在干燥状态时的强度指标及变形指标均较高，但在浸水状态（饱和状态）下则均有大幅的下降，对本工程影响较大。

图 2.1-13 航站区填筑范围平面图

2. 航站区填筑方案

（1）填筑范围

属于航站区的填方面积约 50 万 m^2，填筑范围如图 2.1-13 所示，填方高度 10 ~ 25m，总填方量超过 800 万 m^3。其中交通中心设计场地标高与现状地面标高相近，经计算可内部自行平衡。

（2）原地基处理

基于建成后上部建筑结构使用需求，航站楼隔震区、市政地道区、挡墙区下方粉土全部清除，共约 24.79 万 m^2；结构非隔震区粉土采用强夯处理基本消除湿陷性，点夯能级采用 2000kN·m，处理面积约 48.70 万 m^2。

（3）填筑体处理设计

填筑料均以原状圆砾（卵石）为主，从不同料场取样的回填料级配具有较好的一致性，且与原场地圆砾层相近，填筑料样本的平均不均匀系数 C_u=21.5（原场地圆砾层为 28.4），平均曲率系数 C_c=1.70（原场地圆砾层为 1.75），颗粒级配良好。

由于场地填筑土石方量巨大，沿高度结合地下室分布情况分两阶段进行填筑（图 2.1-14）。

Ⅰ期填筑采用分层振动碾压结合强夯补强的填筑工艺，单层虚铺厚度 300mm。分层振动碾压至 3m 采用强夯补强，强夯能级 3000kN·m。

Ⅱ期填筑采用级配良好填料分层碾压填筑工艺。市政地道、地下结构周边等Ⅰ期和Ⅱ期填筑交界面搭接处采用台阶式碾压，需反挖台阶后二次填筑。其中地下结构周边 5m 及其结构顶上 2m 范围采用碾压处理，单层虚铺厚度不大于 200mm。地下结构顶 2m 以上范围及其周边 5m 范围以外，当具备条件时可采用振动碾压处理，单层虚铺厚度不大于 200mm。

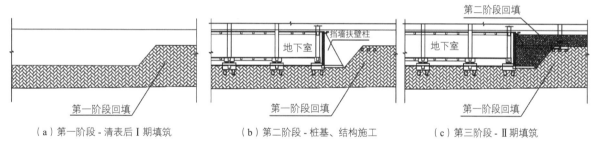

（a）第一阶段 - 清表后Ⅰ期填筑　　　（b）第二阶段 - 桩基、结构施工　　　（c）第三阶段 - Ⅱ期填筑

图 2.1-14 填筑总体工序示意图

（4）边坡支挡设计

航站楼、停机坪等与交通中心填方垂直高差最大 13m，支挡结构高度最高达 15m，填筑体、挡墙与建（构）筑物紧密结合，变形控制要求高。

对于交通中心南北两侧,结合道路标高设置多级支护,当相邻两级道路净距满足坡率不小于 1∶2 的放坡条件时采用加筋土边坡（土工格栅＋放坡），当相邻两级道路净距不满足放坡条件时根据支挡高度（H）分别选用悬臂式挡土墙（$H \leqslant 5m$）、扶壁式挡土墙（$5m < H \leqslant 9m$）和加筋土扶壁式挡土墙的复合支挡结构（$9m < H \leqslant 11m$），典型剖面如图 2.1-15（a）所示。航站楼与交通中心之间高差最大处达 14m，选用加筋土扶壁挡土墙（图 2.1-15b）。

图 2.1-16 为乌鲁木齐机场填方施工现场照片。

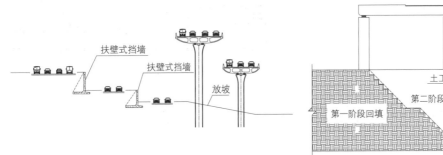

（a）交通中心南北两侧梯级支挡　　　　　（b）交通中心与航站楼之间加筋土扶壁挡土墙

图 2.1-15　边坡支挡典型剖面示意图

图 2.1-16　乌鲁木齐机场填方施工现场照片

2.1.5　昆明长水国际机场改扩建工程 T2 航站区填挖方工程

1. 工程概况

昆明长水机场 T2 航站区主要是在已建昆明长水机场一期现状场地的北侧进行场地形成，包含 T2 航站楼、S2 卫星厅和交通中心、能源中心（图 2.1-17），其中 T2 航站楼用地面积约 24 万 m²，S2 卫星厅用地面积约 4 万 m²，交通中心、能源中心等建（构）筑物所在区域面积约为 55 万 m²。最终形成场地与现状地形的挖填方关系如图 2.1-18 所示。

整个拟建场地顺着长水国际机场现有坡地依山势填筑而成。航站区场地最低处为坐落 GTC 和近远端车库的 2049m 标高平台，沿中轴线由北向南形成的标高 2049～2073.5m 的多级台地结合地铁站结构设置。东西两侧采用多级自然放坡逐渐上升至标高 2095m 的飞行区标高位置，同时坡上设置有高架、地面道路。西北侧标高 2066m 平台为出租车蓄车场，2080m 平台为网约车蓄车场及能源中心。

航站区现状地面大致呈西北高东南低（图 2.1-19），海拔高程 2020～2095m，航站区最大填方厚度 70m，最大挖方厚度 25.5m，最大边坡高度约 47m，总填方量约为 1530 万 m³，挖方量约为 214 万 m³。

现状场地位于岩溶发育地区，场地工程地质条件复杂，除了岩溶、土洞等不良地质作用之外，红黏土、次生红黏土等不良地质体厚度大，分布范围广，还存在多处泉眼。在上述工程地质条件下进行大面积高填方场地形成作业，岩土工程全范围需进行原地基处理以满足高填方场地的承载力、变形及稳定性要求。

图 2.1-17　昆明长水国际机场改扩建工程 T2 航站区效果图

2. 总体设计方案

（1）原地基处理

对于岩溶、土洞等不良地质，根据其大小、埋深、填充物物理力学指标等因素采用强夯、垫层强夯、清爆、注浆等处理手段。对高填方区域及高填方边坡稳定影响区原地基的红黏土、次生红黏土等特殊岩土及软弱土进行处理，根据处理深度的不同，采用强夯、强夯置换、碎石桩进行处理（图 2.1-20）。

（2）土石方工程设计

本项目填料来源于飞行区挖方区，料源特征差异明显，压实性能差异较大，尤其是红黏土压实性能较差，为充分利用挖方料源，同时避免由于填料性质的差异带来的差异沉降过大等工程问题，确定了三大类填料：石料、土石混合料及土料。根据不同区域的填筑地基强度、压实度、物理力学指标的要求采用不同的填料。对于高度较高、坡率较陡的高填方边坡区域优先采用以石料为主的填

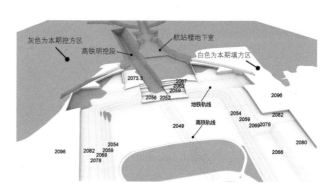

图 2.1-18　T2 航站区场地挖填方范围示意图

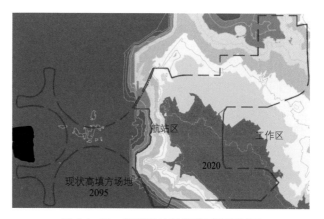

图 2.1-19　拟建场地现状地面高程云图

料；高度相对较低、坡率较缓的高填方边坡区域可采用土石混合料，对于其他无边坡及建（构）筑物、承载力及变形要求相对较低的高填方区域也可采用土料进行填筑。

根据填筑区域及不同填料的特性，分别采用强夯、振动碾压、冲击碾压等工艺对填筑体进行处理。对于 2049m 大平台采用强夯进行填筑体处理，邻近边坡坡面及坡面碾压采用振动碾压进行填筑体处理，对于边坡坡面后方的陆侧长条形区域采用冲击碾压进行填筑体处理。

（3）边坡工程设计

尽量采用自然放坡的形式，以较缓的坡率确保边坡稳定性。同时还需考虑边坡与坡上建（构）筑物的空间关系，中部与航站楼、综合交通枢纽（GTC）、地铁车站等建（构）筑物紧密结合的区域结合建（构）筑物的布置进行边坡坡型的设计，采用多级台地、宽平台等形式、缓综合坡率的形式，台地根据建（构）筑物的基础、柱网进行设置（图 2.1-21）。

（a）强夯置换

（b）碎石桩

图 2.1-20　原地基处理工艺示意图

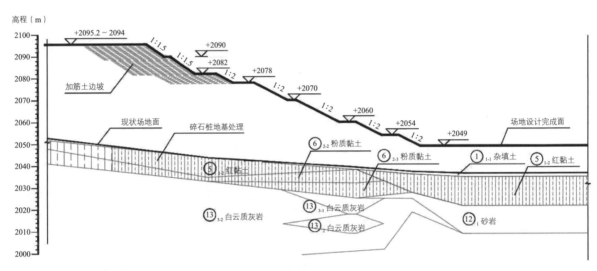

图 2.1-21　边坡典型剖面设计

　　主要通过原地基处理、填料处理来确保高填方边坡的稳定性，对于坡上有重要建（构）筑物、边坡稳定性要求高且原地基地质条件较差、边坡较陡的区域局部采用抗滑桩（图 2.1-22）、换填等处理措施。

　　（4）边坡抗震分析

　　本工程所处场地抗震设防烈度为 8.5 度，边坡设计主要由地震工况控制，对于地震工况采用拟静力法和时程分析法对边坡稳定性进行分析。其中，动力时程分析法中主要采用最小平均安全系数作为稳定性控制指标，并结合永久变形计算结果，综合判断边坡的稳定性。计算分析结果表明，罕遇地震工况下的边坡稳定性系数大于 1.05，边坡稳定性满足规范及设计要求。

　　（5）高填方排水工程设计

　　原地基布设盲沟、水平排水层组成排水网络进行排水。高填方填筑体采用盲沟和水平排水层将水从填筑体内引出边坡坡体，边坡坡面采用马道排水沟、跌水、坡脚边沟形成的排水网络进行排水。

　　（6）泉眼处理

　　本工程范围内有 6 个大流量的泉眼分布，位于填筑完成面下方 25～39m 位置，部分泉眼位于

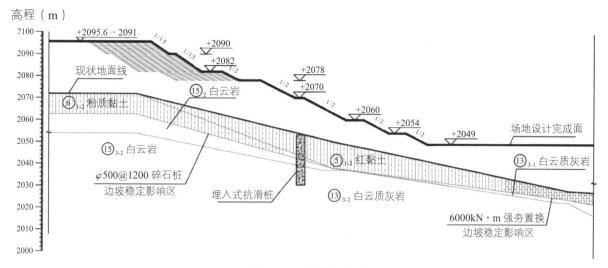

图 2.1-22　抗滑桩布置

GTC 正下方。地下水若不能及时排出，原地基与填筑体土体地下水位上升，长期浸泡条件下将产生附加沉降，引发次生地质灾害，同时土体软化抗剪强度下降，引起原地基及边坡失稳。为使工程范围内地下水顺利排泄，对于原地基大流量泉群，利用现状机场排洪沟，采用大直径排水管 + 粗粒石的方案（图 2.1-23）。将排水盲沟（内含大直径管）和粗粒石排水两种形式相结合，充分发挥粗粒石对出水点变动适应强的优点，采用粗粒石收集，导流至石乾沟后集中排泄。地下水排泄以排水盲沟（内含大直径管）为主，极端情况粗粒石排水体也可提高场地排水安全度。GTC 部分柱位与排水沟无法相互避让，通过结构转换跨越。

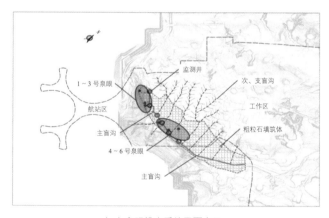

（a）泉眼排水系统平面布置

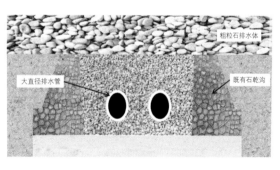

（b）泉眼排水沟截面形式

图 2.1-23　泉眼排水路径

2.2　填海造陆

　　将机场从陆地移到海岸甚至海上，主要是土地资源紧缺所致。尽管填海造陆工程投资高，但可以避免耕地占用和居民拆迁，随着近年动迁补偿费用急剧攀升，通过填海造陆获取建设用地的综合成本逐渐低于征地成本，采用填海造陆方式建设机场的机会越来越多。

2.2.1 填海机场形式分类

根据所造陆地与原始岸线的位置关系，用于机场建设的填海造陆可分为离岸人工岛和连岸式回填两种形式。

1. 离岸人工岛机场

离岸人工岛是指远离海岸线建造的人工岛屿，可以通过扩大现存的小岛、暗礁或合并数个自然小岛建造而成，也可直接填海而成。用于机场建设的离岸人工岛一般将飞机跑道、停机坪、工作道路等基础设施及航站楼建筑均建于岛上，通过桥梁、隧道、地下管廊等与大陆连接。线状布置的跑道进近灯一般设在延伸至岛外的栈桥以减少人工岛的填海面积。

人工岛四周被海水包围，潮汐和海浪是威胁最大的不安全因素。从安全角度出发，人工岛地面的高程越高越好，但这会使工程造价大幅提高，同时作用在海底软土地基上荷载的增加会导致地基沉降变形的加大。因此，人工岛高程的确定需综合考虑海平面上升的趋势、风暴潮发生的概率、地基沉降的容忍度、排水设施的需求等因素。根据已往实践经验，如果土体沉降量预期为 1～2m，人工岛中部地面高程一般应高出海平面 7～9m。

表 2.2-1 为我国和日本的一些离岸人工岛机场基本情况。其中包括依托天然岛屿扩建而成的，如中国香港国际机场，利用了赤鱲角岛 3km² 面积，人工填海约 9km²；中国厦门国际机场，位于厦门翔安区东南部海域大橙岛、小橙岛之间，用地规划 27km²，填海造陆面积约 23km²。

离岸人工岛机场一览表 [8、9]

表 2.2-1

机场	建设时间（年）	总投资	面积（填海面积）(km²)	设计年运量（万人次）	跑道数量	水深（m）
日本长崎机场	1972—1975	180 亿日元	1.54（0.65）	300	1	9
日本关西国际机场（图 2.2-1）	1987—2007	126.3 亿美元	10.56	3000	2	17～18
中国澳门国际机场	1992—1995	10 亿美元	1.92（1.26）	600	1	2～4
中国香港国际机场	1992—1998	1553 亿港元	12.55（9.38）	8700	2	4～5
日本中部国际机场	2000—2005	52 亿美元	5.8	2000	1	3～10
日本北九州机场	1994—2006	—	3.73	—	1	
日本神户机场	1999—2006	30 亿美元	2.72	320	1	12
中国厦门国际机场	2010—	—	27（23）	4500	2	浅水
中国大连国际机场（图 2.2-2）	2012—	—	20.29	4200	2	5～6
中国三亚国际机场	2016—	—	24	4000	2	18～25

2. 连岸外扩机场

连岸外扩是指在原有海岸的滩涂或低洼地带的基础上，通过人工方式扩大陆地面积以获得机场建设用地，外扩用地可以是海岸线的整体外扩，也可以是局部外扩形成半岛形式（表 2.2-2）。如上海浦东机场选址位于浦东新区长江入海口的滩涂上，这些滩涂正常情况下露出海面，但是在潮汐和台风影响下时常被淹没，通过围海促淤，整个海岸线外扩形成机场建设场地。珠海金湾机场选址位于三灶岛边上，属于海滨残丘间海陆交互沉积的低洼地带，采用开山抛石和堆填找平的方式获得半岛状的机场建造场地。

填海外扩部分属于陆地的一部分，场地标高的确定主要考虑原陆地的标高情况。

图 2.2-1　日本关西国际机场

图 2.2-2　中国大连国际机场

连岸外扩机场一览表[8]　　　　　　　　表 2.2-2

机场	建设时间	总投资	面积（填海面积）（km²）	设计年运量（万人次）	跑道数量	水深（m）
新加坡樟宜国际机场	1975—1981	13 亿新元	13	7000	2	浅滩
日本东京羽田国际机场	1984—1993	—	12.71	9000	3	10 ~ 20
中国珠海金湾机场	1992—1995	60 亿元	5.2	1200	1	浅水
法国尼斯国际机场	1975—1979	—	3.89	—	2	浅水
上海浦东国际机场	1999—2012	—	40	8000	5	浅滩
深圳宝安国际机场二期	2005—2011	60 亿元	13.23	3000	1	3 ~ 5
韩国仁川国际机场	1992—2003	60 亿美元（一期）	一期 11.72；二期 9.57	4400	3	浅滩

2.2.2　造陆方式

机场建设用地的造陆方式主要有填埋式、桩基式两种，也有采用浮体式造陆的设想。

1. 堆填式造陆

堆填式是指利用散状物料的自重克服水体浮力堆积成岛屿的方式。最常见的是以透水的散状物料堆积于海底，通过挤占海水空间，最终高出水面形成人工岛。绝大多数的机场人工岛采用填埋式成岛，国内外所有已建成的机场人工岛所在水域的水深都没有超过 30m。堆填式人工岛形成可分为围堰形成、陆域形成、软基处理、护岸结构建造四个施工步骤。

（1）围堰的形成

在海上通过人工围堰方式形成一定造陆界限，是围海造陆工程的第一步。围堰形成方式可以分为抛石围堰、模袋围堰、钢圆筒围堰。

抛石围堰是通过向海中抛掷一定的石料，石料在自重或外力作用下堆积密实，露出水面，形成人工分隔带。针对水下不同淤泥层厚度，需要采用不同的施工工艺：当淤泥厚度小于 5m 时，利用石块自身的重量即可挤出淤泥；当淤泥厚度大于 5m 时，可以结合水下强夯挤淤法、爆破挤淤法，利用外力作用加强石块置换的深度；当淤泥层厚度在 10 ~ 20m 范围时，一般需要先清淤再抛石，造价相对较高；当软土层厚度大于 20m 时，需要考虑其他形式围堰。

模袋围堰是先将防老化编织土工布缝制成袋形，再用水力吹填方法，将沙土填充到模袋中，最后构筑成定型的围堰[10]。

钢圆筒围堰由钢圆筒结构（主格）和两个钢圆筒之间的止水结构（副格）组合而成，钢圆筒通过振动沉管工艺穿过软土插入不透水层，在钢圆筒之间插入两片弧形钢板形成副格，在主格和副格内填筑沙子形成围堰。钢圆筒围堰施工效率高，减少了淤泥疏浚和处置的工作量。港珠澳大桥桥隧衔接处的东西两个人工岛围堰即采用此方法，主格采用直径 22m 的钢圆筒，副格为两个钢圆筒之间的弧形钢板。共采用钢圆筒 120 个，高度 40.5～50.5m[11]（图 2.2-3）。

图 2.2-3　港珠澳大桥桥隧衔接处人工岛围堰

图 2.2-4　吹填作业船

（2）陆域形成

陆域形成方式可以分为吹填、抛填和堆填三种方式，以及三种方式的不同组合。

吹填法，是指利用水力机械冲搅泥砂，将一定浓度的泥浆通过事先铺设的管道泵送至四周筑有围堰的拟吹填区域。按吹填方法的不同，吹填法又可以分为直接吹填工艺、吸运吹工艺、自挖自吹工艺等。若吹填区离取土区较远，通常采用接力泵送的方式。工程中以绞吸式挖泥船直接吹填和耙吸式挖泥船自挖自吹采用最多（图 2.2-4），砂或淤泥是应用最广泛的吹填材料。我国在南海岛礁的造陆就是采用了吹填方式。

抛填法可以分为陆上抛填和水上抛填。水上抛填通常使用开底驳船、皮带运砂船或抓斗运砂船开行至抛填区，进行回填。开山石（土）是最常用的抛填材料。

堆填法则是在抛填和吹填的基础上，进行堆填的施工[10]。

（3）软基处理

吹填、抛填或堆填形成的陆域都需经过地基处理，才能满足工程使用要求。地基处理方法，主要包含排水固结法、强夯法、振冲挤密法等。

排水固结法是通过在地基土设置竖向排水通道，利用建筑物本身重量分级逐渐加载，或在建筑物建造前在场地先行加载预压，使土体中的孔隙水排出，有效应力增加，土体逐渐固结，地基发生沉降，从而提高地基的承载力和稳定性（图 2.2-5）。排水固结法是处理吹填淤泥或淤泥质土的重要方法，具体操作上已发展出多种工艺方法，如插板堆载预压法、真空预压法、真空堆载联合预压法、静动联合排水固结法等。

强夯法是将 10～40t 的重锤以 10～40m 的落距，对地基土施加强大的冲击能，在地基土中形成冲击波和动应力，使地基土得以压实和振密，达到提高强度、减小沉降、改善砂土抗液化性能的目的，是处理吹填砂地基的重要方法。近几年，强夯法也有向饱和地基土推广应用的趋势，相继发展了塑料排水板联合强夯处理饱和淤泥质地基土技术，以及袋装砂井联合强夯处理饱和淤泥质地基土技术。

振冲挤密法是利用振动和水冲力来振密松砂地基，由于该法具有工艺简单、施工便捷、工期短、经济实用和效果显著等优点，是处理围海造陆工程吹填砂地基的一种有效方法。近20年，振冲法的施工工艺、施工设备都取得了新的发展，相继开发了"双向振动器"工艺、无填料振冲法等，振动器功率也由最初的30kW发展到180kW，振冲挤密法的有效加固深度已经达到30m。

在淤泥厚度不大、工程投资允许的情况下，也可将淤泥基本挖除，全部换为砂石等不易压缩的材料。这一方法对于沉降问题解决彻底，澳门国际机场、深圳机场扩建均采用此方法。

近年来还涌现出一些新的吹填土复合型地基处理方法，如浅表层快速加固技术、真空预压联合强夯快速加固技术、深井降水联合强夯加固技术、多点胁迫振冲联合挤密法、强排水复合型动力固接法等[10]。

（4）护岸结构

为抵御风浪侵袭，人工岛周边需设置护岸，起到"消浪"的作用。离岸人工岛护岸一般远离海岸，与连岸外扩半岛工程相比，要求更高更复杂。

人工岛护岸需要考虑结构安全等级、潮位重现期、波浪重现期和越浪量的控制标准等，这些因素对护岸的安全性和投资成本都影响巨大。一般人工岛护岸高度应综合允许越浪量、景观效果、飞机起降安全性确定。若挡浪墙堤顶过低，越浪影响机场正常使用；若挡浪墙堤顶过高，不仅推高工程造价、景观效果差，而且成为飞机跑道远端刚性障碍，不利于飞机起降安全。

常见的护岸形式有斜坡式护岸和直立式护岸两类（图2.2-6和图2.2-7）。斜坡式护岸常用抛石斜坡＋人工块体护面的结构形式，护面结构形式主要有四角锥、扭工字块或扭王字块等，具有较好的施工期防台能力，可以开展多个工作面同时施工，往往用于面向外海侧。直立式护岸可减少护岸的用海面积，阻水断面小，并可兼顾船舶停靠，可以在面向陆地侧，掩护条件较好时采用，沉箱护岸是常用的结构形式[8]。

2. 桩基式造陆

桩基式人工岛指利用栈桥建造技术，先将钢桩或混凝土桩打入海底，建造出超过海面一定高度的桥墩，在桥墩上建造梁板结构，然后形成可供机场使用的基础结构。该方式多用于跑道和小型建筑，一般不会用于航站楼建造。

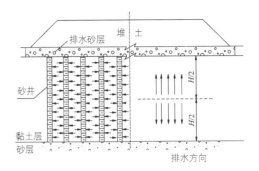

图 2.2-5　排水固结法

图 2.2-6　珠澳口岸人工岛斜坡式护岸

图 2.2-7　港珠澳人工岛直立式护岸

图 2.2-8　葡萄牙马德拉国际机场

图 2.2-9　港珠澳大桥珠澳口岸人工岛

图 2.2-10　港珠澳大桥珠澳口岸

机场航站楼结构设计与工程实践

东京羽田国际机场为保留原有水流的通道，将 D 跑道人工岛的三分之一部分采用桩基式结构，其余三分之二部分采用堆填式结构。桩基础结构自身荷载较小，而堆填式结构自重较大，不同荷载会加大基础不均匀沉降的可能性，因此在交界处采用过渡搭板的方式，协调两者变形。美国纽约的拉瓜迪亚机场是在 13m 深的水中打下 3000 多根钢管桩支撑跑道。

采用桩基式结构的另一典型案例是葡萄牙的马德拉国际机场。其坐落在临海的山坡边，跑道下部作为停车场，同时高桩支撑在海边形成靓丽风景线（图 2.2-8）。

3. 浮体式

浮体式人工岛始终漂浮在水上，与海底地形地貌基本无关，对环境的影响也大为减小。目前还只是设想，尚未有真实案例[8]。

2.2.3　港珠澳大桥珠澳口岸人工岛填海工程

港珠澳大桥珠澳口岸位于珠海拱北湾南侧的人工岛上，是港珠澳大桥主体工程与珠海、澳门两地的衔接中心。人工岛总面积 208.87 万 m^2，护岸长度 6079.344m，陆域回填料总量 2163.6 万 m^3，填海工程 2009 年 12 月 15 日正式开工，2013 年 11 月 28 日正式完工（图 2.2-9）。岛上分布有旅检区、货检区、口岸办公区，其中最大的单体建筑旅检楼同为交通枢纽类建筑，与航站楼有很大的相似性（2.2-10）。

港珠澳大桥设计使用年限为 120 年，人工岛形成后的陆域交工标高考虑 100 年一遇潮位（国家 85 高程 3.470m）取为 4.800m，考虑后期建设路面结构时的强夯等平整措施，人工岛地面设计标高为 5.300m。

人工岛护岸按 100 年一遇波浪设计。若完全不允许越浪，护岸堤顶标高需达 9.500m，高出人工岛地面标高 4.200m，这会明显增加工程造价并给岛上旅客带来压抑的视觉感受，因此综合考虑大桥运行时的通行限制条件，护岸最终按允许越浪进行设计，在保障通行安全和结构安全的前提下，确定人工岛的堤顶标高为 6.650m。

珠澳口岸人工岛围堰和护岸结构所有施工材料、施工机械等均需通过水运方式解决。其中东、南护岸直接朝向外海（图 2.2-11），无掩护条件，采用大开挖抛石斜坡堤方案（图 2.2-12）。通过大开挖换填的方式处理地基，换填时基槽底部抛设 2m 厚块石，挤除回淤的浮泥，防止出现软弱夹层；堤身采用抛石斜坡堤 + 人工块体（四角空心方块）护面的结构形式，这种结构形式在国内外广泛使用，包括邻近的澳门国际机场，具有成熟的施工经验。

人工岛上的珠澳口岸建筑结构的设计全部由华东建筑设计研究院有限公司完成，已于2018年建成投入使用。

西、北护岸面向陆地，掩护条件相对较好，采用真空联合堆载预压处理地基的半直立式堤方案，预制空心混凝土方块护岸在施工中起到了围堰的作用。地基处理设计时采用陆上插打塑料排水板和真空联合堆载预压处理地基。半直立式混合护岸结构在处理后的地基上建设，节省大量的基槽挖泥和换填工程量，经济环保（图2.2-13）。

图 2.2-11　珠澳口岸人工岛方位

人工岛陆域形成采用海砂作为回填料，采用了抛填、吹填、堆填三者结合的造陆方式：工程地水深2~3m，首先利用现有的水深采用皮带船和开底驳船直接抛填中细砂，约至-1.000m；此时由于水深限制，改用泵船和绞吸船吹填中细砂至0.000m，然后继续吹填中粗砂至+2.000m，打设塑料排水板；+2.000m以上采用皮带船打干中粗砂至岛壁，再利用推土机向岛内倒运[12-13]。

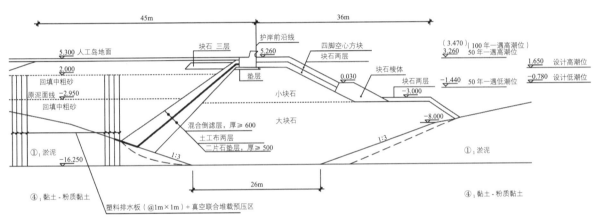

图 2.2-12　东、南护岸断面示意图

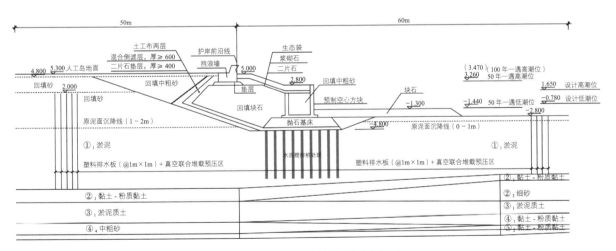

图 2.2-13　西、北护岸断面示意图

岛壁处原地基处理采用真空联合堆载预压方案（图2.2-14），预压区固结度要求不低于80%；岛内原地基处理采用堆载联合降水预压加速淤泥土的排水固结，固结度要求不低于85%。地基处理后，

图 2.2-14　珠澳口岸人工岛真空预压排水施工

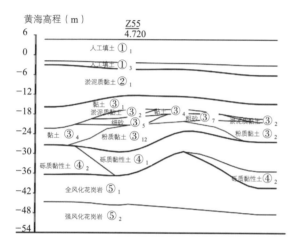

图 2.2-15　成岛后地质剖面图

进行强夯、碾压、振冲及场地平整，岛内区最终完成面标高 4.8m。在设计均布荷载 30kPa 作用下，岛内地基 30 年残余沉降不大于 250mm，黏性土地基承载力特征值不小于 80kPa，砂性土地基承载力特征值不小于 120kPa。

人工岛成岛后土层状况如图 2.2-15 所示，从上到下依次为人工填土（形成陆域的砂层）、天然淤泥和砂层、花岗岩层。

2.2.4　浦东国际机场围海造地工程

1. 围海促淤

1986 年制定的上海城市总体规划中，浦东国际机场初步规划在浦东蔡路乡地区。1992 年，修订的上海城市总体规划将机场的场址定于浦东新区川沙县城东南的江镇乡一带。后经地质勘察，发现该场址北部有死火山口，又将机场选址南移 4.8km 至祝桥镇以东靠近长江口的原海边滩涂地。1995 年，在对浦东国际机场进行环境评估时，对场址提出了湿滩候鸟驻留影响飞行安全问题，于是提出了造地驱鸟和促淤防汛相结合的规划思想，确定将东侧海滩围海促淤 18km²，破坏吸引鸟类的生存环境，结合在长江口配合实施的九段沙"种青引鸟"工程以驱赶鸟类。同时利用所围成的土地，将机场东移 700m，避免大规模动迁，同时为机场的后期扩建提供了 20km² 场地 [14]（图 2.2-16）。

场址的东移突破了原防汛主塘人民塘，这是一个涉及防汛的复杂且重大的问题。经多方论证，最终决定采用"防汛体系与围海促淤组合的防汛方案"。该方案充分利用长江水流来沙和所处滩涂的环境，人为造成塘外泥沙落淤，抬高滩地高程，减少风浪作用，增加一期防汛的安全性；同时，加高加固机场一期建设范围边缘的现状海塘，使其达到机场一期建设期所需的防汛标准（100 年一遇高潮位加 12 级风），克服一期工程工期过于紧迫的矛盾。利用二期工程与一期工程较长的时间间隔，促淤造地，减少造地土方投资；二期在促淤坝的基础上建设防汛海堤，达到二期所需防汛标准（200 年一遇高潮位加 12 级风），节约二期防汛工程费用。

浦东国际机场所处海塘外滩地随着长江口向海延伸而向前淤涨，其原因是长江每年下泄入海的泥沙约有 4.68 亿 t，受到潮流、风浪综合作用，部分在这一带落淤。此区域历来处于较为缓慢的持续淤积过程，暴风浪把高、中、低潮滩滩面刷深，底沙悬浮于水体，并随近岸区的环流输入深水区，促使水下浅滩淤高外伸；小风或无风天，深水区或潮下滩泥沙随潮上涨，并在中、高滩下落，滩坡加大。这种冲淤变化具有周期性，如冲刷率大于淤积率，为冲刷滩；反之为淤涨滩。资料显示此区域滩地每年自然淤涨可淤高 0.2m。通过实施抛石促淤坝，可以减小坝区保护范围内水域的风浪，使浪不能掀沙，减少滩地的冲刷；而对于水流带来的泥沙，则因抛石坝的孔隙很大，具有 40% 的透水率，不可能把水流中颗粒细小的泥沙阻拦在坝外，进入坝保护区内水的含沙量与坝外水的含沙量不会有什么差别，这样坝区内淤积的多少主要是与每次涨落潮进出坝区的水量（库容量）多少有关。事实上，抛石坝的透水率足以在涨潮期间及时把库容充满，然后在涨潮和落潮时段内，整个库区水体中有相当部分的泥沙落淤，使滩地淤高。所以，抛石促淤坝阻止了风浪对滩地的冲刷，又不影响原来的淤积效果，达到加快滩地淤涨的结果（图 2.2-17）。

1995 年

2002 年（一条跑道）

2005 年（两条跑道）

2008 年（三条跑道）

2012 年（四条跑道）

2017 年（五条跑道）

图 2.2-16　浦东机场海岸线变迁卫星图

浦东机场采用丁顺坝组合的围海促淤工程措施，利用顺坝的消浪缓流作用，使进入坝区的潮流流速和风浪大为减弱，便于随潮进入坝区的泥沙沉积，大大加快了淤积速度。顺坝总长 5.2km，采用容易实施并具有一定透水性的抛石坝型。考虑到施工期交通和施工作业面的需要，在坝区内抛筑了 5 道隔坝。为纳潮需要，在坝区顺坝留有龙口，每处龙口长为 300m。促淤工程实施后，原有滩地迅速淤涨，地面普遍抬高 2m 左右。

促淤造地完成后，最终围堤的设计原选择了促淤坝拆除部分块石用作砌石护坡、留下部分作为抛石护底的一部分方法，在北段海堤实施过程发现拆除原促淤坝的施工比较困难、拆下的块石作护

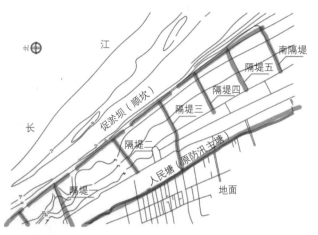

图 2.2-17　浦东机场一期促淤工程平面图

坡质量较难控制，因此南段海堤设计时改进了围堤断面，减少拆除促淤坝，而将促淤坝整体用作抛石护底，以节约拆坝工程量[15]。

2. 场道地基处理

浦东机场区域软弱土厚度非常大，在荷载作用下软弱土的变形非常大，变形控制成为工程建设所需解决的首要问题。在浦东机场建设前期，部分专家所持意见是不作地基处理，参与的日本专家大多支持这一观点。主要理由是：

机场所在地是冲积层，总体的地层比较均匀，基本不会发生影响飞行安全的不均匀沉降。

上海虹桥国际机场就没有作处理，虽然沉降已达到 30cm，但从未发生过因为地基的问题而引起停飞的情况。

机场道面根据飞机起降的频率，每隔 8 年左右就要进行维修，也就是在原来的道面上"盖被"。虹桥国际机场因为飞机起降频繁，道面平均每 5 年维修一次，未发现有地基问题的影响。即使在跑道发生了差异沉降，只要不影响到飞行，在下一次"盖被"时，原有的问题将会被一次性解决。

对于跑道的沉降量的限值，国际民航组织并未作出规定，美国、日本以及欧洲等国家及地区也并未作规定。各国只是根据自己的实际情况，建议控制场道地基的不均匀沉降。日本关西机场沉降量已经超过 1.5m，但是还在正常使用。

机场指挥部和另外一部分专家认为，虽然场地地层分布比较均匀，但是由于场区表面沟河遍布，而且浅部土层中暗浜很多，暗浜宽度、深度各异，因此存在发生不均匀沉降的可能性。勘察资料表明，场地沟河占场区总面积 12%，地表土层呈较大可压实性且土基强度属特低性；地表 8m 以下有 20m 的淤泥质黏土。经计算，上部土层会产生 33～53cm 的最终沉降，反映到地表就会产生较大的沉降差异，并造成跑道不平，乃至开裂破坏的后果。另外，浦东国际机场一期仅一条主跑道，一旦发生影响飞行的不均匀沉降，那么只能关闭机场进行处理，这样带来的损失是无法估量的。因此，机场指挥部确定场道的地基一定要进行处理。

通过对各种方案的可行性进行分析，最终讨论集中在浅层处理的强夯法和深层处理的排水板＋堆载预压法两个方案上。现场进行的大型试验证明两个方案从技术角度都能达到控制沉降差异的目标：对于地基浅层处理，强夯方案好于排水板＋堆载预压方案，尤其对沟河浜和暗浜处理效果明显，并能解决勘察中未发现的暗浜，但其工后残余沉降会大于深层处理的排水板＋堆载预压方案，工后残余沉降基本小于 10cm，30 年小于 22.6cm；对于地基深层处理，排水板＋堆载预压方案好于强夯方案，其工后最终残余沉降量小于 10cm，但地基反应模量小于强夯方案，仅为 28.8MPa。

从施工角度分析，强夯方案施工期短，易于全场作业，可通过增加设备缩短工期；排水板＋堆载预压方案施工期长，获得大量堆载材料的难度较大，且工期不易缩短。从经济角度分析，强夯方案造价低，较排水板＋堆载预压方案少投入约 1.1 亿元。最终，经过技术、经济、施工综合分析，一跑道采用强夯浅层处理方案[16]。

后续建设的二跑道所在区域地质条件较差，在 2000 年前还是一片滩地，先采用堆载预压方法解决土层变形量大的问题，再采用强夯方法处理软弱土强度低的问题。三跑道位于一跑道的西侧，场地成陆时间早，地质条件最好，是原地面地势最高的。因此，三跑道变形控制难度较小，大部分场地仅

机场航站楼结构设计与工程实践

采用冲击碾压进行处理。四跑道位于二跑道东侧，临近原海堤，变形控制难度大，变形处理采用"堆载预压联合塑料排水板"方案，强度处理采用"真空降水联合冲击碾压"方案。五跑道位于四跑道东侧，有2/3是原海堤之外，是新近围海促淤形成的陆域，采用塑料排水板法超载预压法对深层地基进行处理[17-18]。

一至四跑道工后沉降情况对比如图2.2-18所示。

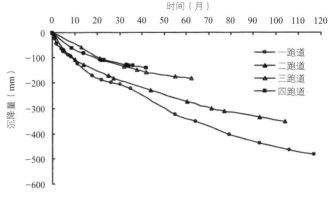

图2.2-18 四条跑道沉降对比

参考文献

[1] 周虎鑫，周立新.高填方机场岩土工程技术指南 [M]. 北京：人民交通出版社股份有限公司，2017.

[2] 周善霞.合肥滨湖新区竖向设计和土方平衡的研究 [J]. 中国市政工程，2010，29（10）：101-103.

[3] 姜清华，程江涛，蔡清，等.台段式场平建设项目土方平衡优化设计的研究 [J]. 长江科学院院报，2014，31（1）：85-91.

[4] 朱彦鹏，杨校辉.高填方工程地基变形和边坡稳定性分析 [M]. 北京：中国建筑工业出版社，2020.

[5] 姚仰平，盛岱超，李强，等.机场高填方工程基础理论与应用 [M]. 北京：人民交通出版社股份有限公司，2018.

[6] 龚晓南.地基处理手册 [M]. 北京：中国建筑工业出版社，2008.

[7] 王恭先，马惠民，王红兵.大型复杂滑坡和高边坡变形破坏防治理论与实践 [M]. 北京：人民交通出版社股份有限公司，2016.

[8] 王诺.海上人工岛机场规划、设计与建设 [M]. 北京：科学出版社，2018.

[9] 刘明良.堆载预压在填海机场软土地基处理应用效果评价 [J]. 科技创新与应用，2018，32：72-74.

[10] 董志良，张功新，李燕，等.大面积围海造陆创新技术及工程实践 [J]. 水运工程，2010（10）：54-67.

[11] 林鸣，林巍，王汝凯，等.人工岛快速成岛技术——深插大直径钢圆筒与副格 [J]. 水道港口，2018，39（S2）：32-42.

[12] 梁桁，孙英广，毛剑锋.港珠澳大桥珠澳口岸人工岛填海工程设计关键技术 [J]. 中国港湾建设，2012（4）：33-38.

[13] 陈波，孔莉莉，孙大洋.珠澳口岸人工岛填海工程护岸设计方案 [J]. 港口科技，2020（1）：45-49.

[14] 浦东机场建设指挥部，吴祥明主编.浦东国际机场建设：第2卷 总体规划 [M]. 上海：上海科学技术出版社，1999.

[15] 浦东机场建设指挥部，吴祥明主编.浦东国际机场建设：第4卷 促淤及防汛 [M]. 上海：上海科学技术出版社，1999.

[16] 浦东机场建设指挥部，吴祥明主编.浦东国际机场建设：第3卷 场道地基 [M]. 上海：上海科学技术出版社，1999.

[17] 刘东明.浦东机场四跑道软弱土沉降变形特性及其控制策略 [D]. 北京：中国矿业大学，2018.

[18] 苏尔好，黄崇伟，徐超.软土地区机场跑道不均匀沉降分析 [J]. 南京航空航天大学学报，2016，48（4）：598-605.

第3章 | 基础与地下结构

3.1　基础设计　　　　　　　　　　　　055

3.2　地下结构设计　　　　　　　　　　061

3.3　地下结构典型问题　　　　　　　　069

3.1 基础设计

3.1.1 地基特点与基础选型

航站楼建筑地基基础的特点主要来源于场地条件和航站楼结构本身两个方面。

从场地条件角度，由于航站楼的占地面积远大于一般建筑物，其场地遭遇复杂地质条件的可能性明显增大，除了前一章提到的填挖方场地、填海造陆场地等较特殊场地外，同一结构跨越不同地质条件是经常遇到的情况，岩溶、湿陷性黄土、膨胀土等特殊地质条件遭遇的机会也明显加大。

从航站楼结构角度，航站楼建筑柱距一般较大且各楼层平面不一，柱底内力存在较大差异；航站楼一般仅设置局部地下室，加之常有轨交等下穿，相邻柱基底标高差异较大的情况较为常见。

航站楼基础可采用的基础形式与常规建筑无异，柱下独立基础、条形基础、筏形基础、桩基础等都是常用的类型，关键是要根据场地情况、上部结构体系、柱距、荷载大小以及施工条件等因素选择最适用的方案。下面以昆明长水机场 T2 航站楼为例来说明。

长水机场 T2 航站楼所处位置的原始地形整体东南高，西北低，地面起伏大，分布有林地、耕地等，2008 年 T1 航站楼建设时已进行了局部整平处理，将高陡地段挖平、低洼地段填平，形成了挖方区和填方区混合的场地。T2 航站楼平面超出了 T1 建设时平整的场地，需要进行进一步的挖填，最终场地平整后的地基属土岩组合地基：东南指廊基坑开挖后揭露的地层为中风化基岩，地基为中风化碳酸盐，属坚硬岩石，但岩溶发育丰富；西南指廊为 T1 建设时的填方区，土石混合料填筑厚度约30m；东北指廊、西北指廊为 T2 新建时将要施工的填方区，填方厚度约 30 ~ 60m 不等，且回填层底部有厚层的红黏土；中部的航站楼主楼有填方和挖方区，局部地下一层或地下二层基坑开挖后揭露的地层为岩石地基。

基础采用了天然地基与桩基结合的基础形式，按照场地情况分区分段处理：填方区域均采用大直径钻孔灌注桩，以深部基岩为持力层，其中新填区域考虑负摩阻影响、T1 建设时的老填方区不考虑，遇有溶洞区域根据洞顶距岩面厚度及柱底荷载大小情况分别采取注浆穿越或短桩扩散避让的措施；对基坑开挖后为岩石地基的区域采用天然地基；对原岩石地基处由于下穿的高铁隧道放坡开挖后形成的肥槽回填区域，也采用大直径钻孔灌注桩。不同区域基础分布区域如图 3.1-1 所示。

3.1.2 特殊场地条件下的桩基设计

航站楼工程采用桩基础时，对于一些特殊的场地条件，如高填方场地、岩溶地貌及人工岛场地等，需要根据场地地层特点进行有针对性设计。

1. 高填方场地桩基设计

高填方场地地基的自重固结沉降难以短期完成，采用桩基础总体上能解决上部结构的沉降问题，但地基的固结沉降会对桩基产生负摩阻力，桩基设计应仔细考虑桩侧负摩阻力对桩承载力取值的影响。

负摩阻力是桩周土层相对桩基表面向下运动或有向下运动的趋势时产生的，按桩周

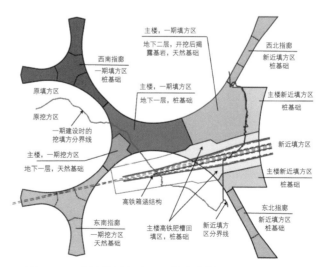

图 3.1-1 昆明长水机场 T2 航站楼基础形式分布示意图

土层沉降与桩沉降相等的条件确定中性点，中性点以上为桩侧负摩阻力，中性点深度的确定是计算负摩阻力大小的关键。影响中性点位置的主要因素有桩底持力层性质、桩周土的压缩特性、回填土固结程度和桩基尺寸及桩顶荷载。一般来讲，中性点的位置在成桩初期多少是有变化的，它随着桩的沉降增加而向上移动，当沉降趋于稳定，中性点也将稳定在某一固定的深度 l_n 处。

《建筑桩基技术规范》[1]JGJ 94—2008 条文说明中提到：工程实测表明，在高压缩性土层 l_0 的范围内，负摩阻力的作用长度，即中性点的稳定深度 l_n，是随桩端持力层的强度和刚度的增大而增加的，其深度比 l_n/l_0 的经验值如表 3.1-1 所示。

《建筑桩基技术规范》JGJ 94—2008 中性点深度 l_n 表 3.1-1

持力层性质	黏性土、粉土	中密以上砂	砾石、卵石	基岩
中性点深度比 l_n/l_0	0.5 ~ 0.6	0.7 ~ 0.8	0.9	1.0

注：1. l_n、l_0 分别为自桩顶算起的中性点深度和桩周软弱土层下限深度；

2. 桩穿过自重湿陷性黄土时，l_n 可按表列值增大 10%（持力层为基岩除外）；

3. 当桩周土层固结与桩基沉降同时完成时，取 $l_n=0$；

4. 当桩周土层计算沉降量小于 20mm 时，l_n 应按表列值乘以 0.4 ~ 0.8 折减。

值得注意的是，规范提供的中性点深度比 l_n/l_0 经验值是基于高压缩性土层、针对不同桩端持力层的性质而给出，而对于由于桩周土已存在一定固结程度（比如场地回填已进行过压实处理）因而对负摩阻力的减小情况，没有给出实用的考虑方法，因此规范经验算法有时会明显高估桩基负摩阻力值。

日本建筑学会编写的 1974 年版《建筑基础构造设计规准》[2] 中提供了如下中性点计算公式：

$$l_n = \frac{K_v S_0 + \bar{\tau} U l_0 - P}{\dfrac{K_v S_0}{l_0} + 2\bar{\tau} U}$$

式中，K_v 为桩端土层垂直弹簧系数；S_0 为地基表面沉降；$\bar{\tau}$ 为桩侧平均单位摩阻力；U 为桩周长；l_0 为桩周压缩层下限；P 为桩顶荷载。计算公式反映了附加荷载引起的地表沉降、桩顶荷载、桩径、土层压缩性和桩侧摩阻力，以及桩端持力层性质等各种因素的影响，更符合桩周土层沉降与桩沉降相等这一中性点的物理意义，尽管公式本身和参数取值会存在一定误差，但比规范经验算法更进一步（图 3.1-2）。

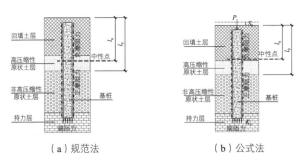

（a）规范法 （b）公式法

图 3.1-2 负摩阻力两种算法差异示意

需要说明的是，影响桩的负摩阻力的因素有很多，桩与桩周土相互作用关系是个复杂的问题，很难准确计算。实际工程中需结合具体情况综合分析，确定符合实际情况的计算方法，同时也应根据实际情况，采取一些减小负摩阻力的措施。

乌鲁木齐机场 T4 航站楼位于厚度 10～25m 的填方场地上，回填料为天然级配碎石土。经比选采用沉降和不均匀沉降均小、对回填要求相对较低、经济性更优的桩基础方案。由于压实填土的工程特性指标与回填材料、施工工艺等有着密切的关系，压实填土不宜作为桩基础的持力层，桩端位于原状圆砾层中。

根据当地的经验，被称为"戈壁料"的天然级配碎石土有非常好的可压实性，工后沉降很小。考虑到本工程回填完成与桩基础施工的时间间隔很短，填筑体仍会存在一定的工后沉降，桩侧负摩阻力对桩承载力的影响还是需要考虑。但如果按照规范不考虑回填土固结情况的公式估算负摩阻力时，对于持力层为圆砾的情况，中性点深度比（中性点深度与回填土厚度的比值）为 0.9，对于桩径 800mm 的钻孔灌注桩，不同填土厚度下的桩基承载力特征值为 2530～3870kN（表 3.1-2）。实际上，回填土经过分层振动碾压及强夯补强处理，其大部分固结沉降已完成，相较于桩基规范中性点深度的建议值，实际中性点深度会明显上移。而按照日本建筑学会的公式算法，将地表沉降、桩顶荷载、桩径、土层压缩厚度和桩侧摩阻力等因素考虑后，得到的中性点深度明显小于规范计算值，桩基承载力特征值达到了 4400～4720kN（表 3.1-2）。设计中采用后一种算法进行桩基设计，明显提高了桩基的经济性。

中性点深度系数对比　　　　　　　　　　　　　表 3.1-2

桩径（mm）		800	800	800	800	800
填土厚度（m）		4	9	13	17	20
桩长（m）		21	23	28	33	35
规范估算	系数	0.9	0.9	0.9	0.9	0.9
	桩承载力（kN）	3870	3050	2950	2900	2530
日本建筑学会公式算法	系数	0.1	0.22	0.4	0.51	0.55
	桩承载力（kN）	4720	4650	4650	4650	4400

2. 超深回填岩溶地貌的桩基设计

对于岩溶地区，当同时需进行超深回填土时，桩基础在穿过上部填土层后可能还需继续穿越较长溶洞层以达到稳定的岩层，有时会出现超长桩，此时桩基础需结合成桩工艺进行设计。

由贵州省建筑设计研究院设计的贵阳龙洞堡国际机场 T3 航站楼[3] B3 区部分区域回填土厚、溶岩发育强，有些桩在穿过上部最厚约 60m 的填土层后还需要继续穿过较长溶隙、溶洞层才能到达稳定中风化灰岩，最长桩长达 101m（图 3.1-3a）。施工前，对不同桩径的工程桩采用 4 种工艺进行了试桩：泥浆护壁旋挖湿成孔工艺、全套管管内取土（采用高频液压振动锤下压钢套管）两种方式在夹杂大量石块、混凝土块的高抛回填土层无法成孔；冲击成孔工艺施工过程中入岩遇到溶洞时需回填后进行复打，工效下降严重；全套管全回转成孔工艺（用全套管全回转钻机下压钢套管）同时全过程由钢护筒进行有效护壁，可有效避免塌孔、埋钻等质量风险，成孔效率高，成桩质量有保障，工期可控，最终确定采用。

常规全套管全回转钻机下压钢套管极限深度约 60m，为解决钻进困难及钢套管下压成孔深度有限的难题，该项目采用了双套管双驱动全回转钻机，驱动内外套管分别进入回填层、强风化岩层，利用外套管独立穿越深厚回填层，使内套管避开回填层的巨大摩擦力，有效穿越泥夹石、强风化灰岩、溶洞，到达持力层中风化灰岩（图 3.1-3b）。该方法极大提高套管在强风化灰岩层中的钻进效率，

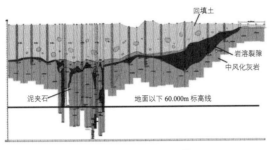

（a）工程地质剖面示意[3]

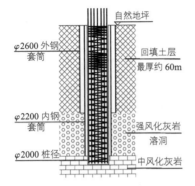

（b）双套管三段变直径桩示意图

图 3.1-3 贵阳龙洞堡国际机场 T3 航站楼超长桩

同时，将全回转钻机在超厚回填土岩溶强发育区等复杂地层中的成孔深度提高至 120m。

B3 区域共有 29 根超长桩，桩长为 71 ~ 101m，平均桩长 87.3m；结合双套管双驱动全回转管内取土成孔工艺，超长桩设计成三段变直径嵌岩桩。超长桩上部为外套管区，穿越超厚回填土区，桩直径与外套筒外径相同，中部桩穿过强风化岩溶区，直径与内套筒外径相同，下部嵌岩深度根据桩所需竖向承载力及设备能力取值。

3. 人工岛场地桩基设计

由人工岛的陆域形成过程可知，人工岛最顶部为较大厚度的人工砂层，其下部海床一般为较厚的淤泥质黏土。针对这一特点，一般采用桩基础，钻孔灌注桩或预应力高强混凝土管桩（PHC）均为可选桩型。实际工程桩型选择时除考虑经济性和施工周期外，还应关注以下几点：对于钻孔灌注桩，由于穿越较厚砂土层、碎石土层，泥浆护壁成孔时较困难，往往需要使用钢护筒，同时岛上泥浆处理不方便；对于 PHC 管桩，由于挤土效应，会导致打入困难，当靠近岛壁区时，需考虑布置减震沟、应力释放孔等，以减少对围堰的振动影响；由于人工岛下部与海水连通，场地土和地下水对结构均有较强的腐蚀性，采用 PHC 管桩时，还要特别注意焊接接头处的防腐处理；人工岛成岛后还会存在较长时间的工后沉降，也会对桩基产生负摩阻力，设计过程中须重点关注桩周土的固结完成度以及负摩阻力的取值。部分人工岛场地桩基应用情况见表 3.1-3。

部分人工岛场地桩基应用情况   表 3.1-3

项目	钻孔灌注桩	PHC 管桩
港珠澳大桥香港口岸、香港机场航站楼	人工岛场地，一柱一桩，桩径 1600 ~ 2300mm，持力层为微风化岩层，钢护筒打至全风化岩层	
澳门机场滑行道		800mmPHC 管桩，焊接接头，无特殊处理，桩身在干湿交替处刷涂层防腐。桩直接浸于海水中
澳门氹仔码头一期		500mmPHC 管桩 AB 型，焊接接头，接头及桩身刷涂层防腐。桩直接浸于海水中
澳门氹仔码头紧邻在建建筑		500mmPHC 管桩，接头及桩身处理情况不明，桩位于土中
澳门氹仔码头二期	1000mm 左右灌注桩，微风化岩层持力层，钢护筒打至全风化岩层	
港珠澳大桥珠海口岸[4]、港珠澳大桥澳门口岸		600mmPHC 管桩 AB 型、B 型，要求混凝土中掺加钢筋阻锈剂，最小保护层厚度 45mm，采用尖底十字形桩尖

机场航站楼结构设计与工程实践

在位于人工岛上的港珠澳大桥珠澳口岸工程桩基设计中，对钻孔灌注桩和 PHC 管桩两种桩型进行了比选。虽然从纯技术角度钻孔灌注桩适应本场地条件更好，但从经济性及施工速度角度 PHC 管桩具有明显的优越性，在试打桩顺利的情况下，最终确定口岸的旅检区、交通配套区和货检区桩基础均采用 PHC 管桩，以强风化花岗岩或全风化花岗岩作为桩端持力层，同时针对人工岛的特殊条件采取对应措施。

考虑到场地内地下水、土对混凝土结构具有腐蚀性的不利因素，依据混凝土结构耐久性设计要求，设计中将 PHC 管桩钢筋的内外最小保护层厚度增大至 45mm，并选用直径 600mm、壁厚 130mm 的 AB 型、B 型 PHC 管桩，采用尖底十字形桩尖，同时要求在混凝土中掺加钢筋阻锈剂，控制混凝土的含碱量（水溶碱，等效 NaO 当量）不得超过 3kg/m^3，氯离子含量不得超过 0.06%。

为提高管桩接头的耐腐蚀性能，采取预留腐蚀余量的措施，将接头的焊接剖口深度加深至 25mm，并分层焊接，严格保证焊缝饱满度和内在质量，同时对 AB 型管桩的端板厚度由 20mm 增厚至 24mm。尽量减少接头数量，要求单桩的接头数量不超过 3 个，抗拔桩单桩的接头数量不超过 2 个。沉桩后耐久性指标要求：混凝土电通量不大于 1000C，氯离子扩散系数不大于 $4 \times 10^{-12} \text{m}^2/\text{s}$。

人工岛内普通分布有第四系全新世海相沉积层及第四系晚更新世海陆交互相沉积层软土，即淤泥质黏土层和淤泥土层；另外广泛分布于场地地表的人工填土可视为地面大面积堆载，使得桩周土产生的沉降大于基桩的沉降，因此需考虑桩侧负摩阻力对桩承载力的影响。

由于本工程吹填土堆载的过程与超载真空预压是同步进行的，在桩基施工之前大部分的软弱土层压缩变形已经完成，相较于《建筑桩基技术规范》JGJ 94—2008 关于中性点深度的建议值，实际中性点深度会明显上移，类似场地条件的实测结果也说明这一问题。

根据陈企奋等对同样位于珠江口、地质条件接近的龙穴造船基地回填场地建筑桩身负摩阻力现场测试、数值模拟分析结果，文献《龙穴造船基地建筑桩基负摩阻力研究》中对于吹填场地条件下负摩阻力中性点深度计算，提出了一种近似计算公式：

$$l_{\text{n}} = \sum_{i=1}^{n} \mu_i \times h_i$$

式中，l_{n} 为中性点深度；μ_i 为土层深度系数，根据标贯击数参照表 3.1-4 取值；h_i 为压缩变形土层的厚度，参照《建筑桩基技术规范》JGJ 94—2008，考虑桩周所有沉降变形土层。

土层深度系数取值　　　　　　　　　　　　表 3.1-4

标贯 $N_{63.5}$	土层深度系数
0 ~ 4	0.8 ~ 0.9
5 ~ 9	0.7 ~ 0.8
10 ~ 14	0.6 ~ 0.7

采用该近似公式算法所得中性点深度与类似场地条件的实测值很接近，也与采用日本规范提供的中性点深度计算公式所得值比较接近。本工程中采用了这一近似计算公式计算，负摩阻力计算值效应按桩基规范计算值，既保证桩基设计的安全性，又提高本项目桩基础的经济性。

考虑到场地土层条件以及孤石分布的情况，结合珠海当地经验，根据现场试打桩的情况以及试桩检测报告确定综合桩底标高和贯入度的收锤标准：当桩底达到设计标高，且最后三阵贯入度小于

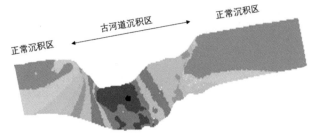

图 3.1-4　古河道切割剖面

200mm/阵（10击）时，可停锤；当桩底标高未达到设计标高，贯入度小于40mm/阵（10击），可停锤；当桩底达到设计标高，而贯入度大于200mm/阵（10击），须继续施打直至最后三阵贯入度不大于200mm/阵（10击），可停锤。现场打桩过程以及桩基检测结果表明，以上收锤标准对于本工程人工岛场地是合适的，有效避免盲目打桩以及遇到孤石桩基破坏产生的问题。

4. 穿越古河道场地的桩基设计

上海地区第四纪地质时期，随着古气候的变化，古地貌的改变，陆地上出现了多条河道，即成为古河道。古河道分布区域，地层分布复杂，起伏较大，良好的桩基持力层均被切割，在桩基础设计时须引起重视。

上海浦东国际机场二期项目，其场地地貌类型属河口、砂嘴、砂岛，地势平坦，地面标高在2.33～4.78m之间。勘察查明，在所揭露深度85.16m范围内的地基土分别属第四纪全新世、上更新世沉积物，主要由饱和黏性土、粉性土和砂土组成。拟建场地内受古河道切割，部分区域理想的桩基持力层⑦层土层面变化较大。该古河道宽约600m，最大埋藏深度约65.10m，层底分布形状较为复杂，总体规律为在北侧较陡峭，在水平距离40.0m范围内第⑦层层面高差约36.0m，在古河道南侧呈台阶状分布地层分布，相对较平缓，大体分布形状详见图3.1-4。

根据土层特点，拟建场地可划分为Ⅰ～Ⅲ地质分区，其中Ⅰ区、Ⅲ区（正常沉积区）选择第⑦₂₋₁层作为桩基持力层，在该区域第⑦₂₋₁层面相对稳定，桩长约33m；Ⅱ区（古河道沉积区）第⑦₂层层面变化较大，层顶埋深高差约30.0m，采用第⑦₂₋₂层作为桩基持力层。统一控制桩尖进入持力层深度，桩长范围为34～63m。拟建场地大部分区域施工时为空地，较为开阔，桩型采用较经济且施工质量易于控制的PHC（600mm）管桩。

5. 超深地下室条件下的桩基设计

航站楼与地铁轨交共建的综合交通枢纽，地下室深度较大，底板所受水浮力大，支承航站楼上部结构的柱子荷载较大而其余地下结构的柱子荷载相对小，桩基础设计需考虑以下特点：一是柱子荷载不均匀，且轨道交通对沉降绝对值和差异沉降控制要求都很高；二是超深地下室水浮力引起的大范围抗拔需求很大；三是超深地下室开挖引起的土体回弹对桩基础承载力有影响。

对于第一个特点，软土地区的钻孔灌注桩可以采用桩端后注浆工艺减小绝对沉降，荷载差异大的柱下设置刚度不同的桩基，考虑底板协调变形并适当提高底板刚度来减小差异沉降。此外，可以利用基坑支护设计的地下连续墙的竖向承载能力，减少地下连续墙附近的桩基布置，并充分评估对底板受力和差异沉降的影响。

对于第二个特点，即使承受竖向荷载较大的柱子，也要考虑施工过程中及使用阶段的抗拔工况，进行抗压兼抗拔的设计；一般地下室柱下桩及底板跨内的桩以抗拔桩为主，抗拔桩数量多、对造价影响较大，可以采用桩侧后注浆、旋挖扩底桩等措施提高抗拔桩的承载力，从而提高抗拔桩设计的经济性。浦东机场T3抗拔桩在前期试验中对桩侧后注浆、旋挖扩底桩进行了对比试验，均能有效提高抗拔承载力，基于大范围施工质量的可控性原因，在工程实施中实际选用了旋挖扩底抗拔桩（图3.1-5），取得较好的效果。

对于第三个特点，深基坑开挖造成了基底以下桩侧法向正应力的降低，开挖半径越大，桩顶卸荷越多，桩侧法向正应力降低越多，桩侧摩阻力也就降低越多。目前还没有深基坑开挖对不同桩长桩基的抗压和抗拔承载力的统一计算方法，但可以通过数值模拟等手段对具体工程进行有限元计算分析，或基于 Boussinesq 解、Mindlin 解求得桩侧摩阻力，对开挖到坑底的桩基进行承载力试验验证并对地面试桩的承载力进行折减。由于抗拔桩承载力主要由桩侧摩阻力提供，开挖卸荷将直接造成抗拔承载力损失，基坑中心位置的抗拔桩影响更为明显，采用扩底抗拔桩可在一定程度上减少开挖卸荷引起的承载力损失。

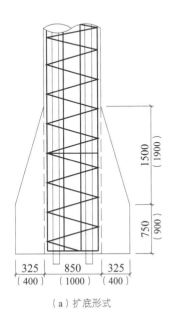

（a）扩底形式

（b）不同类型的扩底设备

图 3.1-5　旋挖扩底抗拔桩

3.2　地下结构设计

　　与航站楼相关的地下结构，除航站楼本身的地下室以外，还包括以下内容：各种类型的地下通道，如连接航站主楼与卫星厅的捷运、行李、工作车辆通道，连接能源中心与航站楼的设备共同沟，穿过航站楼的市政下穿道路；当轨道交通进入机场时，轨交车站也较多设于地下并与楼前交通中心 GTC 共建；对于垂直穿越式轨交车站，轨交盾构会下穿航站楼并穿过机坪；服务于航站楼的楼前停车库，也会部分设于地下（图 3.2-1）。不同类型的地下结构都有其自身特点，设计需充分考虑其特点。

3.2.1　航站楼地下室

　　出于安防的考虑，目前国内的航站楼不允许在楼平面投影范围以内布置除航站楼自身基本功能以外的其他内容，因此航站楼地下室常用的使用功能是设备管线共同沟、设备机房、员工辅助用房、与 GTC 连通的地下转换大厅，有时也会将部分行李处理机房设在地下。大多数情况下，这些功能不需要占用整个航站楼平面，因此最常见的航站楼地下室是单层局部地下室（图 3.2-2）。

　　对于地下室设置与 GTC 连通的转换大厅的情况，为提高转换大厅空间舒适度，有时会在大厅迎向 GTC 一侧设置下沉式庭院让自然光线通过面向庭院的幕墙洒入，这样就会形成单侧开敞的地下结构（图 3.2-3）。单侧敞开地下结构存在两侧土压力不平衡问题，可以通过设置垂直开敞面的墙体将单侧土压力部分传至底板由桩基抗剪和承台侧的土体共同平衡，另一部分的土压力则由位于底层的基础来承担。

当航站楼行李需要通过地下通道与卫星厅或机坪连通时，有时会将部分行李机房设于航站楼地下层，由于行李机房需要很高的空间，经常需要将相应位置的底层楼板取消从而形成 B1 至 F2 层的双层空间，如萧山机场 T4 航站楼（图 3.2-4）。底层楼板的大量缺失会对上部航站楼的嵌固条件带来明显影响，结构计算需要充分考虑约束条件的变化并进行相应的加强。

当航站楼处于填方场地时，可采用设置地下结构空腔层的方式替代部分的场地回填，这在地下室边界复杂处和无地下室区域较小处应用机会较多，如昆明机场 T2 航站楼国际指廊（图 3.2-5）。是否采用这样方式需考虑回填条件、成本、工期、工序等因素综合确定。

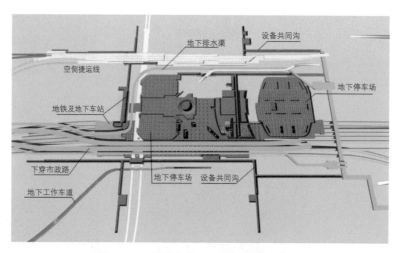

图 3.2-1 浦东机场 T3 地下结构示意面

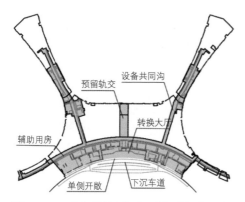

图 3.2-2 呼和浩特新机场单层局部地下室

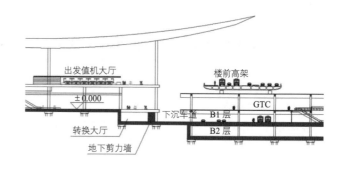

图 3.2-3 呼和浩特新机场单侧开敞地下室

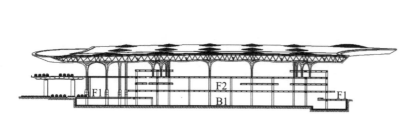

图 3.2-4 萧山机场底层楼板缺失剖面图

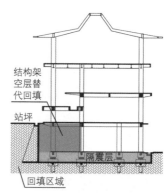

图 3.2-5 昆明机场国际指廊结构剖面图

对于采用基底隔震设计的航站楼,隔震层是在原有结构层以下增加的一层地下结构,且其外墙均为悬臂墙。对于原有地下室的区域,该悬臂墙的悬臂高度往往会达到10m左右甚至更高,该墙的强度刚度及对应底板的匹配需要重点关注。图3.2-6是对昆明长水机场T2航站楼地下二层隔震处的高达21m的悬臂挡墙的减小弯矩的特殊处理。

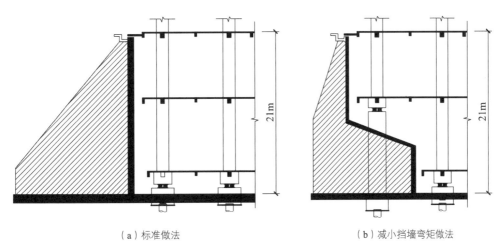

（a）标准做法　　　　　　　　　　　　　（b）减小挡墙弯矩做法

图3.2-6　昆明机场标准和特殊处理的悬臂挡墙剖面图

设备共同沟用于全楼机电管线的分配联通,分布范围遍及全楼,呈典型的窄条状。共同沟的总体面积虽然不大,但涉及动辄长达数公里的基坑开挖及相应的支护结构,与之相邻的桩、基础的布置也受其影响,其平面位置的选择和埋置深度的确定对整体结构的合理性有很大的影响,因此结构专业需要参与到建筑、机电专业对共同沟方案的确定过程中,结合管线排布优化减小共同沟埋置深度及其与上部结构柱网关系。

由于共同沟宽度一般不超过上部结构的一跨柱网,在一跨柱距范围内加大共同沟宽度以减少管线竖向排数是最直接的减小埋深的办法,此时共同沟宽度的增加并不改变开挖的宽度;共同沟内管线的排布经常受管线交叉、顶板局部落深等因素影响,此时通过管线局部的绕行处理来替代共同沟整体截面的加高是最有效的减小埋深的途径。对于中大型的航站楼,共同沟的埋置深度往往会达到5~8m,交叉处的深度达12~13m 在这个深度区间内,针对不同的地质情况,可能采用的基坑围护形式包括土钉墙、钢板桩、工法桩、排桩等,同种支护类型不同深度时成本不同,跨越支护形式时成本差异更为明显,减小共同沟的埋置深度可以带来明显的成本节省。

对于隔震结构,当共同沟跨越隔震与非隔震区时,管线需要做柔性接头以适应地震下的相对变形,罕遇地震下这个变形值可能高达±400~700mm,由于共同沟中有大直径的水平向冷热水管,其适应多向变形的柔性接头做法需要较大的空间,隔震缝边的共同沟截面宽深适当地放大可以为柔性接头的排布提供更多的可能性。

3.2.2　地下通道与管廊

连接航站主楼与卫星厅的捷运、行李、工作车辆等地下通道所需的使用空间均为箱形截面,宜优先采用浅埋以减小车辆通行坡度,但由于地处站坪或跑道范围,实际采用的截面形式、埋置深度、基础形式等均受能够采用的施工方式的制约:对于有条件进行明挖施工的,几种通道可以根据使用需求确定各自截面并采用浅埋,同时应尽可能组合成一个整体截面以减少工程量;对于需在使用中

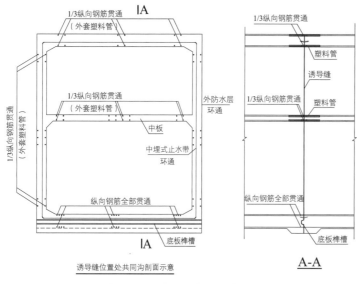

图3.2-7 地下通道诱导缝处理

的机坪或跑道下通过、无条件进行开挖施工的通道区段，则需综合规划线路走向、暗埋段长度、覆土厚度、地质条件、最大允许沉降等限制条件，先确定可行的暗挖施工方法，进而确定适合的截面形式和埋置深度。

明挖施工条件下，在飞机滑行通过区域，通道顶板埋置深度一般不宜小于0.5m以保证机坪道面构造做法的连续性，并要考虑作用其上的飞机轮压，应尽量避免在飞机着落区域的穿越。由于地下通道的存在会使机坪压缩刚度发生变化，需要采取措施减小该区域的刚度变化率，常用的方式包括通道边地基的渐变式加固、设置过渡搭板等。下穿通道基础可结合地基情况选择桩基或天然地基，高水位地区的抗浮设计可选用抗拔桩或基础底板外扩土体反压的方式处理。

地下通道的长度常以公里计，沿长向的混凝土收缩和温度应力是需要特别关注的问题。解决这一问题的几种做法，包括设置完全断开的结构缝结合止水带，不设结构缝而是代以每20～30m的密设诱导缝（图3.2-7），或者完全不设任何缝而是通过材料控制、外加剂添加、加强施工养护、加强配筋等方式硬抗，都各有成功和失败的案例，具体选择哪种方式，需要综合各种情况具体评判。

明挖通道与航站楼或卫星厅地下室连通口处可采用可伸缩连接，以释放温度应力和沉降差异。如果将沉降差异集中在接缝处释放，容易发生地面标高的突变和橡胶止水带的撕裂，从而影响各类车辆的通行以及引起地下水渗入，因此，可以通过桩基位置调整的方式不设缝连接（图3.2-8a），取消通道靠近楼边位置的桩基，使得通道与楼间的沉降差在通道端部的一定长度范围内平过渡；也可采用牛腿搁置的方式允许接缝两侧的相对转动，但限制突变式的相对沉降（图3.2-8b）。

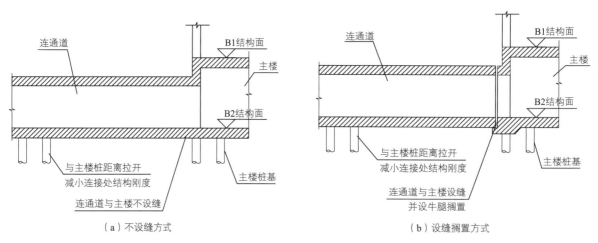

图3.2-8 地下连通道接口处理

暗挖施工条件下，目前机场常用的工法有盾构法[5]、顶管法[6]、管幕法[7]和矿山法[8]，前三者适用于土质场地，后者适用于岩质场地。

盾构法、顶管法和管幕法都属于地下工程暗挖施工的主要方法，都需要先开挖工作基坑，即工作井和接收井；管顶都需要保留一定厚度的覆土以保证推进过程中地面不发生过大的变形。盾构法与顶管法的差别为：盾构法的衬砌为管片，每环管片在盾构机的盾尾进行拼装，每次安装的都是最前一环管片，顶进装置布置在盾构机的支撑环外沿与最前一环管片间（图 3.2-9a）；顶管法的衬砌为管节，每环管节一次预制成功，由顶进装置依次顶进，每次安装的都是最后一环管节，主顶进装置布置在工作井内，全部管节在推进工程中是移动的（图 3.2-9b）。盾构法适用于规划线路线形较好、暗埋段长度较长、有较多控制性条件需避让造成覆土厚度较大的情况，截面通常为圆形；顶管法一般用于短距离的穿越，截面的形式可圆形也可为矩形。

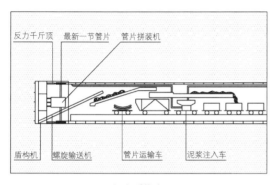

（a）盾构法

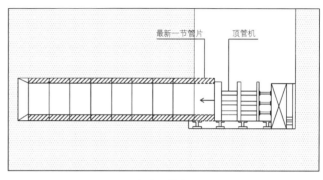

（b）顶管法

图 3.2-9 盾构法和顶管法的比较

当盾构穿越需要维持正常使用的跑道和滑行道时，穿越过程中的道面沉降控制要求极为严格。如上海虹桥国际机场共有三条盾构在机场正常运行期间从机坪范围穿越（图 3.2-10）：轨道交通 10 号线穿越两条跑道以连接 T1、T2 航站楼的客运功能，跑道区地表沉降控制要求不大于 10mm；轨道交通 2 号线从北侧下穿滑行道进入 T2 航站楼，航站楼区域地表沉降控制要求不大于 15mm；仙霞西路隧道从跑道端头绕滑道下穿，地表沉降控制要求不大于 20mm[9]。

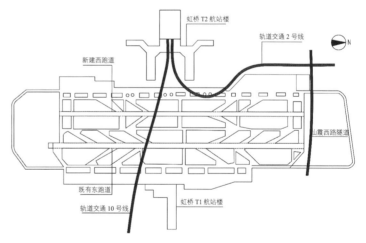

图 3.2-10 盾构穿越虹桥机场飞行区平面示意图

为实现上述沉降控制要求，从设计角度需尽可能加大盾构埋深，如 10 号线穿越跑道时的覆土厚度为不小于 20m。从施工角度，一是控制和调整盾构切口水压，确保开挖面稳定；二是控制盾构推进速度，减小盾构推进对周边土体的扰动，如仙霞西路隧道在穿越绕行滑行道过程中，将盾构掘进速度控制在 2cm/min 以内。最终实施结果是，10 号线实际最大沉降为 7mm，2 号线为 10mm，仙霞路隧道为 15mm。

管幕法是利用顶管技术在拟建的地下通道四周顶进钢管，钢管之间进行连接而形成的地下空间围护结构，再进行开挖和地下通道结构的施工，主要适用于长度较短、覆土厚度较小、又无法以明

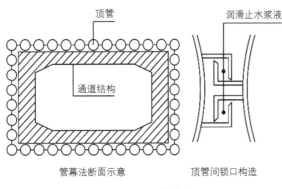

管幕法断面示意　　顶管间锁口构造

图 3.2-11 管幕法

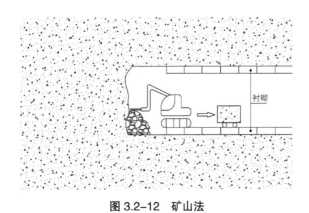

图 3.2-12 矿山法

挖法施工的地道段（图 3.2-11）。

当地下通道位于较稳定的岩体内时，可以采用矿山法施工，这是通过开挖地下坑道来修建隧道的一种传统的施工方法，该方法通过采用分步开挖的方式，以有效避免其开挖过程对围岩所造成的不利影响，同时边挖边撑来确保围岩始终处于安全的状态（图 3.2-12）。设计中的昆明长水机场 T2 航站楼，渝昆高铁线在航站楼主楼下的咽喉区采用了明挖隧道方式，并线后穿越指廊区时，采用的就是矿山法施工。

各类暗挖通道需要针对不同地质条件和施工工法分别采取注浆等土体加固方式以抵消施工过程对周边土体扰动的不利影响。

总体共同沟的截面形式与航站楼下的设备共同沟基本相同，其他情况与捷运、行李、工作车辆通道相同，设计可参照上述相关内容。

当市政道路需要穿越航站楼和站坪时，如果道路能开挖施工，其面临情况与上述通道相同；当无法开挖施工时，由于市政道路需要跨越整个航站区和飞行区，长度往往达到数公里，较多也会采用盾构法施工。

3.2.3 地下轨交车站

与交通中心结构共建的地下轨交（包括地铁和高铁）车站段可作为 GTC 主体结构的一部分按房屋结构正常设计，但与车站功能范围直接相关区域的结构需要同时满足轨道车站的相关设计标准，其与房屋结构的差别主要体现在设计使用年限和沉降控制标准这两方面：按现行规范，地铁车站的全部和高铁车站的承轨层及它们以下的结构，设计使用年限由常规房屋建筑的 50 年提高为 100 年，地震作用、活荷载、耐久性要求均需相应提高；为保证地铁、地铁车辆正常运行，轨道车站铺轨后的结构沉降控制值需经轨交管理部门的专门审批，一般不得大于 20mm。

地下轨交站的建筑、工艺、机电一般由轨道专项单位设计，而其主体结构部分可由轨道单位承担、也可由上部结构设计单位承担。从操作层面，由上部结构设计单位完成全部的主体结构、轨道单位完成站台平台和土建风道等次结构的合作方式更有利于上下结构的整体考虑，虹桥机场 T2、浦东机场 T3（图 3.2-13）、南京禄口机场 T2 都以此方式操作。也有轨交和上部结构分别由不同单位设计的情况，如萧山机场 T4、呼和浩特新机场（图 3.2-14）。在合肥机场 T2 交通中心设计中，上部结构设计单位同时负责了地铁结构的设计，位于最下面的高铁车站的结构设计仍由铁道设计院完成（图 3.2-15）。铁道和城市轨交设计院一般习惯采用隧道的形式完成地下车站结构设计，底板、顶板都用厚板形式，中板为单向布梁的梁板式，而房屋建筑设计单位习惯于用普通的梁板结构设计中板和顶板。

地下车站端部需设置直通地面的盾构出发井或接收井，以发出和接收进行区间段隧道施工的盾构机。盾构井一般与车站结构连成一体统一设计，盾构井位置的确定需考虑盾构机进出所需的预留条件，包括地面以上净空高度、平面通道等，盾构井处的结构深度低于轨道层平面（图3.2-16）。如果在车站处设置盾构井有困难时，也可采取盾构机原路掉头返回或穿过车站由另一侧的盾构井出井的方案。原路掉头时，需要在掉头处留出足够的平面空间；采用通过式时，车站中轨道区域的截面需要相应加大。

交通中心上部结构的柱网应尽可能与车站的柱网对齐，站台长度范围外的轨道渡线段，车站的柱网因需避让轨线的走向而不规则布置，上部结构往往难免需要进行柱网的转换。对于轨道走向与上部交通中心整体柱网斜交时，大量的结构转换也会难以避免。有时还可能出现轨交尚未立项而车站土建结构需先随交通中心主体结构先期施工完成的情况，若线路走向能够同期完全确定时不会给结构设计带来太多问题，但有时会碰到渡线区的线路走向在未来存在几种可能性的情况，此时的结构设计要能够兼容各种可能性，或者后期通过结构变换适应某一种可能性。

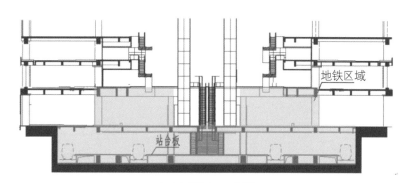

（a）虹桥机场 T2 剖面

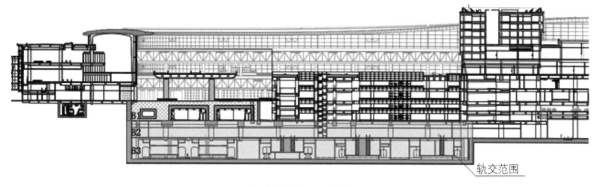

（b）浦东机场 T3 剖面

图 3.2-13 上部结构与地下轨交土建统一设计

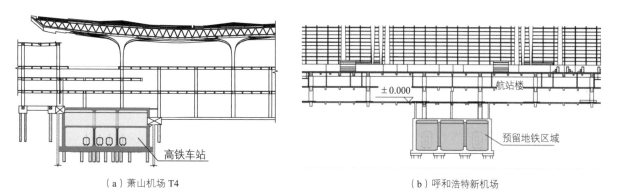

（a）萧山机场 T4

（b）呼和浩特新机场

图 3.2-14 上部结构与地下轨交结构分别设计

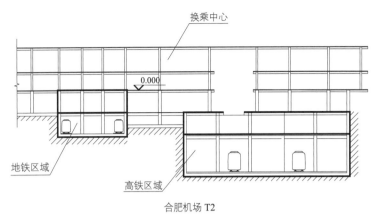

图 3.2-15 上部结构与局部地下轨交结构统一设计

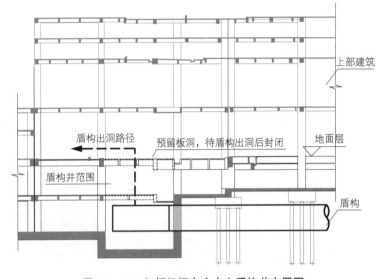

图 3.2-16 虹桥机场东交中心盾构井布置图

轨交列车通过车站和在车站启停时，车轮与轨道间的摩擦、碰撞产生的振动会通过承载轨道的底板沿结构梁板柱传导至上部各层结构，对楼内人员的舒适度带来影响，当上部设有旅客过夜用房或办公等舒适度要求较高的房间时，这种影响更为显著。轨交车辆导致振动与噪声问题在第 9.1 节将有详细介绍，其中影响地下室结构设计的内容可能包括：加大承载列车轨道的基础底板厚度、站台层预留轨道下减振道床所需额外高度、顶板上预留隔振弹簧支座层的空间等。

3.2.4 敞开式地下车库

服务于航站楼的楼前社会车辆停车库一般结合交通中心设置，为减小对航站楼正立面的阻挡，部分设于地下是常用的设计。为提高车库环境水平，地下停车库有时会采用部分敞开式设计以实现自然通风和最大程度的自然采光，并形成下沉式庭院。当敞开区域设在车库平面的内部时，整个车库的基本嵌固条件没有变化，可以通过对底层楼板平面内刚度加强的方式保证整体结构嵌固的可靠性；对于周边开敞的地下车库，如果车库周边下沉式庭院宽度较小时，可以在车库与直立挡墙间设置支撑从而有效减小挡墙的受力，并改善车库的嵌固条件；此时需要注意的是，当车库平面较大时，比如长度超过 150m，需要考虑由于楼层平面内受压变形对挡墙支撑作用的削弱。当周边下沉式庭院宽度较大无法设置对撑时，可以结合斜坡绿化布置设置斜撑，此时车库的嵌固层也相应降低到下沉式庭院的底部（图 3.2-17）。

图 3.2-17 虹桥机场 T2 车库剖面

3.3 地下结构典型问题

3.3.1 超长地下结构抗裂

航站楼地下室和各类地下通道的长度动辄达到上千米，属于典型的超长混凝土结构。超长受约束混凝土结构在自身收缩和热胀冷缩产生的温度应变下的开裂问题需要引起特别关注。

1. 混凝土收缩的当量温差

混凝土的自身收缩变形是一个长期的过程，收缩速率随时间变化，初期快后期慢，普通混凝土总的自由收缩应变在 3×10^{-4} 左右，在浇筑 90d 后可完成 60%，一年可完成 95% 以上[10]。为了便于与后期的温度效应导致的应变统一考虑，计算中混凝土收缩应变一般用产生相同应变需要的温度降低值来等代，称为当量温差。在适当的配比和良好的养护条件下，结合后浇带的设置，混凝土收缩的当量温差一般可按 10～15℃ 计算，此值已考虑了由于混凝土徐变导致的松弛系数 0.4。

2. 温度效应

温度效应是指使用状态的结构构件由于温度变化引起的结构变形，其大小取决于使用状态温度和初始温度的差异。使用状态温度与结构所处的环境温度、保温情况、有无空调等有关，埋于土中的地下结构的温度变化通常很小，室内结构根据有无空调按正常使用温度确定，室外混凝土结构通常可取月平均最高和最低温度。初始温度为后浇带封闭形成整体结构时的温度，可取后浇带封闭时的月平均气温，考虑到施工计划的多变性，计算时一般预留 ±5℃ 的变化范围。此外，宜考虑可能存在的不均匀温度场，如在房屋周边等局部范围、受阳光辐射影响大的区域等，必要时可进行温度场仿真分析。

3. 裂缝分析

严格来说，收缩当量温差应按恒荷载作用考虑，使用阶段温度作用按可变荷载考虑，两者的组合系数和分项系数有所不同，但可以采用相同的分析方法。

在混凝土收缩效应和温度效应中都需要考虑混凝土的徐变作用对应变的释放作用，通常用松弛系数来体现。徐变效应是由混凝土的内部应力引起，影响的因素非常复杂，包括加载时的龄期、应力大小、配筋率、约束条件等。从工程角度，对楼板类低配筋率（不大于 1%）的结构通常采用简化考虑，可取松弛系数为 0.3～0.4，即混凝土收缩当量温差和温度作用下的效应均取为弹性计算结果的 0.3～0.4 倍，也可直接将温度作用乘以松弛系数进行折减。

温度效应分析时应注意选用合适的计算模型和计算假定。首先，在温度效应分析时楼板应采用弹性楼板假定，不能用刚性楼板假定。其次，应考虑实际结构的约束情况，选用与实际约束相匹配的合适的计算模型：对于地下结构，模拟土体和桩基对结构的约束程度更符合实际情况；无地下室的上部结构采用桩基础或独立基础时也宜模拟基础的实际刚度，有地下室地上结构应考虑地下室结构及土体抗侧能力。考虑上述因素的计算结果与将基底或柱底完全刚性约束计算的结果会有明显的差异。由于土体和桩基对结构的约束程度很难获得准确数值，必要时需结合桩基水平力试验获得；混凝土材料的相关计算参数也可按工程选用配合比配置的混凝土进行实测，包括抗拉抗压强度、弹性模量、收缩变化曲线等。

4. 裂缝控制手段

裂缝控制应结合材料选择、结构设计和施工措施三方面寻找对策。

（1）材料选择

影响混凝土收缩变形的因素很多，对材料自身的收缩和抗裂性能实施有效控制是混凝土结构裂缝控制的最基本途径，具体措施包括：选用水化热低和缓凝的水泥（低热矿渣硅酸盐水泥、中热硅酸盐水泥等）并掺入一定量的粉煤灰以减少水泥用量；控制粗、细集料的级配和含泥量；在满足可泵性的前提下，尽量降低砂率和减小坍落度；添加缓凝剂及高效减水剂，降低水灰比；利用混凝土后期强度等。

（2）结构设计

结构设计角度可以从放和抗两个途径缓解超长混凝土结构开裂问题。放的具体方式包括：通过设伸缩缝来减小结构伸缩单元长度，从而减小结构收缩应力；在顶底板和外墙设置或凸或凹的缓冲段，使得结构的收缩变形在凹凸口处得到一定的释放，从而减小应力的累积；设置诱导缝，将结构可能出现的收缩裂缝引导至设定位置；在暗挖结构中，通过预制管片的柔性连接，均匀分散收缩变形。

抗的具体方式包括：根据温度应力计算结果，配置附加的温度应力筋；通过配置预应力筋，在结构中建立预压应力以抵消部分的拉应力；合理添加膨胀剂、抗裂纤维等。

（3）施工措施

混凝土浇筑初期的养护时间和条件、后期环境的湿度、温度等对减小混凝土收缩开裂非常关键，采用后浇带分段施工也是应对混凝土收缩影响的一个有效措施。后浇带概念上是让收缩速率最大的混凝土凝固前期阶段对应的混凝土分块尽可能小，从而在混凝土内形成较小的拉应力。理论上后浇带封闭时间越晚、分块长度越小，减小收缩应力的效果越好。考虑现场实际条件，30~40m 的后浇带间距和 45~60d 的后浇带封闭时间较为常用，当结构长度特别长时，可以将后浇带的封闭时间延长至 90d 乃至更长。实际工程中，由于工程进度的需要，采用跳仓法施工替代后浇带的做法也经常采用，两种方法都最终需要进行相应的施工模拟分析以确定混凝土的收缩应力。

3.3.2 盾构下穿航站楼对策

当轨交盾构从航站楼底板以下穿越时，盾构部分一般由轨交专项单位设计，但需要航站楼的结构设计与之充分协调，并预留相关条件，主要内容包括实施时间先后的选择、结构与盾构净距的控制、盾构推进区域土体的加固等。

盾构所在区域周边需要稳定的水土压力条件，避免水土压力的变化引起盾构的变形，而场地降水、土体开挖过程都会对水土压力带来明显的变化，上部结构的建造过程也会引起土压力一定程度的变化。因此，通常情况下，盾构的穿越应优先选择上部结构封顶并完成主要沉降后进行。前期施工的上部航站楼应采用桩基以减小对待穿盾构区域的附加应力，同时避免后期盾构穿越对上部结构的影响。在上部结构桩基施工的同时，需要根据地质情况对穿越区域相关范围进行土体的加固以减小后续盾构掘进过程中对航站楼底板及桩基的扰动，该加固程度需控制适当，以免对盾构掘进带来困难。盾构与结构底板和桩基的净距需根据地质、结构和盾构机械情况各方协调确定（图 3.3-1）。

当由于整体线路贯通需求必须在上部结构建设前完成盾构穿越时，盾构穿越区域应避免设置地下室以防止后续开挖卸载引起的盾构上抬，上部结构必须采用桩基并严格控制自身沉降，同时基础底板下宜设置缓冲层消解上部结构沉降对盾构的影响。

3.3.3 地下结构抗震

1. 不同地下结构的地震作用考虑

（1）地下通道

地下通道属纯地下结构，其运动受到周围岩土的约束作用，在地震作用下结构随周围土体一起振动，结构的加速度、位移等响应与周围土体基本一致，从而可以根据周围土体的变形得到土体对

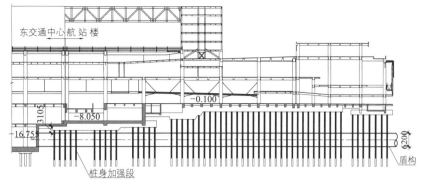

（a）纵向剖面

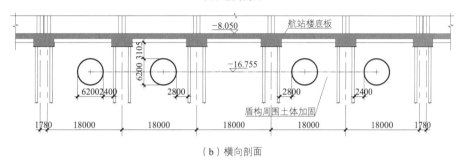

（b）横向剖面

图 3.3-1　盾构下穿航站楼（虹桥机场 T2 航站楼）

结构内力的影响，再叠加上地下结构的惯性力，就可以反映纯地下结构的地震作用，反应位移法正是基于这样的特点进行拟静力计算的。对于结构形式连续规则的纯地下通道，可简化为平面问题处理，反应位移法较为适用（图 3.3-2）。

　　当地下通道的结构形式复杂时，纯地下结构也需按空间问题进行反应计算，一般需采用时程分析法，但结构承受的地震作用主要还是土体位移对结构的地震作用、地下结构惯性力这两个部分，只不过地震内力的分布比规则结构更为复杂。

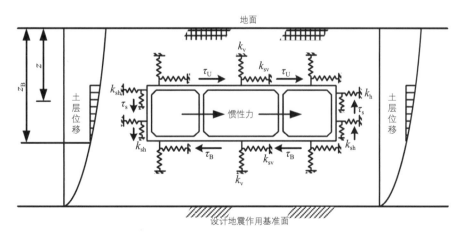

图 3.3-2　矩形断面地下通道结构反应位移法计算模型示意

（2）航站楼地下室

航站楼地下室带有地上结构，属复建式地下结构，其地震响应不仅有上述纯地下结构的特点，

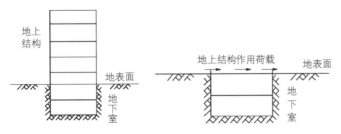

图 3.3-3　地上结构的地震对地下室影响示意

还受到地上结构的影响。地上结构会在地震过程中产生较大的惯性相互作用，且地上结构的惯性相互作用与结构的自振特性相关，地上结构产生的惯性力作用在地下室上会造成其地震响应不再与普通地下结构相同，地上结构对地下室的影响是不可被忽略的（图 3.3-3）。

目前对建筑结构地下室的抗震设计一般采用基于地上结构的地震分析方法，将周边土体简化为土弹簧而仅仅考虑场地对结构的约束作用，这便忽略了场地对地下室的运动相互作用力；而如果采用常规的地下结构抗震设计方法，将建筑地下室看作普通的地下结构，便忽略了地上结构对其惯性相互作用力。显然上述方法均不能综合考虑场地及地上结构对地下室的作用，无法准确分析带有上部建筑的地下室的地震响应。

对此类地下结构的抗震设计，《地下结构抗震设计标准》GB/T 51336—2018[11] 中要求，复建式地下结构宜对地下结构与地面建、构筑物进行整体计算。复建式地下结构在地震作用下显著地受到地上部分的惯性作用和地下部分的土与结构动力相互作用的共同影响，应当对地上和地下整体进行抗震设计，但由于目前相关研究还不成熟，因此在标准编制中未单独给出其抗震设计的一般规定、抗震计算要点和抗震措施。采用时程分析法对复建式地下结构进行整体抗震分析，并考虑土体影响，是一种理论上可行的方法，但因涉及地震波选择与反应谱分析的差异、对复杂结构计算规模巨大等问题，在实际工程中还难以直接用于设计。

2. 影响复建式地下结构地震作用的因素

一般多高层建筑带地下室实际上就是复建式地下结构，地下室平面尺寸通常在 200m 以下，满足首层嵌固条件，土体对地下结构的约束为强约束，地上结构的地震作用大部分通过首层结构传递到地下室周围土体，场地土体对地下室的地震作用主要为约束作用而引起的土体反力，可简化考虑为地下结构的抗震设计。超高层建筑（高度 250m 以上）的地下室，塔楼自身抗侧刚度很大，非岩石类土体对地下结构的约束变弱，结构地震作用需要地下室周围土体和基底土体共同平衡，此时就需要考虑地上、地下、土体的整体分析，上部结构地震作用很大，当地下室平面尺寸不大时，地上和地下结构惯性力相关的地震作用是主要的，场地土惯性作用对地下室产生的地震作用相对较小，因此超高层建筑的复建式地下结构设计中主要考虑周围土体弹簧刚度引起地下室各层的受力变化。

当地下室平面尺寸达到 400～1000m 时，即使地上结构的层数不多，一方面土体侧限作用平均到每根竖向构件的相对刚度大大减小；另一方面由于结构平面刚度有限，不同位置受到土体约束的作用也有差异。因此，地上和地下结构、场地土之间的地震作用相关性较大，不同部位的结构受力差异也较大，需要完整考虑地上和地下结构惯性力相关的地震作用、场地土惯性作用对地下室的影响。

由此可见，地上结构、地下结构、土体约束的刚度关系是影响复建式地下结构的一个主要因素。地下室平面尺寸、层高、深度等一方面影响结构刚度，另一方面也影响土体对结构的约束程度，当土体约束程度较弱时均有必要按复建式地下结构考虑地震作用。当航站楼不与轨交结构平面重叠时，地下结构深度和平面尺寸通常较小，一般不需按复建式地下结构进行抗震设计；当有深大的轨交结构与之平面重叠时，则需要按考虑复建式地下结构分析其地震作用。

3. 复建式地下结构地震分析的实用简化方法

考虑到地下室的地震响应为整体结构惯性力引起的地震作用（反应谱法）与场地地震作用（反

应位移法）之和，其中整体结构惯性力引起的地震作用可以采用反应谱分析法确定，场地土体引起的地震作用可以按反应位移法确定，因此，作为简化的实用方法，可将地上地下整体结构的反应谱地震分析与地下结构的地震反应位移法分析中土层变形引起的计算结果进行叠加，不同地震工况组合后进行构件设计。地下室地震反应位移法分析中的结构自重产生的惯性力部分仍采用反应谱法计算，已包含在整体结构反应谱分析中，因此叠加时仅计入反应位移法中土层变形引起的作用。

4. 浦东机场南区地下综合交通枢纽中心区复建式地下结构地震分析

浦东机场南区地下综合交通枢纽的中心区部分，地下室层数从地下一层到地下三层不等、深度有 −9m、−18m、−29m 等不同区域，但整体不设缝，地上地下整体分析的计算模型考虑了底板下桩基的抗侧刚度（用双向弹簧模拟）、地下室侧墙四周的土约束（单压弹簧来模拟），以反映土体对地下结构的约束（图 3.3-4）。初步的对比分析表明，惯性力地震作用与土层变形地震作用同时达到最大值的可能性与结构和土体振动的相位差有关，直接叠加的做法相当于考虑了最大值同时达到，这一简化处理方式是偏于保守的，当上部结构刚度较大时误差较小，上部结构刚度较小时误差可能偏大，作为简化设计方法总体是偏于安全的。

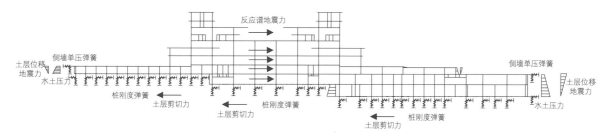

图 3.3-4 浦东机场南区地下综合交通枢纽计算简图

空侧捷运部分的地下结构平面宽度较小，顶板标高变化不多、顶板平面内变形较小，底板仅局部区域落低，故地震作用分析时地下室墙底、柱底可假定为刚接约束，地下室周边土体对结构的约束则采用外墙上的单压弹簧模拟（图 3.3-5）。

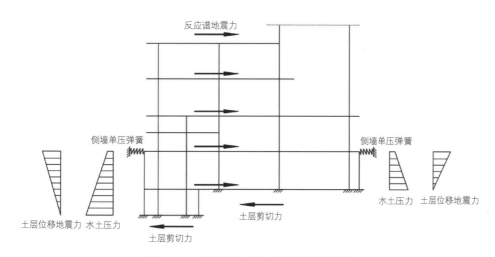

图 3.3-5 空侧捷运地下室模型计算简图

3.3.4 首层结构选型

航站楼首层的功能一般包括行李提取厅、迎客厅、行李处理机房、远机位候机厅和大量的设备用房，由于航站楼大都仅设有局部地下室，那些无地下室区域的底层结构的做法就有了多种选项。

对于无地下室区域，根据各功能空间对地面品质要求的不同以及项目所在地的具体地基情况，首层地面可以从设置结构梁板和直接在场地土上做建筑地坪这两种做法中进行选择。

设置结构梁板能够可靠控制地面变形，防水性能好，能满足各种功能使用，隔墙布置位置自由，适用于各种地基条件，对回填土的要求也相对较低，其主要缺点是建设成本高，同时设置埋地管线相对麻烦，有时需要为此专门设置可供检修人员进入的地下土建通道。

直接在场地上做建筑地坪的做法适用于具有较高承载能力和较高压缩模量的场地土，其好处是首层的荷载直接传至地基土，在节省首层结构梁板的同时也减少了基础的负担，对土建成本的降低有明显的优势，同时管线埋设和水沟设置的自由度高。其缺点是地面沉降变形控制困难，对回填土的材料选择和压实系数的控制有很高的要求，有时需要进行地基加固处理。可以根据不同区域使用功能的情况，在同一个航站楼中混合使用这二种方案。近年设计的大型航站楼案例中，大都采用了设置结构梁板的方案。

由于航站楼的总楼层数少，首层楼板在总量中占比相对较大，在场地条件适合的情况下，还可以采用基础梁与首层梁合二为一的方式，一定程度地节省结构成本，加快施工进度（图3.3-6）。

对于首层梁板结构，还有现浇与预制叠合两种选择，前者以土或砖为胎膜直接浇筑混凝土，适用于地基条件相对较好的情况；对于地基条件特别差，或者原始场地标高较低需要回填的场地，采用预制底板加整浇叠合层的方法更容易保证施工质量和进度。

首层梁板结构属超长超大平面，也存在防裂问题，通过设置凹口双梁的方式可以释放部分楼板收缩应力，减小开裂风险（图3.3-7）。

对于地基土相对软弱的场地，航站楼周边的回填土容易发生一定程度的后期沉降，当首层设置梁板结构时，楼内外交界处容易出现明显的沉降差异。在行李机房出入口、穿楼消防通道等处，常年有车辆通过，此沉降差异会严重影响车辆的通行；在远机位候机厅门口，常年有旅客接驳车停靠，会进一步加剧沉降差异，而此处为旅客经过的公共区域，对地面平整要求较高。上述区域需要采取措施减小这一沉降差，除了对回填土的密实度提出更高的要求及进行地基处理外，还可以通过设置搭板的方式让突变的沉降转换为缓变的沉降（图3.3-8）。

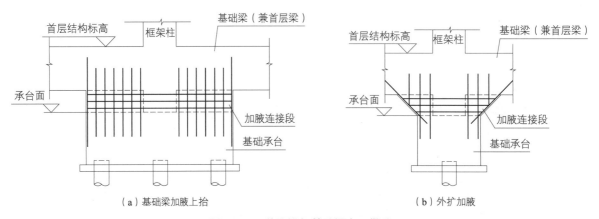

（a）基础梁加腋上抬　　　　　　　　　　　（b）外扩加腋

图3.3-6　首层梁与基础梁合一做法

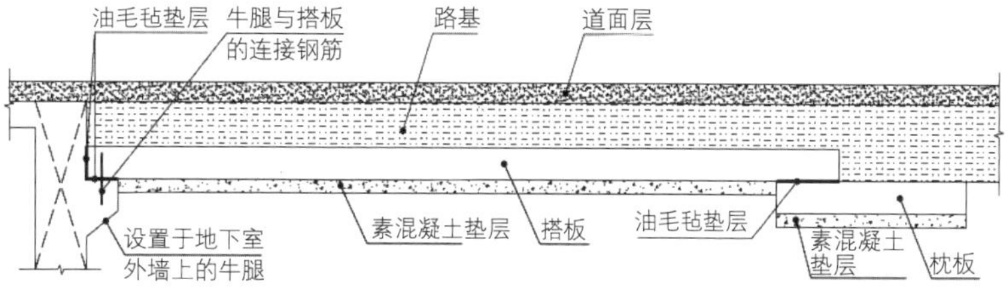

（a）用于重型车辆通行处

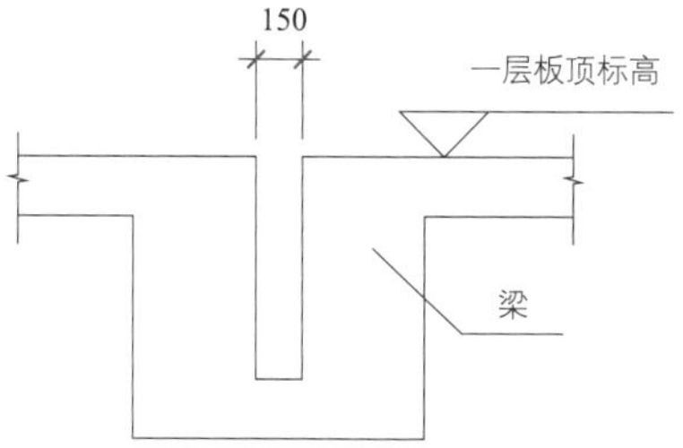

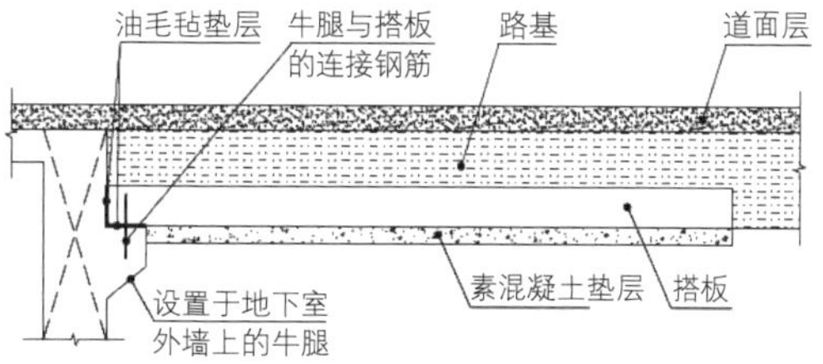

（b）用于人员或轻型车辆通行处

图 3.3–7　凹口双梁

图 3.3–8　沉降差缓解搭板

参考文献

[1]　住房和城乡建设部 . 建筑桩基技术规范：JGJ 94—2008[S]. 北京：中国建筑工业出版社，2008.

[2]　日本建筑学会 . 建筑基础构造设计规准 [S].1974.

[3]　赖庆文，龙家涛，夏恩德，等 . 贵阳龙洞堡国际机场 T3 航站楼基础设计 [J]. 建筑结构，2021，51（S1）：1804-1808.

[4]　张耀康，蒋本卫，周健，等 . 人工岛环境下 PHC 管桩基础的设计与应用 [J]. 建筑结构，2015，45（S2）：228-231.

[5]　逯兴邦，王元东，乔亚飞，等 . 不停航条件下机场飞行区地下穿越施工工法研究 [J]. 现代隧道技术，2018，55（S2）：375-385.

[6]　彭立敏，王哲，叶艺超，等 . 矩形顶管技术发展与研究现状［J］. 隧道建设，2015，35（1）：1-8.

[7]　任辉，胡向东，洪泽群，等 . 超浅埋暗挖隧道管幕冻结法积极冻结方案试验研究 [J]. 岩土工程学报，2019，41（2）：320-328.

[8]　阮松 . 地铁隧道下穿不停航机场方案研究 [J]. 铁道勘察，2020，46（5）：62-67.

[9]　孙璕，廖少明，米思兴，等 . 下穿上海虹桥机场飞行区的三项隧道工程简介 [J]. 地下工程与隧道，2010（3）：10-14.

[10]　王铁梦 . 建筑物的裂缝控制 [M]. 上海：上海科学技术出版社，1993.

[11]　住房和城乡建设部 . 地下结构抗震设计标准：GB/T 51336—2018[S]. 北京：中国建筑工业出版社，2018.

第4章 │ 下部主体结构

4.1　体系选型与设计要点　　079

4.2　结构抗震分析与设计　　094

航站楼结构总高度受限、层数不多，是一个横向平放的大体量结构，高效地创造一个清晰、开敞、实用的公共空间是航站楼结构的设计目标。

航站楼内不同功能区域对空间有不同的要求，需要相应的结构形式与之匹配[1]。出发的旅客在登机前办理手续和候机的时间较长，高大舒适的大跨度屋顶正是为这样的需求而设计[2]；到达的旅客逗留时间短，空间不一定需要高大，但应有序、便捷、活泼，登机桥等一些附属结构创造的空间也能提升旅行抵达的第一印象[3]；安检、海关、行李、商业、设备、运营等各项功能要求穿插叠加在航站楼内，也对结构空间提出了不同的要求，从而影响到结构构件的布置。结构体系就是基于这些不同的空间和功能需求，综合投资、进度、建造条件等具体项目因素来选择确定。

航站楼多变的空间情况往往会伴随结构的抗震不规则性，复杂的地形条件、超长的结构体量又会导致地震输入的特殊性，这些都会给航站楼结构的抗震设计带来挑战，因而，减震、隔震也成为航站楼抗震设计中经常采用的提高结构抗震性能的手段。

4.1 体系选型与设计要点

4.1.1 主体结构选型

1. 航站主楼结构体系选择

因航空限高要求，航站楼含屋面在内的结构高度通常在45m以下，主楼结构楼层数量一般为3～6层。相比一般的民用建筑，其公共区域面积大、空间高大，一般要求视觉通透；上下楼层功能不同导致墙体布置无法对齐，抗侧效率较高的剪力墙布置受到很大限制；行李相关区域的荷载大、行李通路对楼面布置影响大；还需为建成后功能变动预留可能性等。因此，钢筋混凝土框架结构是采用最多的结构形式。

在大体量的框架结构体系中，楼梯间及部分电梯间可能需要采用清水混凝土墙体以实现建筑效果，但很多时候楼梯间不能上下对齐，或电梯间因开敞需求也无法形成较强的抗震墙，难以与框架形成有效的框架-剪力墙体系，主体结构一般仍采用框架结构体系。

在高烈度地震区，当纯框架结构无法满足抗震设计需求时，可设置钢支撑提高结构的抗侧能力，并结合消能减震设计手段[4]，控制钢支撑的数量，改善框架结构的抗震性能。钢支撑的设置比剪力墙更为灵活，可接受一定程度上的上下楼层不对齐，并有机会结合分隔墙布置从而避免影响功能流线；如需在没有墙体的公共空间布置暴露的支撑，则需与建筑师密切配合，寻找最适当位置，并对支撑进行外观效果设计控制。抗震设防烈度8度及以上时，为更好地保护生命及财产，隔震结构也得到越来越多的应用[5]；还可将隔震与减震结合应用[6]，进一步改善框架结构局部抗震性能不足的情况。

近年建设的航站楼主楼中，最为典型的结构形式是柱网尺寸为12m×12m～18m×18m的钢筋混凝土框架结构[7]，跨度较大时框架梁采用预应力技术以减小截面高度并部分缓解由于平面尺寸过大导致的温度应力问题，各楼层经常有较大的楼面缺失以形成各种通高公共空间或者以适应行李机房的使用需求，屋盖结构较多采用大跨钢结构形式（图4.1-1）。

2. 指廊和卫星厅结构体系选择

指廊和卫星厅多呈长条形结构，长宽比大是其明显特点。楼外有登机桥与之直接连接，登机口的标高限制对指廊和卫星厅的结构设计也提出了要求。

指廊和卫星厅结构设计中，含屋面在内的结构高度通常在30m以下，结构楼层数量一般2～3层，平面宽度一般在20～50m，总长度经常可达数百米。公共区域以候机功能为主，要求视觉通透，主体楼层一般采用混凝土框架结构，必要时在结构单元底层两端位置的非公共区域设置少量的沿短向

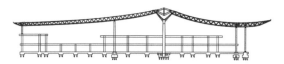

图 4.1-1　典型主楼结构形式（太原机场 T3）

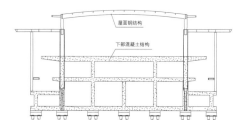

图 4.1-2　典型指廊结构形式（合肥机场 T2 中指廊）

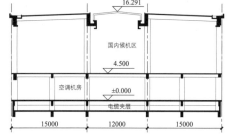

图 4.1-3　浦东卫星厅钢筋混凝土单跨框架屋面

的支撑以改善其抗扭性能。屋盖采用钢结构还是混凝土结构取决于航站楼整体风格，目前国内大型航站楼大都选择大跨度钢结构屋盖。典型的指廊结构形式如图 4.1-2 所示。

混凝土屋盖防水性能好，造价相对低，但跨度受到限制，空间形态的塑造能力相对较弱，在配合采光天窗的设计时自由度小于钢结构。虹桥机场 T2 航站楼指廊和浦东机场卫星厅[8]是国内较少有的采用钢筋混凝土框架结构屋盖的新建大型航站楼。浦东机场卫星厅指廊端部屋面设置了大面积的通长天窗，原三跨连续框架梁会打断天窗的连续性，为了将中间跨的采光区域做得更为通透和高挑，取消了中间框架梁，结构变为两个独立的单跨框架（图 4.1-3）。虽然规范规定乙类建筑不应采用单跨框架，但对于 7 度设防条件下仅顶层单跨的情况，其抗震性能能够得到充分保证。

3. 与结构一体的楼前高架

楼前高架紧贴航站楼主楼，是出发层车辆停靠的重要功能区。楼前高架含多条车道和车道边人行道，桥面宽度大，其上经常立有钢结构雨篷，下方还可能有连接交通中心的夹层通道，兼有高架道路和航站楼建筑的功能。楼前高架可以按市政高架桥梁进行设计，与进场道路高架保持形式的连续性；也可结合航站楼整体结构按房屋建筑的框架结构进行设计。实际工程中两种方式都有采用，相对而言后一种更有利于建筑功能在高架上的实现，比如下方的夹层通道可由框架悬挂从而减少底层落柱、高架平面形式可更自由变化、桥面上可较自由开洞为下部提供采光等。

浦东机场 T1 和 T2 航站楼楼前高架均按高架桥梁做法，采用钢筋混凝土现浇连续箱形截面梁，柱距 18m；桥下夹层通道采用与高架桥脱开的独立混凝土框架结构。虹桥综合交通枢纽 T2 航站楼楼前高架也按高架桥梁做法，采用钢结构连续箱梁，落客区雨篷直接立于箱梁上，桥面横跨下部的交通中心车库，桥梁柱独立于下部结构（图 4.1-4）。

宁波机场 T2 和昆明机场 T2 的楼前高架均作为建筑向外延伸的一部分（图 4.1-5），采用钢筋混凝土框架结构。楼前高架采用框架结构形式与航站楼主体结构连成整体，柱距 18m，落客区的雨篷与主楼钢屋盖也连成一体，直接立于楼前高架的框架结构上。昆明机场 T2 楼前有国际出发和国内出发两层高架车道，其中国际出发车道位于四层，与航站楼结构连成一体，同时兼作航站楼三层的屋面，航站楼立面幕墙也与国际出发车道相连；国内出发车道位于三层，是相邻的交通中心主体框架结构单体的一部分，与航站楼间设缝断开。

楼前高架和航站楼相互独立设计时，两者之间通常布置出入口连桥，一端搁置于航站楼结构上，一端搁置于高架上，采用固定铰支座和滑动支座相结合的方式解决两者之间变形差异。

楼前高架的设计使用年限与结构体系的选择有一定关系[9-10]。由于进场高架桥通常根据大型桥梁的标准按 100 年的设计使用年限进行设计，当楼前高架也按桥梁形式进行设计时，一般采用相同的设计使用年限。而当按房屋建筑结构的形式进行设计时，通常采用与航站楼相同的 50 年的设计使用年限，同时将相应区域的混凝土材料耐久性要求提高到 100 年。这一方面是考虑到框架结构比悬臂柱加铰接箱梁的桥梁结构有更大的抗震冗余度，另一方面是考虑到楼前高架是专门为航站楼服务的，是市政道路的一个终端节点，与一般的高架道路作为整体市政系统必经节点的情况有所不同。在《工程结构通用规范》GB 55001—2021 中，对二级公路的中桥的结构设计使用年限也规定为 50 年，楼前高架属二级公路。因此，与航站楼连成一体的框架式楼前高架按 50 年设计使用年限也是合理的。

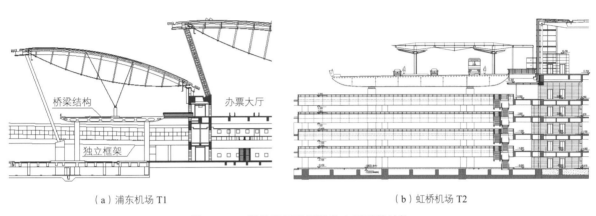

（a）浦东机场 T1　　　　　　　　　　　　（b）虹桥机场 T2

图 4.1-4　楼前高架按桥梁独立于建筑结构

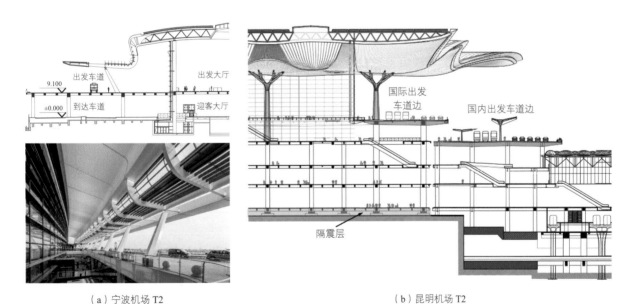

（a）宁波机场 T2　　　　　　　　　　　　（b）昆明机场 T2

图 4.1-5　楼前高架与结构整体设计

楼前高架的设计荷载与常规建筑结构不同之处主要是车辆的竖向荷载和水平刹车荷载，以及防撞护栏的撞击荷载。按建筑结构规范设计时考虑的消防车荷载大于通常车辆的竖向荷载，而地震作用的水平荷载通常远大于刹车荷载，因此正常的房屋结构设计荷载的考虑可以涵盖楼前高架的使用需求，仅需增加按相关规范[11]确定的撞击荷载对防撞栏板的设计。

4. 结构材料选择

从世界范围看，西方发达国家的航站楼建筑采用钢结构情况较多，少量采用混凝土结构，这与当地的经济、技术发展水平及人工成本的高企直接相关。

中东地区及非洲的航站楼主体结构采用混凝土材料的居多，这与当地的材料供应条件直接相关。如位于安曼的阿利亚皇后国际机场，基于当地建造技艺和安曼地区夏季昼夜温差极大的气候特征，建筑物完全由混凝土建造，以材料的高"热质量"性能实现了被动式环境调控。阿布扎比国际机场、位于北非的阿尔及利亚首都阿尔及尔新机场，主体结构均采用钢筋混凝土框架结构，屋盖均为钢桁架结构。

1997年建成的香港机场一号航站楼的主体结构采用钢筋混凝土框架结构，屋盖为钢结构。2008年建成的新加坡樟宜机场T3航站楼主体承重结构为混凝土框架结构，采用双T板混凝土楼盖，主楼柱距15m×15m，指廊柱距12m×12m，主楼屋顶为钢结构；樟宜机场综合体"星耀樟宜"地下地上各5层，主体结构也为混凝土框架结构，屋顶为钢网格结构。

从1999年投运的浦东机场T1开始至今，国内航站楼主楼的主体结构基本都是钢筋混凝土框架结构，这主要是因为所处年代的混凝土施工工艺相对成熟且造价相对钢结构低廉。此外，主体结构运营维护要求也是材料选择的一个考虑因素，钢结构的防腐和防火涂装需要定期维护，而主体结构受使用环境影响及设备管线和使用功能的限制，相较于钢结构屋盖，维护需求更大但条件更差，维护需求极低的混凝土结构因此更受欢迎。

随着近年来国内人力成本的不断增长，加上防护材料的进步，在绿色双碳大背景下，航站楼主体结构也采用钢结构的情况预计也会逐渐出现。

4.1.2 结构分缝策略

混凝土楼面平面内变形受柱子约束，当长度超过100m就会有较大的温度和收缩应力，需采取措施来缓解这一不利影响，如配置更多的钢筋、加预应力、添加外加剂和抗裂纤维、更高要求的施工养护等[12]，这些都会带来结构成本的增加，平面尺寸越大对成本的影响越大，大到一定程度时楼面开裂等情况将很难避免。

由于航站楼的平面尺度超大，混凝土收缩和温度作用引起水平构件的拉压应力及竖向构件的附加弯矩和剪力将非常显著，主体结构一般需设置结构缝划分为若干个独立单元，但划分后的单元最大长度通常仍远超规范[13]要求。

1988年设计的虹桥机场T1航站楼B楼温度变形缝间距约为30m，1999年投运的浦东机场T1主体结构最大不设缝单元长度72m，2008年投运的浦东机场T2主体结构最大不设缝单元长度108m[14]，2014年投运的南京禄口机场T2约163m[15]，2024年即将投入运营的乌鲁木齐机场T4达到510m[16]（隔震结构），结构不设缝的最大尺度逐步增大的趋势十分明显。这个变化与混凝土材料性能提升、裂缝控制的施工措施更加丰富、设计与分析技术进步等原因有一定关系，与设计理念的发展关系更为密切，目前的设缝策略更关注建筑需求、温度应力控制与抗震性能之间的平衡等综合因素。

下部混凝土结构较多的分缝对建筑和机电的影响主要体现在立面幕墙缝、跨缝内墙、双柱、楼面盖缝板等对外观效果的影响，以及这些部位的节点和部分跨缝机电管线的专门处理。设缝间距的选择是基于建筑效果、构造处理难度和结构合理性之间的一个平衡。

影响温度和收缩应力大小的首要参数是结构单元的长短，但这并不是唯一的影响参数，另一个重要的参数是柱对楼面的水平约束程度，当楼层高度较大或者楼板缺失较多时，水平约束会明显减小，分缝长度可以相应加大。对于采用隔震设计的结构，楼面结构受到的侧向约束大大减小，收缩和温度应力明显减小，主体结构的单元尺寸有时可以做到500m以上。

温度缝通常兼作抗震缝，因此设缝位置不只取决于结构单元的长短，还要充分考虑分缝后结构单元的抗震规则性，有时较少的分缝能够使得结构单元更为完整、抗扭性能更好，其抗震优势能够抵消结构过长带来的劣势，因此结构分缝的合理性也需要全方位的评判。

对于钢屋盖结构，如果分缝长度过小造成接缝数量多，雨水渗漏隐患加大，对建筑使用功能影响较大。而屋盖结构通常柱距大、层高大，抗侧刚度较小，结构温度应力的影响相对较小，因此，钢屋盖结构的分缝单元尺寸可达到500m左右，一个整体屋盖的支承柱落于下部数个混凝土主体结构单元的情况是普遍的做法。

国内部分机场航站楼主楼的主体混凝土结构和屋盖钢结构分缝情况见表4.1-1，总体可归纳为三类：a—主体结构上下分缝一致，屋盖跨缝；b—主体结构上下与屋盖分缝均一致；c—主体结构上下分缝不一致，下部楼层分缝长度小，上部楼层分缝长度大，屋盖分缝同最上一层主体结构。

国内部分机场航站楼主楼的主体混凝土结构和屋盖钢结构分缝情况 表 4.1-1

	主体结构（m）	屋盖钢结构（按外包尺寸）(m)	分缝形式
上海浦东机场 T1	72×66	72×82.6	a
上海浦东机场 T2[14]	108×95	90×217	a
首都机场 T3[17]	264×233	750×538	a
深圳宝安机场 T3[18]	254×216	640×324	a
南京禄口机场 T2[15]	169×144	472×188	a
成都双流机场 T2[21]	486×145.6，二层楼板缺失较多	508×206	b
广州白云机场 T2[22]	216×148.5	216×175	b
广州白云机场 T3	488×120	488×565	a
青岛胶东机场[24]	500×113.6，二层楼板缺失多	500×391	a
杭州萧山机场 T4[25]	216×202	464×260	a
呼和浩特新机场	扇形不规则，约180×160，二层楼板缺失多	495×287	a
太原机场	271×225	437×261	a
成都天府机场[23]	二、三层215m，四层473m	522×313	c
上海浦东机场 T3	二层160m，三、四层448m	450×330	c
昆明长水机场 T1[19]	324×256（隔震）	336×275	b
北京大兴机场[20]	545×445（隔震）	504×462	b
乌鲁木齐机场 T4[16]	510×333（隔震）	660×345 跨越隔震区与非隔震区	a
昆明长水机场 T2	615×385（隔震）	633×410	b
西安咸阳机场 T5[26]	486×252（隔震）	521×286	b

可以看到，大多数航站楼混凝土结构最大单元尺寸在100～270m，屋盖钢结构跨越下部多个结构，长度在450m以上。近期采用隔震的主体混凝土结构，单元尺寸都做到了500m以上。未采用隔震的结构中，广州白云机场T3混凝土结构也做到了488m不设缝，当地冬夏温差小为此创造了有利条件；由于下部楼层温度应力明显大于上部楼层，底部楼层楼板缺失较多的成都双流机场T2和青岛胶东机场，以及在下部设缝的成都天府机场和浦东机场T3，都将最上层混凝土结构的单元长度做到了450m以上。

083

第4章 下部主体结构

与主楼的分缝情况类似，指廊和卫星厅的分缝也要兼顾温度和抗震，并须考虑主体混凝土结构和屋盖钢结构的关系。登机廊通常宽度在 20～45m、长度方向尺度较大，随着长度增加，平面的长宽比线性增加，呈细长形。从抗震设计的角度考虑，细长形平面的整体性较差，抗扭刚度弱，地震扭转效应大，因此，需在登机廊结构分缝中考虑平面长宽比的控制，大多数在 3～5 的范围，当长宽比较大时需在两端加强刚度等措施提高抗扭能力。国内部分机场航站楼登机廊的主体混凝土结构和屋盖钢结构分缝情况见表 4.1-2。

国内部分机场航站楼登机廊的主体混凝土结构和屋盖钢结构分缝情况　　表 4.1-2

	主体结构（m）	屋盖钢结构（按外包尺寸）（m）	分缝形式
上海浦东机场 T1	72×37	72×60，未跨缝	b
上海浦东机场 T2	108×41（中）；108×65（端）	108×61（中）；108×90（端）	b
首都机场 T3	138×29	412×41.6	a
深圳宝安机场 T3	138×44	351	a
昆明长水机场 T1	160×40	405×45	a
南京禄口机场 T2	173×38	270×45	a
成都双流机场 T2	176×38	长度 176	b
广州白云机场 T2	196×24	196×31.6	b
广州白云机场 T3	290×48	290×48	b
成都天府机场	142×86	长度 210～390	a
北京大兴机场	125×117（端），99×43（中）	长度 400m	a
青岛胶东机场	117×22.9，153×40.3	长度 360～395	a
杭州萧山机场 T4	148×42	292×42	a
乌鲁木齐机场 T4	117×42	210×42	a
呼和浩特新机场	178×（45～95）	270×（50～100）	a
太原机场	257×50	267×60	a
昆明长水机场 T2	160×83	边长约 310m 的近似三角形	a
西安咸阳机场 T5	110×47	224×60	a

从表 4.1-2 可以看出，登机廊主体混凝土结构的最大单元长度除白云机场 T3 达 290m 以外，其余均在 200m 以内；屋盖钢结构大都跨越多个下部单体，最大长度达 400m 以上。

4.1.3　柱网与净高控制

随着航站楼规模越来越大，建筑师往往更希望采用大柱网以实现更自由的空间效果。由于柱网的大小与梁高需求、净高控制、结构造价等关系密切，结构工程师需与建筑师密切配合，综合各种因素谨慎确定。

1. 建筑功能与柱网的关系

航站楼主楼的柱网尺寸大多采用 9m 或 12m 的模数，这与行李转盘、办票柜台的排列布置需求有一定关系。主楼的行李处理机房、行李提取大厅、迎客大厅等空间，为避免对设备布置灵活性和旅客视线产生不利影响，往往有大柱网的需求，较多采用双向或单向 18m 的柱网；其余非大空间的一般功能区域，采用 9m 柱距可以实现较好的经济性。

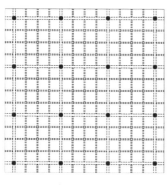
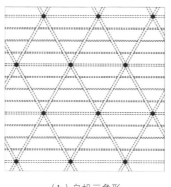
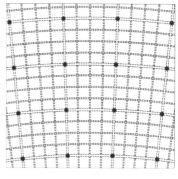

（a）浦东 18×18 正方形　　　　　（b）乌机三角形　　　　　（c）禄口扇形

图 4.1-6　典型柱网形式

国内各大机场航站楼主楼的主体结构柱网统计显示，根据整体建筑平面的需要，柱网的形式有正交柱网、三角形柱网、扇形或圆弧形柱网等（图 4.1-6），柱网尺寸从 9m×9m 到 18m×18m 不等，大空间范围采用 18m×18m 的较多。柱网尺寸相近的情况下，受建筑净高控制要求、地震设防烈度等影响，框架梁截面差别较大，对于 16～18m 的柱距，采用的梁宽范围 500～1600mm、梁高范围 900～1300mm，跨高比 13.8～16.6。国内部分机场航站楼主楼柱网及主梁截面情况见表 4.1-3。

国内部分机场航站楼主楼柱网及主梁截面情况　　　　　表 4.1-3

	基本柱网尺寸（m）	主梁截面 $B×H$（mm）
上海浦东机场 T1	18×16～24	800×1800，800×2100（未做预应力）
上海浦东机场 T2	18×18	900×1200
上海浦东机场 T3	18×18	900×1300～1400
首都机场 T3	边长 13.8m 等边三角形	900～1800×900
深圳宝安机场 T3	9×18 和 9×9	18m 跨 1600×1300，9m 跨 600×600
昆明长水机场 T1	12×12 和 12×18	18m 跨 1800×1200，12m 跨 1300×900
南京禄口机场 T2	扇形，18～22×18	1200×1400，1400×1200
成都双流机场 T2	12×16 和 14×16	1200～1400×1000
广州白云机场 T2	18×18	3000×1000（PY），2000×1300（PY）
广州白云机场 T3	18×18，9×9	2000×1200（PY），500×800
成都天府机场	12×18 和 18×18	1000×1300，1000×1200
北京大兴机场	9×18 和 9×9	600～2500×400～3000
青岛胶东机场	9×9 和 15.888×18	1000×1200
杭州萧山机场 T4	18m×18m	800～1200×1300
乌鲁木齐机场 T4	边长 21.6m 三角形柱网	900×1200
呼和浩特新机场	扇形，18～22×18	900～1200×1400
太原机场	18×18，9×9	900～1200×1400，400×800
昆明长水机场 T2	18×18 和 9×9	18m 跨 900～1200×1250，9m 跨 500×750
咸阳机场 T5	18×18	1000～1200×1300

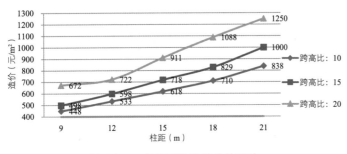

图 4.1-7　柱距对结构造价的影响

（注：混凝土按 700 元 /m³、钢筋按 4000 元 /t 的综合单价）

登机廊的底层除了远机位候机厅外，一般为设备机房、行李机房及配套功能，对柱距需求不大，可采用相对较小的柱网。远机位候机区为获得较开敞的空间，柱网通常适当加大。国内各大机场航站楼登机廊和卫星厅的主体结构柱网调查显示，柱网尺寸从 9m×9m 到 12m×18m 不等。

2. 柱网经济性分析

为了对不同柱距、不同梁高的结构经济性情况有个直观的了解，以 7 度Ⅳ类场地土为抗震设计条件，对 9m、12m、15m、18m、21m 五种正方形柱网的主楼出发层结构的梁、板、柱总结构造价进行比较。主梁的跨高比范围为 10 ~ 20，配筋率统一为 1.8% 左右，柱的截面考虑层间位移角、轴压比、配筋和梁柱节点核心区抗震验算等综合因素确定。柱距对结构造价的影响见图 4.1-7。

可以看出，如果以 9m 柱距、主梁跨高比 10 为基准，当 9m 柱距不变、梁跨高比增加至 20 时，结构造价增加至基准的 1.5 倍；当跨高比 10 不变、柱距加大至 21m 时，结构造价增加至基准的 1.87 倍；当柱距由 9m 加大至 21m、同时跨高比也加大至 20 时，结构造价增加至基准的 2.79 倍。跨高比和柱距对结构成本的影响非常显著。因此，柱网选择时，应尽可能结合建筑功能和空间需求采用大跨柱距与小跨柱距相结合的方式，在非公共区采用中小柱距，大柱距用在确实需要的重要公共空间。同时，尽可能采用 10 ~ 15 的合适跨高比，结合梁上预留洞口供设备管线穿越以实现净高和造价控制的综合最优方案。同时，在柱网经济性比较时也需要综合考虑基础的经济性。

3. 净高控制

净高控制是所有建筑都会面临的问题，对于航站楼的净高控制，除了通常情况下越高越好的公共区域外，有两处需要特别关注，一是和行李系统相关的主楼区域，二是和登机口相关的指廊区域。

行李系统是现代机场的重要组成部分，行李系统相关的集中区域主要包括值机柜台、行李提取厅和行李处理机房，这些区域分布着行李分拣机、X 光机、CT 机、行李存储立库、行李转盘、行李拖车等设施，还有支承和吊挂这些设施所需的钢构架等。另外还有连通这些区域的大量的行李传输皮带及其支架，随着机场规模和行李系统的机械化、智能化发展，一个大型机场的行李传输皮带总长度甚至会达到几十公里。行李系统对净高控制的影响源于行李系统很大的附加荷载及行李传输通道对空间需求这两个方面。

各个区域的行李附加荷载与行李系统具体形式有关，需根据行李系统承包商的提资确定。但实际工程中行李系统承包商的介入可能滞后于结构设计的需求，此时可暂按表 4.1-4 进行荷载的估算。行李荷载作用于结构的方式有立于本层楼面和吊挂于上层楼面两种，也可能存在某一层结构同时承受楼面以上支承和楼板以下吊挂共两层行李荷载的情况，结构计算时需考虑充分。

行李系统附加荷载取值参考表　　　　表 4.1-4

区域	值机柜台	行李提取区	行李转盘	传输皮带（含分拣机）	X 光机	CT 机	早到行李存储立库	行李拖车
荷载值	4kPa	4kPa	4kPa	2.8 ~ 3kN/（m·条）	5kPa	12kPa	2.5kPa/ 层	12kPa

行李系统自身对空间需求比较大的主要是行李处理机房、行李存储立库区域。在行李处理机房的范围内经常出现多层行李皮带交叉和叠层的情况，在早到行李存储立库有时受限于行李机房的面积，行李架的层数往往会多达4、5层，这些区域经常会需要占用两个层高。行李传输皮带对净高的影响主要是当其布置在吊顶内时，为了控制合理的吊顶高度，需要对相应区域的结构梁高、吊顶厚度及机电管线走向进行统一协调。行李传输皮带的占用高度一般在1.4～1.5m，其下吊顶因需考虑防火措施也会比一般吊顶略厚，因此经常会需要对行李传输皮带经过区域的梁板布置进行特殊的处理（图4.1-8）。

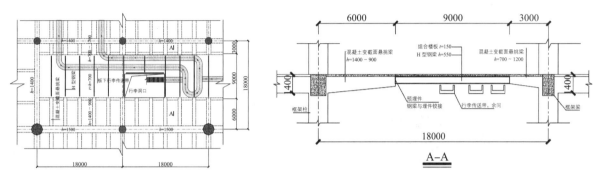

图 4.1-8　行李传输带处结构特殊处理（太原机场）

对于登机指廊，由于民航飞机的机舱门高度是确定的，而登机桥自身坡度有限制且桥下方又有服务车辆通行净高要求，这就基本决定了指廊与登机桥接口的标高范围，同时登机廊整体建筑总高度还受到塔台通视要求的影响。在这些限制条件下，指廊各层结构面的标高可调余地小，层高紧张，为保证舒适的净高，经常会对结构提出严苛的截面高度控制要求。

以浦东机场卫星厅为例：受登机桥下道路净高限制，国际到达层标高不能低于4.0m；国内到发混流层受登机桥内坡道最大1∶12坡度的限制，标高不能超过6.9m（图4.1-9），二者之间层高仅为2.9m。为使到达通道通透敞亮，6.9m层板边后退，形成4.2m悬挑。为最大限度减小结构高度，此处采用了板式悬挑，由根部的400mm高收小至端部的200mm，板底取消抹灰层以清水混凝土外露。

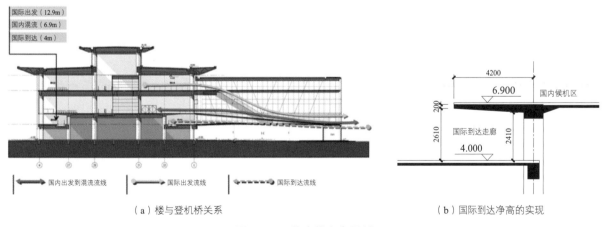

（a）楼与登机桥关系　　　　　　　（b）国际到达净高的实现

图 4.1-9　指廊的净高限制

（a）锚固端

（b）张拉端

图 4.1-10　有粘结预应力筋

（a）无粘结

（b）缓粘结

（c）张拉端

图 4.1-11　无粘结和缓粘结预应力筋

4.1.4　预应力混凝土技术的应用

预应力结构可以充分发挥预应力筋的高强作用，最大限度减小梁高，从而为室内净高控制创造有利条件，同时可以改善超长混凝土结构的抗裂性能，因而在航站楼大跨度框架中广泛应用。

1. 预应力筋粘结形式的选择

目前常用的预应力筋粘结形式分为有粘结、无粘结和缓粘结三种。

有粘结方式预应力张拉完成后需灌浆，带肋波纹管和预应力之间的灌浆料硬化后发挥粘结作用使预应力筋和混凝土协同工作，即使锚具失效预应力筋仍能有效锚固，因而可靠性高，抗震性能也较好，在缓粘结方式出现之前，是航站楼框架梁中最常用的预应力形式（图 4.1-10）。规范要求承重结构的预应力受拉杆件和抗震等级为一级的预应力框架应采用有粘结预应力方式。有粘结预应力施工工艺相对复杂，预应力筋留设、张拉、灌浆，需与其余土建施工穿插进行；预应力筋集中布束，穿过梁柱节点时经常出现空间不够、钢筋避让困难的问题；灌浆可能因堵管等导致不密实，预应力筋耐久性受到影响。因此有粘结预应力质量受人为因素影响大。

无粘结预应力筋护套与钢绞线之间填充了防腐润滑油脂，预应力筋与混凝土之间仅靠锚具连接（图 4.1-11a），锚具失效后预应力筋失效，冗余度相对小，抗震性能较弱，对后期结构改造也有一定的限制。无粘结预应力筋单根布设和锚固，因而施工简便、节点布置灵活，在航站楼的次梁和楼板中应用较多，特别是用作超长结构的温度筋减小楼面开裂。但需要注意楼板无粘结预应力筋的存在会对后期结构改造开洞施工带来一定的难度。

缓粘结预应力技术是一项新发展起来的预应力技术[27]，与无粘结预应力同样单根布设和锚固，施工方便；涂敷在预应力钢绞线与护套间的缓凝粘合剂按预期时间固化，缓凝粘合剂固化后又使得缓粘结预应力筋具有与有粘结预应力筋一样良好的粘结性能和抗震性能，并从根本上改善了有粘结预应力筋的灌浆密实度问题，粘结可靠性更有保证（图 4.1-11b）。因此在航站楼框架梁中的应用日趋广泛，在板中也因有便于后期改造的优点而开始有应用。但缓凝粘合剂材料具有时效性，一旦过了固化时间就无法进行张拉，因而对施工组织和计划要求高，缓粘结预应力筋材料的生产日期和实际张拉日期需要严格控制。

2. 预应力混凝土框架梁抗震设计[28]

由于高强预应力钢绞线的延伸率相对小于普通钢筋，预应力结构的延性也略低于普通混凝土结构，抗震设计的预应力混凝土结构应采取措施使之具有良好的变形和消耗地震能量的能力，达到延性结构的基本要求：应避免构件剪切破坏先于弯曲破坏、节点先于被连接构件破坏、预应力筋的锚固粘结先于构件破坏。规范要求当9度抗震设防区如采用预应力混凝土结构时，应有充分依据并采取可靠措施。

提高预应力框架梁抗震延性的重要措施之一是控制梁端受压区与受拉区配筋的比例。由于跨中梁底预应力筋沿抛物线形在支座处走到了梁面，由跨中梁底伸入支座底部的非预应力筋数量相比支座梁面处的换算受拉钢筋的比例很小，往往需要增设较多的支座底部的受压钢筋以满足这一要求。此时没有必要梁底通长增加普通钢筋，可以采用梁端底部增设短钢筋的做法。

预应力筋的数量一般由竖向荷载下支座处的抗裂要求确定，当支座处所需的截面尺寸过大时，全长加大截面会影响净高，可以采用梁端加腋的方式处理，将塑性铰外移至加腋范围以外，此处由于预应力筋位置的下降，抗震性能也更接近普通框架梁。

抗震分析时，全预应力混凝土结构的阻尼比为0.03，对于部分框架梁采用预应力的航站楼框架结构，可按预应力混凝土结构部分在整个结构总刚度中所占的比例折算等效阻尼比，一般可取0.04~0.045。

3. 张拉、锚固端设计

预应力筋通过张拉端、锚固端实现预应力的施加和钢筋的锚固，张拉端和锚固端的节点设计不仅影响节点施工的难度，对建筑、机电等专业的使用功能也会产生影响，是预应力设计的重要内容。航站楼预应力节点设计经常面临以下两种类型的问题：节点加腋对功能的影响、张拉端锚具外露对建筑效果的影响。

后张有粘结预应力筋的锚具尺寸较大、数量多、集中力大，如设置在节点核心区内对节点受力不利，因此张拉、锚固端的锚具一般在梁柱节点外加腋设置，在节点处预应力筋采用搭接筋处理，如图4.1-12所示。当遇机电洞口、楼电梯间等加腋无法实施的情况时，锚固端可以设置在梁内不加腋，同时调整预应力筋的分段以改变张拉端所在的节点位置。对于仍无法避开功能需求位置的张拉端节点，可采用在梁面箍筋加密区范围以外预留张拉槽的张拉工艺（图4.1-13a），张拉槽尺寸应根据张拉工艺要求设置，保证安装张拉变角块的空间，尽量减少钢筋截断，并附加纵筋搭接补强。

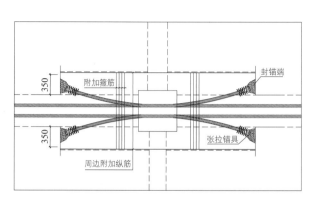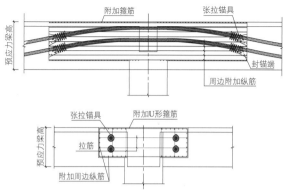

图 4.1-12　预应力加腋节点

对于缓粘结预应力筋，由于预应力筋单根锚固，锚头尺寸小，可采用分排撅起张拉（图4.1-13b），梁端普通钢筋宜采用大直径或多排布置，降低每排钢筋根数，以保证钢筋间距满足预应力筋撅起张拉需要。

边柱锚具外露影响建筑外观效果时，也可采用缓粘结预应力筋，分散内凹布置的锚具可确保不突出柱表面，同时预留孔对柱截面削弱影响较小（图4.1-13c）。

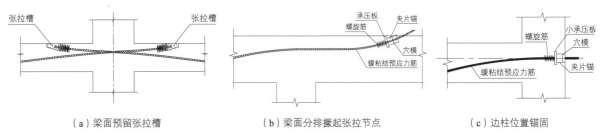

（a）梁面预留张拉槽　　　　　（b）梁面分排撅起张拉节点　　　　　（c）边柱位置锚固

图4.1-13　内凹式张拉端节点示意

4. 施工相关的设计事项

框架节点核心区梁柱钢筋密集，柱纵筋排布需预留预应力筋空间。有粘结预应力筋由于波纹管直径比较大，在梁柱节点处柱纵筋比较密不利于波纹管穿过，此时柱可采用较大直径钢筋或局部采用并筋的配置形式；而缓粘结预应力筋无需波纹管，可分散在柱子钢筋间穿过，更便于施工。

遇后浇带处，封闭前预应力筋无法张拉，需在设计中作预留考虑。首先，预应力筋在后浇带所在跨断开，另单独设搭接筋，搭接筋在后浇带封闭后再实施张拉（图4.1-14）。其次，当采用缓粘结预应力筋时，需考虑后浇带封闭时间的影响，单独制定搭接筋胶粘剂的固化时间，或在后浇带所在位置单独采用有粘结预应力筋，避免封闭时间不确定带来的严重问题。

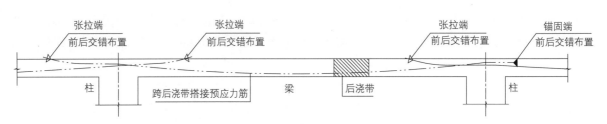

图4.1-14　后浇带处预应力筋搭接大样

4.1.5　主体混凝土结构与支承屋盖钢柱的连接

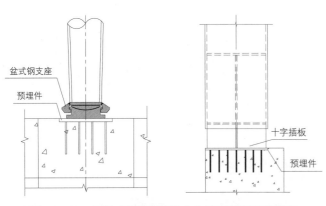

图4.1-15　钢柱（钢管混凝土）与下部楼层铰接节点

国内航站楼的屋盖大都采用大跨钢结构，支撑屋盖的柱一般为钢柱或钢管混凝土柱，钢管与主体混凝土结构间的连接是设计和施工中的一个重点，需要特别关注。

当钢管或钢管混凝土柱与混凝土结构铰接连接时，通常采用预埋件过渡，只要处理好抗剪键与混凝土梁柱节点处的铰接关系，就能够实现可靠的连接（图4.1-15），节点施工较为方便。

当钢管或钢管混凝土柱与混凝土结构刚接连接时，情况则要复杂很多，主要问题集中在两个方面，一是钢管柱下端与混凝土柱或基础间的连接方式，二是钢筋混凝土梁的钢筋如何锚固到被钢管占去位置的梁柱节点。

钢柱在最下端楼层的常用连接形式有混凝土柱全长外包、混凝土柱部分外包、混凝土柱内插等，形式的选择需综合考虑柱受力情况和下层柱截面的限制条件：当下层空间允许采用较大的柱截面时，混凝土柱全长外包是最为可靠的方式，钢管可在过了梁柱节点以下收小以加强混凝土柱对其的握裹并节省钢材用量（图4.1-16a）；当下层空间不允许柱截面超过钢管截面且楼面以下的柱弯矩明显减小时，可采用混凝土柱部分外包的方式，柱顶局部外扩形成柱帽包裹下插的钢管，混凝土柱在吊顶以下收小至同原钢管直径，包裹住收小后的钢管截面（图4.1-16b）；当下层空间不允许柱截面超过钢管截面且楼面以下的柱顶弯矩仍旧较大但柱底弯矩明显减小时，可采用钢管柱下伸至下层楼面、再下层的钢筋混凝土柱钢筋向上插入钢管内的节点（图4.1-16c），而当此处下层柱底弯矩也仍较大时，钢管则需要如图4.1-16（b）所示继续下插。

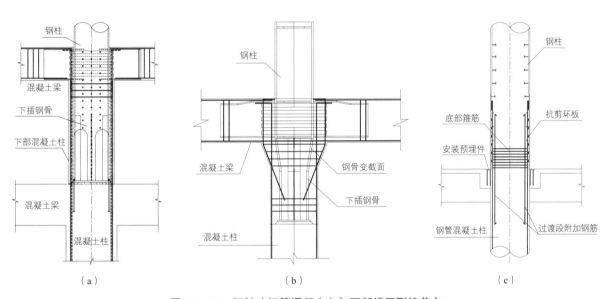

图4.1-16 钢柱（钢管混凝土）与下部楼层刚接节点

钢管混凝土柱与基础的连接方式除常规的直埋外包柱脚外（图4.1-17a），为了减小基础埋置深度，还可以采用倒T形埋入的方式（图4.1-17b）。

钢筋混凝土梁与钢柱在节点处的连接方式有钢筋环梁、钢牛腿焊接、接驳器连接等（图4.1-18），具体的选用和柱梁截面相对关系、钢筋数量、柱边开洞等约束条件等因素有关。前两种方式对钢筋的施工要求高，需要特别注意钢筋的绑扎顺序，后两种方式对钢筋和接驳器焊接要求高，应要求由专业的焊工来实施。

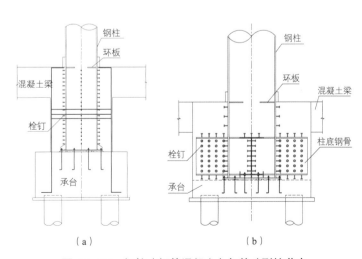

图4.1-17 钢柱（钢管混凝土）与基础刚接节点

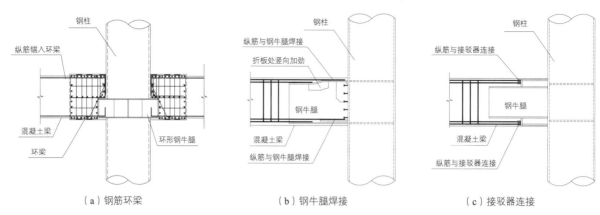

（a）钢筋环梁　　　　　　　　　（b）钢牛腿焊接　　　　　　　　　（c）接驳器连接

图 4.1-18　钢筋混凝土梁与钢管混凝土柱连接节点

4.1.6　清水混凝土的应用

清水混凝土，也称暴露表面混凝土（Exposed Concrete）或装饰混凝土（Fair Faced Concrete），是指混凝土在建造过程中一次浇筑成型、不再添加任何装饰直接外露的建筑表达方式，混凝土表面的纹理、孔洞、颜色都被作为建筑设计的一部分[29]，是建筑师热衷使用的一种表现手法。

清水混凝土成型质量的主要影响因素包括混凝土性能、模板体系、浇筑及养护工艺以及细节的处理这几方面[30-31]。

清水混凝土所需要的混凝土应具有高流动性、大坍落度、低水胶比、无泌水及色差的高性能要求，原材料除要求采用同一产地、同一厂家、同一品牌外，其各项具体技术参数的控制均高于现行的国家标准。模板体系需要有足够刚度和平整度以保证混凝土外观几何尺寸和消除表观缺陷，同时确保板缝滴水不漏以避免混凝土水化过程中的失水导致的混凝土色差，使用密封胶条和嵌缝胶是保证不失水的关键。混凝土浇筑及养护需要采用辅助敲击振捣、塑料薄膜密封养护、后期覆盖保护等精细的工艺保证混凝土表面的光润、无明显色差、无一般缺陷等近乎苛刻的要求。细节的精雕细琢包括对蝉缝、明缝、假眼、对拉螺栓眼等的精细处理。

在航站楼建筑中，除了个别的将整个航站楼以清水混凝土的效果进行塑造的案例如肯尼迪机场第五航站楼外（图 4.1-19），通常都是以局部点缀或散布的方式展示清水混凝土的。最多采用的是清水混凝土柱，成排规律的清水混凝土柱以其朴实无华的外观被用于彰显航站楼建筑的沉稳低调或衬托周边活泼的室内装饰，有时梁底或梁侧面也同时采用清水混凝土以强调航站楼的上述基调（图 4.1-20a）。与航站楼配套车库的外立面和内庭院四周的栏板也是清水混凝土经常被使用的地方，简洁、重复的线条结合清水混凝土的质朴感，非常契合机场追求效率的特点（图 4.1-20b）。

相比于混凝土表面的光洁度和材料质感，混凝土表面颜色是原始自然的还是涂过适当的保护液或着色液的，其重要性此时是相对次要的，因此，模板体系是关系到航站楼中清水混凝土效果的最为关键的问题。

常用的模板系统按材料分类有木模、钢模、钢木组合模、铝合金模等，由于钢模板具有制作精度高、刚度大拼缝严密、整体性好不易变形、可长期重复使用这些优点，在非复杂曲面的清水

图 4.1-19　肯尼迪机场第五航站楼整体清水混凝土

混凝土中应用最为广泛。在浦东机场卫星厅项目中，创造性地采用了一种玻璃钢模板，该模板最大的优点是长度可根据需要调节，仅有两条竖向拼缝，实现了清水圆柱无水平模板拼缝，外观效果优异，同时重量较钢模轻，施工也非常方便（图 4.1-21）。

（a）浦东机场卫星厅候机厅清水梁柱　　　　　　　　（b）虹桥机场 T2 车库清水混凝土外立面

图 4.1-20　局部清水混凝土

（a）模板拼接方式　　　　　　　　　　　（b）拆模过程

图 4.1-21　玻璃钢清水混凝土模板

当航站楼中采用纯作为装饰而无结构受力作用的清水混凝土墙时，除了需关注其表面效果外，还需评估此墙体对原本框架结构的侧向刚度的影响。通常增设的墙体数量很少，位置分布也难以均匀，如果将其与主体结构完全连成一体常会带来墙体抗剪承载力不够和整体结构的扭转问题，因此设法将其与主体结构三面断开是较好的处理方法，但这也需要在较早期就与建筑协调清水墙体与主体结构柱的位置关系（图 4.1-22）。

还有一个需要注意的问题是梁单侧清水混凝土挂板对结构刚度的影响以及其施工方法。连续的挂板同样会明显增加梁的刚度从而影响结构内力的分布，也需要准确模拟。由于最终的挂板形式经常会要到室内装修设计阶段才能确定，所以较为可操作的方法是通过打破外挂墙板的连续性来弱化其对梁刚度的影响从而在计算中不作考虑，结合清水墙划格设置诱导缝就是一种既不影响外观、又能在地震作用下释放挂板对梁刚度影响的解决办法（图 4.1-23）。清水混凝土挂板可以和无清水要求的梁一起整体浇筑，也可以分两阶段浇筑，后者对支模的要求更为宽松，也利于清水混凝土表面的成品保护，因而较多地被采用。

当空间尺寸允许时，采用预制的清水混凝土挂板也是一种既保证表面质量，又免除刚度影响的理想处理方式。浦东机场 T2 航站楼指廊立面柱的外表面就是采用了这种预制挂板的方式（图 4.1-24）。

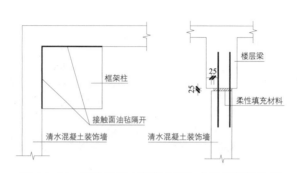

图 4.1-22　纯装饰清水混凝土墙与主体柱断缝处理

图 4.1-23　清水混凝土挂板

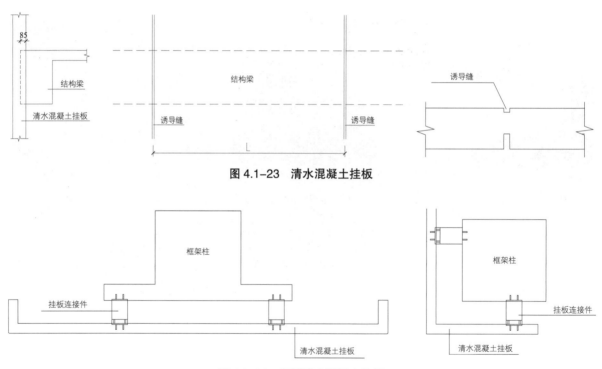

图 4.1-24　预制清水混凝土挂板

4.2　结构抗震分析与设计

大中型航站楼为重点抗震设防类建筑，除了遵循常规结构的一般抗震设计原则外，还需要重点关注由于航站楼功能和结构布置特点引起的抗震问题[32]，比如：超大平面尺寸带来的行波效应问题[33]；上下楼层平面差异大、楼板开洞多引起的竖向和平面刚度不均匀；屋盖与下部主体结构抗震缝不一致等特点对抗震设计的影响等。另外，还需要关注航站楼所处场地的自然条件对航站楼抗震设计的影响，如高填方和高边坡等复杂条件带来的复杂地震输入[34]、场地与结构的共同作用等。减震和隔震可以有效提高结构的抗震性能，应用越来越广泛，但在航站楼的使用也存在诸多限制条件，设计需要采取针对性的措施应对。

4.2.1　航站楼常见抗震超限类型及对策

1. 结构体系类超限及对策 [35]

从整体结构体系来说，目前国内的航站楼较多采用单个整体屋盖钢结构对应下部多个混凝土结构单元的形式，属于规范暂未列入的特殊形式复杂结构。在地震作用下，这类结构的上、下相互影响情况较为复杂：上下结构刚度差异大，鞭梢效应明显；支承钢屋盖的柱子可能立于下部结构的不同标高楼层，约束刚度存在差异；屋盖跨缝，实际形成类连体结构等。因此，结构分析应采用上下整体结构计算模型以准确反映相互间影响，反应谱分析应考虑足够的振型数，并补充时程分析与反应谱法进行对比。

2. 屋盖超限及对策

航站楼屋盖结构单元的长度通常会接近或大于 300m，结构跨度大于 120m 或悬挑长度大于 40m 的情况出现机会也很多，屋盖结构形式可能为多种常用空间结构形式的杂交组合，因而航站楼屋盖结构本身大多为超限大跨空间结构。虽然总体而言大跨结构对地震的敏感性相对较弱，但其支承柱却是典型的地震敏感结构，同时竖向地震对跨越结构的影响也需要特别关注，当大跨结构自身的高差较大时，水平地震下跨越结构的响应也不可忽略。

需针对钢屋盖长度超长、跨度超大、结构形式超常、形体复杂等具体情况，分别从结构传力路径、地震作用特殊性、温度效应、结构冗余度、抗连续倒塌能力等方面加强分析计算并采取相应的抗震设计措施。

具体措施包括：明确屋盖结构中的关键构件、关键节点和薄弱部位，制定完备的抗震性能目标和构造控制指标，严格控制关键构件的应力比；提高屋盖支承柱的抗震性能目标，比如悬壁柱类的屋盖支承柱按中震弹性设计；提高屋盖支承柱的柱顶支座相邻区域杆件的安全性能，支座承载能力及转动角度满足大震下的安全性和可靠性；充分考虑风、雪、温度等作用与地震灾害的耦合，注意超长结构为减小温度影响采取端柱支座释放或弹性支座对抗震的影响，重视天窗对屋盖刚度削弱后的加强措施等。针对超大结构平面尺度的情况，还需考虑地震行波效应的多点地震输入分析，以反映不同步地震激励对结构的影响。

3. 下部混凝土结构不规则超限及对策

航站楼下部主体结构较多出现的是平面扭转不规则、平面楼板不连续和局部竖向不规则这三种不规则类型。

航站楼结构考虑设缝以后的结构单元经常仍会达到 100～300m 的尺度，平面尺寸大的框架结构在考虑偶然偏心作用的规定水平力作用下的扭转位移比一般都会超过 1.2。当平面非方正规则、非对称时，以及指廊平面长宽比大于 3 时，扭转位移比会更大。因此，结构平面的形状和尺寸关系基本上确定了航站楼结构一般存在平面扭转不规则超限。还有一种经常遇到的情况是，当建筑出于效果要求采用清水混凝土墙时，需要考虑清水混凝土墙对主体结构抗侧刚度的影响，避免造成明显刚度不均匀。

航站楼的平面楼板不连续常见于下面两种情况：行李机房和部分公共空间的超大层高要求，导致某些楼层的楼板有效宽度小于 50%、开洞面积大于 30% 或平面凹凸尺寸大于相应边长 30% 等；流程功能对结构楼板板面标高的不同的需求导致的楼层关系复杂和较大范围的错层。

局部竖向不规则，如局部的穿层柱、斜柱、夹层、个别构件错层或转换，在航站楼结构中较为常见。针对上述不规则类型采取的对策与常规建筑没有明显差异，在此不作赘述。

4.2.2 地震行波效应影响分析

由于传播路径、介质构成、局部场地等因素，地震动时空分布并非一致，因此结构动力分析中经常面临多点激励问题。对于平面较小的结构，地震动的空间变化一般很小，地震波在结构中传播经过不同边界点的时间差极小，可以忽略，所以可以采取一致激励模式；而对于航站楼这样经常采用长度 300m 以上的屋盖支承于下部整体或分块混凝土结构单元的情况，地震波传播至两端基底位置的时间差已不可忽略，因此，有必要采取多点激励的输入模式，对设计采用的一致激励分析的结果进行校核修正。

1. 多点输入地震响应分析方法 [36-37]

多维多点输入下地震反应的分析方法目前主要有三种，即反应谱法、随机振动法和时程分析法。

（1）反应谱法

反应谱方法是当前各国规范首推的抗震设计方法，广泛应用于结构选型及初步设计，因此，有学者提出了一些可以估算结构体系在多点输入条件下的地震最大反应的反应谱方法。但由于地面运动时空变化特征难以模拟等原因，其分析精度尚有待进一步研究。

（2）随机振动分析法 [38]

地震动实质上是一种随机过程，利用随机振动理论，在支承点上输入地震动的自谱密度和互谱密度，即由已知输入的功率谱求解输出功率谱，计算得到各结构反应量的统计规律，可以不受任意选择的某一输入地震动控制。但是，随机振动法数学处理比较复杂，计算量巨大，目前还难以在工程实际中广泛应用。

（3）时程分析法

时程分析法是一种相对确定的动力分析方法，可以考虑结构的几何非线性和材料非线性，是目前进行多维多点地震输入分析最常用的方法。

时程分析法模拟地震对结构的激励主要有以下三种手段：

1）直接施加地震加速度时程；

2）施加位移时程，位移时程通过将时间 - 加速度关系在频域上积分得到；

3）施加力时程，有大质量法和大刚度法两种方法，前者是在基底节点上加一个大质量 M，然后利用公式 $F=Ma$ 将加速度时程转化为力时程施加在基底；后者是在基底节点上施加一个大刚度 K，然后利用公式 $F=Ka$ 将加速度时程转化为力时程施加在基底。

目前较多采用直接施加加速度时程法，即为每一荷载步指定相应的时间和加速度，根据地震波传到各个基础位置的时间差异，按不同相位输入加速度，进行地震时程分析。

2. 视波速的确定 [39]

如图 4.2-1 所示，对于某一总长度为 L 的结构，其左、右端点分别为 A 和 B，中点为 C，震源深度为 D，震中距为 S，地震波到达 A、B 两点的时间差为 Δt，在地面观测得到地震波在 A、B 点之间的传播速度 $L/\Delta t$ 即为视波速。在均质地层中，建筑基础部位某点的视波速约为地层波速 v_s 除以该点与震源水平夹角 α 的余弦，震中距越小、震源深度越大，视波速越大。但通常情况下，地震波从震源传到地表，需要穿过多个地层，多地层视波速精确求解的过程比较复杂，一般可采用如下简化方法：首先根据加权平均得到震源至地表多地层的剪切波速代表值，然后将该值除以建筑中点与震源水平夹角的余弦，即可得到等效均质地层的视波速。研究表明，采用上述简化方法得到的等效视波速，其误差一般不超过 5%，且均为负偏差，偏安全。

由于我国大陆平均震源深度为（16±7）km[40]，远大于几米到几百米的地表覆盖土层厚度和 150m 以内的基岩层[41-42]，因此视波速不决定于建筑物所在场地浅部覆盖层和基岩的波速，而是主要受深部地壳层波速的影响。对结构破坏性较强的地震剪切波在地壳中的传播速度约 3.5km/s，通过几个机场工程的试算发现，按上述方法计算得到的视波速，一般会达到 2.6～4.0km/s。

需要注意的是，此方法的前提假定是每一个土层或岩层本身是完整匀质的，地震波在层内部传播过程中未发生反射、干涉、耗散等情况。当地震波传导的路径上有与最短传导线路相交叉的地壳和基岩不连续或波速明显变化的区域时，地震波的传导路径将发生改变，其对视波速的影响作用相当于改变了震源深度，视波速将会相应发生变化。而从震源到项目场地间的地质情况很难完整获得，因此实际视波速情况会更为复杂。工程设计中，建议在上述计算的基础上，进行适当的降低后进行采用，但视波速的取值不宜小于 1.0km/s。

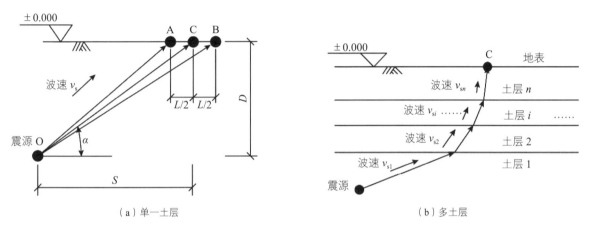

（a）单一土层　　　　　　　　　（b）多土层

图 4.2-1　地震波传播路径示意图[41]

3. 行波效应分析流程及结果使用 [43-44]

采用时程分析法进行地震行波效应影响分析的基本流程如下：

（1）根据地层信息和历史震源位置情况计算确定视波速。

（2）分区确定结构基础底部加速度时程相位，分区情况依据地震波方向、视波速、结构长度、结构分缝等项目特征确定。

（3）选取符合规范要求的地震波，进行动力时程分析。

（4）根据计算结果分析行波效应的影响情况，不同种类的构件以不同的内力响应作为评估指标。通常竖向构件以剪力和弯矩作为评估指标，水平构件以轴力和弯矩，斜撑则以轴力为评估指标。

（5）根据行波效应影响情况确定计算结果的使用方法。一般可采用行波效应影响系数对受不利影响区域构件的地震一致输入计算结果进行修正，必要时也可以将行波效应分析结果直接用于受影响明显构件的校核。

4. 合肥新桥国际机场 T2 航站楼行波效应分析 [45]

（1）项目概况

合肥新桥国际机场 T2 航站楼主楼屋盖为一个整体结构单元，长 478m，宽 267m，竖向支承在 M1、M2、M3 三个混凝土结构单元上（图 4.2-2），根据结构单元尺度情况，需对其进行行波效应分析。

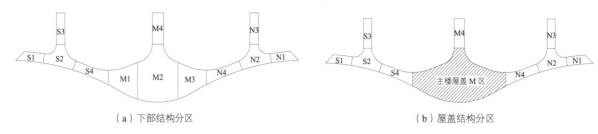

（a）下部结构分区　　　　　　　　　　　　（b）屋盖结构分区

图 4.2-2　航站楼结构分区示意图

利用 ABAQUS 软件，采用底部直接激励的加速度法对主楼结构进行多点激励与一致激励的分析，计算模型如图 4.2-3 所示。分析考虑 X、Y 两个地震波主输入方向，每次分析均采用三向地震输入，水平主、次和竖向的加速度峰值比例为 $1.0:0.85:0.65$，其中水平方向地震输入考虑行波效应，竖向不考虑。

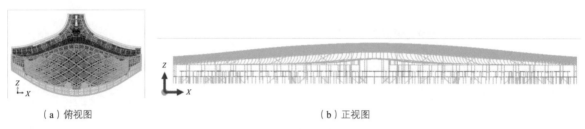

（a）俯视图　　　　　　　　　　　　　　　（b）正视图

图 4.2-3　结构计算模型

（2）视波速取值计算

根据场地地震安全性评价报告，有记录的对本工程所在场地产生影响的 $M \geqslant 4.7$ 级地震的震源深度为 $10 \sim 14\mathrm{km}$，工程场地影响烈度达Ⅳ度以上的地震震中距平均值为 $103.5\mathrm{km}$，考虑到震源深度越浅视波速越小的特点，计算时震源深度偏保守取小值 $10\mathrm{km}$。

工程场地波速测孔最大深度为 $31\mathrm{m}$，未揭穿中风化泥质砂岩，得到的地表深度 $27\mathrm{m}$ 内的等效剪切波速均值为 $250\mathrm{m/s}$，$27 \sim 31\mathrm{m}$ 的中风化岩剪切波速为 $509\mathrm{m/s}$。由于缺乏原场地中风化岩埋藏厚度，参考《合肥宝能城 CBD 项目 T1 塔楼详勘》报告（2014），中风化层泥质砂岩的层底埋深取 $110\mathrm{m}$。根据文献《合肥市地壳浅部三维速度结构及城市沉积环境初探》（2020），合肥市附近存在低速异常区，结合文中数据，取 $110 \sim 1200\mathrm{m}$ 深度地层的平均剪切波速为 $800\mathrm{m/s}$，$1200 \sim 3000\mathrm{m}$ 深度地层的平均剪切波速为 $1600\mathrm{m/s}$，$3000\mathrm{m}$ 至震源深度的平均剪切波速为 $3200\mathrm{m/s}$。

根据 4.2.2 节视波速计算方法，得到的视波速为 $2630\mathrm{m/s}$，后续计算按 $2500\mathrm{m/s}$ 取用。

（3）地震波选取

按照我国《建筑抗震设计规范》GB 50011—2010（2016 年版）的选波要求，选取 7 组地震加速度时程记录，包括 2 组人工波和 5 组天然波。X、Y 方向地震作用时，7 组波底部剪力的平均值均为反应谱的 101%。

（4）计算结果分析及设计应用

按多点激励得到的结构基底总剪力比一致激励分析结果略有降低，多遇弹性分析下为一致激励的 80% ~ 96%，罕遇弹塑性分析下为一致激励的 85% ~ 97%，这是由于下部结构不同区段震动不一致导致的地震力相互抵消所致；另外，与一致激励相比，多点激励的结构总剪力有一定的滞后性；图 4.2-4 给出了在 T9 地震波 X 主向激励下的结构基底剪力时程对比。

具体到构件层面，不同部位受多点激励的影响程度是明显不同的。行波效应影响系数相对较大区域主要出现在下部每个混凝土结构单元周边受扭转影响较大部位，以及屋盖周边附近部位构件，其他区域总体上小于 1.0（图 4.2-5）。对于影响系数大于 1.0 的钢构件和钢管混凝土构件，需要进行内力放大后的杆件应力的复核；对于影响系数大于 1.0 的钢筋混凝土构件，则需要对内力调整后重新进行配筋。

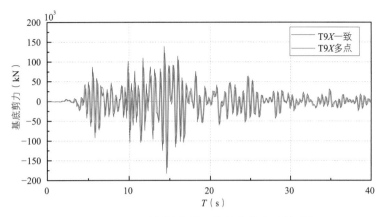

图 4.2-4　T9 地震波作用下的基底剪力时程对比

这一过程可以通过对每根构件按各自实际行波效应影响系数进行放大的方式进行，也可对同一类构件采用统一的、有足够保证率又不会放大过度的调整系数。

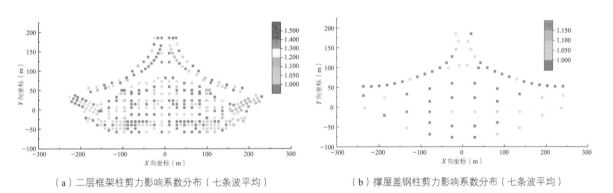

（a）二层框架柱剪力影响系数分布（七条波平均）　　（b）撑屋盖钢柱剪力影响系数分布（七条波平均）

图 4.2-5　行波效应影响系数分布情况（地震单工况下）

本工程中对支承屋盖的钢柱和屋盖桁架构件分别采用剪力影响系数和轴力影响系数进行调整复核。由于行波效应的剪力影响系数反映的是地震单工况需要调整的程度，将其与组合工况下的构件设计应力比相乘后得到的调整后应力比通常是超过实际应力比的，因此只要这个乘积小于 1.0，便可以判定该构件在行波效应影响下的应力比也是小于 1.0 的。图 4.2-6 列出了各屋盖柱在一致地震输入下的构件设计应力比及行波效应的剪力影响系数，每一个点代表一根柱；图 4.2-7 列出了各桁架构件在一致地震输入下的构件设计应力比及行波效应的轴力影响系数，每一个点代表一根杆件，以上影响系数均为七条地震波的平均值。从图中可以判断，所有构件的应力比与影响系数的乘积是小于 1.0 的，不需要因行波效应影响而对其截面进行调整。

对于钢筋混凝土柱和梁，其配筋直接与弯矩相关，因此采用七条波平均的弯矩影响系数作为构件的行波效应影响调整系数。对影响系数大于 1.0 区域的所有杆件统一采用了 1.12 的系数，这一数字可以覆盖 95% 的杆件数量，其余杆件的地震下弯矩单独按其自身的影响系数进行了放大，最大的放大系数达到了 1.31（图 4.2-8）。

上述行波效应调整系数都是基于弹性计算的结果，本工程还另进行了罕遇地震作用下多点激励的弹塑性分析对结构的整体抗震性能进行了评估，其层间位移角的影响系数范围为 0.86 ~ 1.12，最大层间位移角 1/61，主要构件在大震下的损伤程度与一致激励的计算结果基本类似。

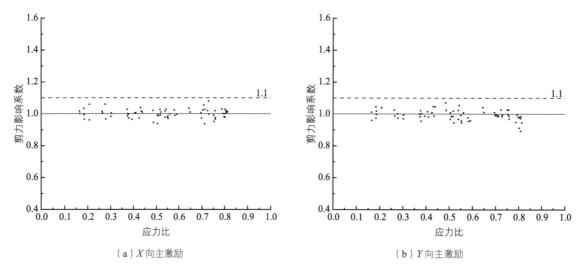

（a）X向主激励　　　　　　　　　　　（b）Y向主激励

图4.2-6　屋盖柱应力比及其剪力影响系数

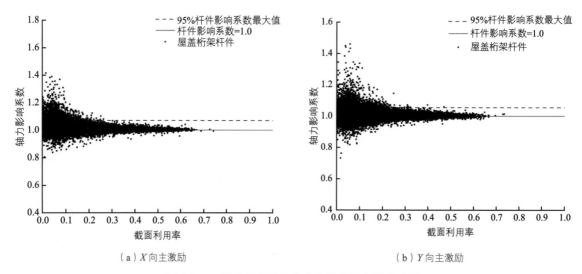

（a）X向主激励　　　　　　　　　　　（b）Y向主激励

图4.2-7　屋盖桁架杆件应力比及其轴力影响系数

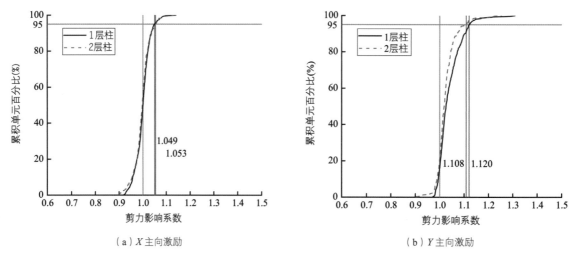

（a）X主向激励　　　　　　　　　　　（b）Y主向激励

图4.2-8　下部结构框架柱弯矩影响系数分布曲线

4.2.3　复杂场地条件地震影响

1. 地震动输入的确定

地层分布的非水平、不均匀、非连续会造成地震波传播过程中出现显著的散射与叠加，导致表面覆盖层强烈的非线性作用，进而造成地震动放大效应。对于航站楼建筑，可能面临的复杂场地条件包括基岩面起伏变化大[46]、场地存在不连续和非水平填层、地形标高相差大[47]、临近高陡边坡、位于高填方区等情况[48]。此时，规范中较为简化的统一地震参数取值，以及采用常规一维方法地震场地安全性评价得到的地震参数，可能无法完整反映复杂场地的地震影响效应。根据地形的复杂程度，有时需要按实际场地条件专门分析确定地震动输入。

常规一维分析方法进行的场地地震安全性评价[49]，是在区域地震活动性、地震地质背景研究的基础上，采用地震危险性分析概率方法评估震源和传播路径对地震动的影响，进而确定场地基岩地震动，最后根据覆盖层厚度和振动特性用一维分析方法求得地表的地震动参数。在前述的复杂场地条件下，最后一步地表地震动参数的获得，有时需要对覆盖层进行三维建模条件下的场地地震反应分析才能得到。对于复杂地形、特别是含有高边坡的复杂地形，宜采用动力时程方法进行分析，场地三维模型的建模范围及网格划分大小需经敏感性分析后确定，模型周边可通过施加无反射边界条件及自由场边界条件进行处理。

2. 结构地震响应分析

完成场地地震动输入情况的分析后，位于复杂场地上的结构地震响应分析可分别采用以下三种不同方式：

方式一：当同一结构单元不同位置的基底地震动参数差异较小时，可采用统一的地震动参数，对上部结构进行单独结构的地震响应分析，不同结构单元可采用不同的地震动参数。绝大多数机场航站楼属于这种情况。

方式二：当同一结构单元的基底地震动参数存在一定差异但可明确分区时，可按不同结构区域分别确定基底地震动参数，采用多点激励的方式对上部结构进行单独结构的地震响应分析，这种方法能反映场地差异但忽略土和结构的相互作用。由于多点激励需要采用动力时程方法进行，直接用于构件设计存在操作困难，因此一般用于后期的复核。

方式三：当不同区域结构基底地的地震动情况复杂、无法简单分区时，可采用考虑土 - 结构相互作用的方法，将三维场地和建筑结构统一建模，形成包括基岩、土体、基础和上部结构的完整模型，直接输入基岩地震动时程进行整体动力分析。这种方法准确反映了结构与土体的相互作用，理论上更符合实际情况，适用于场地与结构关系复杂程度高的情况。由于分析难度大，设计理论和手段尚不成熟，目前处于研究阶段，实际工程的应用也属尝试。

3. 昆明长水机场 T2 航站楼复杂场地地震输入分析

昆明机场航站区场地原始地表为山地，下伏基岩面起伏变化剧烈，呈不连续不均匀分布特点（图 4.2-9），一期工程实施期间，对场地进行了一次填挖平整（图 4.2-10），结合地表形态及二期建筑功能布置需求（图 4.2-11），场地需再次开挖和回填，最大填方厚度 70m 以上，完成后最大边坡高差 47m（图 4.2-12）。T2 航站楼核心区建（构）筑物落于不同高边坡高回填场地上，按现有规范较难准确给出不同区域构筑物地震动设计参数，因此进行了复杂地形条件下地震动参数取值的专项分析。

分析采用动力时程方法进行，精确模拟局部地形和土壤非线性，考虑了地震波由基岩向上传播至土层过程中在基岩 - 土层界面和土体中的地震波反射、散射问题，具体步骤如下：

图 4.2-9 航站区原始地貌

图 4.2-10 本期建设前地貌

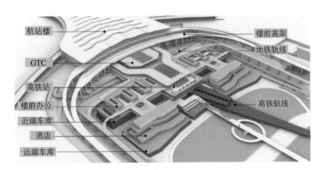

图 4.2-11 本期建筑功能分布

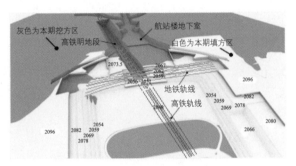

图 4.2-12 本期开挖填筑完成后地形图

（1）建立设计区域的地质体模型，确定材料物理力学参数；

（2）根据设计区域的地震烈度确定人工合成的输入地震波波形（包括幅值、主频及持时等）；

（3）数值模型静力作用下弹塑性计算稳定；

（4）施加无反射边界条件及自由场边界条件，输入预设地震波进行动力计算。

三维场地的时域非线性动力有限元模拟采用中科院力学研究所开发的 GDEM 数值模拟平台。场地建模反映了岩层起伏和覆盖层变化，地形高差变化的处理采用现行通用的 NURBS 插值方法以较好反映地形的连续性，避免模型中的尖锐突变部位导致的畸变网格剖分（图 4.2-13）。结合场地填筑体要求，土体本构关系采用考虑应变软化的弹塑性本构（soften-MC）。

根据昆明长水机场 T2 航站工程场地地震安全性评价报告[50]，地震危险性分析得到的 50 年 10% 超越概率的地表基岩加速度为 345.6Gal，基岩反应谱周期范围为 0.04 ~ 6s，结合各建筑结构的自振周期范围（0.38 ~ 1.53s），考虑的截止频率为 15Hz。填土层和中风化岩（基岩层）剪切波速分别为 250m/s、800m/s，采用四面体单元，三维地质模型网格剖分最大尺寸不超过 5m。边界条件为底面入射水平地震波（考虑地震波垂直入射），四个侧面和底面为无反射边界条件。入射自由场基岩波视为平面行波，自计算基底射向计算场地。根据理论推导有基岩自由表面地震动值等于入射波幅值 2 倍的关系，故以地表基岩加速度的一半作为基底入射波值的输入值，得到三维场地的加速度响应（图 4.2-14）。

可以看到，各位置计算得到的地震动峰值加速度 A_{max} 有一定的差异，总体离坡较远处的值相对小些，坡顶和坡上的值稍大（图 4.2-15），这是地表形态差异和不同位置覆盖层厚度差异共同影响的结果。为便于设计使用，将离坡较远处的峰值加速度设为基准 1.0，坡顶和坡上根据各结构单元平面范围内的峰值加速度情况，综合得到各结构单元地震动峰值加速度放大系数（图 4.2-16）。

根据各结构单元所处位置的地震动峰值加速度放大系数情况，采用前述方法一对各单元进行基本的设计。同时对于平面尺寸超大的航站楼主楼，采用方式二进行了考虑参数差异的多点激励补充分析；对于整体处于斜坡上的交通中心 GTC 单元，采用方式三补充进行了考虑土-结构相互作用的整体模型分析。

图 4.2-13　三维场地模型

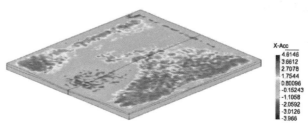

图 4.2-14　三维场地加速度场云图（25s，m/s²）

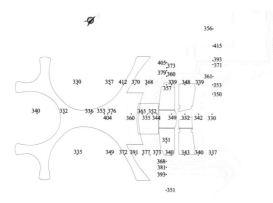

图 4.2-15　地震动峰值加速度 $A_{\max}$ 计算结果

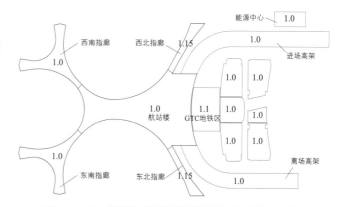

图 4.2-16　各结构单元地震动峰值加速度放大系数

4.2.4　航站楼消能减震设计

1. 航站楼减震的需求

登机廊结构多为两到三层混凝土框架外加钢屋盖的结构形式。其混凝土框架部分较多区域是设备机房、内部用房和对空间尺度要求较低情况的公共区域，通常采用较小的柱网，对柱截面尺寸限制也少，也有条件进行消能减震器的布置。最上层的大空间区域大都是钢或钢管混凝土柱支承的轻型钢屋盖结构，由于使用功能和视觉效果限制，基本没有条件进行消能减震器的布置。根据对乌鲁木齐机场 T4、太原机场 T3、呼和浩特新机场、昆明机场 T2 等几个处于 8 度区的航站楼指廊的情况分析，当结构本身的规则性尚可时，只要控制合适的平面长宽比，或对长宽比较大的指廊两端布置少量的 BRB 或普通钢支撑改善其扭转指标后，即使不采取其他的消能减震措施，结构也能有较好的抗震性能，指廊对消能减震的需求通常不大。因此，后面的讨论主要针对航站楼主楼结构。

2. 航站楼主楼消能减震的受限条件

航站楼主楼内面积占比最大的公共区域多为大量旅客通行的空旷空间，设置减震装置容易对旅客流线及建筑效果带来影响；公共空间层高大，较多采用房中房的形式，通高的墙体相对较少，利用建筑隔墙位置设置减震装置的机会相对也少；立面幕墙附近设置减震装置虽然不影响功能，

图 4.2-17　虹桥枢纽公共空间的 BRB

但对建筑效果有所影响，也通常受限。有条件设置减震装置的设备机房和其他内部功能用房区域，主要集中在底层，中间楼层也有一定的分布，但其平面位置相对于结构单元的均匀性往往难以保证，减震装置能上下层位置对齐的机会则更少。以上情况导致航站楼中减震装置的布置数量和位置均受较大限制，要取得理想的减震效果，需要设计前期就与建筑师就减震装置的布置进行深入的沟通协调。

3. 整体减震策略和部分减震策略

根据项目总体减震需求，结合减振装置布置受限的客观情况，航站楼结构的减震设计可分为两种不同的策略：一种是通过广泛设置减震装置进行耗能，总体上减小主体结构地震作用效应，减小地震作用下的变形，降低主体结构和次结构的损伤，这可以称为整体减震策略；另一种是仅在薄弱部位设置减震装置耗能，以解决局部刚度突变、刚度不均匀、局部承载力不足等相对局部的问题，通过提高局部结构和局部关键部位的性能水准，进而提高整体结构抗震性能，这可以称为部分减震策略。

当航站楼所在地区抗震设防烈度较高（7度及以上）时，或是对原抗震设防水准低的既有航站楼结构改造项目，当条件允许时，采用整体减震策略是首选[51]，此时需在平面上均匀分散布置减震装置。航站楼底层通常有较多的设备机房、内部办公等非公共区域，减震装置的布置自由度较大，但需特别关注对设备管线走向影响的问题；中间楼层旅客使用的公共区域占比明显增大，能够布置减震装置的位置相应减少，需要尽早与建筑协调以争取理想的位置；顶层主要为出发大厅和候机区的高大空间，建筑效果要求最高，布置减震装置的机会极少，好在一般采用大跨钢结构屋盖，对减震的需求相对较小。对于上下层减震装置无法对齐的情况，一方面要控制单个减震装置的出力，减小对周边子结构的作用力，另一方面通过加强水平构件将减震装置的反力分摊到周边较大范围的竖向构件。结构设计需尽量优化减震器的位置和参数，减少对建筑布置的影响。必要时建筑师也需对建筑效果作一定的妥协，以在建筑功能、外观效果和结构抗震安全之间取得平衡。也可考虑对减震装置进行一定的外观设计，将其作为室内效果的一部分直接展示在公共空间中（图 4.2-17）。

当整体减震策略的实施受到较大限制，通过针对结构的不规则情况采用部分减震策略，也是一种现实的对策。另外，在隔震结构中，在整体抗震性能已经得到大幅提升的基础上，也仍可以通过部分减震设计进一步改善结构不规则带来的局部抗震问题。部分减震的策略主要针对结构薄弱部位的加强和保护，减震装置布置数量较少，与建筑的冲突机会相对少，可实施性更大。

4. 减震方案的选择

减震装置的类型较多，常用的有位移型的屈曲约束支撑（BRB）、屈曲约束阻尼墙（BRW）和速度型的黏滞阻尼器（VFD）、黏滞阻尼墙（VFW），位移速度混合型的黏弹阻尼器也偶有应用。目前国内在航站楼结构中采用较多的减震方案是屈曲约束支撑方案（BRB）和黏滞阻尼器方案（VFD），也有采用黏滞阻尼器与屈曲约束支撑混用及黏滞阻尼器与黏弹阻尼器混用的方案（表 4.2-1）。

机场名	合肥新桥机场 T2	青岛胶东机场[52]	浦东机场卫星厅[53]	虹桥机场 T1 改造	成都天府机场
消能减震器形式和布置位置	主楼 1、2 层设置黏滞阻尼器，屋面层未设置	主楼 1、2、3 层布置黏滞阻尼器，屋面层未设置	中心区各层设置屈曲约束支撑	B 楼底层增设防屈曲支撑	少量屈曲约束支撑
目标	提高结构的耗能能力	增加结构的耗能能力	改善结构抗侧、抗扭刚度和受剪承载力突变	原混凝土框架承载力不足，提高整体抗震性能	调整结构刚度
设防烈度	7 度	7 度	7 度	7 度	7 度
减震策略	整体减震	整体减震	整体减震	整体减震	部分减震
机场名	兰州中川机场	呼和浩特新机场	太原武宿机场 T3	浦东机场 T1 改造[54]	乌鲁木齐机场 T4[16]
消能减震器形式和布置位置	主楼 1、2 层设置黏滞阻尼器和黏弹阻尼器，屋面层未设置	主楼 1、2 层设置屈曲约束支撑，屋面层未设置	主楼 1、2 层设置黏滞阻尼器，屋面层未设置	连廊加层，底层设置黏滞阻尼器	三角区结构单元，3 层设置不落地金属阻尼墙
目标	提高结构的耗能能力	提高结构刚度和耗能能力	提高结构的耗能能力	提高结构的耗能能力，控制结构位移	改善结构局部的抗侧刚度和受剪承载力突变，减轻错层短柱的损伤
设防烈度	8 度	8 度	8 度	7 度	8 度
减震类型	整体减震	整体减震	整体减震	整体减震	部分减震

（1）屈曲约束支撑方案[55]

屈曲约束支撑（BRB）在芯材屈服前有稳定的刚度，屈服后芯材受外套约束不会发生屈曲，支撑刚度较初始刚度开始下降，但能继续稳定变形并开始耗能，为结构提供附加阻尼比。

当结构刚度偏弱或刚度分布不均匀时，采用 BRB 减震方案可以提高和调整结构刚度。通常控制小震下 BRB 不屈服，提供稳定的刚度；中震前后开始屈服耗能，并通过控制起始屈服时间来保证大震下芯材变形维持在极限变形能力之内继续耗能。BRB 的芯材优先选用延伸率大的低屈服点钢材以获得更大的屈服后变形。

BRB 的刚度特点决定了其位置的敏感性，布置在相对位移大的部位效果更为明显；能显著增强设置楼层的刚度，应用于部分减震策略中效果明显；单个支撑的出力不能过大，以免对周边子结构构件的设计带来困难。由于 BRB 通常在中震前后开始屈服耗能，于是又出现了各类组合式的双阶BRB，以在小震阶段就开始实现耗能。

（2）黏滞阻尼器方案[56]

黏滞阻尼器通过黏滞液发热耗散地震能量，主要通过为结构提供附加阻尼比从而实现降低结构地震效应的目标。黏滞阻尼器不提高结构静刚度，一般需要较多的数量才能起到明显的减震作用，主要用于整体减震策略。当结构本身刚度已经满足要求或差距较小时，可以采用黏滞阻尼器的方案。

黏滞阻尼器是速度相关型的，小震、中震、大震下均能耗能提供附加阻尼，各阶段提供附加阻尼比的大小与地震强度、阻尼器动刚度、变形效率（阻尼器变形／层间位移）等参数有关，大多数情况下，附加阻尼比的增加量随地震级别的提高而降低。

航站楼主楼中由于阻尼器布置位置和数量受限，黏滞阻尼器方案的总体减震效率不会太高，表4.2-2 为太原武宿机场 T2 和合肥新桥机场黏滞阻尼器数量与减震效果情况。

	地震峰值加速度 A_{max}	阻尼器布置密度*（个/万 m²）	阻尼器参数	方向	阻尼器总出力/总基底剪力	基底总剪力减小比例	最大层间位移角减小比例	阻尼器耗能比例	附加阻尼比
太原武宿机场 T3	小震 70Gal	18.5（F1 层 22.6，F2 层 14.3）	$\alpha=0.25$；$C[kN/(m/s)^\alpha]$ 悬臂墙式：$C=500$，斜撑式：$C=1000$，套索式：$C=1500$	X 向	16.4%	22%	26%	45.7%	2.51%
				Y 向	14.9%	15%	31%	40.9%	2.08%
	中震 200Gal			X 向	7.9%	16%	18%	43.9%	2.35%
				Y 向	7.5%	13%	19%	39.4%	1.95%
	大震 400Gal			X 向	4.6%	3.4%	14.1%	21.25%	1.85%
				Y 向	4.9%	2.0%	13.9%	22.36%	2.19%
合肥新桥机场 T2	小震 55Gal	12.6（F1 层 16.6，F2 层 7.3）	$\alpha=0.30$；$C[kN/(mm/s)^\alpha]$ $C=170$	X 向	24.2%	12%	10%	44.6%	2.9%
				Y 向	23.0%	18%	28%	50.3%	3.7%
	中震 100Gal			X 向	16.4%	9%	18%	36.6%	2.1%
				Y 向	15.3%	13%	16%	42.4%	2.7%
	大震 220Gal			X 向	9.5%	5%	5%	24.5%	1.3%
				Y 向	9.2%	9%	18%	26.1%	1.7%

* 未计入无法布置阻尼器的出发层面积。

可以看到，在阻尼器布置已经较为密集的情况下，结构在小、中、大震下的附加阻尼比的增加分别为 2.1%～3.7%、1.95%～2.7%、1.3%～2.2%。

（3）混合减震方案[57]

混合减震方案是指利用位移型阻尼器提供的刚度来提高结构刚度或调整结构刚度的不规则，同时利用速度型阻尼器在小变形下就能开始耗能的特点，将二者在一个结构单体上混合应用，实现小、中、大震全过程的消能减震。混合减震中还可以通过延缓 BRB 开始屈服的时间，让其在更大的范围补偿黏滞阻尼器在大震阶段耗能能力的可能降低。

5. 减震装置沿高度布置不均匀的影响

航站楼阻尼器的布置底层数量最多、中间楼层明显减少、顶层几乎没有的这一特点，对减震效果沿楼层高度的变化也带来影响。以太原机场 T3 和合肥机场 T2 为例，主楼底层分别布有黏滞阻尼器 212 套和 114 套，二层分别 132 套和 38 套，三层以上办票大厅都没有布置，采用按实际布置阻尼器模型进行小震弹性动力时程分析和大震弹塑性分析（7 条波平均值），以及按等效附加阻尼比（小震 2%，中震 1.35%）进行的反应谱分析，将底层、二层和三层的地震响应与未设置阻尼器的原始结构进行对比得到的减震比例如图 4.2-18 所示。

可以看到，时程分析结果显示减震效率各楼层有所不同，屋盖结构相比下部楼层减震效率有明显降低，楼层结构中二层的减震比例高于首层。虽然二层阻尼器的布置数量少于首层，但首层布置的阻尼器仍能对二层的结构起到明显作用，而屋盖层由于侧向刚度与下部结构有较明显差异，下部阻尼器对其减震作用的折减效应显著。而反应谱计算由于没能体现阻尼器分布的特点，各楼层减震效果的差异被淡化。实际设计中应充分考虑反应谱分析结果的上述偏差，屋盖结构分析时对附加阻尼比进行适当折减，楼层分析时可对各层的层间剪力进行适当调整。

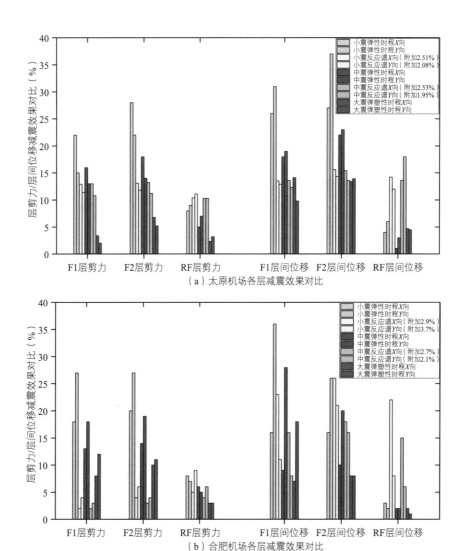

（a）太原机场各层减震效果对比

（b）合肥机场各层减震效果对比

图 4.2-18　减震装置沿高度布置不均匀的影响

6. 减震装置布置形式

减震装置的布置形式需要兼顾减震效率与建筑限制，在航站楼中，大多数情况下后者更起主导作用。

黏滞阻尼器的常用布置方式有三种：支撑式（单斜撑式、双斜撑式、"大"字式）、悬臂式和套索式。支撑式一般直接连接于梁柱节点，传力直接，耗能效率高，对子结构影响相对较小（图 4.2-19）。悬臂式作用于梁的跨间，梁的转角会消解一部分阻尼器的出力，耗能效率相对低些，对子结构的影响也更大些（图 4.2-20）。套索式布置可以看作一种特殊的支撑式，是利用曲柄连杆机构的位移放大原理提高阻尼器的耗能效率，构造较为复杂（图 4.2-21）。

机场内存在较大范围的公共区域，为了避免对旅客行进流线的干扰，以及对后续内部改造带来限制，所以建筑师一般不希望在公共区域布置阻尼器。在非公共区域，结合建筑墙体、机电管线和房间功能可按以下原则进行布置：（1）对于阻尼器可以不封闭于墙体内的情况，建议优先采用支撑式布置，具体根据人员流线、设备布置和机电管线走向、框架区格的高宽比情况等，选择支撑的数量和角度。（2）对于阻尼器必须封闭于墙体内的情况，建议优先采用悬臂墙式布置，阻尼器与周边墙体的交接关系简单，并方便后续的封闭和检修。（3）在行李机房范围内，为了给行李车辆和传送带让出更多的行进空间，也可以采用套索式的布置。此时由于杆件间的角度关系更多考虑通行空间的限制，因此套索式原本的耗能放大效果不一定能够实现，放大系数甚至可能小于1.0。

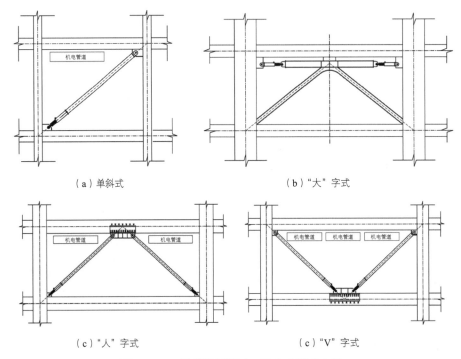

（a）单斜式 　　　　　　　　　　　　　　（b）"大"字式

（c）"人"字式 　　　　　　　　　　　　　　（c）"V"字式

图 4.2-19　黏滞阻尼器（VFD）支撑式布置

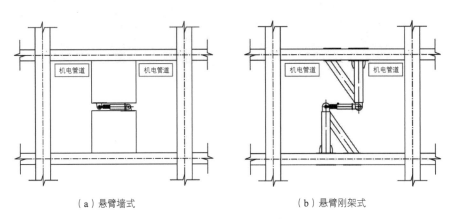

（a）悬臂墙式 　　　　　　　　　　　　　　（b）悬臂刚架式

图 4.2-20　黏滞阻尼器悬臂式布置

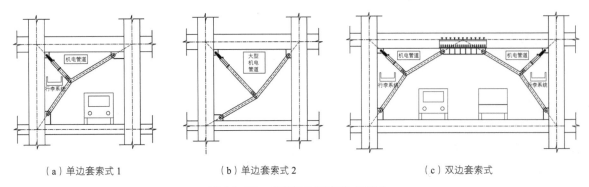

（a）单边套索式1 　　　　（b）单边套索式2 　　　　（c）双边套索式

图 4.2-21　黏滞阻尼器套索式布置

机场航站楼结构设计与工程实践

黏滞阻尼器的设计要求其与主体结构的连接节点在任何状态下都要保持弹性，节点的承载力都应以减震器的极限承载能力为标准进行设计。杆式黏滞阻尼器较多采用销轴连接，以保证其自由的往复运动，同时便于安装施工。当阻尼器相连的杆件较长时，需要关注地震下整个杆体的面外弯曲与稳定问题。

屈曲约束支撑（BRB）通常按单斜式、V形或人字形布置。单斜式布置理论上支撑阻尼力的水平分量最大，有更高的效率，但实际上采用何种布置形式更多受建筑限制及支撑长度、连接处的夹角等因素影响，还要考虑边框构件受力条件，底层时还要注意会否引起桩基的受拉。屈曲约束支撑（BRB）外观截面形状可为箱形或圆形，支撑与主体结构的连接节点可采用节点板焊接、高强度螺栓连接或销轴连接，销轴连接可以实现较好的外观效果。

4.2.5 航站楼隔震设计

隔震设计是通过隔震支座的水平往复变形延长结构自振周期、增大结构阻尼，从而消减传递至上部结构的地震能量，减小结构地震反应，最终达到保护建筑结构的目。隔震设计对地震输入的减少往往达到60%以上，能够明显改善主体结构抗震性能，同时可以对航站楼内的设备设施和超高隔墙、大面积幕墙、大空间吊顶等非结构构件带来很好的保护。另外，隔震设计可以减小结构的温度效应从而为航站楼超长结构不设缝设计创造条件，并一定程度上减小下穿航站楼的地铁、高铁对楼内振动的影响。因此，在国内8度及以上抗震设防区的大中型机场航站楼中，隔震技术应用较为广泛（表4.2-3）。

国内八度及以上抗震设防省会城市机场近年新建航站楼减隔震情况统计表　表 4.2-3

北京大兴机场[58]	海口美兰机场T3[59]	乌鲁木齐地窝堡机场T4[60]	西安咸阳机场T5[61]	昆明长水机场T1、T2[62]	天津滨海机场T3	呼和浩特新机场	兰州中川机场T4	太原武宿机场T3	银川机场	拉萨机场
隔震	隔震	隔震	隔震	隔震	隔震	减震	减震	减震	抗震	抗震

基于建筑功能特点，航站楼采用隔震设计会面临隔震层位置选择与不等高隔震、上柔下刚结构的隔震效率、超长结构的隔震支座变形、振震双控等问题，同时隔震设计也对其他专业提出了如何跨越有较大变形需求的隔震缝的设计难题。

1. 隔震方案的确定

是否采用隔震方案应通过全面的技术经济综合比较确定，其中技术因素包括抗震设防烈度、场地特征、结构复杂程度、减震效率、对各专业影响情况等，经济性因素要综合评估因隔震支座、隔震层结构、场地平整、基坑开挖与支护、机电及幕墙的相关构造处理、后期监测维护增加的成本和地震作用减小后结构造价降低的成本间的关系。此外，应考虑到航站楼属于人流密集的大型公共建筑，且内有较多的重要、先进的电子仪器设备，以及以玻璃幕墙为大面积单元网格的幕墙，地震作用下容易带来严重的人员和财产损失，隔震结构可发挥其经济效益和社会效应。总体而言，抗震设防烈度和结构复杂度越高，采用隔震方案的综合效益越好。

航站楼中，主楼区域的结构复杂度往往明显高于指廊，设备系统的重要性和密集程度也更高，因此是隔震的优先选择区域，目前国内机场已实施隔震的项目中，除了正在设计的昆明T2航站楼由于场地条件特别复杂的原因对国际指廊也进行了隔震外，其他均是仅对主楼隔震。在主楼底部将结构竖向支承构件切断加入隔震支座，便形成了隔震层，隔震层位置的选择受多种因素影响，且会对各专业的设计和建设成本带来不同的影响，需谨慎论证，后文将专门对此进行论述。

目前可选择的隔震支座包括橡胶隔震支座和摩擦摆隔震支座。

普通橡胶隔震支座（LNR）依靠橡胶的剪切滞回变形耗能、橡胶的弹性性能复位；将普通橡胶支座中心位置的普通橡胶替换为高阻尼的铅芯后，便形成铅芯橡胶隔震支座（LRB）；在普通橡胶材料中加入具有良好耗能的高分子材料，又能形成更为环保的高阻尼橡胶支座；在普通橡胶隔震支座外并联软钢耗能件，则可形成软钢阻尼隔震支座（图 4.2-22）。后三种支座都有比普通橡胶支座更高的耗能能力。橡胶隔震支座国外从 20 世纪 80 年代开始使用，技术已较为成熟。在采用橡胶隔震支座的隔震层中，也可设置部分弹性滑板支座（图 4.2-23）用以调节隔震层的刚度分布，或者进一步降低隔震层的水平刚度。

（a）普通橡胶隔震支座（LNR）或高阻尼橡胶支座

（b）铅芯橡胶隔震支座（LRB）

（c）软钢阻尼隔震支座

图 4.2-22　橡胶隔震支座

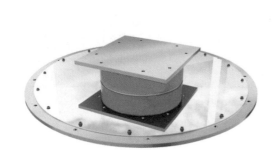

图 4.2-23　弹性滑板支座

摩擦摆支座（Friction Pendulum System，FPS）是利用单摆原理延长结构自振周期，通过球面接触摩擦耗能的隔震装置，球面形状也给结构提供了天然的复位能力（图 4.2-24）。摩擦摆支座的竖向承载力高，水平位移能力大，无防火和老化问题。常规的摩擦摆支座本身没有抗拉能力，需要考虑提离的问题，或设计专门的抗拉构造。

隔震层中还可以增设阻尼器以进一步提高阻尼耗能和改善隔震层扭转。由于隔震层在地震下的位移很大，选用的阻尼器也要具有相应的大变形能力，常用的是大行程的黏滞阻尼器，能够适应大变形的钢阻尼器也可采用。

当隔震支座需要被同时用来减小航站楼下穿过的高铁、地铁运行传至上部楼层的振动影响时，需对上述两种支座进行一定的改进以实现振震双控，此内容将在第 9 章介绍。

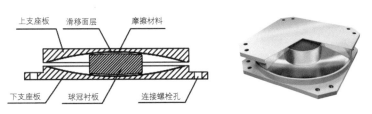

图 4.2-24　摩擦摆隔震支座

2. 隔震层位置选择

按隔震层所在位置区分，结构隔震可分为基础隔震和层间隔震。航站楼有复杂的行李系统，众多楼电梯设施在楼层间穿越，立面幕墙也跨越全高，在楼面以上设层间隔震层几乎没有可能，因此采用隔震设计时隔震层通常设在地面以下，可选的位置有基底以下及地下一层的柱顶两处。由于航站楼地上平面尺寸超大，大多数境况下仅设局部地下室，因而隔震层的设置可能出现以下几种情况：同层基础隔震、不同层基础隔震、同层柱顶隔震、同层基础与柱顶混合隔震（图 4.2-25）。不同的隔震层设置位置，会对结构受力、基坑支护、管线穿越、防火等带来不同的影响（表 4.2-4）。

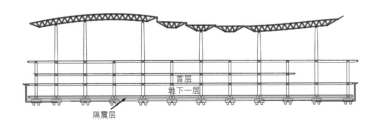

（a）同层基础隔震

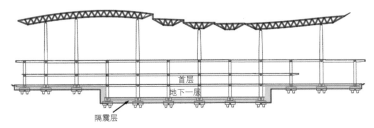

（b）不同层基础隔震

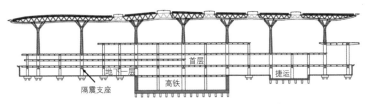

（c）同层柱顶隔震

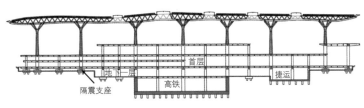

（d）同层基础与柱顶混合隔震

图 4.2-25　不同隔震层位置的图示

隔震层设置位置	是否需专设隔震层	开挖深度	隔震层构件受力条件	楼电梯、扶梯穿越隔震 - 非隔震区隔震缝需求情况	管线穿越隔震 - 非隔震区柔性节点需求情况	地下室吊顶及隔墙处理	隔震支座防火需求
同层基础隔震	需	增加	地下室外墙为悬臂	不需	竖向无，仅少量水平出楼管线	无专门要求	不需
不同层基础隔震	需	增加	地下室外墙为悬臂	不需	竖向无，仅少量水平出楼管线	无专门要求	不需
同层柱顶隔震	不需	不增加	地下室外墙与支撑隔震支座的柱均为悬臂	需	竖向大量，无水平出楼管线	需考虑相对位移影响	需
同层基础与柱顶混合隔震	相应位置分别同基础隔震和柱顶隔震情况						

可以看到，基础隔震将整体结构置于隔震范围，楼内所有管线、设施均不需跨越隔震缝，仅与楼外交界处需跨缝，因此构造处理相对简单。但基础隔震需单独增设隔震层，开挖、支护投入均会增加，隔震支座承托的楼层重量也更大，因此结构本身成本增加较多，原有结构楼层越少，成本增加占比越大。当建设场地为回填场地时，增设隔震层可以减少回填量从而减少一定的投资增加。

柱顶隔震可以最大程度减少结构成本的增加，但穿越层间隔震缝的管线、设施量大大增加，节点处理更为复杂，专业间配合度要求更高。需要注意的是，支承隔震支座的柱也处于悬臂状态，地震下会承受很大的水平剪力，截面需要较大的加强或采用设置柱顶拉梁等其他加强措施；同时，为保证被隔震结构的整体性，隔震支座以上首层楼板的完整性需要得到充分保证。

对于不同层基础隔震的情况，不同层的基底间在地震作用下存在一定的相对变形，支座剪切变形量也存在相应差异。由于地震下结构基底的层间相对变形远小于隔震支座自身剪切变形量，不同层支座的变形差异对隔震效果的影响极小，且能够在带隔震支座的整体模型计算中得到准确体现，因此理论上并不需要对该层间位移角提出特别严格的要求。在《建筑隔震设计标准》GB/T 51408—2021[63]（以下简称《隔标》）中，从概念设计角度出发，要求"当隔震层的隔震装置处于不同标高时，应采取有效措施保证隔离装置共同作用，且罕遇地震作用下，相邻隔震层的层间位移角不应大于1/1000"，此规定对位于两层支座间的地下室刚度提出了很高的要求。如果为实现此刚度要求而增加的墙体或支撑会对正常使用功能带来较大影响，建议可以用性能化设计手段准确评估超出此变形要求的影响后果并进行合理的放松。需要注意的是，不同层基础隔震的分析不能采用《建筑抗震设计规范》GB 50011—2010（2016年版）（以下简称《抗规》）的"非隔震"第二阶段设计，而应采用《隔标》的按整体模型进行计算方法。

隔震层位置的选择需结合项目特点综合评估各项影响后确定，表 4.2-5 为部分机场航站楼隔震设计情况。

机场名	昆明长水机场 T1[62]（八度）	昆明长水机场 T2（八度半）	北京大兴机场 [58]（八度）	乌鲁木齐地窝堡机场 T4[60]（八度）
隔震层位置	同层基底隔震	不同层基底隔震	地下一层柱顶隔震	不同层基底隔震
隔震支座形式	铅芯橡胶隔震支座和普通橡胶隔震支座，直径 1.0m	铅芯橡胶隔震支座和普通橡胶隔震支座，直径 1.2～1.6m；弹性滑板支座；振震双控支座	铅芯橡胶支座、普通橡胶支座，直径 1.2～1.5m；弹性滑板支座	铅芯橡胶支座、普通橡胶支座，直径 1.1～1.5m；弹性滑板支座
阻尼器	无	无	设黏滞阻尼器	无
隔震后周期（s）	2.2	3.83	—	4.02
海口美兰机场 T2[59]（八度半）	西安咸阳机场 T5[61]（八度）	美国旧金山机场（2000 年）	土耳其安塔利亚机场改建（1998）	土耳其阿塔图尔克（AtatÜrk）机场
不同层基础隔震	地下一层柱顶隔震	基底	基底	柱顶
采用铅芯橡胶支座、普通橡胶支座，直径 0.9～1.2m；弹性滑板支座	799 个铅芯橡胶支座、普通橡胶支座，直径 1.2～1.6m；弹性滑板支座	整个候机大厅采用 267 组基底摩擦摆（FPS），可侧向滑移 508mm	341 个铅芯橡胶隔震支座	摩擦摆（FPS），隔屋顶钢结构
无	设黏滞阻尼器			
—	4.47s	3s	2.74s	

3. 上柔下刚结构的隔震效率控制

航站楼下部主体结构和屋盖结构的动力特性通常差别显著，主体结构质量和刚度较大、自振周期经常在 0.6～1.0s，屋盖结构质量和刚度小、自振周期总体较长。对此类结构采用隔震技术时，如何确定合适的隔震周期以兼顾下部混凝土结构和屋盖钢结构的减震效果是需要特别关注的问题。

经过一些算例的分析，对减震效果、隔震周期、上下结构原始刚度比等参数间得出以下规律：

（1）对于下部混凝土结构，总体上隔震周期的延长倍数越大，减震系数越小。减震系数的衰减曲线分为两段，存在一个界限延长倍数，当实际延长倍数小于该数值时，减震系数衰减较快，当大于该数值后，减震系数趋于稳定。

（2）对于屋盖结构，如果其周期较长，当整体结构隔震后的周期接近屋盖周期时，对屋盖结构的隔震作用会明显减小，甚至可能会出现放大屋盖地震响应的极端情况。

（3）当隔震周期大于屋盖周期后，随隔震周期的增加，屋盖结构减震系数呈快速衰减趋势，该下降速度大于下部结构的减震系数。在一定隔震周期范围内，下部结构的隔震系数小于上部屋盖，但也可能出现屋盖减震效率更高的情况。

根据以上规律，首先需要注意控制下部混凝土和上部钢屋盖结构间的刚度关系，当该刚度比在 2 以内时，将隔震周期控制在下部结构刚度的 4 倍左右就能取得很好的隔震效果。当该刚度比达到 2.5 以上时，屋盖结构实现较高减震系数的难度增加。

表 4.2-6 为几个不同上下刚度比情况的隔震项目的减震系数情况比较。

虽然通过延长隔震周期或提高屋盖刚度后总能使屋盖的减震系数达到预设目标，但不宜强制将较小的屋盖减震系数作为航站楼隔震结构设计的主要目标。隔震层刚度减小到一定程度带来的后果是隔震层变形过大，采用阻尼器可以减小变形但代价较高；若强制增大钢屋盖结构抗侧刚度，则可能会对结构的外观效果带来影响，并会增大原始结构地震响应。如果屋盖在隔震后的地震作用下能够实现较好的性能目标的话，建议此时保证下部主体结构减震系数达到预设目标即可，设计中相应采用《隔标》的设计方法。如果是采用《抗规》方法设计时，支承屋盖的立柱及下插框架柱、与立柱相连的主体结构顶层框架梁的设计需注意，其抗震措施可在按《抗规》降度设计的基础上根据内力减小程度进行适当加强。

下部混凝土和上部钢屋盖刚度比与减震系数关系　　　　　表 4.2-6

机场名	下部混凝土结构周期（s）	钢屋盖周期（s）	周期比（上/下）	隔震层周期	下部减震系数	屋盖减震系数
乌鲁木齐地窝堡机场 T4 主楼	0.72	1.89	2.63	4.01	0.198	0.375
乌鲁木齐地窝堡机场 T4 交通中心	0.91	0.42	0.46	3.36	0.273	0.076
昆明长水机场 T2 主楼	1.30	1.12	0.86	3.66	0.370	0.230
昆明长水机场 T2 北指廊	0.90	1.04	1.15	3.50	0.370	0.250

4. 超长结构隔震支座变形问题

采用隔震设计后，航站楼结构的底部所受约束大大减弱，楼层内收缩和温度应力明显减小，隔震区可实现不设置温度缝的超长结构，如北京大兴机场、乌鲁木齐国际机场 T4 和昆明长水机场 T2 主楼隔震区的结构单元尺寸分别达到了 545m×445m、510m×333m 和 615m×385 m。伴随弱约束下超长结构在混凝土收缩和温度变化下相对自由的变形，隔震支座在非地震状态下的变形量也相应增大 [64]，这一变形会消耗隔震支座的部分变形能力从而减小地震下能够承受的变形，同时橡胶支座长期处于变形条件下对支座性能的影响也缺乏足够研究，支座直径越小，上述影响越显著。因此设计中应设法尽可能地减小此变形。

目前国家标准中尚没有对因混凝土收缩和温度引起的支座上下连接板水平相对位移的控制标准，云南省地方标准《建筑工程叠层橡胶隔震支座施工及验收标准》DBJ 53/T—48—2020[65] 中对这一位移的控制要求为直径 1100 ~ 1300 的支座不超过 55mm，直径 1400 ~ 1600 的支座不超过 60mm。对于一个 500m 长的航站楼隔震结构单元，如果不采取任何控制措施，标准状态下混凝土的最终收缩量（极限收缩应变）为 $3.24×10^{-4}$，平面两端的收缩变形就将达到 81mm。与隔震层混凝土结构刚度相比，支座总约束刚度很小，因而两端支座变形也基本接近这一数值。再加上正常使用状态下的季节温差影响，假如按降温 20℃考虑，平面两端的温度变形为 50mm，支座总的最大变形将接近 130mm，明显超出上述规定要求。

从支座变形发生原因考虑，可从两方面着手改善这一影响：减小混凝土收缩变形、减小温度变形。

混凝土的绝对收缩量取决于材料配比、养护和环境条件，当这几方面的工作已经达到最佳程度时，如何在确定的绝对收缩量下实现最小的结构变形是需要解决的问题。答案是减小收缩变形的累积效应，让尽量多的材料收缩发生在结构分段长度较短的状态，即尽可能地减小后浇带间距和延缓后浇带封闭时间。由于后浇带的存在对施工总体的进度推进不利，实际工程不可能将过多的后浇带保留太久，因此可以结合施工方案，选择部分后浇带延缓至较晚封闭，此部分后浇带可称作延迟封闭结构后浇带，此后浇带封闭前钢筋也应全部断开以避免对分段间独立伸缩的约束。以 518m 长度的乌鲁木齐机场 T4 航站楼主楼中心区结构为例，一般后浇带设置的最大间距为 54m、要求封闭时间为混凝土浇筑后 2 个月，延迟封闭结构后浇带间距约为 160m、封闭时间要求延后至混凝土浇筑后 12 个月左右。这样，一般后浇带封闭时可完成约 45% 的绝对收缩量，54m 状态的区段最大收缩变形为约 4mm（松弛系数取 0.7）；160m 长度的区段在延迟封闭结构后浇带封闭时可完成约 95% 的绝对收缩，即再累加约 10mm 的收缩变形（松弛系数取 1.0）；连成一体后 518m 长的整体结构在整个使用期间再累加后期收缩变形 10.2mm，估算的收缩变形最大值可控制在 15mm 之内（图 4.2-26）。

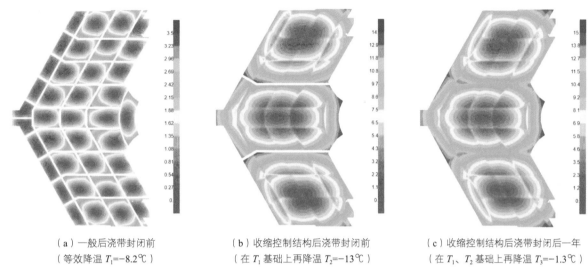

（a）一般后浇带封闭前
（等效降温 T_1=-8.2℃）

（b）收缩控制结构后浇带封闭前
（在 T_1 基础上再降温 T_2=-13℃）

（c）收缩控制结构后浇带封闭后一年
（在 T_1、T_2 基础上再降温 T_3=-1.3℃）

图 4.2-26　一般后浇带和收缩控制后浇带对隔震层变形影响示意图（没考虑一般后浇带钢筋不断开的不利影响）

结构的温度变形取决于使用阶段结构的温度与结构连成整体时的温度的差值。结构在使用阶段的温度变化范围主要受建筑功能分布和航站楼所在地域气候条件的影响，基本无法主动控制，能够在一定范围内控制的只有结构连成整体时的温度，即后浇带封闭时的温度，其中直接影响全长结构状态下变形大小的延迟封闭结构后浇带的封闭温度控制影响更为明显。考虑到混凝土收缩的叠加影响，最不利的情况一般出现在使用阶段的降温状态，后浇带封闭应选择气温比结构使用温度范围的中间值低 5～10℃。最直接影响隔震支座变形的楼层是隔震支座以上的第一个楼层，该层底面通常处在地下的非空调区域，顶面可能处于地上室内的非空调区域（行李处理机房和其他设备机房）或空调区域，根据地域不同，结构使用阶段的最低温度变化范围较大，约 −5～+15℃，最高温度变化范围较小，约 +20～+25℃，因此收缩控制结构后浇带封闭时间根据具体情况可选择为 0～+15℃，普通后浇带可放松至 +10～+25℃。同样以 500m 长度的结构为例，对于最不利的低温地区，假定隔震层顶板最低使用温度达 −5℃，如果一般后浇带封闭温度在 +15～+25℃，收缩结构后浇带封闭温度 +5℃，那么最低环境温度时最大温度变形为 34～45mm。叠加混凝土收缩变形后，最大的变形可以控制在 60mm。

综上，通过设置一般后浇带和收缩控制结构后浇带，并控制后浇带、特别是收缩控制后浇带的封闭温度，航站楼超长平面条件下仍可以实现支座的水平位移控制。同时，在变形最大的平面两端位置设置变形能力较大的大直径隔震支座，也可以提高结构对收缩和温度变形的承受能力。

需要说明的是，考虑到隔震支座的水平刚度较小，温度变形时在混凝土内建立的轴向应力也较小，不足以产生明显的徐变效应，常规温度应力计算时考虑的由于混凝土徐变引起的松弛系数在上述温度变形计算中偏保守地没有考虑。在混凝土收缩变形计算时，考虑到混凝土的强度正在形成中，较小的轴向应力也会有一定的徐变效应，所以对一般后浇带封闭前的 2 个月也按 0.7 考虑了松弛系数，这一处理也可能低估了混凝土收缩的变形量。

5. 隔震缝和穿越隔震缝

隔震结构的减震性能优越，但对于航站楼建筑来说，随之而来的隔震缝处理是一个不可回避的不利因素，容易被忽视或轻视。在罕遇地震作用下，隔震缝两侧结构的相对变形通常会达到300～600mm，这对隔震缝本身的处理和跨缝的各种管线、设施的处理带来很高的要求，航站楼建筑中的隔震缝相关的处理更有其自身的一些特点。

第一个特点是隔震单元与非隔震单元紧邻，平面功能连续、立面效果整体，需要全方位考虑室内公共区地面、立面高大幕墙和金属屋面的隔震缝处理，除满足日常防雨防水需求外，还要充分关注大变形条件下的建筑外观要求，设计难度较大。隔震缝宽度的选择是针对罕遇地震下结构变形的需求确定的，以主体结构不发生碰撞为目标。此时是否允许缝两边的附属结构发生碰撞及允许碰撞程度应该根据性能化的思路进行判断确定，未必机械地强求附属结构的缝宽同结构缝，评判标准包括是否会对主体结构地震下的自由运动带来阻碍、附属结构自身碰撞发生的破坏范围、其破坏是否会带来人员伤害等。比如对于立面玻璃幕墙的隔震缝，如果过大的缝宽会对建筑效果带来明显的伤害，而其所处位置旅客通常不会靠近、贴着缝两边的幕墙边框构件刚度较小而不远处又有较强支承构件阻止变形的进一步传递、玻璃也采取了夹胶等防碎落措施，则该隔震缝按不小于中震甚至小震的变形量来设计也是可以接受的。

第二个特点是隔震单元与外部场地的接缝情况复杂多样：行李机房出入口位置与场地为面标高平齐的连接，且有频繁行李车辆通过的需求，需要设计专门的可翻转隔震缝（图4.2-27a）；楼前高架段与主楼连成一体同处隔震区时，其与市政桥梁连接处的隔震缝兼作桥梁的伸缩缝，需同时满足大变形、大轮压和日常下较大伸缩的要求，实现难度更大（图4.2-27b）；到达层车道边（通常位于底层）与道路有150～200mm的高差，可以直接避免相对变形的位置阻挡问题，但需要解决避免车道边排水沟积水倒灌隔震层的问题（图4.2-27c）。各种情况都需要对地面隔震缝进行针对性的设计，并且需要交圈兜通。

第三个特点是大型机场的机电系统和管线综合性程度高，无法单独为隔震区和非隔震区各自配备独立的系统，需水平穿越隔震缝的管线的类型、数量和规格都比一般项目更多和更大，当采用柱顶隔震时还有大量的竖向跨缝管道。除了要为这些跨缝管道在跨缝处选择合适的柔性管道接头外，在建筑平面布置时就要为大型管道的柔性接头布置预留足够的空间，这对有轴向大变形需求的大直径动力水管尤为重要。航站楼中的行李系统如有跨越隔震缝的情况，也要对跨缝位置所采用设备的变形适应能力进行评估，并采取必要的应对措施。

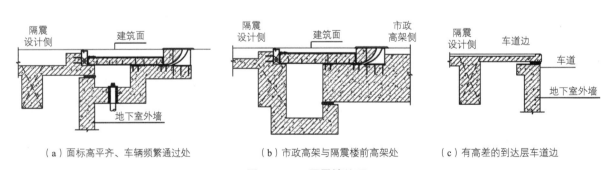

（a）面标高平齐、车辆频繁通过处　　（b）市政高架与隔震楼前高架处　　（c）有高差的到达层车道边

图4.2-27　隔震缝处理

第四个特点是航站楼有大量的电梯、自动扶梯和自动步道，建筑布置时要尽量设法避开隔震缝，当无法避开时，自动步道只能分段设置，电梯需要采用悬挂的方式，自动扶梯则可以采用上端固定、下端滑移的方式处理。

参考文献

[1] 理查德·罗杰斯，理查德·布朗.建筑的梦想：公民、城市与未来 [M].张寒，译.海口：南海出版公司，2020.

[2] 王学东.国际空港城市 [M].北京：社会科学文献出版社，2014.

[3] 上海虹桥综合交通枢纽建设指挥部.图解虹桥综合交通枢纽 [M].上海：上海科学技术出版社，2008.

[4] 社团法人，日本隔震结构协会.被动减震结构设计·施工手册 [M].蒋通，译.北京：中国建筑工业出版社，2008.

[5] 日本建筑学会.隔震结构设计 [M].北京：地震出版社，2006.

[6] 周锡元，阎维明，杨润林.建筑结构的隔震、减振和振动控制 [J].建筑结构学报，2002，23（2）：2-12.

[7] 隋庆海.关于超大航站楼建筑设缝问题的调查与研究 [J].建筑钢结构进展，2011，13（5）：30-36+43.

[8] 周健，苏骏，周伟，等.浦东国际机场卫星厅结构设计重难点分析 [J].建筑结构，2022，52（9）：87-94.

[9] 住房和城乡建设部.建筑结构可靠性设计统一标准：GB 50068—2018[S].北京：中国建筑工业出版社，2018.

[10] 交通运输部.公路工程结构可靠性设计统一标准：JTG 2120—2020[S].北京：人民交通出版社，2020.

[11] 交通运输部.公路交通安全设施设计规范：JTG D81—2017[S].北京：人民交通出版社，2017.

[12] 王铁梦.工程结构裂缝控制 [M].北京：中国建筑工业出版社，2017.

[13] 住房和城乡建设部.混凝土结构设计规范：GB 50010—2010（2015年版）[S].北京：中国建筑工业出版社，2015.

[14] 汪大绥，周健，刘晴云，等.浦东国际机场T2航站楼钢屋盖设计研究 [J].建筑结构，2007（5）：45-49.

[15] 周健，丁生根，王洪军，等.南京禄口国际机场T2航站楼结构设计 [J].建筑结构，2012，42（5）：110-114.

[16] 周健，张耀康，蒋本卫，等.乌鲁木齐国际机场T4航站楼主楼结构设计 [J].建筑结构，2022，52（09）：95-103.

[17] 王春华，王国庆，朱忠义，等.首都国际机场T3号航站楼结构设计 [J].建筑结构，2008，38（1）：16-24.

[18] 束伟农，朱忠义，王国庆，等.深圳宝安国际机场T3航站楼结构设计 [J].建筑结构，2013，43（17）：9-15.

[19] 束伟农，朱忠义，柯长华，等.昆明新机场航站楼工程结构设计介绍 [J].建筑结构，2009，39（5）：12-17.

[20] 束伟农，朱忠义，祁跃，等.北京新机场航站楼结构设计研究 [J].建筑结构，2016，46（17）：1-7.

[21] 肖克艰，陈志强，王立维，等.成都双流国际机场T2航站楼结构设计 [J].建筑结构，2010，40（9）：1-5.

[22] 谭和，李桢章，张鸿雁.广州白云国际机场二号航站楼预应力混凝土柱结构设计 [J].建筑结构，2016（S2）：5.

[23] 陈志强，冯远.中国建筑西南设计研究院有限公司机场航站楼结构设计实践 [J].建筑结构，2017，47（19）：59-66.

[24] 陈志强，冯远，吴小宾，等.青岛胶东国际机场航站楼结构设计 [J].建筑结构，2018，48（5）：1-9.

[25] 周健，王瑞峰，林晓宇，等.杭州萧山国际机场T4航站楼主楼结构设计 [J].建筑结构，2022，52（9）：104-112.

[26] 曹莉，扈鹏，王勉，等.西安咸阳国际机场东航站楼结构设计 [J].建筑结构，2022，52（11）：1-7+21.

[27] 李佩勋.缓粘结预应力综合技术的研究和发展 [J].工业建筑，2008（11）：1-5.

[28] 吕志涛，孟少平.预应力混凝土框架结构抗震设计中问题的探讨 [J].工业建筑，2002，32（10）：1-3.

[29] 张艳.清水混凝土建筑设计初探 [D].上海：同济大学，2007.

[30] 宋文俊.浦东国际机场航站区清水混凝土施工技术质量管理 [J].工程质量，2000（1）：10-11.

[31] 彭磊，陈辉.上海浦东国际机场二期航站楼登机长廊清水混凝土施工 [J].上海建设科技，2006（2）：46-48+56.

[32] 徐培福.复杂高层建筑结构设计 [M].北京：中国建筑工业出版社，2005.

[33] 何庆祥，沈祖炎.结构地震行波效应分析综述 [J].地震工程与工程振动，2009，29（1）：50-57.

[34] 米素婷，陈丹，高战武，等.高填方地基中场地地震动参数确定研究 [J].工程地质学报，2010，18（5）：725-729.

[35] 吕西林.超限高层建筑工程抗震设计指南 [M].上海：同济大学出版社，2009.

[36] 全伟，李宏男.大跨结构多维多点输入抗震研究进展 [J].防灾减灾工程学报，2006（3）：343-351.

[37] 牟在根，杨雨青，柴丽娜，等.超长大跨度结构多点激励的若干问题研究 [J].土木工程学报，2019，52（11）：1-12.

[38] 刘章军.基于随机振动理论的抗震分析方法研究进展[J].地震工程与工程振动,2006,26(4):47-51.

[39] 范重,张康伟,张郁山,等.视波速确定方法与行波效应研究[J].工程力学,2021,38(6):47-61.

[40] 张国民,李丽,马宏生,等.中国大陆地震震源深度及其构造含义[J].科学通报,2002,47(9):663-668,721-722.

[41] 聂德新,韩爱果,巨广宏.岩体风化的综合分带研究[J].工程地质学报,2002(1):20-25.

[42] 徐永林,熊里军.上海地表软土层、细砂层的地震波反应[J].中国地震,2003(1):84-88.

[43] 安东亚,王瑞峰,陈怡,等.杭州萧山国际机场T4航站楼多点地震激励响应分析[J].建筑结构,2021,51(23):21-27.

[44] 范重,刘学林,张宇,等.航站楼复杂超长结构行波效应分析[J].建筑科学与工程学报,2019,36(1):56-66.

[45] 华东建筑设计研究院有限公司.合肥新桥国际机场航站区扩建工程T2航站楼超限建筑结构抗震设计可行性论证报告[R].2021.

[46] 廖振鹏,杨柏坡,袁一凡.三维地形对地震地面运动的影响[J].地震工程与工程振动,1981(1):59-80.

[47] 陈来云.浦东机场二期航站楼不规则场地的地震动分析[D].上海:同济大学,2008.

[48] 米素婷,陈丹,高战武,等.高填方地基中场地地震动参数确定研究[J].工程地质学报,2010,18(5):725-729.

[49] 余湛.抗震设计地震动参数及地震安全性评价的若干问题研究[D].上海:同济大学,2008.

[50] 云南省地震工程勘察院.昆明长水国际机场改扩建工程T2航站楼及附属工程复杂场地设计地震动参数研究报告[R].2021.

[51] 程选生,贾传胜,杜修力.消能减震技术在结构抗震加固改造中的应用[J].土木工程学报,2012,45(增刊1):253-257.

[52] 陈林之,冯远,吴小宾,等.青岛胶东国际机场航站楼结构消能减震设计[J].建筑结构,2016,46(23):18-20+17.

[53] 徐自然,苏骏,崔家春,等.上海浦东国际机场三期扩建工程卫星厅消能减震项目抗震性能化分析[J].建筑结构,2017,47(12):23-28.

[54] 周健,王瑞峰,苏骏.上海浦东机场T1航站楼改扩建结构设计[J].工程抗震与加固改造,2016,38(5):144-150.

[55] 汪家铭,中岛正爱,陆烨.屈曲约束支撑体系的应用与研究进展(Ⅰ)[J].建筑钢结构进展,2005,7(1):1-12.

[56] 陈永祁,杜义欣.液体粘滞阻尼器在结构工程中的最新进展[J].工程抗震与加固改造,2006,28(3):65-72.

[57] 吴克川,陶忠,潘文,等.基于性能的屈曲约束支撑与黏滞阻尼器组合减震结构设计方法[J].土木与环境工程学报(中英文),2021,43(3):83-92.

[58] 束伟农,朱忠义,张琳,等.北京新机场航站楼隔震设计与探讨[J].建筑结构,2017,47(18):6-9.

[59] 卜龙瑰,吴中群,束伟农,等.海口美兰国际机场T2航站楼跨层隔震设计研究[J].建筑结构,2018,48(20):79-82.

[60] 王瑞峰,周健,杨笑天,等.乌鲁木齐地窝堡国际机场换乘中心隔震设计[J].建筑结构,2020,50(18):96-100+95.

[61] 李靖,曹莉,扈鹏,等.西安咸阳国际机场东航站楼隔震设计[J].建筑结构,2022,52(11):15-21.

[62] 王曙光,陆伟东,刘伟庆,等.昆明新国际机场航站楼基础隔震设计及抗震性能分析[J].振动与冲击,2011,30(11):260-265.

[63] 住房和城乡建设部.建筑隔震设计标准:GB/T 51408—2021[S].北京:中国计划出版社,2021.

[64] 李慧,谢文清,杜永峰,等.某超长隔震结构在温度及收缩作用下的变形研究[J].工程抗震与加固改造,2013,35(1),40-44.

[65] 云南省住房和城乡建设厅.建筑工程叠层橡胶隔震支座施工及验收标准:DBJ 53/T—48—2020[S].2020.

第 5 章 | 屋盖结构

5.1　航站楼屋盖结构特点　　　　　　　　121

5.2　主楼屋盖结构选型　　　　　　　　　133

5.3　指廊与卫星厅钢屋盖结构选型　　　　142

5.4　柱的选型　　　　　　　　　　　　　148

5.5　天窗设计　　　　　　　　　　　　　154

5.6　连接节点设计　　　　　　　　　　　161

5.7　屋盖结构分析要点　　　　　　　　　165

航站楼作为城市的门户，其造型设计的新颖独特性往往是地方政府、机场当局和当地市民都特别关注的焦点。当谈及一个机场给人的印象，除了其使用的便捷性外，旅客马上还会想到的是透过飞机舷窗看到的航站楼整体外形以及办票大厅的内部空间效果，也就是航站楼屋盖的内外两个面，由此可以看到屋盖设计对于航站楼建筑的重要性。屋盖的建筑效果与结构设计关系密切，大跨度屋盖结构及其支撑柱在作为结构功能存在的同时，往往也是重要的建筑表达元素，甚至是一座航站楼的标志性符号，因此，航站楼屋盖的设计需要同时关注结构安全合理和建筑效果美观两个方面。

5.1 航站楼屋盖结构特点

5.1.1 时代特征明显

航站楼在每个时期的发展都以功能需求为直接动力，流程组织的变化引领建筑平面布局和剖面布局的不断进化，其建筑造型也经历了功能主义、结构表现主义、地域主义等众多风格[1]，各个发展阶段的建筑造型都有明显的时代特征，其中航站楼的屋盖形式对时代特征的塑造起到了重要作用。

我国第一代航站楼建于 20 世纪 50 年代初到 70 年代末[2]，当时社会仍处于"计划经济"阶段，主流设计观念是经济理性主义，即"适用、经济，在尽可能的条件下注意美观"。第一代航站楼规模较小且功能简单，航站楼造型与其他公共建筑几乎无异，主要借鉴了苏联建筑风格。屋盖设计主要针对功能性要求，结构以钢筋混凝土为主。1958 年 3 月投入运行的北京首都机场 T0 航站楼是第一代航站楼的代表（图 5.1-1a），同期的还有昆明巫家坝机场、成都双流机场、上海虹桥机场航站楼（图 5.1-1b）等。

（a）北京首都机场 T0 航站楼（混凝土框架屋盖）　　　　（b）上海虹桥机场航站楼（1964 年，三角形钢屋架）

图 5.1-1　我国第一代航站楼

20 世纪 70 年代末到 90 年代中，第二代航站楼的规模快速增加到数万至数十万平方米，平面功能逐渐完善，造型样式已基本摆脱了苏式建筑的风格，简洁实用成为此时航站楼的主要特征之一[3]。由于候机厅大空间的需求，大跨度屋盖开始成为主流，钢结构开始使用。但由于很多航站楼将设备层放置于顶层，束缚了建筑造型样式的多样性和结构表现。第二代航站楼的代表案例有北京首都机场 T1 航站楼、20 世纪 90 年代的上海虹桥机场航站楼、重庆江北机场 T1 航站楼、西安咸阳机场 T1 航站楼、哈尔滨太平机场 T1 航站楼等（图 5.1-2）。

20 世纪 90 年代中至 21 世纪初，航站楼建设数量和规模都远超以往。此时期很多重要机场为境外建筑师原创方案中标，中国本土设计师负责施工图设计，境外设计师带来的先进技术和理念对我国建筑界的发展起到了指引作用。此时航站楼设计愈加重视造型设计，屋盖作为造型设计中的重要一环开始成为了设计的重点，空间结构中先进的结构体系、结构材料、结构技术均被率先应用于航站楼设计。此阶段屋盖建筑造型以线性和单曲面为主，代表案例包括北京首都国际机场T2航站楼、上海浦东国际机场T1航站楼、南京禄口国际机场T1航站楼、成都双流国际机场T1航站楼等（图5.1-3）。

（a）20世纪90年代初扩建后北京首都机场T1航站楼（钢桁架）

（b）20世纪90年代初扩建后的上海虹桥机场航站楼（钢桁架）

（c）20世纪90年重庆江北机场T1航站楼（混凝土框架）

（d）1991年西安咸阳机场T1航站楼（钢网架）

图5.1-2　我国第二代航站楼

（a）北京首都国际机场T2航站楼（钢桁架屋盖）

（b）上海浦东国际机场T1航站楼（钢张弦梁屋盖）

图5.1-3　我国第三代航站楼（一）

机场航站楼结构设计与工程实践

（c）南京禄口国际机场 T1 航站楼（钢网架屋盖）　　　　　（d）成都双流国际机场 T1 航站楼（钢桁架屋盖）

图 5.1–3　我国第三代航站楼（二）

21 世纪至今，伴随经济的高速增长，我国民航业发展迅猛进而成为全球第二航空大国，机场建设进入高峰期。航站楼设计也开始越来越多采用国内原创方案，个性化追求受到推崇，屋盖结构成为航站楼设计的表现重点。屋盖造型中自由曲面也变得更加常见，因而建筑和结构设计手段也随之更新换代，且呈现出换代速度愈加快速的趋势，并开始对建筑结构一体化设计提出了要求。此阶段典型的原创案例有上海浦东机场 T2 航站楼、上海虹桥机场 T2 航站楼、成都天府机场航站楼、萧山机场 T4 航站楼等（图 5.1-4）。

（a）上海浦东国际机场 T2　　　　　　　　　　　（b）上海虹桥机场 T2

（c）成都天府机场　　　　　　　　　　　（d）杭州萧山机场 T4

图 5.1–4　我国近年原创航站楼

反观国际上近年新落成机场，其屋盖造型呈现以下几个趋势：强调"IP"属性，几乎每个机场都会有一个"记忆点"，使其成为机场的"IP"，如新加坡樟宜机场的瀑布天窗、哈马德机场的巨型拱（图 5.1-5），这些"IP"在塑造建筑独特性的同时也促进结构设计的创新；契合当地文脉，屋盖的设计愈加注意对当地文化特色的挖掘，如马拉喀什机场的花窗、孟买机场的菱格吊顶都契合当地传统建筑特色具有辨识度（图 5.1-6），当地传统建筑结构手法也同样成为结构设计中考虑的一个新维度；重视结构表达，结构逐渐在建筑空间表达中起到愈加重要的作用，同时也对结构构件和节点的美学提出了更高的要求，因此结构设计中也需注意结构布置与建筑吊顶肌理统一、结构节点细部表现等内容（图 5.1-7）。

（a）新加坡樟宜机场（2019）　　　　　　　　（b）哈马德国际机场（2014）

图 5.1-5　关注 IP 属性打造的航站楼

（a）孟买贾特拉帕蒂·希瓦吉国际机场（2014）　　　　　（b）马拉喀什机场（2008）

图 5.1-6　关注与当地文脉契合的航站楼

5.1.2　结构形式丰富

同样作为大跨度结构，航站楼屋盖与体育馆、体育场、剧场等建筑的屋盖有一个明显不同的特点：体育、观演建筑中因为功能布置和通视需求，屋盖平面形状和不能布置竖向支撑构件的位置是基本限定的，而航站楼屋盖下虽也是连续的大空间，但平面形状随建筑构型变化多样且不存在绝对不能布置竖向支撑构件的地方，设计可以结合功能流程、空间效果及结构需求更为自由地选择竖向构件的布置。这一特点使得航站楼屋盖结构设计可以结合建筑表达的需要进行选择，可能采用的结构形式更为丰富多变。

当需要表达航站楼宏大气势的时候，可以采用整体的连续屋面形象，此时最常用的结构形式是大跨的桁架或网架结构（图 5.1-8）。

（a）阿勒娅王后国际机场 T3（2013）

（b）希思罗机场 T5

图 5.1-7　重视结构表达的航站楼

（a）昆明机场 T2

（b）乌鲁木齐机场

图 5.1-8　整体屋面形象的航站楼

当希望展示的是航站楼严谨、高效的形象时，单元式屋面是理想的选择，此时较小柱网支撑的小型壳体结构有较高的被采纳机会（图 5.1-9）。

当希望屋盖的外形能够显示航站楼室内的空间变化情况时，结构体系可以根据不同功能区域的跨度大小、高低情况及室内效果的需要，采用多种结构体系的混合。比如在呼和浩特新机场中，主楼屋盖分了上下两个标高：高标高对应办票区域，柱距大，采用了斜拉的双向桁架结构；低标高的商业区域，柱距较小且平面不规则，采用了网架结构；商业中庭区域开设了大型的天窗，采用了单层的网格结构；候机区域采用了大跨钢梁结构（图 5.1-10）。

当室内的效果完全由装饰吊顶来展示时，屋盖跨越结构本身不受视觉效果的限制，只需选择受力效率最高的体系；而当希望将屋盖结构作为室内效果的重要元素进行展示时，张弦结构、单层网壳、梁柱结构等有机会展现精巧节点的结构体系的应用需求就会彰显（图 5.1-11）。

支撑大跨屋盖的构件主要以柱的形式存在，当将其与屋盖跨越结构一体化设计时，又会衍生出各种支承与跨越一体化的结构形式。形式之一是支承柱自身完成一部分的跨越、同时强化支承结构在建筑空间中的存在，树形柱即属这类：分叉的树枝减小了屋盖跨越结构的跨度，同时均匀地承接屋盖的荷载，并将荷载汇集到"树干"，进而传递到建筑下部的基础（图 5.1-12a）。另一种形式是支承柱与屋面跨越结构连成一体自然过渡，从而弱化了支承结构在建筑空间中的存在。如大兴国际机场 [4]，通过将屋面网架结构自然过渡到立面作为支承结构的方法减少了屋盖跨度并形成拱的作用，同时通过吊顶的延续性模糊了屋面和支承柱的界限，在弱化支承柱存在的同时，强化了整体建筑空间效果的完整性（图 5.1-12b）。

（a）香港国际机场（单元式钢网壳结构）

（b）伦敦斯坦斯特德机场（单元式钢网壳）

图 5.1-9　单元式屋盖的航站楼

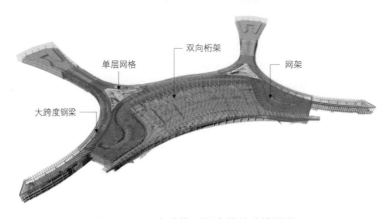

图 5.1-10　多种体系混合的航站楼屋盖

（a）马德里巴拉哈斯机场（钢曲梁结构）　　　　　（b）上海浦东机场 T2 室内（张弦结构）

图 5.1-11　结构作为室内效果表达的航站楼

（a）斯图加特机场航站楼树形柱　　　　　　　　　　　（b）北京大兴国际机场 C 形柱

图 5.1-12　支承与跨越结构一体化的航站楼

各种结构形式为航站楼的建筑空间带来了丰富效果，满足了不同的功能需要，也使航站楼具有更加鲜明的特点和个性。

5.1.3　材料选择多样性

纵观国内外航站楼大跨屋盖采用的结构材料，钢材占了绝大多数，同时混凝土、木材、膜材、铝合金等也有不同程度的应用。材料的选择除了考虑结构受力的合理性外，材料质感带来的建筑效果也是重要的考虑因素。不同材料有不同的"性格"，根据建筑师在不同项目中希望表达的理念，选择与之契合的结构材料，也是屋盖结构设计的重要工作。

1. 钢材的表达

钢材是最普通的轻质高强材料，应用最为广泛。可以通过合理的杆件布置和截面选择以清晰呈现结构的力学逻辑，也可以借助外露构件和节点的精细化设计以表达高技精致的建筑效果，钢材在表现航站楼的科技感与理性美方面有其天然的优势，前面提到的航站楼屋盖基本都采用了钢结构。

2. 混凝土的表达

混凝土由于其自重较大且抗拉强度低的材料特性，在大跨度的航站楼屋盖中较少采用。但若能将建筑造型与壳、拱等结构形抗特性有机结合，混凝土结构可以表现出其独特的质朴魅力，给人以朴素、稳定、有力的视觉感受。由埃罗·沙里宁设计的纽约肯尼迪机场 TWA 航站楼和华盛顿杜勒斯机场航站楼都是大跨混凝土屋盖的经典之作（图 5.1-13）。

3. 木材的表达

木材所特有的"温暖"的表面材质效果受到人们广泛喜爱，十分贴合航站楼所希望给予旅客的宾至如归的感觉。由于其各向异性且总体较低的强度材料特性以及防火方面的弱点，目前在国内机场大跨屋面中还没有用于主要结构受力构件的尝试，但在木材资源充沛的北欧与大洋洲则已有多个应用案例。

挪威的奥斯陆加德摩恩机场有着迄今为止最大的木结构屋顶[5]，结构采用格构连接的双梁系统，选择的树种为橡木和枫木，整个建筑都是天然木材的颜色，极具挪威的地域风格（图 5.1-14a）。新西兰尼尔森机场航站楼屋盖[6]充分利用木材的抗压性能，通过多组三铰拱的平铺和重叠，组成了层次丰富的单元式的折形屋面，在室内更是营造了多个宜人尺度空间依次排列的温暖氛围（图 5.1-14b）。

（a）纽约肯尼迪机场　　　　　　　　　　　　　　　　　（b）华盛顿杜勒斯机场

图 5.1–13　混凝土机场屋盖

（a）挪威奥斯陆国际机场

（b）新西兰尼尔森机场（木三铰拱架结构）

图 5.1–14　木结构机场屋盖

4. 膜材的表达

　　膜结构自重极轻，具有独特的透光效果，其他材料难以替代。但由于其热工性能和耐久性的欠缺，在航站楼屋盖中大面积的应用并不广泛。其中最为著名的是丹佛机场，洁白的膜面层层叠叠，与远处的雪山交相呼应，建筑效果十分震撼（图 5.1-15）。张拉膜结构的受力与形态密切相关，形态的塑造有一定的约束条件，因此建筑师在选择屋盖形态时要与结构工程师充分沟通，全面评估张拉成形的可能性。当采用骨架膜仅作为围护结构时则不受这一限制。

5. 铝合金的表达

铝合金也是一种轻质高强的结构材料，并且具有优越的耐腐蚀性能和表观效果。由于焊接性能弱，抗火性能也明显低于钢结构，给铝合金的广泛应用带来一定限制，因而目前还没有在航站楼屋盖中整体使用的案例。但在局部合适的使用场景，铝合金结构在航站楼中已经有了成功的应用，大兴机场[4]7 个位于 C 形柱顶的长轴 53m、短轴 27m 的椭球形采光天窗采用了单层铝合金网壳结构，作为结构承重构件的 H 形截面铝合金型材与天窗玻璃以更紧凑的构造连接，使得天窗效果更为通透（5.1-16）。

图 5.1-15　膜结构机场屋面（丹佛国际机场）

图 5.1-16　铝合金机场屋面

5.1.4　建筑结构融合

由于乘机流程的需要，旅客在航站楼中停留时间较长，有机会用更为细致的眼光对建筑物本身进行观察，这给最易吸引人视线的航站楼大屋盖的结构设计提出了更高的要求，即如何在保证大跨结构受力需求的基础上，实现最好的建筑效果。

如果屋盖钢结构仅考虑结构受力需求进行设计，然后采用建筑装饰材料对结构进行全面的覆盖，虽然最终也有可能得到较为精致的室内效果，但往往缺乏细节，也容易在覆盖结构的同时把建筑的特点也抹平了，使建筑流于平庸；此时包覆面围合的空间，也受到结构构件空间占位的限制，未必能实现建筑设想的空间效果，若强求结构按建筑空间效果需求布置，则可能导致结构的明显不合理。而如果将完全按受力需求进行设计的钢屋盖结构直接"全素颜"外露，虽然特点鲜明，但容易像厂房一般过于粗犷，给人简陋和不安定感觉，难以符合城市门户形象塑造的初衷。

因此，航站楼大跨屋盖的设计应追求建筑与结构的完美融合：建筑师的创意要兼顾结构的合理性、发掘结构固有的美；结构工程师要通过技术的巧妙应用助力建筑师创意的实现。最终呈现的结果应该是建筑与结构深度沟通、合理妥协后的综合最优方案。

根据项目情况的不同，建筑与结构融合的可能性千变万化。笔者基于自身的项目实践，从结构表达的角度总结出"高效、本真、秩序、有机、通透、异规、简洁、精致、极限"这九个关键词[7]，用来描述建筑结构融合的各种风格。

1. 高效

指结构受力上的高效，或是建筑功能和空间使用上的高效。期望通过紧凑的功能布局设计、高效的结构体系、选用高强的材料等方法，使得结构材料充分发挥强度，用更少的材料（资源和能量）

图 5.1-17　浦东国际机场 T1 航站楼张弦梁

图 5.1-18　浦东国际机场 T1 航站楼斜拉群索

图 5.1-19　浦东国际机场 T2 航站楼主楼柱列

实现建筑结构。结构的高效也有可能对建筑的形态、空间、细部有不同程度的要求或制约。建筑结构融合的目标是消除这种矛盾和制约，找到一种平衡。浦东国际机场 T1 航站楼的张弦梁[8]，就是利用与弯矩图完全贴合的结构形态、较大的结构高度实现高效的承载能力，同时下弦构件采用高强度拉索而使之视觉上消隐从而避免结构高度较大带来的不利影响（图 5.1-17）。

2. 本真

展示完整清晰的结构逻辑是结构体系表达最直接的途径。从建筑师需求角度，结构的表达可分为"本真"表达与装饰性表达两种：前者是将受力结构不加掩饰客观真实地展示，人们能通过视觉感知到真实的结构逻辑，如浦东国际机场 T1 航站楼登机廊中拉住张弦梁的斜拉群索就是一种最"本真"的结构展示（图 5.1-18）；后者是通过有一定偏离或冗余构造使结构"看上去"与先验的结构认知相符，或者更符合建筑师设想表达的结构效果。本真性表达是结构工程师最愿意做的；对于建筑师对装饰性表达的要求，需要仔细评估它对结构效率及成本的影响情况，谨慎采用，我们更建议通过对真实结构进行选择性的局部表达的方式来实现装饰性表达。

3. 秩序

通过对结构秩序感的展示体现建筑的韵律也是结构表达的有效途径。"秩"指有条理、不混乱的状态，"序"指顺序上有先后、不颠倒。秩序，本义指是有条理地、有组织地安排各构成部分，以求达到正常的运转或良好的外观状态。从结构角度，梁、桁架、柱等构件以某种逻辑外露并重复达到一定数量时，即呈现出秩序的感觉，通过对外露构件节奏感的控制，从而定义了建筑空间的秩序感，比如浦东国际机场 T2 航站楼主楼的柱列（图 5.1-19）。

4. 有机

建筑中的有机可以是强调建筑与环境之间和谐关系的建筑；或是仿照自然形态和运行原理，创造出新的形态的建筑；亦或是强调连续流动状和强调元素与整体之间拓扑变化关系的非线性建筑。结构形式与建筑造型的"有机"契合，是采用自由曲面等复杂形态建筑进行结构表达的常用方法。建筑师依赖新兴非线性几何描述手段提出了越来越复杂的非线性建筑外形方案，需要结构也利用参数化手段以应对建筑方案的千变万化。杭州萧山国际机场 T4 航站楼"荷叶柱"虽没有直接的结构外露[9]，但从表皮包覆下的"有机"形态中，结构的表达作用是可明显感知的，结构借助建筑空间形态本身的表现力得以间接地表达（图 5.1-20）。

图 5.1-20　杭州萧山国际机场 T4 航站楼"荷花谷柱"

5. 通透

完美实现采光天窗的通透性既是建筑设计的目标也是结构构件表达的手段。建筑师对于采光天窗最迫切的要求通常就是"通透"，"通透"对于结构最直接的要求就是消隐，而消隐意味着需要释放掉一部分原本需要侵占"通透"空间的结构构件，这可能会牺牲一部分安全冗余度，需要通过别的手段补救这部分牺牲。结构设计最大的挑战就是在满足建筑师诉求的同时，让其认同需要的代价。在呼和浩特新机场航站楼天窗设计中采用了摇摆柱斜拉桁架屋盖、在斜拉索上覆盖大面积 ETFE 气枕形成天窗的方式，实现了最大程度的"通透"（图 5.1-21）。用于补救摇摆柱牺牲的刚度的是周边支撑柱的大幅加密。

图 5.1-21　呼和浩特新机场航站楼气枕

6. 异规

结合建筑造型特点，对那些在常用结构体系、结构布置、构件处理等方面已有的规则稍作调整，从而得到出乎意料的建筑效果，也是结构表达经常采用的一种手法，可称之为"异规"。屋盖主结构采用连续曲梁的扬州泰州机场航站楼[10]，通过将曲梁截面"异规"为带槽口的异形截面、将柱与曲梁的铰接连接"异规"为承托的形式，给原本常规的结构形式带来了生机（图 5.1-22）。

图 5.1-22　扬州泰州机场航站楼连续曲梁

7. 简洁

简洁是指使用较少的构成元素和材质，通过纯粹的建筑语言表达空间效果。结构简洁的表达有两种形式，一种是结构体系清晰而没有过多层次的构件组成，节点没有多余的装饰，外露的结构元素表现得纯粹、简练，让观者的注意力更易集中于建筑的空间表现力上；另一种是把结构与建筑要素、建筑功能融合，使结构成为建筑表现的一部分，从而实现结构构件的"消隐"，这要求结构的逻辑与建筑整体的

图 5.1-23　虹桥国际机场 T2 航站楼

图 5.1-24　虹桥国际机场 T1 航站楼改造

图 5.1-25　乌鲁木齐机场 T4 航站楼

逻辑深度契合。虹桥国际机场 T2 航站楼办票大厅为 36m 柱网、12m 净高的中小尺度空间，建筑形态方正平实。结构采用基于简洁理念的梁柱体系与之匹配，给人干净不做作的感觉（图 5.1-23）。

8. 精致

人们在评判一个建筑好坏时，精致通常也是最重要的判别标准之一，对构件和节点精致性的展示是体现结构品质最有效途径之一。虹桥国际机场 T1 航站楼改造工程中，对办票大厅支撑柱的多管相交节点进行了精心设计，尽量精简集成节点构造，与建筑师反复讨论节点细节，最终呈现出"精致"的总体效果（图 5.1-24）。

9. 极限

"极限"的表达是通过材料、形体的反差，或者超过常规认识的构件尺度，让人感受到对重力、侧向力的抗争。"极限"或许是在大空间中的举重若轻，亦或是在小空间中的消隐漂浮，大多是将重要的结构巧妙地藏起来、而暴露的结构又是让人不能一下子

机场航站楼结构设计与工程实践

看透。如图 5.1-21 中呼和浩特新机场天窗下的摇摆柱，就是通过两端铰接释放弯矩做成两头极细的梭形，而柱上端不是直接顶住屋盖的实体位置而是通过消隐的拉索下挂屋盖，天窗光线聚焦下，极细的柱凭空顶住巨大的屋面，给人以震撼的效果。乌鲁木齐机场 T4 航站楼是通过间隔支撑的条状桁架营造一种悬浮感，契合意为"丝路天山"的航站楼的丝路主题[11]（图 5.1-25）。

5.1.5　参数化技术的应用

航站楼屋盖的最终建成方案，往往是无数轮调整优化后的结果。如果采用传统的设计手段，要响应建筑设计对屋面形态的频繁变化，结构设计需要投入巨大的人力，而且很难实现快速的反馈，这很大程度上约束了建筑方案探索更多形态选项的可能性。参数化技术可以将建筑设计和结构设计置于一个统一的数字平台，很大程度上实现即时的互动，可以大大提高专业间配合效率[12]。同时，对结构专业自身，参数化技术也可以提供全面快速的优化设计。因此，参数化技术的应用也逐渐成为航站楼屋盖设计的一个特点和方向。

根据应用程度由浅入深，结构专业参数化主要应用领域有参数化建模、参数化计算、参数化优化，其主要目的是提高建模和计算效率，让经验量化。

从狭义上说，参数化建模可将结构形态参数（如结构杆件布置、桁架高度、网格尺寸等）以可变量的形式进行参数化设定，通过调整这些参数来控制结构空间单线模型；从广义上说当建筑表皮本身不是参数化建模形成时，则也可以将结构网格与建筑表皮进行映射，在拓扑关系不变的情况结构杆件可随建筑表皮调整而自动调整，实现结构单线模型和建筑表皮的联动。

参数化计算主要有两种途径：其一，可通过数据格式将参数化模型导入结构计算软件，实现从

参数化结构模型到结构计算的快速转换，同时也可以通过 API 接口，提高转换效率和转换准确性；其二，可通过参数化平台中内置的有限元计算插件进行结构计算，由于不需要导入计算软件，避免了数据丢失并大大提高了计算效率，但此类计算插件目前后处理功能较弱，因此适用于设计前期方案和初设阶段。

参数化优化是将参数化计算平台计算插件和计算机优化算法相结合，软件将自动调整输入参数，通过不断迭代寻找满足约束条件的结构性能最优解，主要应用于结构形态优化和构件布置优化。

值得注意的是，不论是利用参数化工具提高建模和计算效率，还是通过优化算法找到应变能最低或刚度最高的结构形态，以往结构工程师对于参数化的应用主要集中于结构设计本身，都是以结构工程师的角度从自身需求出发所开发的应用场景。但实际工作中结构工程师多数情况是需要配合建筑师完成设计，建筑的具体条件会极大限制结构参数化的自由度，结构自身性能的"最优"也通常不是整个项目的"最优"。从工程应用角度出发，结构参数化更需重视与建筑设计的配合和对设计流程的优化（图 5.1-26）。

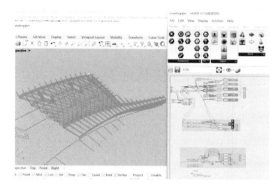

参数化逻辑平台

建筑室内效果

图 5.1-26　呼和浩特新机场屋盖参数化设计

5.2　主楼屋盖结构选型

航站楼主楼屋盖一般覆盖值机大厅和安检区，均有较大的面宽以适应值机大厅内值机柜台的布置并与出发车道边有效对接。其纵深方向的长度则取决于主楼屋盖覆盖的功能范围，相比面宽一般较浅，但当采用整体性屋盖将部分候机区域也置于其下时，也有可能出现超大的进深（图 5.2-1）。

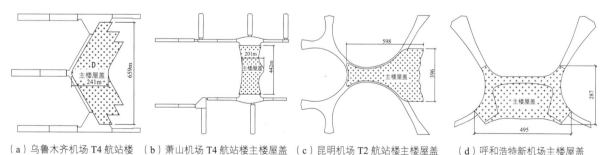

（a）乌鲁木齐机场 T4 航站楼　（b）萧山机场 T4 航站楼主楼屋盖　（c）昆明机场 T2 航站楼主楼屋盖　　（d）呼和浩特新机场主楼屋盖
主楼屋盖

图 5.2-1　主楼屋盖平面形式

由于飞机航行对建筑控高的要求，主楼屋盖的高度一般限制于 45m 之内，与其巨大的平面相比，屋盖总体较为扁平。不同的平面构型和不同的内部布局，加上每个机场对形态独特性的追求，使得航站楼主楼的屋盖形式非常丰富，多种结构体系均有机会应用。根据屋盖的跨越结构传力方式的不同，航站楼屋盖结构体系总体上可分为梁桁整体抗弯类、拱壳压弯类和悬索受拉类，每一类都有与之匹配的竖向支承结构。本节将结合典型案例对这三类水平跨越结构的基本形式、结构特点和设计关注点进行梳理。

5.2.1 梁桁整体抗弯类

梁桁整体抗弯类结构是指靠结构的整体抗弯来承受荷载作用的结构体系，根据构件组成可进一步分为梁式、桁架式、张弦式、网架四类。桁架、张弦式结构均可以看作是由实腹梁抽空演变而来（图 5.2-2），而网架则可以看作是双向受力的桁架体系。

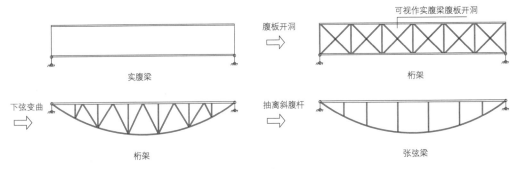

图 5.2-2　实腹梁向桁架和张弦梁的演变

1. 实腹梁式

实腹梁式优势在于受力形式简单明确，室内效果干净简洁，构件加工制作方便，但跨越能力受限，随着跨度的增加将明显趋于不经济。梁式体系可通过梁的弯曲来实现屋面的曲线需求，通过梁截面形式的变化实现特定的建筑室内效果，也可以通过节点的处理丰富结构的表现力。

虹桥机场 T2 航站楼的办票大厅柱跨 36m、净高 12m，结构采用基于普通梁柱的朴素体系与之匹配。梁端理想铰接，端部截面收小，使之视觉上轻量化；梁柱节点、柱间支撑和屋面支撑及其节点进行了专门设计，结构的精致性通过节点得到完美呈现。吊顶设在梁间并在端部提前收至天窗边，将主梁下翼缘和梁柱节点区域完整且真实暴露（图 5.2-3）。

（a）下翼缘外露、端部收小的钢梁　　　　　（b）梁 - 柱 - 支撑节点

图 5.2-3　虹桥机场 T2 航站楼办票大厅

机场航站楼结构设计与工程实践

柏林勃兰登堡机场由 GMP 设计，2020 年正式启用。建筑师从城市规划、建筑体量、家具各比例层面规划了模数体系，模数尺寸参考标准 C 机型停机位数据，制定了 6.25m 的基本轴网系统，轴网单元重复 7 次构成跨度为 43.75m 的柱网系统。结合天窗的位置，正交布置的主跨越结构为成对设置的箱形实腹钢梁，双梁间格栅状次梁相连，并通过十字形过渡构件与柱顶连接。整个屋盖简洁而充满秩序感（图 5.2-4）。

图 5.2-4 柏林勃兰登堡机场航站楼主楼

2. 桁架式

桁架是由离散的杆件拼接而成，能适应各种不同的屋面形态，从造型能力角度可以用"万能"来形容，因此和网架一样是航站楼屋盖中使用最多的结构形式。

桁架杆件常用的截面形式有圆管、矩形和 H 形。其中圆管截面双轴对称，用作轴向受力构件可充分发挥其优势，多杆件相交时的节点处理比较简单，外露效果也容易被建筑师接受，因而在航站楼中使用最多。矩形和 H 形截面相对来说工业风格较重，在机场主楼屋盖中较少应用。

早期的桁架是以平面的形式用在桥梁上，因此屋盖中桁架也多以平面形式出现，一般通过布置水平支撑的方式解决其平面外的稳定问题。而后出现的空间桁架，构件在三维方向布置，其横截面常为三角形或矩形等，大大提高了桁架的整体稳定性，目前应用最为广泛。

如屋面为连续曲线的关西机场，柱距 82.8m，采用了倒三角形截面空间桁架（图 5.2-5a）。桁架外形与屋面起伏相贴合，受压的上弦为双管，面外稳定性更好，也能减小檩条跨度；下弦单管，视觉上更显轻巧。此桁架形式和布置方式在机场主楼屋盖中应用较多，如德国汉堡机场 T1 航站楼、韩国仁川机场 T1 航站楼（图 5.2-5b 和图 5.2-5c）。

空间桁架的横截面形式可以有各种变体。南京禄口机场 T2 屋盖采用多跨连续的异形截面桁架，每一榀桁架由多根上弦和多根下弦组成，呈"上弦月"形截面，柱支撑于截面中部，多榀桁架连接形成屋面波浪形的造型（图 5.2-6）。

桁架的横截面还可以演化成"折板"形式，相邻平面桁架通过一定的角度相互支撑，解决平面桁架的侧向稳定，大幅提高结构的整体刚度。芝加哥机场采用的折板屋面斜面内为一平面桁架，每个折面均有独立的上下弦，相邻折面的弦杆间设刚接杆件相连（图 5.2-7）。

桁架的高度与其抗弯能力成正比，因此桁架立面也可做成鱼腹式，直接与整体结构的弯矩图统一，实现高效率的结构受力。旧金山机场主楼屋面由五榀三跨连续的鱼腹式桁架构成，连续桁架中间部分跨度 116m，两端悬挑 49m，总长 262m。桁架横断面呈三角形，最大高度 8.2m、宽 10.7m，由直径 305 ~ 508mm 的钢管组成，杆件间采用相贯焊节点。鱼腹式空间桁架首尾铰接，两端的平衡悬臂桁架为平面结构。每榀连续桁架结构由 4 根柱支承，桁架外形与均布荷载作用下结构的弯矩图高度符合。受压、受拉腹杆截面的合理区分为杆和索，表现出结构的刚柔并济；精细化设计的铰接点展示出高技派工业感；桁架钢构件均直接外露，结构的力度跃然眼前（图 5.2-8）。

　　桁架的经济性与桁架高度密切相关，在满足构件整体稳定等构造要求的前提下，弦杆截面需求随着桁架高度的增大而减小。但随着桁架高度的增大，桁架腹杆的计算长度也随之加大，为满足构件整体稳定性的要求，需要增大腹杆的截面尺寸，腹杆的经济性趋于下降。一般情况下，航站楼主楼屋面桁架的高度在 $L/20 \sim L/12$ 均属合理范围，可结合建筑限制条件确定。

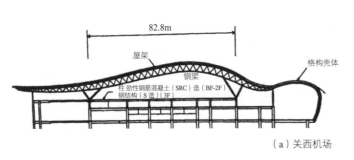

（a）关西机场

（b）汉堡机场

（c）仁川机场

图 5.2-5　倒三角桁架布置的主楼屋盖

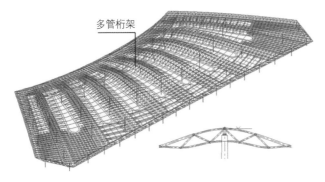

图 5.2-6　南京禄口机场 T2 航站楼多管桁架

图 5.2-7 芝加哥机场折板式桁架

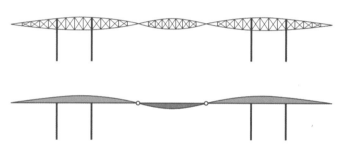

图 5.2-8 旧金山机场立面及其对应的弯矩图

3. 张弦式

张弦梁或张弦桁架，是由上弦的刚性构件和下弦高强度的张拉索（或杆）通过若干撑杆连接而组成的刚柔混合结构，利用形状和预张力抵抗外部荷载，是一种高效的自平衡大跨度空间结构体系。与外形接近的系杆拱、鱼腹桁架相比，张弦结构最主要的特征是可以利用施加的预应力主动控制上弦受弯构件的弯矩分布，从而优化构件截面。通过上弦梁、撑杆、下弦索的位置和数量的变化，张弦结构能有很多的形式变化以适用不同的需要。

张弦结构下弦索的截面小、腹杆少且布置规则，室内净高感觉受下弦位置影响小，因此通常采用下弦与腹杆外露、上弦与屋面围护系统融为一体或结合吊顶局部外露的建筑处理方式，整体效果简洁轻巧，又能感受到空间中结构的美感。

浦东机场 T1 航站楼屋盖是张弦梁在国内的首次采用，这种纯粹的结构体系在室内外空间中得到了完整的展示：28 万 m^2 航站楼的顶层大空间中，张弦梁最有特色的下弦拉索和平行腹杆都完整地暴露在旅客视线之内，并通过黑白颜色的强烈对比强化腹杆的光柱效果和进一步弱化下弦索的尺度，充分展现结构的力度；张弦梁的弧形上弦杆也在深蓝色金属吊顶之后通过腹杆穿过的透光孔隐约露出，完成了结构展示的完整性（图 5.2-9）。

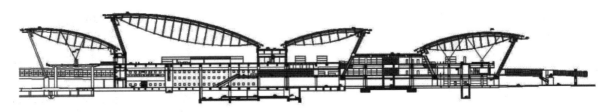

（a）航站楼剖面图

（b）室外效果

图 5.2-9 浦东机场 T1 航站楼张弦梁

4. 网架式

网架的主要特点是双向传力能力强，作用在任意节点的荷载都会分配给该网格的所有其他构件，并最终传递到各个支座。在航站楼主楼屋盖的设计中，采用空间网格还是单向受力结构往往取决于竖向支承构件的位置。其中双向柱网的长宽比是影响选择一个重要参数：柱网长宽比为 1.0 时，两个方向结构分担的力相等，采用网架结构效率最高；随着长宽比加大，双向传力的特性迅速消失，当长宽比大于 2.0 时，基本上仅沿短跨传力。

萧山机场 T4 航站楼[9] 普通柱跨 36～54m×54m，最大跨度 54m，柱网长宽比 1.0～1.5（图 5.2-10）；温州永强机场 T2 航站楼[13] 柱网 46m×36m（图 5.2-11），均采用了网架结构。

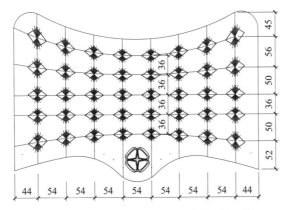

图 5.2-10 萧山机场 T4 长宽比接近的网格

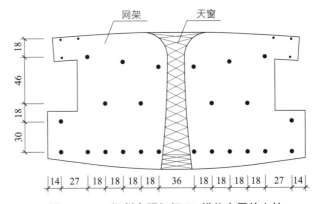

图 5.2-11 温州永强机场 T2 错位布置的立柱

网架的第二个特点是支座布置的自由度大，对不规则柱网的适应性强。温州永强机场 T2 柱网在平面上错开半个柱跨，若选用桁架形式，桁架沿着柱跨斜向布置受力效率最高，但桁架正交布置连接最方便，无法两全，而网架完美地兼顾了结构效率和连接便利性。

组成网架结构的网格单元尺度小，可以通过节点的坐标调整轻易拟合任意形状的屋盖表面，因此对屋面造型有很高的适应性。乌鲁木齐机场 T4 航站楼起伏明显的屋面就是采用网架结构拟合的（图 5.2-12）。

当航站楼呈现矩形，或 UV 正交面，一般采用四角锥网架或交叉网格体系。对于奇数边或圆形的形状，则可以采用三角锥网架。四角锥和三角

图 5.2-12　乌鲁木齐机场 T4 起伏明显的表面

锥网架可以进一步抽空，创造出较好的建筑空间（图 5.2-13）。网架节点可采用焊接球和螺栓球节点，斜腹杆与弦杆的合理夹角为 45°～60°，最小不宜不小于 30°，以免球节点与杆件截面相比不成比例地过大。网架的跨高比在 15～20 时属于经济性上的合理区域，需要注意的是，在估算网架结构用钢量时，要充分考虑球节点重量占的比例，当采用焊接球时，有可能达到杆件重量的 20%～30%，再加上檩条、支撑钢柱的重量，网架杆件在整个钢屋盖体系的用钢量中经常仅占约 50%。

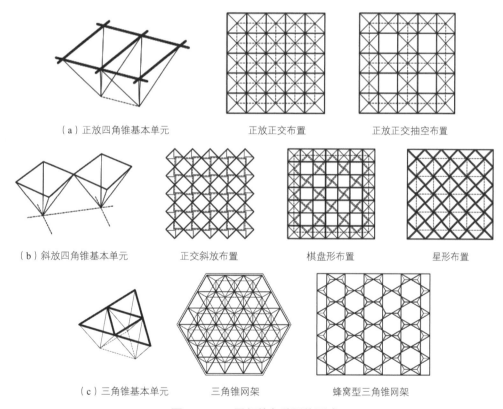

（a）正放四角锥基本单元　　　正放正交布置　　　正放正交抽空布置

（b）斜放四角锥基本单元　　　正交斜放布置　　　棋盘形布置　　　星形布置

（c）三角锥基本单元　　　三角锥网架　　　蜂窝型三角锥网架

图 5.2-13　网架的各种网格形式

5.2.2　拱壳压弯类

由于限高因素，航站楼主楼的屋面比较扁平，很难有机会是一个大拱跨越的形式，往往是由多个连续的小拱面、或者连续拱的拱顶区域与拱间架起的凹面一起连成的单元式屋面。每个拱的形状

也难以保证是理想的悬链线形，因此在竖向荷载下基本以压弯状态受力。

按拱的支座形式和连接方式，可分为无铰拱、两铰拱和三铰拱三类，三者受力的共同点是存在支座推力，且推力的大小与拱的曲率密切相关；差异是无铰拱支座处弯矩最大、两铰拱跨中弯矩最大、三铰拱则在每段拱的跨中弯矩最大（图5.2-14）。推力问题一般靠连续布置的拱相互平衡解决，必要时靠竖向构件硬抗或用水平拉杆自平衡；弯矩问题靠调整截面解决。

拱形结构还需要考虑受压稳定的问题，特别是平面外的稳定，可以通过将拱交叉或相互倚靠解决，既提供稳定性，又增加了空间的变化（图5.2-15）。

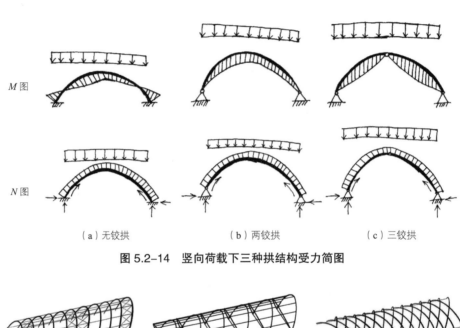

（a）无铰拱　　　　　　　（b）两铰拱　　　　　　　（c）三铰拱

图 5.2-14　竖向荷载下三种拱结构受力简图

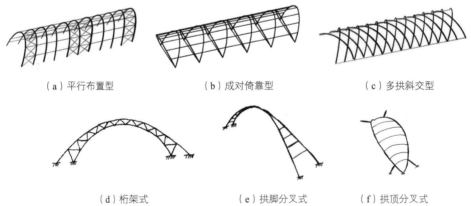

（a）平行布置型　　　　　（b）成对倚靠型　　　　　（c）多拱斜交型

（d）桁架式　　　　　　　（e）拱脚分叉式　　　　　（f）拱顶分叉式

图 5.2-15　拱的面外稳定解决方案

1. 无铰拱

无铰拱的拱脚与支座刚性连接，所以本身有一定的平面外稳定性。但当拱脚刚度较小或者拱跨度很大时，仍需要采取其他措施提高其稳定性。

卡塔尔哈马德国际机场[14]坐落在海边的一座人工半岛上，中央大厅中跨采用无铰拱结构，两侧边跨为斜柱支撑的半拱形结构。为避免屋面形态的单一，屋面在相邻拱之间的偏低点位置通过平滑的圆弧过渡，形成连续的曲面。共两榀的巨型拱平行布置，其间通过斜交的平面桁架连接，面外能够有效相互支撑。相邻拱形结构在二层楼面以上交汇后继续延伸到首层，在二层楼面形成有效的面外支座约束，同时拱的矢跨比大大增加，接地处拱线基本垂直地面，拱脚支座推力极小。拱的中部截面相对需求较小，采用空腹杆件；支座截面需求较大，采用实腹截面（图5.2-16）。

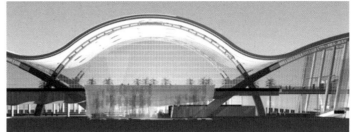

图 5.2-16　卡塔尔哈马德国际机场

2. 两铰拱

阿布扎比国际机场[15]屋盖采用相互倚靠的两铰拱结构，拱支座铰接，截面需求较小，而中部截面需求较大，采用桁架式截面。倾斜的拱在顶部相互支撑，整体结构共同受力，稳定性提高。拱主要用作竖向支撑构件的作用，其屋面跨越由支承于拱顶间的空间桁架承担（图 5.2-17）。

拱体按照网格化交叉组合，即为拱壳，结构轻巧，可覆盖跨度大。香港国际机场 T1 航站楼即采用交叉杆件组成的柱面拱形网壳结构，跨度 36m，柱轴线位置设置了通长的下弦拉杆平衡拱壳推力（图 5.2-18）。

图 5.2-17　阿布扎比国际机场

图 5.2-18　香港国际机场 T1 航站楼

3. 三铰拱

黑川纪章设计的马来西亚吉隆坡国际机场[16]航站楼采用平面尺寸 38.4m×38.4m 的单元式屋面，每个屋面单元由四根构件形成空间三铰拱结构。竖向荷载作用下每根杆件仍要承受较大的弯矩，故杆件截面需求较大，采用了统一的梭形空腹桁架杆件，弦杆间空间用设置采光天窗。支座水平推力传到柱顶，相邻单元间推力相互平衡（图 5.2-19）。

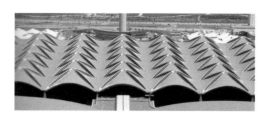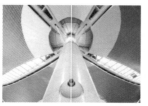

图 5.2-19　吉隆坡国际机场 T1 航站楼

5.2.3　悬索类

悬索结构是由柔性受拉索及其覆盖材料所形成的承重结构。索的材料强度高，且全截面受拉无失稳问题，因此悬索结构的效率极高，但对边缘构件的刚度和承载力要求也极高。

已有的航站楼悬索屋盖多采用单曲面单层悬索结构，屋面荷载沿悬索长度均匀分布，采用理想的悬链线形态。由于是单曲面，无法在另一方向布置曲线状的稳定索，因此屋面结构的稳定性弱，在不均匀荷载作用下易发生局部变形，自身没有抵抗向上风吸作用的能力，一般是通过屋面压重来提供稳定性。

华盛顿杜勒斯国际机场[17]主楼屋盖就采用了这样的单层悬索结构。屋盖支承柱柱底间距 45.72m，承重索采用钢板的形式，屋面采用密拼的预制混凝土板。混凝土板灌缝后形成拱壳状整体，提供稳定承重索的刚度，并在风吸作用下依靠反向的拱壳受力。悬索在两端产生的巨大水平力由两侧巨大的外倾悬臂混凝土柱抵抗，轻盈的屋面与厚重的支承柱体现出结构力与美的完美融合（图 5.2-20）。

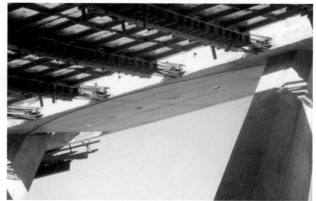

图 5.2-20　华盛顿杜勒斯国际机场

台北桃园国际机场 1 号航站楼[18]原主楼效仿华盛顿杜勒斯国际机场，在 2010 年启动的改扩建中，两侧新增同样悬垂状的屋顶覆盖原室外露台空间，新的屋面结构采用悬垂钢梁，上端与原悬索屋面端部相连，平衡原有屋面在重力下的部分拉力，减轻了原外边柱的负担，下端连接到楼面，由楼面结构平衡水平力（图 5.2-21）。

5.3　指廊与卫星厅钢屋盖结构选型

指廊和卫星厅是旅客候机和登机的场所，平面通常采用长条形以提供最多的飞机停靠位，宽度约为 30~50m 以容纳两侧的候机座位与中间的人行通道，屋面高度约 20~30m 以适应登机桥坡度及机坪塔台通视要求。根据跨度、高度、层数并结合造型确定其典型断面后，沿纵向拉伸即形成了

（a）改造前

（b）改造后

（c）室内悬垂钢梁

图 5.2-21　台北桃园国际机场 1 号航站楼

有序列感的长条形指廊或卫星厅。

　　对于 30 ~ 50m 的屋盖宽度，1 ~ 3 跨的轴网布置结构都是合理可行的，因此，指廊结构支撑屋盖常见的柱列一般为 2 ~ 4 列。不同的柱列可形成不同的空间效果：当仅在两侧布置柱列时，中部可形成开阔无柱空间；当采用 3 列柱时，中间增设的一排柱子一般并不会对指廊的功能带来影响，较小的跨度给跨越结构的选择带来更多自由度；当采用 4 列柱时可以进一步减小屋面跨度提高经济性，柱列形成的空间的序列感进一步得到强化。控制柱距有利于减小柱子尺寸，一般柱子高度与直径的比值大于 12 ~ 15 时，可以达到纤细的视觉感受。因此，设计时不必一味追求大跨少柱，而应进行不同的尝试。

5.3.1　混凝土框架

　　20 世纪四五十年代的欧美机场基本都是混凝土框架的方盒子，柱跨 9m 左右，造价便宜且不容易出错，但室内空间相对局促。当柱跨加大到 18m 左右时，室内的空间尺度已经相当适宜了。虹桥国际机场 T2 指廊宽度 45m，设 4 列柱，柱跨 11m+15m+11m，两边各悬挑 4m，即采用了混凝土框架结构（图 5.3-1）。

图 5.3-1　虹桥国际机场 T2 指廊

5.3.2　钢梁柱结构

　　随着经济条件的提升和建造技术的进步，建筑师开始追求大跨度与建筑表现，因此钢结构成为指廊屋面的首选材料。最简单的钢梁结构形式为普通钢框架，如巴塞罗那机场的指廊，结构形式虽然简单，但由于层高大、柱的尺度纤细，简洁干净，塑造出与混凝土框架不同的空间感觉（图 5.3-2）。

图 5.3-2　巴塞罗那机场指廊

平直的屋盖钢梁，通过简单的变化也可以塑造丰富的空间效果。如马德里机场指廊的屋面采用铰接于 Y 形柱顶的"M"形梁，十几米跨度的梁可以控制较小的梁截面高度，吊顶在遮掉次梁檩条等比较杂乱构件的同时露出了钢梁的下翼缘以表现出结构的肌理，并对外露结构的节点都进行了精细化设计。结合颜色渐变的 Y 形柱，形成了辨识度极高的视觉效果（图 5.3-3）。

图 5.3-3　马德里机场长廊

采用相似的手法，浦东国际机场 T2 航站楼将屋面梁在立面弯曲的同时，平面也结合天窗进行梭形分叉，同时对节点也进行了精细化设计，细节处体现了建筑结构融合设计的思想（图 5.3-4）。

图 5.3-4　上海浦东国际机场 T2

5.3.3 钢桁架、网架

桁架和网架也是指廊设计中经常采用的结构形式，相比实腹钢梁其经济性更好，缺点是杆件数量多，处理不好容易显得杂乱，因而较多采用吊顶遮蔽（图5.3-5）。

图 5.3-5　温州机场 T2 指廊

如果室内建筑吊顶形态比较特殊，那么桁架与网架结构更能发挥其形态适应性强的特点，结合吊顶形状需求布置构件。如伊斯坦布尔新机场[19]，室内是单元式的复杂曲面吊顶，设计时采用空间交叉桁架结构贴合表皮布置桁架弦杆，同时在桁架之间搭设次桁架和次梁形成复杂的吊顶面。由于伊斯坦布尔属高烈度地震区，结合幕墙立面布置了斜撑增加结构的抗侧刚度（图5.3-6）。

图 5.3-6　伊斯坦布尔机场

如要对桁架与网架结构进行结构外露，则需对构件布置、构件尺度、节点处理等内容进行精细的设计，避免构件杂乱无章影响最终建筑效果。克罗地亚萨格勒布机场[20]的指廊采用屋面立面一体化的空间网格结构，结合外表面的形态，采用了双向密布的平面桁架结构，桁架的间距在符合曲面拟合的条件下尽可能做大，相较网架结构构件更为简洁、网格更稀，相较单向桁架则构件布置更为匀质，结构构件和节点的尺度精心控制，最终呈现的外露效果相当干净（图5.3-7）。

图 5.3-7　克罗地亚萨格勒布机场

5.3.4　张弦结构

　　张弦结构有与桁架相当的跨越能力，但视觉效果更为轻盈，可用于一跨跨越的指廊。张弦梁的下弦索及索节点是建筑表达的重点，可以很好地凸显建筑精致的风格。指廊屋盖张弦梁的经典案例有上海浦东国际机场 T1 航站楼（图 5.3-8）。需要特别注意的是，在设计中需控制张弦梁的榀间距，以减小檩条的跨度从而控制屋盖的总厚度和实现较好的经济性。

图 5.3-8　上海浦东国际机场 T1 指廊

　　大阪关西机场的指廊采用弧形钢梁＋分段索的结构形式，风压力的作用下，其受力情况与张弦梁相似，弧形钢梁尺寸可有效减小，同时纤细的钢索在视线中几乎消隐（图 5.3-9）。

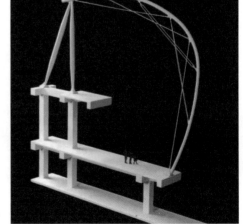

图 5.3-9　大阪关西机场

5.3.5 拱形结构

当屋面的外形为圆弧形时，结构就有机会用到拱的作用将构件尺度减小。指廊的功能需求决定了拱形的矢跨比很高，落地处接近垂直地面甚至内收，一般对支座的推力很小。

成都双流机场 T2 指廊采用了斜置的单拱结构，每两个单拱相互倚靠形成稳定的结构单元，拱间采用斜交网格结构填充（图 5.3-10）。

图 5.3-10　成都双流机场 T2 指廊

曼谷素万那普机场[21]外形采用筒形，两侧弯曲部分除轴力外还有较大弯矩，因此选择了两两倚靠的三铰拱结构。构成三铰拱的两段均采用与局部弯矩符合的梭形桁架，梭形桁架暴露在建筑立面外侧，形成建筑表达的一部分。屋面围护采用了张拉膜结构，立面则选用了玻璃幕墙，整个建筑玲珑剔透，结构的力度凸显在其中（图 5.3-11）。

也可以用适应性很强的空间网架结构去拟合指廊筒形的曲面，同时网架结构也可以有效抵抗两侧弯曲部分的弯矩。如深圳宝安机场[22]采用桁架 + 网架的结构体系贴合建筑的上下表皮，建筑吊顶采用镂空的形式表达出建筑纹理，结构构件在吊顶缝隙中隐约可见（图 5.3-12）。

图 5.3-11　曼谷素万那普机场

图 5.3-12　深圳宝安机场指廊

5.4 柱的选型

支撑钢屋盖的柱是屋盖体系的有机组成部分。在确定的柱网条件下，不同的柱式可以提供不同的抗侧刚度，也可以调节跨越结构的跨度，对钢屋盖的整体受力情况起到关键的作用。同时，不论是否外包，柱的形态总是直接出现在旅客的视线之内，直接影响建筑的效果，在航站楼这种对柱位没有刚性限制的建筑中，柱更是有机会成为建筑空间中的一个表达亮点。结构工程师应该设法让柱子成为建筑师喜欢用来表现而不是希望尽可能取消的东西。

从柱的整体形态来分，柱式可以分为一字柱、分叉柱和组合柱三大类，每一类根据受力需求又可以做成不同的形式。

5.4.1 一字柱

一字柱占用空间少、简洁干净，是大跨屋盖结构中最常见的柱式。根据柱底与柱顶的约束方式，可分为柱顶铰接、柱底铰接、两端铰接、两端刚接四种形式。

1. 柱顶铰接柱

柱顶铰接柱通过各种形式的铰接支座与屋盖的跨越结构连接，较少干扰跨越结构原本的传力路径，对各种整体受弯型的屋盖形式适应性强。通过减小柱顶连接的视觉尺寸，可以达到强调屋面整体连续性的效果。刚接的柱底作为上部跨越结构的基础，主要通过柱截面的抗弯能力给屋盖提供抗侧刚度。柱截面需求由根部往柱顶逐渐减小，有条件做成锥形立面，在人视角度的透视效果下，可以使柱显得更为纤细（图5.4-1）。由于屋盖结构对柱面外的约束刚度小，柱顶铰接柱也常称作悬臂柱。钢管柱与下部混凝土楼面结构的刚接连接节点是柱顶铰接钢柱的设计难点。柱顶铰接柱也可以采用钢筋混凝土柱形式，此时柱截面往往做得比较大，较多用于对柱抗侧刚度需求较大的情况，如用于支承拱形结构或悬索结构时（图5.4-2）。

2. 柱底铰接柱

柱底铰接柱同样依靠柱截面的抗弯能力给屋盖结构提供抗侧刚度。与柱顶铰接柱相比，由于屋面跨越结构的抗弯约束能力有限，柱底铰接柱的抗侧刚度略小。当其作为屋盖边跨支承时，刚接的柱顶可以平衡边跨跨越结构的支座弯矩从而减小其跨中截面的需求。柱的截面需求由上往下逐渐减小，可做成倒锥形（图5.4-3），与下部结构的铰接通常也通过各类成品铰接支座实现，施工方便，也是可以进行建筑表达的重要部位。

（a）南京禄口机场 T2　　　　　　　　　　　　　（b）宁波栎社机场 T2

图 5.4-1　柱顶铰接钢柱

（a）吉隆坡机场

（b）华盛顿杜勒斯机场

图 5.4-2　柱顶铰接混凝土柱

（a）深圳机场交通中心

（b）萧山机场 T4

图 5.4-3　柱底铰接柱

3. 两端铰接柱

单独的两端铰接柱没有抗侧刚度，故又常称为摇摆柱，需要与其他能够提供足够刚度的竖向构件结合使用。由于仅承受轴向力，因而有机会将截面做得远小于柱顶或柱底铰接柱，从而达到极纤细的建筑效果。柱子的整体稳定性往往是决定其承载力的关键，因而常做成两端小、中间大的梭形截面，梭形截面的比例关系以及如何与支座结合表达更精致的端部是实现摇摆柱优美效果的关键问题（图 5.4-4）。

（a）呼和浩特新机场

（b）乌鲁木齐机场 T4 交通中心

图 5.4-4　两端铰接柱

（a）扬州泰州机场

（b）奥斯陆机场

图 5.4-5　V 形柱

4. 两端刚接柱

两端刚接柱可以为屋盖提供较大的抗侧刚度，同时有机会为跨越结构分担更大的弯矩。由于两端都显得较为粗大，因此对其进行建筑表达的难度较大，笔者未能找到合适的例子。

5.4.2　分叉柱

分叉柱的下端与主体结构连接于一点、上端与屋盖多点连接，从而达到在减小跨越结构跨度的同时提高屋盖抗侧刚度的目的。分叉柱对屋盖抗侧刚度的作用是由分叉柱轴向刚度的水平分量及柱顶与屋盖多点连接形成的整体刚接效果两部分组成。分叉柱有 V 形柱、Y 形柱、树状柱和伞状柱等多种形式，可以营造出丰富的室内表达效果。

1. V 形柱

柱在平面内的双肢分叉便形成 V 形柱，V 形柱的分肢较多做成两端铰接（图 5.4-5），也可以双肢在底部相互间刚接后再与下部主体结构铰接。当双肢的柱顶间有很强的轴向连接时，这两种方式对分肢截面的需求相差不大；而当双肢间轴向连接较弱叉开趋势明显时，第二种连接方式下柱下部的受弯明显，需要更大的截面。

2. Y 形柱

柱下部先单肢上升一段以减小对下部建筑布置和人行流线的干扰、然后再分叉为两肢，便成了 Y 形柱。主次三肢位于同一平面，三肢间通常相互刚接、与顶部屋盖通常铰接。当 Y 形柱与底部主体结构采用铰接时，三肢连接处需承受的弯矩最大，因此需要较大的截面，所有的铰接端截面都可以收小；

与底部主体结构刚接时，柱底需要截面最大（图 5.4-6）。Y 形柱也可以是下肢为刚度足够大的悬臂段、两个上分叉肢如前述 V 形柱般设置。

3. 树状柱

V 形柱或 Y 形柱的分肢在三维空间内分布便形成树状柱，合理的分叉位置和适当的肢间角度关系是树状柱设计的关键。为了更具象的树形的表达，树状柱可以多级分叉，并通过拓扑优化的方式寻找受力更高效的树形；在树状柱负荷较小的情况下，也可以对分肢进行一定程度的弯曲，通过适当牺牲结构效率换取更丰富的柱身形态。柱分肢处经常会用到铸钢节点以实现杆件间自由地交接（图 5.4-7）。

4. 伞状柱

当树状柱的分肢数量较多、平面上沿圆弧分布时便形成了伞状柱。当其分肢一定程度地弯曲时，分肢间可以设置一定的环向构件协调各肢的变形并改善各肢的受弯情况。当伞状柱的受荷面积较大时，对各分肢截面的需求也会较大（图 5.4-8）。

（a）南京禄口机场 T2　　　（b）太原武宿机场 T2

（c）浦东机场 T2 长廊　　　（d）马德里机场

图 5.4-6　Y 形柱

（a）浦东机场 T2　　　　　　　　（b）昆明长水机场 T2

图 5.4-7　树状柱（一）

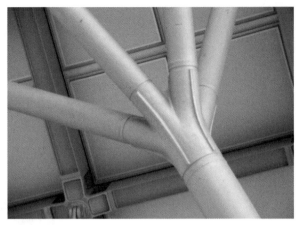

（c）斯图加特机场

图 5.4-7　树状柱（二）

（a）萧山机场 T4　　　　　　　　　　　　　　　（b）麦地那机场

图 5.4-8　伞状柱

5.4.3　组合柱

　　这里把各种通过杆件格构化组合而成、又不属于上述分叉柱的各种柱统称为组合柱。由于其构成形式的丰富性，不管有意与否，组合柱都不可避免地会成为航站楼室内空间中的视觉聚焦点。不同形式的组合柱能够对屋盖跨越结构形成不同的约束条件和提供不同的抗侧刚度，柱与跨越结构合适的匹配是设计成功的关键（图 5.4-9）。

5.4.4　影响柱选型的因素

　　大跨屋盖支撑柱形式的确定需要同时考虑它的受力需求和效果表达这两个功能，柱形的选择主要受三个因素的影响，一是屋盖形态对柱受力的需求，二是下部主体结构对柱的制约和要求，三是建筑师对柱表达作用的期望。

1. 屋盖形态的需求

　　屋盖的形态往往揭示了其最自然的传力途径，进而也暗示了最理想的设柱位置，不同位置柱的

（a）虹桥机场 T1 改造 　　　　　　　　　　　　　（b）伦敦斯坦斯特德机场

图 5.4-9　组合柱

受力状态也随之被确定，然后就可以根据受力的需求选择与之适应的柱形式。

比如一个连续波浪形态的屋面，将每一个波峰视作一个拱形，那波谷就是理想设柱的位置。如果各个拱形的尺度相当，则中间各拱的推力基本平衡，可以采用抗侧刚度不大的一端铰接的一字柱；当各拱的跨度差异较大时以及边柱位置，则需要采用抗侧刚度更大的分叉柱或体量很大的一字柱。

如果屋面是平缓的形态，重力荷载下屋面基本是受弯的状态，普通的一字柱就可以胜任，此时采用各类分叉柱则是为了减小屋盖跨度或者展示柱自身的建筑效果。

对于各类单元式的屋面，稳定状态的柱，比如下端刚接的一字或树状柱、塔形的组合柱，都有机会让各单元独自站立；自身状态不稳定的柱，比如下端铰接的一字或分叉柱，则匹配单元间相互倚靠的形态。

2. 下部结构制约条件

下部结构对柱选型的影响体现在两个方面。

首先是柱平面位置：由于建筑功能布置和下部结构柱网的限制，对屋盖而言理想的柱位并不一定能在下部实现，从而会导致实际能设的柱位可能改变屋盖的理想受力状态，进而改变原本柱的受力需求。这对于原本可以利用屋面形态实现轴向受力的屋盖影响较大，而对于原本就是平缓的以受弯为主的屋盖影响较小。屋盖形态与可行柱位的匹配是建筑的早期的协调需要关注的问题。

其次是柱长度：由于下部结构最上层楼面所在标高的不同，会使得支承屋盖柱的长度不同进而导致抗侧刚度存在差异，特别是像航站楼这样存在众多楼层缺失和通高空间的建筑，这一刚度差异有时会非常巨大。在地震和风作用下，那些特别短的柱子会分担特别大的水平力，进而导致过大的截面需求乃至无法实现，此时需要通过调整柱的约束方式甚至形态来减弱那些短柱的刚度以使水平力的分担更为均匀，比如将悬臂柱改为下端铰接柱乃至摇摆柱、设置弹性支座等。

3. 建筑表达期望

柱的选型还取决于建筑师希望多大程度上对柱进行表达。当屋盖结构本身已经有很强的建筑表现力时，柱往往需要简化从而避免对屋盖的干扰，或者采用形式上与屋盖逻辑一脉相承的柱形；而当屋盖完全被吊顶遮挡且较为内敛时，柱被作为表达重点的机会就会上升，此时形象上表现力较强的分叉柱、组合柱使用的必要性上升。摇摆柱也是一种表现力很强的柱形，由于其没有抗侧刚度，通常需要大大加强其他柱的抗侧刚度来补偿摇摆柱的刚度缺失，同时提高屋盖面内刚度保证抗侧体系的有效发挥作用。

通过柱的节点表达建筑的精致品质也是一种有效的结构表达方式，各种类型的组合柱，特别是带有铰接节点的组合柱，此时有最大的用武之地。

5.5 天窗设计

航站楼建筑由于进深大，仅靠立面幕墙进入的光线难以给室内提供足够的照明，导致中部区域采光环境较差。设置天窗可以有效提高室内自然采光度，符合节能设计的理念，其中的可开启天窗还能起到排烟和通风的作用，对高大室内空间火灾情况下消防性能的实现及正常使用下空气质量的改善均有重要作用。同时，天窗结构在阳光照耀下可以产生生动的光影效果，能够成为室内的点睛之笔。因此，设置天窗已成为航站楼大空间设计中常用的手法。

常见的航站楼天窗有两种不同的采光方式：一种是室内设置完整吊顶，透过天窗的光线需经由吊顶的缝隙间接照到室内，比如北京首都机场 T3、深圳机场 T3 航站楼以及新加坡樟宜机场航站楼，此时屋盖结构隐藏在吊顶之后基本不可见，对结构的外观需求不高（图 5.5-1）；另一种是室内不设或仅设局部吊顶，天窗处仅设置格栅或遮阳膜使光线较为柔和，光线直接透过天窗照射于室内。第二种采光方式下，天窗区域屋盖结构构件直接暴露在光影之下，自然成为空间中的视线聚焦点，需要将结构设计得通透、让结构与建筑完美融合以实现建筑结构一体化的效果，后文主要讨论第二种采光方式的天窗。

（a）首都机场 T3　　　　　　　　（b）深圳机场 T3　　　　　　　　（c）樟宜机场 T4

图 5.5-1　间接采光的天窗

天窗可以从多个维度进行分类，按其朝向可分为顶窗和侧窗，按其设置位置与屋盖结构的关系可分为整体天窗、柱间窗、柱顶窗、边窗等。天窗的存在不同程度上会对屋面结构的传力路径带来影响，在不同的屋盖结构体系下实现天窗的建筑结构的一体化是一个不小的挑战，很多情况下，天窗的形式会在确定屋盖结构体系的过程中起决定性作用。下面以天窗位置为维度，分析各类顶窗和侧窗对屋盖结构的影响及设计对策。

5.5.1 顶天窗

1. 整体天窗

此处的整体天窗指覆盖一个完整的局部建筑空间的天窗，比如在航站楼中各指廊交汇处的过渡空间为呼应多向人流汇集而设置的中心天窗，或者在连接航站楼与交通中心的集散空间设置的中庭天窗。整体天窗需要屋盖主体钢结构提供一个良好的边界条件，天窗自身结构一般为简洁的网格结构，如何将其与天窗的围护系统无缝融合是设计成功与否的关键。

南京禄口机场 T2 交通中心 [23] 圆形中庭顶部为 30m 跨度的圆形玻璃采光天窗，采用弦支穹顶结构。由于天窗结构完全暴露，弦支穹顶的构件布置方式显得极为重要。配合采光天窗的玻璃分格，上弦穹顶采用联方型和肋环型混合的单层网格；下弦由 10 道高强度的径向钢拉杆和 1 圈环向钢拉杆组成，其平面投影位置与上弦外圈联方型网格的平面投影位置一致，钢拉杆端节点均采用铸钢节点。光线将结构构件的阴影投射在地面和周边墙上，随着时间的变化变换着形状，结构的线条本身成为一个建筑美的展示点（图 5.5-2）。

图 5.5-2　禄口机场 T2 交通中心整体天窗

美国奥兰多国际机场体量较小，中央区域分流至两侧的指廊，屋盖主结构采用了三向桁架，三片独立天窗采用单向的玻璃肋 + 索桁架结构依附于屋盖主结构，提供良好采光的同时营造了较为通透的室内观感。设计时需将索桁架结构与主体支承结构整体分析，考虑二者间的相互影响（图 5.5-3）。

图 5.5-3　奥兰多国际机场整体天窗

温州机场 T2 航站楼主楼屋盖总体采用正放四角锥网架结构，为了在中轴线区域设置大面积采光天窗，将该区域的网架整体替换为支承于网架悬挑端的弦支结构，大大简化了构件的数量和交接关系，营造了一片通透的区域（图 5.5-4）。

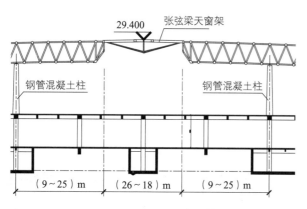

图 5.5-4　温州机场 T2 办票大厅天窗

2. 柱间顶窗

屋盖结构在柱间位置的受力一般相对柱顶位置较小，结构杆件布置的自由度较大，相对容易实现通透的效果，因此在柱间设置顶窗的比例最高。柱间又可分为柱间连线区域和非柱间连线区域（图 5.5-5），非柱间连线区域通常受力需求最小，在此区域"找位置"开窗最符合结构的逻辑；当天窗位于柱间连线区域时，结构需要通过改变结构的传力途径降低天窗区域的受力需求，从而获得通透的效果。

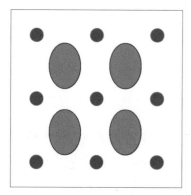
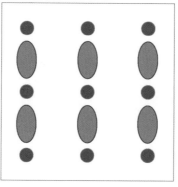

（a）非柱间连线区域　　　　　　　　　　　（b）柱间连线区域

图 5.5-5　柱间顶窗位置示意

常用单层屋盖结构形式包括单层网壳和梁式结构，由于其具有最少的结构构件层次，因此容易实现通透效果。扬州泰州机场航站楼采用有加劲梁的单层网格结构，天窗设置在单层网格中，大天窗占用四个网格，小天窗占用一个网格。屋盖主体结构对天窗干扰少，天窗的效果取决于次构件布置的合理程度（图 5.5-6）。

浦东机场 T2 长廊采用了分叉斜柱支撑的单向钢梁结构形式，可以轻易根据天窗的形状调整梁的形态变化，用外露的主结构梁勾画出棱形天窗的边界线，建筑结构的一体化浑然天成（图 5.5-7）。

南京禄口机场 T2 长廊[24]中间开设了通长的天窗，每隔 18m 有带悬挑单跨钢梁通过，为使钢梁在跨中位置结构高度最小以凸显天窗的通透，将位于悬挑端中部位置的幕墙支承结构与屋盖主结构结合，利用幕墙柱作为悬挑梁的下拉杆，并施加一定的预应力，主动减小了钢梁跨中弯矩，从而实现最小截面的需求（图 5.5-8）。

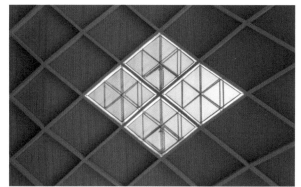

图 5.5-6　扬州泰州机场天窗

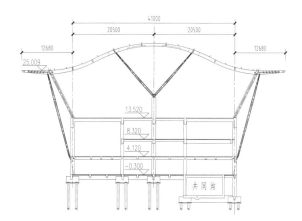

图 5.5-7　浦东机场 T2 长廊剖面与天窗

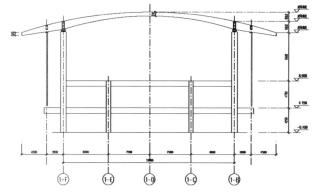

图 5.5-8　南京禄口机场 T2 长廊天窗

　　弦支梁或弦支壳结构上层为单层结构，下弦索和撑杆一般都很细小，对视线的阻挡作用很小，开设天窗后的效果与单层结构相近，也是一种相对容易实现建筑结构一体化的结构形式，如浦东机场 T2 航站楼主楼大屋盖（图 5.5-9）。

　　上述柱间天窗跨度适中，单层或者张弦格构的主结构体系较为简洁，相对容易匹配天窗通透的视觉效果。对于适应屋面形态能力最强、因而使用频率也最高的桁架或网架结构屋面，相对繁杂的双层构件布置与天窗设计所追求的简洁通透效果相悖，天窗结构设计的困难程度更高。常用的手段是将天窗部位的双层网格结构从形式上精简，进行局部的单层化或弦支化处理，这需要在确定屋盖结构整体方案时就要有提前的考虑。

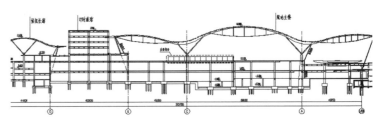

图 5.5-9　浦东机场 T2 办票大厅天窗

　　南京禄口机场 T2 航站楼办票大厅屋盖整体结构采用内外表面贴合波浪形表皮的空间网格结构，条形天窗设置在波谷的位置。为给天窗部位结构构件的表达创造条件，屋盖主结构采用了与天窗平行布置多管桁架，在竖向荷载下天窗部位受力需求较小因而有条件做成单层结构，单层网格与双层桁架间的过渡做成了刚接以解决多管桁架二点支撑条件下的整体侧翻问题，过渡位置的杆件位置关系经过了细致的规划，以保证天窗与吊顶间的最终完成面自然平滑过渡；水平荷载作用下屋面结构的平面内刚度问题，通过将单层结构构件按三角形网格布置来解决。所有天窗构件均完全暴露，看似不经意暴露出的那部分轻盈单层结构不但保证了天窗的美观效果，还能引导有心的旅客去体会包括藏在表皮后面的整个屋盖结构的精致品质（图 5.5-10）。

图 5.5-10　南京禄口机场 T2 办票大厅天窗

　　2014 开航的普尔科沃机场新航站楼[25] 是服务俄罗斯圣彼得堡的国际机场，其造型为三角折板，具有浓郁的当地特色。狭长通透的柱间天窗与柱顶的伞形折面形成了室内虚实交互的丰富观感，天窗削弱了一个方向的柱间直接传力，于是通过斜向三角桁架形成主结构，与建筑师期望的三角折面形态相符，同时保证了水平和竖向力的有效传递。桁架为天窗形成了良好的边界，天窗结构采用简洁的单层结构，实现了较为通透的效果（图 5.5-11）。

3. 柱顶天窗

　　将天窗与柱子结合，让自然光线强化柱子的表达效果，是建筑师另一种常用的表现手法。而柱子支撑部位往往是屋盖结构受力最大的区域，如何简化柱顶的构件布置以实现通透的视觉效果是此类天窗结构设计的主要挑战。常用的策略有如下几种：减小柱距从根本上减小柱顶弯矩；用分叉柱让出柱顶中心位置，屋盖主要传力构件绕天窗周边布置；改变柱顶区域结构形式，释放柱顶构件的抗弯需求。

图 5.5-11 普尔科沃机场天窗

在杭州萧山机场 T4 项目中，荷叶柱及其柱顶的透光天窗是主楼办票大厅的建筑效果亮点。结构采用分叉的伞状荷叶柱直接支承围绕天窗周边设置的加强桁架的方式，让屋面网架弯矩绕过柱顶天窗。荷叶柱之间的拱作用缓解了弯曲的柱分肢的抗弯负担，从而实现了顶部通透的效果（图 5.5-12）。

呼和浩特新机场航站楼屋盖结构采用由摇摆柱顶设索斜拉空间网格形式的屋盖跨越结构的方式，彻底释放柱顶区域抗弯需求。天窗次结构采用 ETFE 气枕，最大限度地减少刚性龙骨的数量，实现最大程度的通透（图 5.5-13）。

图 5.5-12 杭州萧山机场荷叶柱顶天窗

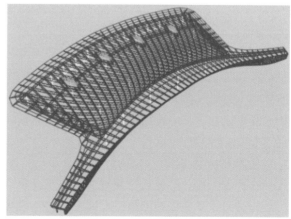

图 5.5-13 呼和浩特新机场柱顶天窗

在虹桥机场 T1 航站楼改造项目中，联检大厅的混凝土屋面在柱顶梁间位置设置了天窗。为了实现柱与梁形成伞状骨架的效果，梁在外露范围严格控制截面大小并做成变高度梁，梁内埋设了型钢以保证最小截面处满足承载力的需求（图 5.5-14）。

 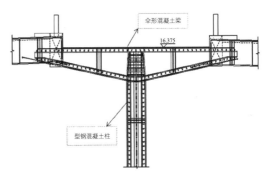

图 5.5–14　虹桥机场 T1 改造联检大厅柱顶天窗

5.5.2　侧天窗

与顶窗相比，侧向天窗的采光效率有所降低，但其防水性能更为可靠，并可以根据日照方向结合遮阳需求选择性设置，因此深得机场业主的喜爱，采用的几率也相当高（图 5.5-15）。

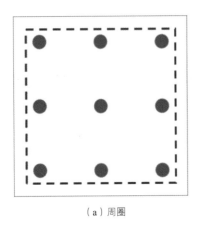 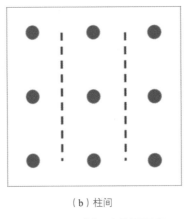 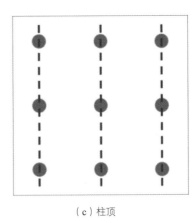

（a）周圈　　　　　　　　　　　（b）柱间　　　　　　　　　　　（c）柱顶

图 5.5–15　侧天窗位置示意

当侧天窗设置在大跨屋盖周边与下部支撑屋面之间的空隙时，结构的处理比较简单。例如虹桥机场 T1 的侧窗采用了最简单的处理方式，天窗布置于支撑屋盖结构的主结构柱间（图 5.5-16）；浦东机场卫星厅中庭的屋盖采用空间桁架结构，侧天窗位于钢结构大屋盖与下部混凝土屋盖的间隙，钢屋盖的支撑柱设于侧窗面以外，这样，侧窗面内的构件都可以控制在幕墙构件尺度，从室内更容易感受到大屋盖的悬浮感（图 5.5-17）。

希思罗机场 T2 航站楼由一组组波浪形的屋面排列而成，天窗也顺应着波峰波谷的曲线。柱子排列在天窗下部，这样每一片屋面两端均有柱子支撑。在屋面波峰区域，天窗上下结构的水平连续性差，通过设斜向撑杆加强，天窗玻璃面外包斜撑杆所在面（图 5.5-18）。

图 5.5-16　虹桥机场 T1 侧天窗

图 5.5-17　浦东机场卫星厅侧天窗

图 5.5-18　希思罗机场 T2 航站楼侧天窗

乌鲁木齐机场 T4 航站楼办票大厅屋盖的侧窗设置在柱间位置，为保证天窗的通透性，侧窗处采用单层结构，这相当于将完整的双层网架屋盖结构撕开数条缝隙。屋盖结构在竖向荷载下的受力体系完整性是通过调整侧窗位置至反弯点处来保证的；屋盖平面内刚度的连续性通过调整屋面波形、让被天窗割裂的各片屋面在柱顶区域尽可能保留重叠面、同时在天窗错开程度较大处加大过渡杆件面外的抗弯刚度来实现（图 5.5-19）。

5.6　连接节点设计

"节点"这个词可以用来表示"细部（Detail）"和"连接（Joint）"两个意思，此处专指"连接"，包括屋盖结构杆件间屋盖与其支承结构间及支承结构与混凝土主体结构间的连接。节点的做法直接关系到结构计算假定能否有效实现、亦即计算模型能否准确反映实际结构约束情况，对结构的安全至关重要；同时，对于外露的节点，其外观会影响到整个建筑的效果乃至品质。因此，节点的设计也要同时考虑受力需求和外观效果两个因素。

按节点的弯矩传递能力区分，节点可分为铰接、刚接和半刚接三种。对于涉及索构件的节点，一般属于铰接节点，由于其专有的一些特点，在此也将其单独列出。

5.6.1　铰接节点

铰接节点的实现有两种方式，一种是通过实际可转动的构造实现弯矩完全释放的理想铰接，典

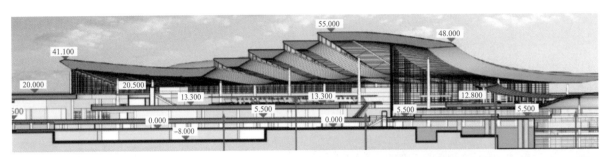

图 5.5-19　乌鲁木齐机场 T4 侧天窗

型形式有带关节轴承的销轴节点、带推力轴承的组合节点和各类球形支座（图 5.6-1），节点在工作状态承受的弯矩为摩擦力引起的可以忽略不计的弯矩，节点的组件全部处于弹性状态；普通销轴节点的平面内也属于这种情况。

浦东机场 T2

禄口机场 T2

G60 科创云廊

浦东机场磁悬浮宾馆

（a）关节轴承销轴节点

（b）带推力轴承的组合节点

（c）成品球形支座

（d）弧面加螺杆

图 5.6-1　理想铰接节点

另一种是通过让节点中抗弯刚度很小的部分发生弹性或局部的塑性变形实现节点的转动，当产生这部分变形的引起的抵抗弯矩小到可忽略、同时节点仍能保持抵抗剪力和轴向力的承载能力时，节点也能总体上体现出理想铰接的力学性能。螺栓球、十字板节点、杆件端头各种收小处理后的连接、仅腹板连接节点都属于这种类型（图 5.6-2）。这种类型铰接节点同时存在刚度和强度两个需要关注的问题，能否当作理想铰接设计，除与节点本身的构造和尺寸关系相关外，还和节点在具体结构中变形的需求有关。比如对于正常网架结构中的螺栓球节点，节点高强度螺栓的实际转角需求非常小，在此变形范围内完全可以像理想铰接那样工作；而当其处于一个空腹结构中时，较大的转角需求有可能会让高强度螺栓的边缘弯曲应力不可忽略，螺杆边缘屈服发展的程度需要通过精细化的分析来进行判断。其他几种非完全理想铰接节点形式也是同样的情况。

铰接节点是最有机械感觉的一种节点，结合铸钢件的塑型，能够做出结构表现力很强的节点形式，设计经常通过外露的铰接节点来体现建筑的精致性和科技感（图 5.6-3）。当铰接节点用于支座时，屋盖结构与下部混凝土结构间仅有剪力和轴力的传递，节点处混凝土结构的处理相比其他支座约束情况最为简单。

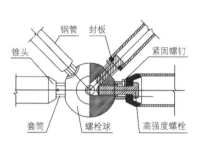   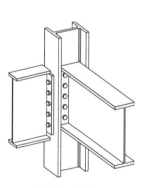

（a）螺栓球节点　　　　（b）十字板节点　　　（c）端头截面收小　　　（d）仅腹板相连

图 5.6-2　拟铰接节点

（a）希思罗机场 T5 柱节点　（b）上海虹桥机场 T1 改造柱节点　　（c）多伦多机场支撑节点　　　（d）曼城英联邦体育场撑杆下节点

图 5.6-3　有机械感的铰接节点

5.6.2　刚接节点

杆件间刚接节点的实现方式也可分为两种，一种是杆件直接全截面的焊接连接，对接焊、相贯焊、焊接球节点都属于这一种；另一种是多个机械连接通过拉开距离形成力臂从而提供约束力矩，包括全截面螺栓连接、端板螺栓节点、多耳板销轴连接（单向刚接）等形式（图 5.6-4）。选择刚接节点形式，除了从受力角度考虑以外，有时是根据构造实现的容易程度来确定的，比如桁架的腹杆，从受力角度可以采用两端铰接，但直接相贯焊刚接（或半刚接）节点的实现比任何一种铰接的连接方式都更为简单，所以通常都选择刚接节点。

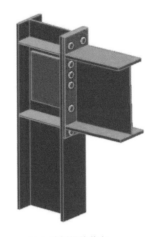

（a）全截面螺栓　　　　　　　　　（b）端板螺栓节点　　　　　　　　　（c）多耳板销轴连接

图 5.6-4　全螺栓刚接节点

这里说的刚接是从节点的形式角度来说的，在计算分析中，对于相贯节点和焊接球节点，杆端的实际约束刚度与杆件的线刚度、相连杆件间截面相对关系、杆件与节点球间的截面相对关系、壁厚关系、加劲板设置情况等都有关，需根据具体情况确定采用刚接、铰接或半刚接的模型。

5.6.3　半刚接节点

采用刚接或铰接节点，更容易实现计算模型的实际模拟，是设计的首选。但是一些特定的连接节点形式，从受力角度体现出明显的半刚接特性，如盘式节点、毂式节点、主次管管径相差较大、主管壁厚较薄且未设加劲板的相贯焊接节点等（图 5.6-5）。半刚接节点约束刚度的准确模拟比较困难，要根据结构体系对刚度的敏感性确定其模拟方法，有时需要一定范围内的节点刚度包络设计。

（a）铝合金盘式节点　　　　　　　　（b）毂式节点　　　　　　　　　（c）相贯节点

图 5.6-5　半刚接节点

5.6.4　索节点

当采用张弦、斜拉、弦支等含索的结构时，索节点的设计是一个非常重要的内容。《建筑索结构节点设计标准》T/CECS 1010—2022[26] 将常用的节点分为螺杆连接节点、耳板销轴节点、索夹节点、可滑动节点四类，在此不作赘述，此处仅列出浦东机场 T1 航站楼几个索节点的实例（图 5.6-6）。

| （a）索端螺杆节点 | （b）索端耳板销轴节点 | （c）球状索夹节点 |

图5.6-6　索节点

5.7　屋盖结构分析要点

　　航站楼屋盖结构形式多样，传力机理与路径往往较为复杂，结构响应难以准确预估，深入精细的结构分析显得尤为重要，以下就其结构分析要点展开论述。

5.7.1　模型选取

　　为准确地分析屋盖结构的真实响应，一般情况都应采用带下部结构的整体模型进行分析。整体模型可以反映航站楼下部为刚度较大的混凝土结构、屋盖为刚度较小的钢结构的刚度差异引起的地震鞭梢效应；可以准确地体现支撑屋盖的竖向构件起始于不同标高楼层导致的约束刚度差异；对于航站楼中常见的屋盖跨下部结构分缝的情况，整体模型可以反映下部各结构单体的错动对屋盖结构的影响；屋盖对下部结构的作用也通过整体模型准确反映。

　　对于下部混凝土＋屋盖钢结构的组合结构整体模型，如采用的软件允许按照不同材料阻尼比分别取值时，应按材料分别输入不同的阻尼比，由软件根据各材料构件的应变能加权平均来计算各阶振型阻尼比；如采用的软件只支持统一阻尼比输入时，应先采用前述允许分材料阻尼比输入的软件试算得到匹配屋盖竖向支承构件基底剪力值的统一阻尼比，再用于该软件的计算。

5.7.2　整体稳定与极限承载力分析

1.大跨度结构进行极限承载力分析的必要性

　　结构的极限承载力同时受强度和稳定两个因素的影响。对于常规的柱梁楼层结构，几何非线性效应与刚重比指标关联度高，在合适的刚重比范围内，满足构件层面的强度与稳定要求即可保证结构不出现整体失稳。航站楼大跨屋盖结构由于其形式多样性，结构的初始缺陷情况及受力后的非线性效应往往更为复杂，无法采用单一的指标准确判断特定结构出现整体失稳的情况，因此需要在常规构件设计的基础上，补充进行极限承载力的分析，以确定结构不出现整体破坏的最大荷载。

　　理论上说，整体失稳主要出现在以整体受压为主的网壳结构；但即使对于非网壳结构体系，也可能因局部区域的整体受压效应明显而出现区域性的整体失稳模式；另外，对于支撑大跨屋盖的形式丰富的各类柱，其构件稳定受屋盖整体约束条件影响大，构件层面的分析也无法准确反映其实际失稳情况，并且其失稳后果对于屋盖也是整体性的。因此，基于目前计算软件使用的便利性，一般大跨屋盖结构都会进行极限承载力的分析，以评估结构的整体承载能力。极限承载力分析得到的结构破坏模式，可能是整体或区域性的整体失稳，也可能是结构的强度破坏。

2. 影响极限承载力分析准确性的因素

极限承载力分析的准确性取决于结构模型的精确度和荷载分布设定的合理性，其中影响模型精确度的几个关键因素包括模型边界条件、构件节点刚度、材料本构关系、结构初始缺陷等。

结构杆件和支座条件的准确模拟相对容易实现，半刚性节点刚度的准确模拟是一个难题，需要专门的研究，特别是对于单层网壳结构，节点的刚度对整体稳定有显著影响。

材料本构关系可以根据采用的分析方法分别取为弹性或弹塑性段，目前已有较为成熟的标准。

结构的初始缺陷包括结构和构件两个层面，都是影响结构整体稳定的重要因素。结构层面的初始缺陷包括柱子垂直度偏差、水平构件定位偏差等结构制作偏差；构件层面初始缺陷包括杆件初始几何偏差和残余应力等，更多和制作相关。整体稳定的分析中通常以结构一阶整体屈曲模态为基础去近似模拟初始缺陷的效应，而实际情况是结构层面的缺陷本身具有非常大的不确定性，构件层面缺陷的随机性更为复杂，目前还没有办法对其进行准确模拟，工程角度只能通过适当的系数来考虑这些不确定性。对于缺陷敏感类结构，设计时要有意识地判断可能明显影响结构极限承载力的特定缺陷模式，在分析时设法予以模拟并在图纸中对其施工精度提出特定要求。

不同荷载分布模式下，结构的受力性能和稳定性能往往表现出明显的差异，结构的极限承载力是与特定的荷载分布模式对应的，选用符合实际荷载条件的工况组合进行分析是必要的，同时需要补充可能对结构的整体稳定产生不利影响的荷载分布方式进行分析，如对拱壳类结构要考察活荷载半边加载模式。

3. 极限承载力分析方法及结果判断

根据对影响分析准确性因素模拟精确度的差别，极限承载力分析可分为三种方式：线弹性屈曲特征值分析、考虑几何非线性的荷载 - 位移全过程分析、考虑几何与材料双非线性的荷载 - 位移分析。根据项目结构的具体情况，可在其中选用一至二种方法进行分析。

线弹性屈曲特征值分析作为整体稳定性能的初步判断，由于其忽略了结构初始缺陷和几何非线性变形的影响，其对稳定承载力的线性预测也是"近似的"。对于直观判断几何非线性效应不明显的结构或计算结果显示屈曲特征值较大的结构，如整体轴力效应不明显的网架结构或刚度特别大的网壳结构，其计算结果也较为准确，其曲屈特征值的限值也可参照规范对几何非线性稳定分析安全系数的要求；反之，其计算结果准确性也较低，需采用准确度更高分析方法。

几何非线性分析考虑了结构的整体初始位移缺陷和二阶位移效应，但不考虑材料的非线性因素。按规范，初始缺陷一般按结构最低阶屈曲模态取结构跨度的1/300。对于单层球面网壳、柱面网壳和椭圆抛物面网壳，规范要求的极限承载力安全系数为不小于4.2，该系数是考虑荷载误差、材料抗力、弹塑性敏感系数、初始缺陷模拟准确性以及其他不确定性的影响而确定的。该取值是基于钢结构网壳结构分析结果统计得到的，对于其他材料的结构不适用，对于其他的结构形式的适用情况也需要具体判断，如对于由于支撑柱失稳模式控制的极限承载力，其初始缺陷应按柱失稳对应的模态施加，其极限承载力安全系数的限值可根据进一步的研究适当降低。

考虑几何与材料双非线性的荷载 - 位移分析在几何非线性分析基础上考虑了材料的弹塑性，其他不确定因素的影响也还同样存在，故规范仍规定了不小于2的安全系数限值要求。

5.7.3 抗风分析

航站楼大跨度屋盖总体上高度较低，在大气边界层中处于湍流度高的区域，再加上屋面形状大多不规则，其绕流和空气动力作用十分复杂。同时屋盖结构具有质量轻、刚度小、阻尼小、结构自振周期相对较长等特点，对风荷载十分敏感，特别是含有索等柔性构件的结构。因此，风荷载经常成为此类建筑设计时的主要控制荷载之一，风荷载的确定是抗风分析的关键。

风荷载主要由平均风和脉动风组成，平均风的长周期远大于一般结构自振周期，故其作用相当于静力荷载；脉动风是由于风的不规则性引起的，它的强度是随时间随机变化的，由于周期较短，因而其作用性质是动力的，将引起结构的振动。在脉动风作用下，航站楼屋盖结构将发生抖振，是一种随机振动。受航站楼几何造型、周边布局和地貌影响，风荷载的定量分析十分困难，有必要借助风洞试验，得到相对准确的风荷载值。

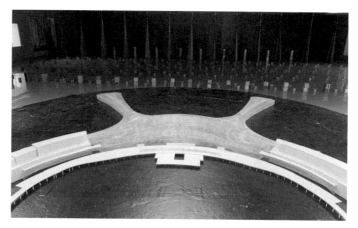

图 5.7-1　风洞试验

航站楼屋盖的风洞试验一般采用刚体模型，通过同步测压获得建筑物表面各测点的表面风压时程，再通过表面积分确定作用在屋盖上的风荷载，模型缩尺比例一般为 1/300 ~ 1/200（图 5.7-1）。刚体模型风洞试验需要满足以下几个相似条件：几何相似（建筑物尺度、周边地形地貌）、来流相似（平均风速剖面、湍流强度）以及雷诺数相似，其中雷诺数相似是风工程中的经典难题，通常会采用增加模型表面粗糙度的方法使其近表面的绕流在较低雷诺数时就提前进入紊流状态，从而近似达到对实际结构高雷诺数效应的模拟。航站楼建筑一般具有钝体的外型，来流在屋盖前缘分离，雷诺数效应并不突出。

用于屋盖主体钢结构设计的等效静风荷载采用平均风压乘以阵风响应因子（风振系数）的结果，其中平均风压通过各个测点实测的压力统计得到，阵风响应因子反映脉动风影响，是在屋盖结构有限元模型上基于风洞试验得到的各测点风压时程，通过动力分析得到。阵风响应因子是和响应类型有关的，设计人员应根据所关注的响应（例如悬挑和大跨部分的竖向位移、关键构件的内力等），从中选取对应的阵风响应因子计算得到等效静力风荷载；或者根据设计需要，取不同响应类型对应的阵风响应因子的包络，作为统一的阵风响应因子，来计算等效静力风荷载。

用于围护结构的风荷载取值与主体钢结构不同，是对风洞测压结果采用统计方法或规范方法处理后得到。前者是直接取用每个测点各风向角下的最大（或最小）极值风压，后者是将每个测点的平均风压乘以规范给出的阵风系数得到。由于没有考虑风在建筑前缘分离形成漩涡等的特性，故目前中国荷载规范的方法获得的围护结构风压偏于不安全。统计方法结果综合考虑了来流绕流及建筑外型的特点，对于建筑边角处的取值更为可靠。

CFD 数值模拟相对于风洞试验的成本较低，但 CFD 方法难获得准确的脉动风压，目前仍局限于获得平均风压和进行风环境评估。

大跨屋盖的风荷载以风吸为主，屋盖的边缘、大悬挑部位、形态突变区、天窗、天沟等区域的风荷载分布一般较为复杂，需要特别关注。从设计角度，在屋面整体形态确定的情况下，局部的处理也可能明显改善风荷载分布。如针对迎风边缘薄弱区域可设置竖向导流板以提高风分离点，减小屋面上部形成的漩涡气流对屋面表面结构的影响。华盛顿杜勒斯机场航站楼迎风边缘挑出并向上倾斜，起导流板作用，屋面向下凹陷也有效减弱风吸力，悬挑部位开洞也起到泄压作用，马德里机场也采取了类似的优化措施（图 5.7-2）。

（a）华盛顿杜勒斯机场的竖向导流板　　　　　　（b）马德里机场的边缘开洞泄压

图 5.7-2　迎风边缘减小风荷载措施

5.7.4　雪荷载的确定

航站楼大多为轻质不上人屋面，活荷载按 $0.5kN/m^2$，部分地区的雪荷载超过屋面活荷载取值，成为竖向的主要控制荷载之一，需要引起关注。近些年频现因为积雪导致的大跨钢结构屋面破坏，其原因主要有：实际雪荷载较规范有所增大；湿雪、压实等原因造成积雪密度过大；积雪冻融交替，导致檐口等低标高处承受额外的间接雪荷载；积雪在强风作用下发生飘移，在凹陷区、高低跨边等部位大量堆积，导致局部雪荷载远超设计值；降雪过程中伴随强风，风雪短期内同时组合对敏感的大跨钢结构的不利影响等。

常规印象中，北方冬天气温低，雪荷载比南方大，但实则未必，如哈尔滨基本雪压 $0.45kN/m^2$，而南京基本雪压却高达 $0.65kN/m^2$。雪压主要与积雪密度和积雪深度有关，积雪密度受气温、湿度、太阳辐射、风、积雪深度、积雪时间和降雪的性质等多因素影响，东北及新疆北部等多降雪地区的平均密度取为 $150kg/m^3$，而江西、浙江等降雪少的地区的可达到 $200kg/m^3$。其原因在于南方湿度大，温度相对北方较高，降雪过程中雪的含水率高，显著加大了积雪的密度，从而增大了屋面雪荷载。

对于雪荷载较大地区航站楼屋面雪荷载的确定应补充以下工作：利用气象资料及相关的融雪模型，采用多种概率分布和参数估计方法对地面雪压年极值进行概率统计分析，得到不同重现期下的地面雪压，与规范规定的当地基本雪压比较，取包络；结合当地气象资料，通过数值分析得到主要风向下屋盖表面的风速分布，模拟屋面雪颗粒的飘移，进而经概率统计得到结构最不利的屋面雪荷载分布。需要注意的是，影响屋面积雪密度的因素极其复杂，目前的数值分析不可能得到精确的结果，只能作为设计参考。设计还应在规范的基础上，进一步加大高低跨边、凹陷区域等易积雪部位的积雪分布系数；计算排水沟的雪荷载时，还须额外考虑排水沟全部填充积雪融冰后的附加荷载。

5.7.5　温度效应分析

航站楼屋盖结构平面尺度大，结构热胀冷缩效应明显，结构形成过程和使用过程会经历一定的温差，因而会产生较大的温度变形和温度应力。温度效应计算的原理和手段本身不复杂，但准确确定温度场的分布和变化却非常困难，比如阳光直射区域的热辐射效应、构件不同方向表面的热辐射效应差异、大空间分层空气调节系统下的沿高度的温度分布、屋面采用围护系统的形式等因素对结构温度的影响都难以定量确定，因此，要得到完全精确的温度变化情况几乎不可能。从工程应用的角度，一般情况下都是参照前人经验并结合项目情况来确定温度变化的取值。

结构构件最高、最低温度的取值可以项目所在地的月最高、最低平均气温（T_{max}、T_{min}）为基准，再考虑各种影响构件受热条件因素综合确定（表 5.7-1）。

对于最高温度取值：钢结构在施工阶段需考虑太阳直射导致的辐射升温 T_f，一般可取 15～25℃；使用阶段室内大面积天窗区域同样也要考虑部分的辐射升温 T_f，一般可取 5～10℃；使用阶段室内一般区域因为屋顶高大空间远离空调作用范围，最高温度可直接取基准温度或偏安全的提高 2～3℃以考虑空气不流通的影响；使用阶段室外非阳光直射区域，结构最高温度可取为基准温度。

对于最低温度取值：施工阶段以及使用阶段的室外区域，可取为基准温度；使用阶段室内一般区域在不低于基准温度的基础上，考虑地域差异以及空调工作情况，最低温度 T_2 可取 10～20℃；使用阶段室内大面积天窗区域考虑保温效果弱于一般区域，最低温度 T_3 可在 T_2 基础上酌情降低。

不同阶段、部位构件温度取值及需要考虑的荷载组合建议　　表 5.7-1

分析阶段		考虑因素	构件温度取值	荷载组合
施工阶段		太阳辐射	最高：$T_{max}+T_f$ 最低：T_{min}	结构自重 + 施工活荷载 + 温度
使用阶段	室内一般区域	空调控温范围	最高：$T_{max}+T_1$ 最低：T_2，不低于 T_{min}	常规荷载与温度的设计组合
	室内大面积天窗下方区域	太阳辐射，空调控温范围，天窗保温效果	最高：$T_{max}+T_f$ 最低：T_3，不低于 T_{min}	
	室外有围护结构区域	空气流动	最高：T_{max} 最低：T_{min}	
	室外太阳直射区域	太阳辐射	最高：$T_{max}+T_f$ 最低：T_{min}	

计算温度效应时输入温差取合拢温度 T_0 与结构最高、最低取值温度的差值，选择合拢温度的目标是将这个温差控制到最小。考虑到施工组织的可行性，T_0 通常为一个温度区段，该区段范围一般取 10～15℃，理想的 T_0 是在施工时间段内，能够实现结构升温温差和降温温差数值最为接近的温度区段。

减少温度作用效应的有效方法是通过释放结构温度变形来释放温度应力：如在边跨设置滑动或弹性支座来降低约束作用从而减少温度内力；通过切断桁架结构中支座处的弦杆或者代以阻尼器来释放部分温度应力；通过对屋盖结构适当分段切断温度作用累积；采用曲面的形态，将面内轴向变形转化为面外弯曲变形等。

屋盖结构温度作用的分析需采用整体模型，以便真实体现边界约束刚度及同时考虑下部混凝土结构受温度影响情况。

5.7.6　抗震分析

航站楼屋盖由水平跨越结构和竖向支撑结构组成。水平跨越结构往往由竖向荷载控制，对水平地震不敏感，但当水平跨越结构的高差起伏较大时，以及柱顶与水平跨越结构刚接时，水平地震下的惯性力也会对其内力和变形带来明显影响；结构跨度较大时，竖向地震作用也不可忽略。竖向支撑结构最终需承受全部的水平地震力，地震作用经常成为其控制工况，因此抗震分析是航站楼屋盖分析中不可或缺的一部分。

相较于一般结构，航站楼屋盖的抗震分析有三个特点：一是由于主楼屋盖的总长度一般均在 300m 以上，应进行考虑行波效应的多点输入地震分析，行波效应会加大结构的扭转效应从而导致周边杆件的内力增大，具体分析要求见第 4 章；二是由于存在大量的楼面局部缺失，屋盖柱往往支撑于不同标高，柱的抗侧刚度差异较大，为确保大刚度柱刚度退化后其他柱的抗剪能力，宜对承担剪力较小的柱的地震剪力进行适当调整，建议调整比例可考虑柱承受的重力荷载大小等因素；三是对于大跨和大悬挑结构，要进行竖向地震作用的计算，特别需要关注采用隔震设计时，橡胶隔震支座对竖向地震可能的放大作用。

5.7.7 防连续倒塌分析

建筑结构的连续性倒塌是指由非预期荷载或作用导致局部破坏、不平衡力使其邻域单元内力变化而失效，进而促使构件破坏连续性扩展下去直至最终造成与初始破坏不成比例的部分或全部结构的倒塌，其主要特点是破坏的连续扩展性与不成比例性。对于航站楼屋盖，最可能导致连续倒塌的非预期作用是支撑屋盖的柱受撞击或爆炸袭击。适用于航站楼屋盖的防连续倒塌的设计方法主要有以下三种：概念设计法、局部抗力法以及备用路径法。

概念设计法是从消除直接诱因和增加结构冗余度两方面降低结构连续倒塌风险，如通过加强监管、设置车辆阻挡装置等措施减小车辆及爆炸物靠近关键柱的机会，是从源头上消除初始破坏的发生；屋盖结构选型时，避免低冗余度结构，一方面可以显著增强结构的坚固性，保证结构在局部失效后仍能提供有效的荷载传递路径，另一方面可以提供更多的可能屈服位置，从而避免结构倒塌。

局部抗力设计法是对破坏后容易引起结构连续性倒塌的局部关键构件进行加强，使之能够抵抗设定的撞击或爆炸冲击，从而使初始局部破坏被阻断或减轻，以消除或降低结构发生连续性破坏的可能性。构件的抗爆分析可采用等效静力法、等效单自由度体系法、超压冲量图法或动力数值模拟法，车辆撞击分析可采用静力线性、静力非线性以及动力非线性方法。

备用荷载路径法假定结构出现初始局部破坏，通过确定剩余结构的响应来评估结构抗连续性倒塌的能力。该方法不依赖于引起初始局部破坏的原因，适用于任何突发事件下的结构抗倒塌设计。实施过程即通过拆除关键构件，并通过线性静力分析、非线性静力分析或者非线性动力分析确定初始破坏在剩余结构中的扩展程度，判定结构是否发生连续性倒塌。对于航站楼屋盖结构，关键构件一般选取易受袭击位置的支撑结构，上海市的《大跨度建筑空间结构抗连续倒塌设计标准》DG/TJ 08—2350—2021[27] 中，将拆除关键构件后整体屋盖的破坏情况划分为 5 个等级，其中等级 4、5 分别为局部连续性倒塌和整体连续倒塌，均应予以避免（表 5.7-2）。

屋盖性能等级　　　　　　　　　　　　　　　　　　　　　　　　表 5.7–2

性能等级	总体描述	详细指标描述	设计措施
1	基本完好	屋盖挠度和塑性变形未出现明显增大，承载能力和建筑功能基本不受影响	正常设计，无需特殊措施
2	局部中度破坏	失效柱上方附近区域出现一定破坏，挠度和塑性变形均在正常范围内，建筑功能受到一定程度影响	局部加强，重点保护
3	局部失效	失效柱上方区域严重破坏，无法继续承载，但相邻区域柱未出现明显破坏	局部加强，重点保护
4	局部连续性倒塌	除失效柱上方严重破坏无法承载外，周围一定范围内相关区域柱也发生较严重破坏，部分丧失承载能力	重点保护，或调整局部方案，重新验算
5	整体连续性倒塌	整体结构出现不可控制的破坏延伸，最终整体坍塌	调整整体结构方案，重新设计，验算

5.7.8　节点有限元分析

航站楼屋盖通常采用杆系模型进行整体分析，有必要通过节点有限元分析确定杆件连接节点的实际刚度以保证杆系模型的模拟准确性，并对节点本身的受力情况进行评估以优化节点构造和保证节点可靠性。

常规需要进行节点分析的部位主要为关键支撑节点、跨越结构支座节点、重要的多杆件交汇节点以及其他重要的保证结构延性的节点。针对上述部位的焊接节点、铸钢节点以及机械连接类节点需要进行细部分析，分析的目的是考量逐级加载过程中节点的刚度变化曲线以及节点承载能力，并且预估可能的破坏模式从而有针对性的对节点进行加强；分析过程需要考虑几何大变形以及材料非线性；对于分析结果，关注应力的同时还需要关注板件屈服后的节点应变。

节点细部有限元分析模型主要分独立节点模型以及多尺度节点模型两种，前者抽取独立节点实体建模，人为施加荷载以及边界约束，后者将关注的节点实体化耦合于整体杆系模型中进行全面的分析，固然也会更加精确。两者主要对比如表 5.7-3 所示，不难看出独立模型计算的准确性依赖于边界条件的假定以及不利荷载工况的选取，同样的荷载工况、不同的约束条件可能带来不同的结果，交汇杆件越多越难判断不利荷载工况，对于无法判断控制工况的情况，通过控制节点极限承载力的安全系数保证节点的安全冗余度；对于多尺度节点模型，在软件操作以及算力允许的情况下，其结果更为贴合实际情况。

节点计算模型对比　　　　　　　　　　　　　　　表 5.7-3

	独立节点模型	多尺度节点模型
建模	节点细部模型	节点细部 + 整体模型
边界条件	人为假定边界	无需假定边界
荷载组合	人为判断最不利组合或选定几组不利组合	可计算所有荷载组合
荷载施加方法	提取整体模型的内力或者位移加载	直接使用软件计算内力结果

节点分析的很大工作量往往集中在节点的建模以及网格划分上，除了常规的在 ANSYS、ABAQUS 中利用自带的网格划分外，对于一些复杂节点，可在 hypermesh、RHINO 7 中利用其优越的网格划分功能对节点进行划分后再导入有限元软件进行分析，可大大提高分析效率。

5.7.9　施工模拟分析

大跨结构在设计时一般按刚度一次形成、荷载一次施加进行内力计算，而实际结构的刚度和荷载是随着施工的过程分步形成和施加的，结构最终形成时实际的内力与设计分析的结果必然存在一定的差异，这个差异与结构的施工方式是直接相关的，对于柔性结构这一差异更为明显，因此有必要进行施工模拟分析以准确反映结构实际受力情况。

施工模拟分析需要对两个阶段的结构受力情况进行验算：一是验算施工过程中结构的安全性，二是将实际施工过程与一次成形计算的结构内力差异反映到结构使用状态的受力分析中进行验算。因此，这项工作需要由设计单位和施工单位共同合作完成。施工单位独立完成第一步的工作，应按实际施工方案，在分析模型中准确反映结构分步形成过程及期间临时支撑点的变化，并将按两种成形方式计算得到的内力差异提交设计院，设计院负责对此差异进行判断，确定是否需要对相关构件进行加强、替换，或是否需要对施工方案进行调整。例如，对于整体提升施工的网架结构，内力差异较大的杆件主要有两类：一是位于提升吊点附近的杆件，二是原设计一次成形计算时受力很小、由长细比控制的杆件。

　　需要注意的是，由于设计阶段尚无法知道最终实施的施工方案，而后续施工模拟分析很可能需要对部分杆件进行加强从而造成钢结构用钢量的增加，为避免后续的争议，设计方可从三方面进行工作以消解这一矛盾：一是对可能采用的施工方法较有把握的结构，设计时按设定的施工程序进行施工模拟分析，在设计图中完成对相应构件的加强，并明确提出施工程序要求；二是在钢结构施工图及技术规格书中要求施工单位应完成施工阶段验算并与一次成形计算结果进行比较，明确列出需要进行加强构件的判断标准；三是提醒业主在招标文件中，对由于实际施工方案与设计假定方案的差异引起的截面加强需求导致的工程量变化，要明确约定处理方法。

参考文献

[1]　傅国华. 机场航站楼的设计理念 [M]. 北京：中国建筑工业出版社，2012：9.

[2]　欧阳杰. 中国近代机场候机楼的发展历程和设计特征 [C] // 中国近代建筑史国际研讨会论文集. 2008：586-590.

[3]　高汉清. 我国民用航空机场航站楼建筑发展历程初探 [D]. 西安：西安建筑科技大学，2015.

[4]　束伟农，朱忠义，秦凯，等. 北京新机场航站楼钢结构设计 [J]. 建筑结构，2017，47（18）：1-5.

[5]　Jiri Havran，Terje Agnalt，Guy Fehn. 奥斯陆加勒穆恩国际机场 [J]. 世界建筑导报，2014，29（1）：68-69.

[6]　Novak E，Zondag S，Berry S，et al. Nelson Airport's new terminal–overview of the design of a large-span engineered timber specialist building[J]. New Zealand Journal of Forestry，2018，63（3）：11-17.

[7]　周健，张耀康，李彦鹏，等. 航站楼建筑的不同尺度结构表达 [J]. 建筑结构，2022，52（10）：96-103.

[8]　汪大绥，张富林，高承勇，等. 上海浦东国际机场（一期工程）航站楼钢结构研究与设计 [J]. 建筑结构学报，1999（2）：2-8.

[9]　周健，王瑞峰，林晓宇，等. 杭州萧山国际机场 T4 航站楼主楼结构设计 [J]. 建筑结构，2022，52（9）：104-112.

[10]　蒋本卫，周健，张耀康. 苏中江都机场航站楼钢屋盖结构设计 [J]. 建筑结构，2012，42（5）：125-129.

[11]　周健，张耀康，蒋本卫，等. 乌鲁木齐国际机场 T4 航站楼主楼结构设计 [J]. 建筑结构，2022，52（9）：95-103.

[12]　李彦鹏，周健. 参数化技术在结构设计中的应用 [J]. 建筑结构，2022，52（10）：142-147.

[13]　施志深，杨笑天，周健，等. 温州永强机场 T2 航站楼钢屋盖结构设计 [J]. 建筑钢结构进展，2017，19（5）：55-62.

[14]　Moubaydeen S，Pope J，Tuck J，et al. Construction and projects in Qatar：overview[J]. Construction and Projects Multi-jurisdictional Guide（2013/2014），Qatar：Dentons & Co，2013.

[15]　H.G.Esch. 阿布扎比国际机场 阿联酋阿布扎比 [J]. 世界建筑导报，2018，33（6）：70-71.

[16]　Kurokawa K，Sharp D，Slessor C，et al. Kisho Kurokawa：Kuala Lumpur International Airport[M]. Edition Axel Menges，1999.

[17]　Peck M C. Washington Dulles International Airport[M]. Arcadia Publishing，2005.

[18]　毕光建. 理解尊重与创新——论桃园国际机场第一航厦增建案 [J]. 建筑师，2014（10）：84-89

[19]　王欣欣. 伊斯坦布尔机场，伊斯坦布尔，土耳其 [J]. 世界建筑，2020（6）：82-87.

[20]　张宇. 萨格勒布国际机场新航站楼 [J]. 城市建筑，2017（31）：68-75.

[21]　Kanok-Nukulchai W，Vimuktayon V. Suvarnabhumi Airport，Thailand[J]. Structural engineering international，

2009, 19（1）: 6-11.

[22] 束伟农，朱忠义，王国庆，等 . 深圳宝安国际机场 T3 航站楼结构设计 [J]. 建筑结构，2013（17）: 9-15.

[23] 陶湘华 . 南京禄口国际机场交通中心工程结构设计 [J]. 建筑结构，2012，42（5）: 135-139+163.

[24] 周健，丁生根，王洪军，等 . 南京禄口国际机场 T2 航站楼结构设计 [J]. 建筑结构，2012，42（5）: 110-114.

[25] Diagilev G S. Pulkovo Airport terminal hall steel structure[J]. Stroitel'stvo Unikal'nyh Zdanij i Sooruzenij，2015（3）: 166.

[26] 中国工程建设标准化协会 . 建筑索结构节点设计标准: T/CECS 1010—2022[S]. 北京: 中国建筑工业出版社，2022.

[27] 上海市住房和城乡建设管理委员会 . 大跨度建筑空间结构抗连续倒塌设计标准: DG/TJ 08—2350—2021[S]. 上海: 同济大学出版社，2021.

第6章 │ 附属结构

6.1 登机桥 177

6.2 房中房结构 182

6.3 连桥与通道 184

6.4 楼电梯 189

6.5 雨篷 192

在大体量的航站楼建筑中还存在着大量承载特定使用功能的附属结构，如连接航站楼与飞机的登机桥、大空间内的办票岛、商业岛和罗盘等"房中房"、用于连接航站楼相邻平面分块的连桥和连廊、作为建筑垂直交通连接上下功能空间的景观电梯、楼梯和坡道等。这些附属结构一般不参与主体结构体系的整体受力，大多采用独立的钢结构形式支承或倚靠于航站楼主体结构上。同时，附属结构基本位于旅客可近距离观察的范围，其呈现的品质将直接影响旅客对整个航站楼的印象。

6.1 登机桥

登机桥，又称廊桥（Jet bridge），是衔接航站楼登机门至飞机舱门、方便乘客进出机舱的人行桥（图6.1-1）。带登机桥的近机位能够为旅客提供更舒适便捷的登机服务，因而靠桥比例是评价航站楼服务水准的一个重要指标，第一座登机廊桥于1959年7月在旧金山国际机场中出现。

登机桥一般分为固定段和活动段两部分（图6.1-2），固定段以类似"桥梁"的结构形式跨越楼前工作道路，其一端搁置在航站楼主体结构上或由近楼端的立柱支承，另一端支承在设于机坪的柱或墩上。固定段登机桥将登机门从航站楼延伸至停机坪，再通过可旋转伸缩的活动段连通机舱门。固定段与活动段的灵活组合能够适应旅客不同的出发到达流线和各种机型与停靠位。活动段登机桥均按成品采购，固定段较多作为航站楼结构的一部分进行设计，也可按成品定制采购。

图6.1-1　虹桥机场T2航站楼指廊端部登机桥

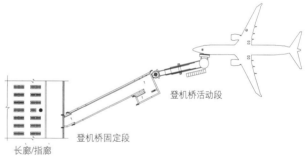

图6.1-2　固定段和活动段登机桥

6.1.1 固定段桥体结构

登机桥固定段两端的位置分别受飞机可停靠位置和航站楼内候机区排布条件的限制，为提供尽可能多的近机位，需要不同平面形式的固定段桥体进行两端的衔接（图6.1-3）；同时，除国内混流情况时出发和到达是位于同一楼层外，国际、国内的出发和到达口通常均处于不同的楼层，登机桥固定段一端需要连接不同标高的楼层，另一端需要连接固定高度的活动段接口，同时固定段的下沿要保证服务车辆通行净高要求（不小于3.8～4.0m），因此固定段会有不同的倾斜坡度和立面形式。综合上述要求，登机桥固定段的形式非常丰富多样，常见的有单桥、剪刀桥、多层可转换桥等（图6.1-4）。

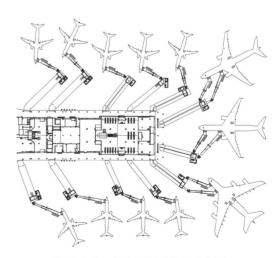

图6.1-3　各种类型登机桥的布置

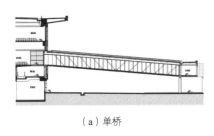
（a）单桥

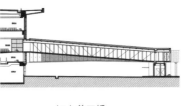
（b）剪刀桥

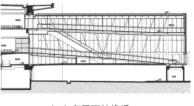
（c）多层可转换桥

图 6.1-4 登机桥形式

单桥通常用于国内出发和到达混流的情况，其航站楼端只连接一处登机口。单桥的形式简单，体量小，跨度通常为 30 ~ 45m，结构形式以受力高效的桁架为主，两侧幕墙立面布置斜腹杆形成整体桁架结构。如要减小腹杆的尺度以使桥体显得更为轻巧，桁架斜腹杆可采用成品钢拉杆并全部按受拉方向布置（图 6.1-5）。也可结合建筑形态采用更为独特的结构形式（图 6.1-6）。

固定段登机桥靠近航站楼的一端可搁置主体结构上，也可另外设柱子支承，前者更利于服务车道的使用自由度，后者结构受力关系更加简单。

图 6.1-5 桁架式登机桥

图 6.1-6 西班牙 Bilbao 机场单桥

当固定段登机桥与主体结构为搁置关系时，一般通过一端单向滑动、一端固定铰支座的连接方式，以释放温度和地震作用下桥体在两搁置端之间的顺桥向变形，固定端位置的选择取决于二者的刚度；登机桥宽度方向则因将风荷载传递至两端支座，可将两端垂桥方向的位移均约束，由于登机桥桥身窄长，垂桥方向的相对变形对桥体及两端支座和支承结构的影响很小。支承登机桥的主体结构需有足够的承载力，通常采用牛腿节点或落低梁面标高的方式，结构设计时需考虑落低对梁承载力的削弱、登机桥支座作用点对梁偏心产生的扭矩等。

设柱的方案可使登机桥结构与航站楼建筑完全脱开，有利于简化建筑结构构造，但需关注立柱自身的抗侧能力，常用的柱子形式有单柱、双柱、V 形柱等。当固定段登机桥桁架跨度特别大或有平面转折时，还需要在桥中部或转折处避开车道位置增设柱子支承（图 6.1-7）。

剪刀桥用于出发和到达在两个不同楼层

图 6.1-7 航站楼端设立柱的登机桥

的情况，因立面形似"剪刀"而得名。按其平面分有两个并排平行通道桥和从机坪端以一定夹角分叉的 V 形桥两种形式，后者的目的是通过加大桥的长度以减缓坡度。结构形式通常为相互独立的两个桁架结构，当通道平行时也可以将剪力桥中间相邻的两榀平面桁架合并为一榀（图 6.1-8）。

浦东机场 T2 航站楼的剪刀桥采用了平面分叉的 V 形桥，登机桥在近楼端不设支柱，其直段搁置在航站楼主体结构楼面，53m 跨的斜段采用两根螺杆悬挂于上层的梁上，并设置相应的限位装置（图 6.1-9）。

（a）并排平行通道桥 　　　　　　　　　　　　　　（b）分叉通道 V 形桥

图 6.1-8　剪刀桥

（a）立面 　　　　　　　　　　　　　　（b）悬挂点

图 6.1-9　浦东机场 T2 悬挂登机桥

多层可转换桥用于固定端所连接的出发和到达楼层的数量达到三个或以上的情况，此时整个桥体的体量已相当于一个 3～4 层楼的房子，桥内会设置自动扶梯、坡道，有时还有电梯，以保证机位可快速、高效地进行国内国际的切换。结构有按普通多层建筑设置多排立柱的，也有仍按两端搁置的桥梁方式实现的（图 6.1-10）。

（a）多层建筑式样登机桥（天府机场）　（b）桥梁搁置式样登机桥（浦东机场卫星厅）　（c）桥体内部

图 6.1-10　多层可转换桥

6.1.2　人致振动与舒适度控制

1. 登机桥的振动问题及对策

对于单桥或剪刀桥，由于跨高比的关系，其竖向振动频率接近于人的步行频率、即约 1.6～2.4Hz 时，容易产生结构共振，从而引发人体的不适反应乃至产生恐慌，更严重时会有结构安全问题，因此需要对此进行振动控制，使之满足舒适度要求。

旅客的行走会产生垂直作用力、横向作用力以及纵向作用力，由于横向和纵向荷载幅值相对竖向很小，一般只考虑人行荷载对结构的竖向作用，可忽略其产生的水平和纵向作用。根据《建筑楼盖振动舒适度技术标准》JGJ/T 441—2019[1] 规定，人行荷载可以按照行走频率以及人群密度进行分类。行走人数较少时，行人可以自由行走，频率可以较高。当人数较多时，由于比较拥挤，行人的步伐趋于一致，此时行走频率较低。人行激励荷载应采用均布荷载，单位面积上的激励荷载按照等效人群密度折算。振动效应采用竖向振动加速度峰值进行评价，该规范对封闭连廊和室内天桥的竖向振动加速度为 0.15m/s²，对不封闭连廊为 0.50m/s²。根据在浦东机场 T2 航站楼的测试研究，登机桥竖向振动加速度限值取 0.3～0.4m/s² 较为合适。

大跨度的登机桥竖向振动舒适度不满足使用要求时，可通过调谐质量阻尼器（TMD）来改善舒适度。当结构在步行激励作用下产生振动时，带动 TMD 系统一起振动，TMD 系统产生的惯性力反作用到结构上，调谐惯性力使其对主结构的振动产生调谐作用，从而达到减小结构振动反应的目的。在合理选取质量、刚度系数、阻尼比等结构体系调谐参数的情况下，TMD 系统可有效衰减人行荷载引起的振动反应。

2. 浦东机场 T2 航站楼登机桥人致振动研究

浦东机场 T2 航站楼的 V 形剪刀桥最大跨度 53m，第一阶竖向振动的固有频率计算值为 2.12Hz，相当接近人行步频，存在共振风险，设计团队对其人致振动问题按图 6.1-11 所示的技术路线进行深入的研究。

实测在钢结构与楼板完成、屋面封闭、幕墙安装前的时段内进行，选择此时段是由于此时有较多的测试空间和时间。由于幕墙、面层等施工尚未完成，现场测试时，在桥上放置沙袋以模拟幕墙及其他非结构构件重量，实测频率为 2.25Hz。

激励工况选择了 1 人、4 人、8 人、16 人、24 人分别以 1.6Hz、1.9Hz、2.2Hz 三种频率步行同步激励和 1 人、4 人、8 人、16 人、24 人、50 人、75 人随意乱步行走激励两类情况（图 6.1-12）。测试结果是，同步激励加速度响应的最大值出现在 8 人 2.2Hz，为 0.598m/s²（更多人数的同步激励由于实际无法达到同步性反而明显降低），此时在长桥跨中站立的人振动感觉明显，参加步行激励的行人中有个别人感觉比较明显，但仍可接受；随意乱步行走激励加速度响应的最大值出现在 50 人，达 1.10m/s²（同样人数另一次测试结果仅 0.16m/s²），此时在长桥跨中站立的人感觉振动非常明显，振动时间长了感觉不舒适，参加步行激励的行人中较多的人感觉振动明显，稍感难行走，会有脚下踩空的感觉。

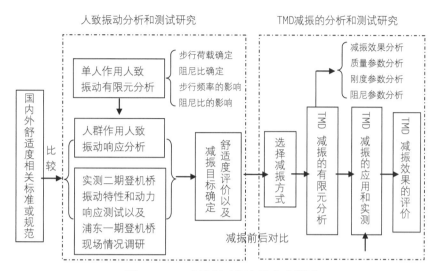

图 6.1-11　人致振动研究技术路线图

图 6.1-12　TMD 安装前实际人行激励测试

图 6.1-13　安装于桥底的 TMD

上述最大加速度峰值能够满足当时我国唯一对舒适性有量化要求的国家标准《人体全身振动暴露的舒适性降低界限和评价准则》GB/T 13442—1992 的 1.25m/s² 限值要求；与英国 BS 5400 规范（0.74m/s²）、美国 AISC 设计指南（0.63m/s²）的基于单人步行荷载进行验算的要求相比，除了一次 50 人人群步行结果超出外，其他工况均满足。

虽然满足国内外相关规范的要求，从登机桥的重要性和舒适性角度出发，结合实际测试中人员的感受，特别是考虑到行走人数较多时的结构响应，设计人员认为应该提高设计要求，设置了 TMD 进行减振（图 6.1-13），这是国内首次在登机桥上采用 TMD 进行振动控制。TMD 质量取 2% 结构自重，约 3.05t，弹簧刚度 519N/mm，阻尼系数 6.69N•s/mm，理论减震效果可达 69%。按装 TMD 时，对锁定和释放 TMD 两种情况进行了 1 人、2 人、4 人的 2.2Hz 跨中跳跃激励测试，TMD 释放工作后结构跨中最大加速度峰值至少减小了 65% 左右。安装后再次进行行走测试，1 人、4 人、8 人共振行走激励下多次测试最大响应的减振效果在 60% ~ 70% 之间；三次 50 人随意行走激励下测到的加速度峰值最大值为 0.276m/s²，减振效果达 75%；75 人随意行走激励下的加速度峰值最大值为 0.34m/s²，减振效果为 55%。人员振动感受明显改善，达到了预期的效果（图 6.1-14）。

（a）现场照片

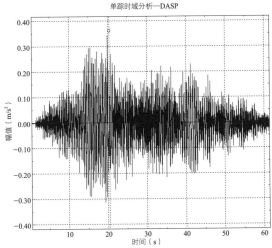

（b）75人自由行走跨中竖向加速度时程

图 6.1-14　TMD 安装后实际人行激励测试

6.2　房中房结构

6.2.1　办票岛

办票岛在航站楼主楼出发大厅内呈岛状分布，一般是建筑高度 4.0 ～ 4.8m 的单层建筑物或构筑物，用于旅客换取登机牌和托运行李。办票岛可分为开敞区和封闭区：开敞区域用于直接面向旅客的办票服务和部分的航空公司接待台；封闭区包括工作人员办公、开包检查、小型机房等；大空间中的暖通风管往往也会借助办票岛一起设置。也有将封闭区做成敞开形式的航站楼办票岛（图 6.2-1 和图 6.2-2）。

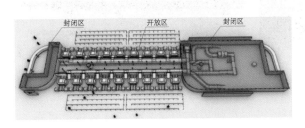

图 6.2-1　典型办票岛布置

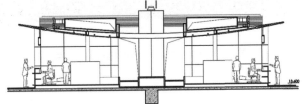

图 6.2-2　典型办票岛剖面

办票岛承受的主要荷载包括航空公司显示屏、机电设备和管线、轻型屋面和吊顶。由于荷载相对较小，其结构本身的设计难度小，结构设计应将重点放在选用合适的构件尺度和布置，尽可能以轻巧通透的结构保证旅客高效获取航显信息，并把对工作人员通行和行李传送等使用功能的影响降到最低。因此，办票岛结构一般采用轻巧的钢结构形式，钢柱布置在岛中间，在旅客办票和工作人员主要活动的区域不设立柱，钢梁向两侧悬挑以免干扰航显信息，影响旅客体验（图 6.2-3）。

6.2.2　商业岛

旅客在机场航站楼中停留时间长，密集的人流量自然提升了航站楼内空间的商业价值，据相关统计，航站楼内的商业收益甚至能够占到机场总收益的 30% ～ 50%，因此，商业开发在航站楼设计中得到充分重视。商业设施通常结合旅客流线布置在出发、到达大厅和候机长廊内，商业设施通常

（a）浦东机场 T2 结合航显屏的悬挑构架　　　　　　　（b）北京大兴机场结合风口的整体构架

（c）马德里机场 T4 结合风口的模块式悬挑结构　　　　　（d）新加坡机场结合航显屏的简洁拉索悬挑杆

图 6.2-3　办票岛不同形式

是高度 1 ~ 2 层的独立盒状建筑，因此常称作商业岛，当其连成整片时也会作为主体结构整体设计。

商业岛结构承受的荷载较小，主要包括轻质吊顶、设备管线、店招、建筑装饰等。结构设计应将重点放在提高下部空间布置自由度以适应业态经常变化的需求，控制构件尺寸以协助建筑把握商业岛与整体大空间的尺度关系，并关注商业岛结构与下部主体结构的连接关系。

商业岛平面往往随着旅客动线而呈不规则的曲线轮廓，一般采用较小柱距的钢结构框架形式。采用钢结构一方面自重轻有利于减轻对主体结构的影响，另一方面为未来可能的商业改造提供更加便利的条件。此外，可以为主体钢结构屋盖的吊装施工先提供完整楼面作为作业面，待钢屋盖施工完成后再施工商业岛钢结构，从而有利于加快整体工程进度。

由于商业岛柱子布置不规则，且柱距通常小于主体的钢筋混凝土框架的柱距，商业岛的部分钢柱需从主体钢筋混凝土框架梁上转换，柱脚铰接可以提供更大的自由度。商业岛的钢柱柱脚即使采用刚接，其柱底弯矩需求通常也较小，采用预埋件与钢筋混凝土楼面结构连接也可满足受力需求。在高烈度地区，可利用商业内的建筑隔断设置钢支撑以提高地震作用下的刚度和承载力。

对于后期扩建增设的商业岛，由于在前期统一的消防设计中未能评估其影响，实施时往往采用屋顶开敞或镂空的方式，以避免对原消防策略的影响（图 6.2-4）。

6.2.3　罗盘

候机大厅的大空间中通常采用分层空调调节系统以节省能源消耗，一般在距离地面 3m 左右的高度设置空调出风口。这些出风口一般与办票柜台结合布置，或采用独立的设备罗盘，当采用独立

（b）虹桥机场 T2 开敞商业

图 6.2-4　商业岛

罗盘时，往往会有机会与屋盖的支撑结构一体化结合。此外随着设计观念的变化建筑设备在建筑中的位置也从隐蔽到展露，从纯功能性设备或装置到具有一定装饰性的部件。它已经成为室内空间的装饰，不但增加了建筑表现的内容，而且形成独特的室内空间效果。

伦敦斯坦斯特德机场航站楼的树状柱组内的空间里设置了空调和电子显示等设备"黑匣子"。设备的线路与位于地下室的设备用房相连，内藏的风管把从地下抽上来的新风从"树干"顶部喷出。另外，这里还有供检修人员出入的楼梯。此处结构空间与设备空间的结合，使得建筑的使用空间完整统一，不必在主要空间设置设备用房而妨碍了空间的流动性，实现了空间的高度灵活性。吉隆坡国际机场航站楼主楼的出港大厅中，花岗岩贴面的混凝土柱子呈锥形，将通风系统包裹得严严实实，通风系统安装在锥形柱子里面，柱子四面 3m 左右的高度凸出半球形的送风孔（图 6.2-5）。

伦敦斯坦斯特德机场

吉隆坡国际机场

图 6.2-5　罗盘与屋盖支撑构件的结合

6.3　连桥与通道

6.3.1　连桥

连桥根据跨度大小可采用钢梁、钢梁 + 斜拉索、桁架等形式，与主体结构较多采用弱连接（一端固定铰、一端沿桥长方向可滑动）。连桥一般采用直线构型，以符合航站楼高效快速通行的功能需要，也有特意将连桥作为室内视觉聚焦中心进行设计。

1. 钢梁式

当连桥跨度较小或者在跨中有立柱支承的情况下，可采用简洁的钢梁形式。连桥端头与主体结构铰接连接，桥端部仅有抗剪需求，钢梁可收小截面高度，钢梁横截面也可结合建筑造型、栏杆扶手、机电穿管、天花吊顶等设计出精致的细节。

虹桥机场停车库室外的人行天桥是连接车库与室外停车场的重要通道，采用单列摇摆柱承担连桥的重力，摇摆柱上下两端均为铰接节点，构件仅受轴压力。从两侧车库楼面混凝土梁伸出的钢拉索拉结桥身钢梁为连桥提供抗侧刚度，精致轻巧的钢结构细节与车库粗犷厚重的混凝土墙面形成鲜明的对比（图 6.3-1）。

图 6.3-1　虹桥机场停车库室外人行天桥

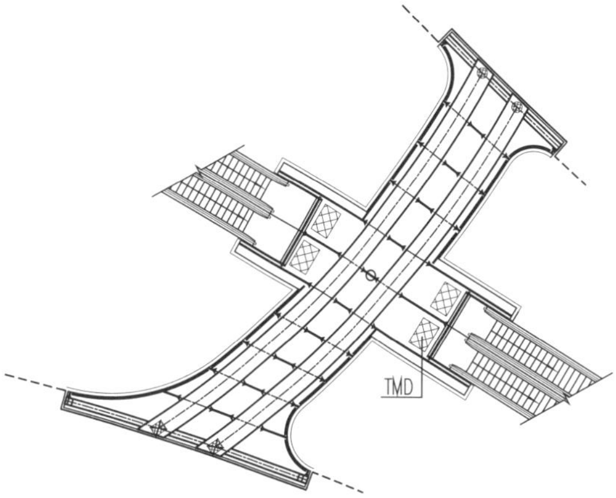

图 6.3-2　浦东机场卫星厅 18.900m 标高室内连桥

上海浦东机场卫星厅室内 18.900m 标高的连桥长约 20.5m，呈圆弧形（图 6.3-2）。桥两端随着平面做圆弧导角放宽接楼板，分别有一组上行和下行自动扶梯搁置在桥中点处。结构设计在桥中点设置 1 根钢柱与桥面主钢梁刚接，钢柱承担了连桥和自动扶梯的大部分竖向荷载；主钢梁通过抗震球形钢支座与主体结构固定铰接，简化与主体结构连接关系。结构设计除了验算强度和变形以外，还需考虑连桥不均匀活荷载、自动扶梯不对称荷载对应连桥扭转振型的振动舒适度的影响。在自动扶梯搁置处利用钢梁之间的空间布置了两组质量调谐阻尼器，减小连桥的振动加速度。

图 6.3-3　马德里巴拉哈斯机场 T4 航站楼室内连桥

马德里巴拉哈斯机场 T4 航站楼连接楼前高架的连桥采用鱼腹形的 H 型钢梁形式，约四分点处截面开始渐变收小，在端部设置的竖向封头板与上下翼缘勾勒出完整的线脚。封头板没有直接与两侧混凝土结构相连，而是另外加设一片钢板与混凝土结构底部的埋件用销轴连接，提高了钢桥对现场误差的消解能力，并创造了有趣的节点效果（图 6.3-3）。

2. 钢梁 + 拉索式

上海虹桥机场 T2 航站楼行李提取大厅上方的无行李到达通道连桥，直接连通到达层和交通中心，桥总长约 78m、宽 3.5m，以间距 10 ~ 15m 的钢拉杆从钢筋混凝土框架柱沿斜向拉住桥身钢梁跨中，除了斜向上的吊索外，还布置了若干向下的反向拉索以控制桥体的晃动（图 6.3-4）。

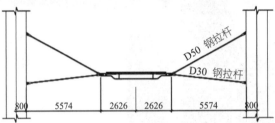

图 6.3-4　虹桥机场 T2 航站楼行李提取大厅连桥

虹桥机场东交通中心圆形中庭通高达 50m，中庭上方一座轻薄的钢连桥横穿而过。桥总长 54m、宽约 3.3m，桥面采用整体焊接箱形截面，从中庭周边楼面结构斜拉 4 根拉索至连桥跨中。为了解决大跨度连桥的振动舒适度问题，在桥身 1/4 跨度位置布置了 2 组 TMD 阻尼器（对应连桥的第二阶振型模态），以消减二阶振型的竖向振动加速度。同时，对桥身进行了锥形化处理，以减小其外形尺度（图 6.3-5）。

（a）桥整体效果　　　　　　　　　　　　　（b）桥身锥形化处理

图 6.3-5　虹桥机场东交通中心圆形中庭连桥

3. 桁架式

桁架式连桥可分为两类，一类为桁架支承式，桁架在桥面以下支承步道；另一类为整体桁架式连廊，人在桁架结构内部通行。

上海虹桥机场 T2 航站楼办票厅到安检的出口处，一座跨度 30m 的鱼腹形桁架桥横跨而过，连接室外观景平台。桁架断面为三角形，两根上弦杆采用焊接箱形截面，上翻箱梁的梁面略高于建筑完成面以利用建筑构造高度，使桥身侧面高度显得更加轻薄。下弦杆为钢棒在桁架端部节间一分为二，分别与两根上弦杆连接，分叉处采用了铸钢节点。桁架斜腹杆按受拉规律布置，设计为纤细的钢拉索（图 6.3-6）。

整体桁架式连廊利用连廊的整体高度设计为平行弦杆桁架，根据立面腹杆形式不同有空腹桁架、直腹杆＋斜拉杆形式、连续锯齿形腹杆等。太原机场 T3 国际安检后通往候机区的 26m 跨双层连桥方案阶段采用了整体桁架式，为了连桥的形式显得更为轻松，桁架采用了芬克式的腹杆布置，并且全部斜腹杆采用拉索以显得更为轻巧（图 6.3-7），最后考虑与整体效果协调的问题本方案没有实施。

图 6.3-6　上海虹桥机场 T2 航站楼办票厅

图 6.3-7　太原机场 T3 双层连桥方案

乌鲁木齐机场 T4 航站楼交通中心与停车库之间的连廊跨度 31m，宽度 15.5m。采用整体桁架形式，桁架总高 5.12m。受电梯布置的限制，连廊靠近停车库一端加宽到 26m，一侧的桁架平面需为折线形，整体受力十分不利。设计上通过加强楼面和屋面的平面刚度，以及在桥下布置 4 根斜撑的方式加强结构承载力和竖向刚度（图 6.3-8）。

（a）东侧效果图

（b）西侧立面效果图

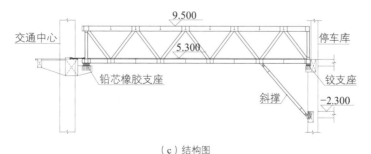

（c）结构图

图 6.3-8　乌鲁木齐机场 T4 交通中心与停车库间连廊

连廊一端通过抗震球型钢支座与停车楼固定铰接连接，而隔震设计的交通中心在地震下变形大（罕遇地震下均450mm），如采用滑动支座会导致支座平面尺寸过大难以搁置、抗风的水平刚度不足、地震下平面摆动导致固定端铰支座剪力过大等问题，因而选用隔震铅芯橡胶支座。在满足变形要求的同时也规避了以上问题，此外也增加了大体量连廊的阻尼。

港珠澳大桥澳门口岸连接停车库的55m连桥也采用了整体桁架式（图6.3-9）。

图6.3-9 港珠澳大桥澳门口岸连桥

4. 拱桥式

在方案比选阶段，太原机场T3的双层连桥还尝试了另外两种拱桥的形式。

一种是下承式与中承式结合的全拱结构：上层桥面位于拱中部高度，通过平行布置的门形刚架支承于一组外倾的钢拱上，桥底下设拉索吊挂下层桥面的重量；下层桥面位于拱脚高度，连接两端拱脚成为主拱的推力平衡构件。支承通道的两端主结构仅需承受竖向荷载（图6.3-10a）。

另一种是由半拱式发展而来：一端的拱脚支承于下层主体结构，另一端的拱顶支承于上层主体结构，下层桥面从半拱往下悬挂，上层桥面直接连接于半拱顶部及其水平延伸段。拱脚拱顶对两端主结构有较大的推力，通过设置弧形的拉索实现自平衡（图6.3-10b）。

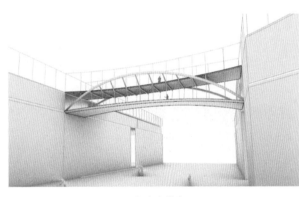 

（a）全拱式 （b）半拱式

图6.3-10 太原机场T3双层连桥拱桥方案

5. 张弦式

鱼沼飞梁位于山西省晋祠圣母殿前，是国家一级文物。在太原机场T3交通中心核心区的人行通道桥用现代手法重现了这一十字形的晋风文物。该通道跨度约32m，结构采用张弦梁结构，钢棒与桥面之间通过撑杆形成自平衡体系，搁置于交通中心混凝土楼面（图6.3-11）。

6.3.2 钢坡道

航站楼的坡道主要用于候机区楼面与登机桥入口的连接，通常采用轻型钢结构的形式。

上海虹桥机场T2航站楼登机坡道下方没有条件布置结构柱，坡道结构两侧分别由主体结构柱斜拉的钢棒和幕墙钢立柱作为支承点，坡道的侧向刚度也同时由幕墙钢立柱提供（图6.3-12）。南京禄口机场T2航站楼登机坡道也采用类似的斜拉方式减小坡道结构跨度，由于幕墙柱间距达14.4m，幕墙立柱与坡道结构的连接也通过斜拉钢杆实现（图6.3-13）。

（a）山西省晋祠圣母殿前鱼沼飞梁　　　　　　（b）交通中心内鱼沼飞梁

图 6.3-11　鱼沼飞梁结构示意图

图 6.3-12　虹桥机场 T2 航站楼登机坡道　　　**图 6.3-13　南京禄口机场 T2 航站楼登机坡道**

6.4　楼电梯

6.4.1　透明电梯

　　航站楼内透明电梯有一面或几面的井道壁和轿厢壁采用透明材料，乘客在乘坐电梯时可以在感受建筑大空间效果的同时，及时了解和预判建筑内部的交通流线。上下穿梭的轿厢同时也为室内空间增加了动感。

　　透明电梯一般以小型电动机为驱动动力，不单独设机房。设备系统主要由曳引机（绞车）、导轨、对重装置、安全装置（如限速器、安全钳和缓冲器等）、信号操纵系统等组成，主要部件都固定于电梯结构构架上。其中曳引机是电梯运行的驱动机构，曳引绳轮安装在承载梁上，借助承载梁通过曳引绳轮承担了往复升降运动过程中的全部动、静载荷。

　　观光电梯的结构设计应尽可能地选用简洁清晰的结构体系，构件的布置要结合电梯设备的连接点需求及玻璃幕墙划分，减少各种连接的过渡层次。构件尺寸适当纤细，通常采用 150mm×150mm 以内的杆件截面以与电梯设备组件的尺寸匹配，从而使电梯结构与设备在视觉上融合，实现更加通透的效果，成为建筑空间中的点缀（图 6.4-1）。观光电梯的结构构件尺寸小，焊接截面构件的焊接变形大，采用成品的方管或 H 型钢可以减小焊接工作量，提高钢结构的外观品质。

（a）浦东机场卫星厅透明电梯

（b）虹桥机场 T2 航站楼透明电梯

（c）日本东京羽田机场观光电梯结构

（d）虹桥机场东交通中心中庭透明电梯

图 6.4-1　透明电梯

6.4.2　钢楼梯

位于航站楼公共区域的楼梯需与所在空间的整体风格相符，结构设计精巧的楼梯也有机会成为航站楼一隅的亮点。

虹桥机场 T2 航站楼指廊端候机区的钢楼梯，利用两个梯段形成剪式撑，半平台下方无梯柱使得楼梯结构不影响旅客通行。梯梁采用宽 80mm 的焊接箱形截面，外露的梁翼缘外伸突显结构力量感，同时方便焊缝的处理（图 6.4-2a）。

停车库下层庭院的多层楼梯由直接从清水混凝土结构悬挑出的钢梁支承（图 6.4-2b）；登机桥侧疏散楼梯采用单排柱悬臂支承（图 6.4-2c）。和前面的剪式楼梯一样，设计希望楼梯结构在简洁轻盈的同时显示力量感。

（a）指廊候机区剪式钢楼梯

（b）停车库下沉庭院多层楼梯

（c）登机桥侧疏散楼梯

图 6.4-2 虹桥机场 T2 航站楼钢楼梯

6.4.3 自动扶梯

自动扶梯的结构通常是扶梯成品的一部分直接由厂家生产完成，结构设计只要提供所需的支承点。当有特殊受力需求时理论上可以通过对扶梯侧桁架的加强来实现，但实际工程中由于招标程序等问题，实施起来有一定难度，更多时候需要结构设计来解决。

浦东机场卫星厅的两个核心区中庭均为国际到达 / 中转区，有国际出发和国内到达的自动扶梯需要从此区域穿过。项目竣工验收前，相关方面提出，根据民航安全规定需将相应自动扶梯通行区域完全封闭。由于自动扶梯本身结构并未考虑承受额外的荷载，因此增设了独立支承结构用于封闭自动扶梯上部空间。为使新增结构通透轻巧并尽量减小额外空间占用，设计采用了两测布置 26m 跨平行窄高钢梁、上立轻型构架的结构形式，窄高梁的侧向稳定通过与自动扶梯间设置一定的侧向倚靠点、部分借用其面外刚度的方式来保证（图 6.4-3），厂家也对自动扶梯两侧的承重桁架间的水平联系进行了适当加强。

（a）外观效果

（b）内部效果

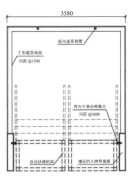

（c）独立的结构外框

图 6.4-3　浦东机场卫星厅自动扶梯隔离框

6.5　雨篷

　　旅客从出发高架进入航站楼的入口处有遮风挡雨的需求，通过大屋盖的延伸覆盖落客车道是一种解决方案，设立独立小雨篷的方案通常更为高效。此时雨篷也可能会给旅客带来对航站楼的第一印象，因而雨篷是航站楼造型的重要元素之一。雨篷结构直接外露在旅客可视范围内，应采用简洁高效的结构体系、尺寸适宜的结构构件和细部精致的结构节点。

　　上海虹桥机场 T2 航站楼入口雨篷，采用斜交布置的钢梁与拉索组成的张弦梁结构体系，形成一个个富有韵律、结构高效的三角形单元，与航站楼主体的三角形造型语言一致（图 6.5-1）。

图 6.5-1　虹桥机场 T2 航站楼出发层钢雨篷

　　虹桥机场 T1 改造的雨篷采用了与立面、屋面结构一体化的设计，外挑雨篷总宽度 12m，通过 V 形设置的支撑将悬挑尺度减小为 6m。V 形撑的截面为矩形，沿杆长两端收小呈梭形，收小的杆端通过铸钢件过渡采用销轴与混凝土柱相连（图 6.5-2）。通过对雨篷面虚实材料的处理，使之显得轻盈和宜人。

图 6.5-2　虹桥机场 T1 改造雨篷

参考文献

[1] 住房和城乡建设部.建筑楼盖振动舒适度技术标准：JGJ/T 441—2019[S].北京：中国建筑工业出版社，2019.

第7章 | 幕墙支承结构和屋面系统

7.1 幕墙支承结构 197

7.2 金属屋面系统 209

航站楼建筑平面进深大，高大通透的玻璃幕墙可以提供更好的采光条件，同时方便旅客随时感知建筑内外的环境，因此是大多数航站楼立面做法的首选（图 7.0-1）。但航站楼最上一层楼面通常为高大空间，单层的立面高度动辄 15～30m，加上陆侧进出口位置结合竖向交通、指廊登机侧配合登机坡道，往往会设置大量通高空间，造成靠近幕墙立面的楼板缺失，从而进一步增大幕墙的竖向高度，使得 30～40m 高的通高幕墙在航站楼中并不罕见。这些高大幕墙的顶部支承边界是刚度相对较弱的大跨屋盖结构，在风、温度和地震作用下都可能发生较大变形，直接影响幕墙的受力情况。航站楼的立面还设有众多连接楼前车道边的出入口和通往登机桥的登机口，高大幕墙和这些通道的口部结构也有密切的关联。因此，支承这些高大幕墙的支承结构已经不能按通常意义上幕墙系统单独设计，而是需要结合航站楼主体结构情况进行统一的结构设计。

图 7.0-1　高大立面幕墙（浦东机场 T1）

与此同时，航站楼的屋面因经常被赋予塑造城市形象的使命而受到特别的重视，屋面的形态总是百花齐放、争奇斗艳，这给屋面系统的设计带来挑战。金属屋面系统的塑形能力强、表面效果丰富，可以适应形式丰富的航站楼屋面的各种需求，同时金属屋面系统的自重轻，与支承屋面的大跨屋盖结构的承载能力匹配，因此在航站楼屋面围护系统中得到广泛采用。金属屋面系统的弱点是对温度、风、雪作用响应敏感，处理不好会带来重大安全隐患，屋面系统设计需对这些结构问题给予充分重视。

7.1　幕墙支承结构

与大跨屋盖结构先确定结构体系再选择构件截面形式的固定设计程序不同，幕墙支承结构的设计流程中，构件的形式往往被放到更重要的地位。建筑师往往会基于建筑效果和功能的总体考虑，对幕墙支承构件的外观形式提出一个设想，结构工程师再根据这一设想，基于主体结构的边界条件或创造相应的边界条件确定幕墙支承结构的传力路径和布置方式。当采用建筑希望的构件类型确实存在无法解决的结构问题（边界条件、传力路径、结构性能）时，则需重新调整设计方案。因此，幕墙支承结构体系的设计过程并非单向的线性设计，而是需要建筑师与结构师密切合作，是一个多次迭代的交互设计过程。

基于上述设计程序，后文先简要介绍常用的高大立面幕墙支承结构的构件类型并按刚度特点分类，其与建筑设计最为关心的总体效果关系最直接；然后介绍幕墙骨架的传力路径，梳理构建幕墙支承结构体系的思考过程。

7.1.1 幕墙支承结构类型

幕墙承受的荷载包括竖向重力荷载（玻璃面板、框架和连接件自重）与水平荷载（风荷载和地震作用），幕墙支承结构荷载传递简图见图 7.1-1，高大幕墙支承结构设计往往由水平风荷载作用下变形指标控制。幕墙支承结构承受玻璃面板传递而来的各种荷载和温度作用，并将其可靠地传递给主体结构或基础支座。常见的高大幕墙支承构件类型有实腹梁柱、平面桁架、空间桁架、单索、索网、索桁架、索梁/张弦等，根据其刚度特点可以将以上众多构件类型归类为刚性、柔性和半刚性构件。

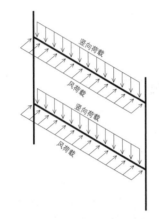

图 7.1-1 幕墙支承结构荷载传递简图

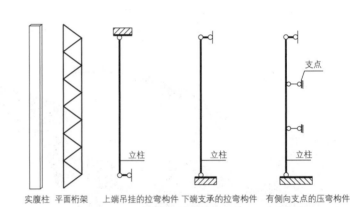

图 7.1-2 刚性立柱形式和侧向支承示意

1. 刚性幕墙支承构件

刚性幕墙支承结构的横梁和立柱采用刚性构件，常用的构件形式有实腹梁、实腹柱、平面桁架、空间桁架，刚性立柱形式和侧向支承示意见图 7.1-2。刚性幕墙支承构件常以简支或连续的梁式受弯的方式承受水平荷载，同时以轴拉或轴压方式承受竖向荷载，可按拉弯或压弯构件设计。刚性幕墙支承结构的刚度较大、整体变形比较小。由刚性立柱和横梁正交组成的实腹构件框式结构是最常用的结构体系，为了视觉上更加轻巧通透，构件在立面上的宽度应尽量小。

相对幕墙平面内的变形适应能力，玻璃幕墙平面外的变形适应能力更大。幕墙支承结构的主结构变形值通常不大于跨度的 1/250 ~ 1/200，次结构变形值不大于跨度的 1/200（支承玻璃）~ 1/100（支承金属面板）[1-2]。玻璃幕墙平面内的变形能力在规范《建筑幕墙》GB/T 21086—2007[3] 中划分了不同的变形性能分级，平面内变形角为 1/300 ~ 1/100，过大的平面内变形容易使玻璃受到剪切或挤压破碎，需要不同的幕墙构造处理与之适应。

有侧向支撑点的连续跨幕墙支承结构支点处弯矩大，同时还承担轴向力。幕墙的主支承结构宜控制应力比不大于 0.85，次结构宜控制应力比不大于 0.90。吊挂幕墙的不锈钢拉杆的抗拉强度设计值为其屈服强度标准值除以抗力分项系数 1.4；钢索的内力设计值不应大于拉索破断力除以抗力分项系数 2.0[4-5]。当面板相对于横梁有偏心时，支承结构设计时应考虑重力荷载偏心产生的不利影响。

浦东国际机场 T2 航站楼主楼侧立面幕墙最大高度约 26m，采用实腹梁柱结构形式，柱间距 9m，水平梁间距 3.0m，立柱支承于下端，幕墙柱之间按每 3.0m 间距由柱顶的横托梁下挂钢拉杆承担玻璃幕墙的重力荷载[6]。立柱截面 700mm×300mm，玻璃与钢立柱中心线共面，以弱化立柱截面视觉尺寸（图 7.1-3a）。

萧山机场 T4 航站楼主楼入口立面幕墙，最大高度达 37.5m，幕墙钢立柱为实腹截面，按 3.6m+14.4m 的柱距规律布置，即每隔 18m 有一对间距 3.6m 的幕墙双柱与主体结构轴线居中对应。幕墙水平分格模数为 3.6m，幕墙横梁与幕墙柱刚接形成连续梁受力（图 7.1-3b）。考虑雨水管埋设后，立柱截面见图 7.1-3（c）。

（a）浦东机场 T2 航站楼主楼侧立面幕墙室外效果

（b）萧山机场 T4 航站楼主楼入口立面幕墙

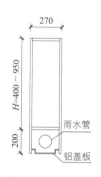

（c）萧山幕墙柱截面

图 7.1-3　梁柱框架式幕墙

当幕墙结构的构件截面较小时，如采用焊接截面杆件时需注意焊接变形的矫正和可见焊缝的打磨，如采用成型截面管则需明确对截面边缘的倒角要求，这直接关系到截面的成型方式和制作成本，必要时可直接采用钢板截面梁柱。虹桥机场 T1 改造候机厅的幕墙就采用了双板装配式幕墙钢柱，幕墙立面高 11.3m，立柱间距 1.25m，柱截面由两片 18mm 的钢板用螺栓组合装配而成（图 7.1-4）。

（a）幕墙立面效果

（b）幕墙钢柱下节点

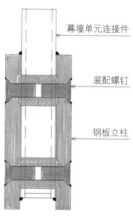

（c）钢柱断面构造示意图

图 7.1-4　虹桥机场 T1 航站楼的双板装配幕墙钢柱

采用平面桁架结构比采用实腹构件的幕墙支承结构的结构效率高，总用钢量少、经济性较好。但平面桁架结构的面外稳定性较弱，在风压或风吸工况下，弦杆的无支撑长度大，设计中应重点关注弦杆的稳定性。常用的平面桁架按立面形态有平行弦杆桁架和鱼腹形桁架，按腹杆布置又分为普通桁架和空腹桁架，其中空腹桁架形式相对简洁、通透，在航站楼项目中应用更多。

日本东京成田机场立面幕墙桁架结构内侧弦杆上下端与主体结构固定并施加预拉力，弦杆和腹

图 7.1-5 平面桁架幕墙结构
（日本东京成田机场）

（a）香港机场正立面幕墙

（b）纽约纽瓦克国际机场指廊幕墙

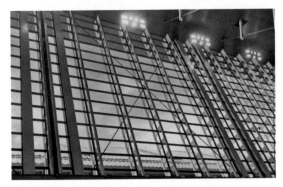

（c）浦东机场 T1 航站楼幕墙

图 7.1-6 空腹桁架幕墙结构

杆以及幕墙横梁之间完全采用螺栓和销轴等机械连接的方式（图 7.1-5）。

香港机场采用了典型的梭形立面空腹桁架幕墙柱，幕墙横梁及与桁架刚接连接，通过腹杆的抗弯能力对内侧的弦杆起到面外约束作用（图 7.1-6a）。

纽约纽瓦克国际机场候机廊的幕墙，幕墙柱的间距较小（3～4m），每根幕墙柱负担的荷载小。设计上把常规的实腹式幕墙柱截面离散成空腹桁架的细小杆件，显得较为轻巧。细节处理方面，桁架腹杆用钢板代替并且切出圆角，使得钢结构外观上更像腹板开孔的梁；桁架之间的连系杆与幕墙横框错开，避免两者重叠显得构件太大，意外地呈现出相对匀质的立面（图 7.1-6b）。

浦东机场 T1 采用了一种特殊的平行弦空腹桁架柱，幕墙置于空腹桁架高度的中部，室内外的各一根弦杆每隔 3m 的重复用于突出一种韵律感[7]（图 7.1-6c）。

与平面桁架相比，采用空间桁架幕墙柱可以获得更好的承载能力和稳定性[8]（图 7.1-7）。

2. 柔性幕墙支承构件

柔性幕墙支承构件有单索、索网、索桁架等形式，精细的构件外观契合建筑对于大跨度、轻型化、高通透性等外观要求。柔性构件构成的结构利用结构应力刚度和钢索或拉杆的面外变形造成的轴力分量抵抗水平风荷载。由于对面外变形比例的控制，需要构件具有很大的轴力才能平衡风力，因此柔性幕墙会对周边主体结构施加很大的拉力，因而需要主体结构具有较大的刚度和强度。

柔性幕墙支承结构具有明显的非线性特征，设计时应将幕墙支承结构与主体支承结构整体建模分析，考虑主体结构的变形对幕墙支承结构的影响，包括主体结构变形、温度作用、钢索松弛等因素造成的预应力损失[9]。此外，设计对施工过程的各个环节均应通过完善的监测系统跟踪并控制，以保证索在张拉过程中得到精确控制。

（1）单向索幕墙

单向索结构垂直索面方向的初始刚度接近于零，其刚度随变形非线性增加，在极端风荷载下，索需要产生很大的变形才能提供足够的水平抵抗分力，因此规范对单索幕墙的变形限值为 1/45，远大于刚性幕墙，幕墙玻璃与索的连接构造需要特别设计以适应这一变形。为了控制风荷载下的变形，需要对索施加预拉力，预应力叠加水平荷载作用下产生的索拉力，工作状态时索内拉力非常大，对两端支承边界的刚度和强度要求非常高。

机场航站楼的屋盖通常结构跨度大、竖向刚度有限，采用单向索幕墙结构有较大的条件限制，适合采用这一形式的有两种情况，一种是屋盖结构本身具有良好的竖向支撑条件因而竖向刚度特别大，另一种是通过间隔一定距离增设用以平衡索力的刚性撑杆从而提高屋盖竖向刚度。

设计中的昆明机场 T2 航站楼的正立面幕墙最高达 29m，建筑师希望采用板块宽度为 3.6m 的单向索幕墙。幕墙立面处屋盖最大跨度 90m，竖向刚度较弱，同时幕墙下端与水平段的天窗交接，拉索没有可靠的楼面支撑点，采用单向索幕墙的先天条件不足。结构设计通过增设间距 18m 的平衡撑杆以减小索拉力下的屋盖结构跨度，平衡撑杆下端通过杠杆梁与室外车道结构铰接连接，杠杆梁同时为作为拉索下端固定点的边框梁提供强有力的支点，索拉力与撑杆压力通过下端的边框梁和上端的屋面桁架得以平衡（图 7.1-8）。最终选用的拉索直径最大为 50mm，最大索力达 700kN。

图 7.1-7 北京首都机场 T3 空间桁架幕墙

（a）内立面效果

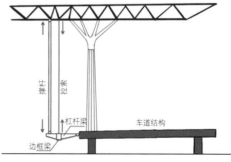

（b）平衡撑杆及边框梁

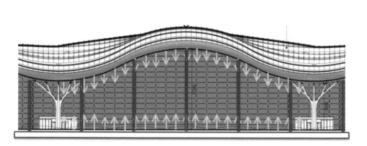

（c）平衡撑杆传力机理

图 7.1-8 昆明机场 T2 航站楼单向索幕墙结构

单索结构是高度非线性的结构体系，需借助计算软件详细地论证分析。方案阶段可用下式近似估算拉索的最大拉力和初始张拉力：

$$T_{\mathrm{AV}} = \left(\frac{\omega RL}{8}\right) 2 \left[\underbrace{\frac{1}{4}\sqrt{\frac{16}{R^2}+1}}_{} + \frac{R \sinh^{-1}\left(\dfrac{4}{R}\right)}{16} \right]$$

$$\underbrace{\quad}_{A} \times \underbrace{\qquad\qquad\qquad\qquad}_{B}$$

式中，T_{AV} 为极限变形下单索的拉力；ω 为钢索的水平线荷载；L 为钢索长度；R 为跨度与允许挠度的比值（限值可取为 45 ~ 50）。当 R 取 50 时，式中 $T_{\mathrm{AV}} \approx \omega RL/8$，即抛物线形态钢索的轴力。将最大拉力 T_{AV} 减去索的附加弹性效应，可算得拉索的初始预拉力 $T_0 = T_{\mathrm{AV}} - \varepsilon AE$。其中，$A$ 和 E 分别为索的面积和弹性模量；ε 为应变，根据抛物线的原理，$\varepsilon \approx 8/(3R^2)$。

（2）双向索网幕墙

双向索网幕墙需主体结构的竖向和水平向都有相对刚性的边界条件，由于抵抗水平风荷载的索力分量由双向索同时提供，索拉力需求小于单向索幕墙，但仍是很大的量级。

昆明长水国际机场 T1 航站楼南立面双向索网幕墙最大高度近 54m，与支撑屋面结构的钢飘带柱位于同一平面。飘带柱将屋盖在幕墙面位置的跨度降至较小值，因而屋盖结构竖向刚度较大，可直接作为竖向索的可靠边界，同时钢飘带柱本身也具有作为索网边界的足够刚度。幕墙的竖向索在飘带柱中穿过以避免索分段连接将带来的张拉工况复杂的问题，穿过处设置铝制定滑轮以使索竖向自由滑动，飘带柱侧向作为支撑点减小索在风荷载下跨度，索最大跨度约 27.2m。横索仍采用分段设计[10]（图 7.1-9）。

图 7.1-9　昆明机场 T1 航站楼双向索网幕墙

重庆机场 T2A 航站楼采用了与屋盖结构独立的双向索网幕墙系统[11]，索网的边界由沿正立面 18m 间距布置的空腹桁架式抗风柱兼平衡撑杆、角部设置的三角形空间钢构架、顶部贯通的箱形钢梁组成，顶部箱梁与屋盖结构间通过摇臂连接，传递水平力（图 7.1-10）。

（3）索桁架幕墙

索桁架由预应力拉索和其间的刚性系杆组成，拉索、拉杆纤细轻巧，与点支承玻璃幕墙结合，通透性好、视野开阔，特别适用于大空间公共建筑。

索桁架的两根主索一般呈对称相反的曲率，当幕墙结构风荷载在风吸和风压两种方向切换时，通过联系杆件拉结的两根主索始终能够共同工作，互为承重和稳定作用。当主索的弧线相对时，联系杆件为压杆；主索的弧线相背时，联系杆件受拉。由于索形矢高较大，索的最大拉力比平面索网明显要小，但仍然对幕墙周边主体结构的刚度有比较高的要求。

常用的索桁架有弧线形和折线形两种，可演化出多变的形态（图 7.1-11），使得索桁架在建筑造型与空间应用上具有灵活性，是考验设计创造性和想象力的一种结构体系。

（a）建成照片

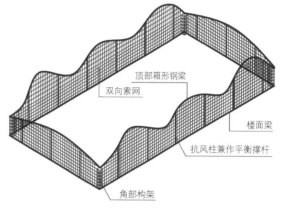

顶部箱形钢梁

双向索网

楼面梁

抗风柱兼作平衡撑杆

角部构架

（b）结构体系

图 7.1-10 重庆机场 T2A 航站楼独立索网幕墙系统

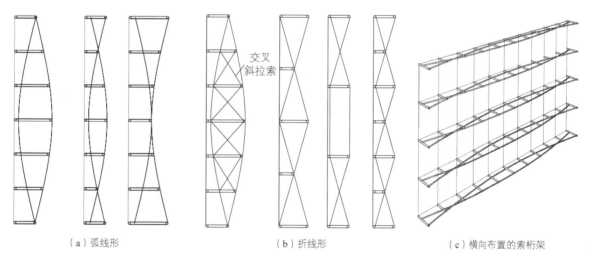

交叉斜拉索

（a）弧线形 （b）折线形 （c）横向布置的索桁架

图 7.1-11 常用的索桁架形式

索桁架的主索间增设斜向拉索可以提高结构刚度和拉索稳定性，但研究表明其对刚度的提高一般不超过 10%，而通过增加主索截面则更加经济、有效。索桁架矢跨比可取 1/25 ～ 1/8，一般宜取 1/12 ～ 1/10。索桁架的刚度与钢索矢跨比、索截面、预应力大小和支承结构的刚度都有关系。

柏林勃兰登堡机场陆侧正立面幕墙采用鱼腹式索桁架，幕墙位于索桁架中部，立面表现极为通透。为了控制索的直径，将每侧的拉索分为平行双索，撑杆和节点连接等细节处理得精致巧妙（图 7.1-12）。

柔性幕墙结构的预拉力设定原则上任何工作状态下索都不能松弛，一般可按应力水平保持 10 ～ 50MPa 设计，必要时需要增加应力补偿装置或预压弹簧等张力维持拉索不松弛。索的拉力过大时会引起钢索乃至主体结构的破坏，必要时可通过串联弹簧式的过载保护装置保持索力值不发生大幅波动，保护主体结构和钢索不超载破坏（图 7.1-13）。串联弹簧刚度宜取索线刚度的 1/8 ～ 1/4。

图 7.1-12　柏林勃兰登堡机场航站楼的幕墙结构

机场航站楼结构设计与工程实践

图 7.1-13　拉索底部过载保护装置

3. 半刚性幕墙支承构件

半刚性结构介于刚性和柔性之间，是刚性构件与柔性钢索、杆相结合形式的结构体系，也称为索梁体系、张弦体系。通过在柔性钢索内施加预拉力，提高梁柱构件的刚度和承载力，其中刚性构件的截面需求比普通实腹式构件截面更小。由于半刚性结构钢索预应力在幕墙结构内自相平衡，使得幕墙结构可以从主体结构中相对独立出来，对主体结构的刚度通常没有特别要求。

科隆波恩机场 T2 航站楼幕墙的一级和二级抗风结构采用了不同刚度特点的结构构件。一级的竖向构件为半刚性的拉索+压杆梭形柱，在拉索中施加预应力，利用中间压杆使之成为自平衡体系，拉索的存在增加了钢柱的抗弯承载力和抗压稳定性。二级的横向构件为柔性索桁架（图 7.1-14）。多种体系组合易使幕墙支承结构显得杂乱，宜谨慎使用。

图 7.1-15 所示的张弦式幕墙柱是在曲线形的刚性立柱一侧布置钢拉索和刚性撑杆，通过在钢拉索内施加预拉力提高幕墙柱的平面内刚度和承载力，抵抗幕墙水平方向荷载。斯特拉斯堡火车站扩建工程的幕墙中也采用了以钢索加强曲梁的半刚性幕墙结构体系，所不同的是，此处用以加强曲梁的钢索汇聚于一点后，直接下拉到远端的主体结构（图 7.1-16）。

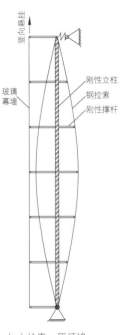

（a）横向索桁架

（b）拉索+压杆梭形柱
与横向索桁架的交接

（c）拉索+压杆梭
形柱支承关系

图 7.1-14　科隆波恩机场 T2 航站楼

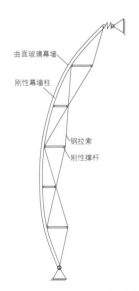

图 7.1-15　张弦式幕墙柱

图 7.1-16　斯特拉斯堡火车站扩建工程

7.1.2　结构抗风体系布置

　　高大幕墙的控制荷载通常为水平向的风荷载，风荷载按玻璃面板→边框或点爪→次级支承杆件→一级支承杆件→建筑主体结构的传力途径，经过多级的传递最终传至基础。此处以幕墙一级支承杆件的布置方向为依据，将幕墙支承结构的抗风体系分为竖向抗风结构体系、水平抗风结构体系和双向抗风结构体系，各种类型的结构构件都可以根据主体结构的边界条件选择不同的抗风体系布置方式，同一抗风体系中可以混合使用不同的构件类型。

幕墙支承结构承受的风荷载一般需根据风洞试验确定。与常规的幕墙系统设计时风荷载总是按照阵风系数确定风的脉动效应不同，幕墙支承结构中负荷面积特别大的构件更接近一个主体结构，此时采用风振系数确定其风荷载可能更为合理。对于可采用阵风系数取值的构件，构件负荷面积越大，负荷范围内各点同步出现极大值的几率越小，阵风系数的取值也可适当减小。具体如何选用需基于具体情况根据经验确定。

1. 竖向抗风结构体系

竖向立杆作为幕墙支承结构的一级构件承担水平风荷载和地震作用，表 7.1-1 给出了竖向抗风结构体系的常用结构布置简图、构件示意和边界要求。

立杆为刚性构件时竖向荷载传递可采用下承式或上端吊挂式：下承式时竖向荷载直接传至下部主体结构，幕墙柱顶部与屋盖通过摇臂或竖向滑动的节点连接（图 7.1-17），立杆按压弯构件设计；上端吊挂式的竖向荷载的传递路径需绕经屋盖结构，屋盖结构的负担较大，立杆按拉弯构件设计。

对于航站楼的高大幕墙，幕墙钢立杆风载下弯矩的影响远比轴力更大，采用吊挂式或下承式对采用实腹式钢立杆的截面尺寸实际影响不大；而当立杆采用平面桁架和半刚性等受压稳定性较弱的结构形式时，吊挂式对截面控制更有利。

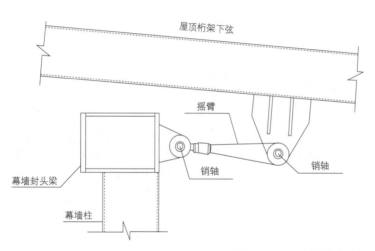

图 7.1-17　柱顶摇臂节点

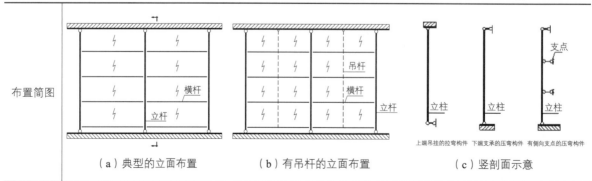

	竖向布置抗风的支承结构体系		表 7.1-1
布置简图	（a）典型的立面布置	（b）有吊杆的立面布置	（c）竖剖面示意 上端吊挂的拉弯构件　下端支承的压弯构件　有侧向支点的压弯构件

构件类型	刚性	半刚性	柔性
一级支承构件示意	实腹式　　桁架式	张弦式	单索　　索桁架
边界要求	上端吊挂式时，对屋盖刚度有一定要求		索内需施加预拉力，主体结构应具较大的刚度和承载力

当幕墙钢立杆为单跨且跨度大于 10m 时，钢立杆的弯曲挠度较大，变形往往对立杆截面尺寸起控制作用；而当主体结构能够为钢立杆提供侧向支承时，侧向支点处钢立杆的弯矩较大，则往往强度对立杆截面尺寸起控制作用。

不管支撑屋盖的主体结构柱在什么位置，竖向抗风结构体系的一级支承杆件总能倚靠于楼面和屋面，因此绝大多数航站楼中采用的是竖向抗风结构体系。

在特定条件下，当竖向支承杆件

图 7.1–18　乌鲁木齐机场 T4 三角区悬臂幕墙

无法倚靠于屋盖时，仍能设法采用竖向抗风结构体系，乌鲁木齐机场 T4 航站楼三角区的幕墙就是一个例子。三角区楼面结构位于非隔震区，三角区的钢屋盖结构与位于隔震区的主楼屋盖连成整体、与三角区楼面间通过摇摆柱连接，在罕遇地震作用下三角区的楼面与屋面间会发生 700mm 左右的相对位移，因此该处的幕墙侧向无法同时连接楼面与屋面。我们选择了幕墙竖杆位移整体跟随楼面的竖向抗风结构体系：竖杆为空间格构形，下部铰接于楼面，中部通过水平支撑杆连接于三角区上层楼板，上部悬挑（图 7.1-18）。

2. 水平抗风结构体系

水平支承式是水平横杆作为承担风荷载幕墙一级构件，表 7.1-2 给出了水平抗风结构体系的结构布置简图、构件示意和边界要求。

横杆在水平方向两端与主体结构铰接或连续布置，也可通过设置与主体结构相连的水平撑杆作为支承点，减小横杆水平向跨度，撑杆形式有直撑杆、V 撑、八字撑、Y 撑等多种形式。当横杆竖向跨度较大时，可设置柔性吊杆，将竖向荷载直接传至上部主体结构。将横梁加宽向玻璃外水平挑出，可兼做遮阳格栅，实现幕墙组件与结构构件的一体化。对于凹形平面曲线拉索，可在幕墙平面外增加二级拉索，形成支承体系。

航站楼中，较多采用的是将支撑屋盖的主体结构柱作为水平横杆边界条件的水平抗风结构体系，呼和浩特新机场内机场正立面幕墙和虹桥机场 T2 航站楼办票大厅的幕墙都属于这种情况（图 7.1-19）。

水平布置抗风的支承结构体系　　　　　　　　　　　表 7.1-2

布置简图	（a）典型立面布置	（b）有吊杆的立面布置	（c）墙身横剖面示意
构件类型	刚性	半刚性	柔性
一级支承构件示意	实腹式 桁架式	张弦式	单索 索桁架
边界要求	构件两端与主体结构铰接连接或连续布置；竖向方向通常采用柔性吊杆吊挂在主体结构上		索内需施加预拉力，两端主体结构应具较大刚度和承载力

（a）呼和浩特新机场正立面幕墙

（b）虹桥机场 T2 航站楼幕墙

图 7.1-19　水平横梁传力系统

3. 双向抗风结构体系

　　双向支承式是幕墙的立柱和横杆共同组成匀质的双向受力结构，常用的有双向网格结构、单层索网、双向索桁架等形式。对于双向支承体系，两个方向的构件刚度宜接近。双向网格可以正交，也可斜交，斜交网格在幕墙平面内有更大的刚度和承载能力。表 7.1-3 给出了双向抗风结构体系的结构布置简图、构件示意、边界要求。由于边界条件的限制，航站楼幕墙中采用双向抗风结构体系的机会相对较小。

机场航站楼结构设计与工程实践

	双向布置抗风的支承结构体系		表7.1-3

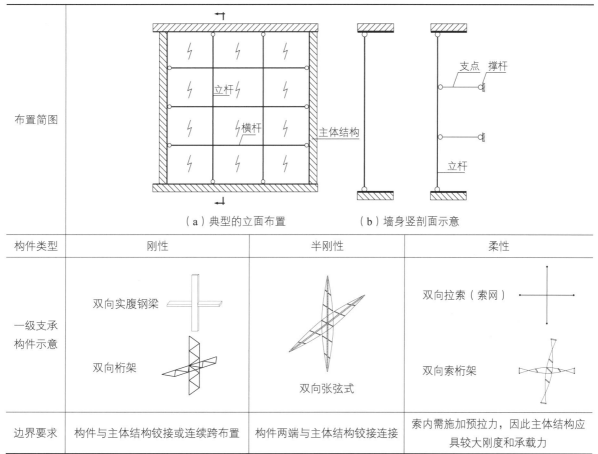

构件类型	刚性	半刚性	柔性
一级支承构件示意	双向实腹钢梁 双向桁架	双向张弦式	双向拉索（索网） 双向索桁架
边界要求	构件与主体结构铰接或连续跨布置	构件两端与主体结构铰接连接	索内需施加预拉力，因此主体结构应具较大刚度和承载力

7.1.3 幕墙支承结构设计要点

　　幕墙支承结构细分的形式和形态丰富多变，在建筑造型与空间应用上具有灵活性，考验设计者创造性和想象力，根据主体结构特点、幕墙尺度、支承条件、建筑视觉要求等因素，选择合适、高效的幕墙结构体系是影响方案优劣的最关键要素。幕墙结构一般直接暴露在建筑空间中，除了常规的设计分析以外，对构件尺度和节点细节的精细化设计尤为关键；同时，幕墙结构与幕墙玻璃组件、主体结构的一体化设计考量，有助于进一步保证设计品质的实现。

7.2 金属屋面系统

　　作为一个城市的空中门户，航站楼较多采用流畅的弧形屋面形态以契合机场的飞行与速度特征，金属屋面因其可塑性优良、质量轻、色彩丰富等优点在航站楼上被大量应用。从1990年深圳黄田机场（宝安机场前身）航站楼第一次在国内使用直立锁边金属屋面起，各种金属屋面形式在我国航站楼上已有30余年的应用历史。目前国内机场金属屋面的系统主流形式有三种：铝镁锰直立锁边金属屋面、钢板直立肋咬合金属屋面和不锈钢连续焊接金属屋面。采用金属底板的柔性防水卷材屋面也可以看作一种特殊的金属屋面系统。由于航站楼屋面面积巨大、屋盖结构跨度大，金属屋面系统的设计在抗风、防水、抗雪等方面都面临挑战。

7.2.1 系统多维度分类

金属屋面系统可以从系统主要层次组成、板间连接方式、面板板型、面板材料这几个维度进行分类。

1. 系统主要层次组成类型

将金属屋面按照系统主要层次组成分类，可分为单层压型板金属屋面、双层金属板复合保温屋面以及卷材防水压型钢板屋面三个基本大类（图7.2-1）。

单层压型板金属屋面在钢丝网上铺设保温、吸声、防潮各构造层，最上面铺设压型钢板。单层压型板屋面能够满足围护结构的承重、防水等基本功能要求，但是屋面整体刚度较小，防水冗余度小，目前已基本不在航站楼中使用。

双层金属复合保温屋面系统是将单层压型金属屋面系统的底层钢丝网替换为压型金属底板，系统的刚度更大，各构造层功能更加完善，是航站楼金属屋面的主要应用类型。为满足航站楼建筑二道防水的要求，一般会在双层金属复合屋面的面板下加设卷材防水层，卷材与金属面板二者间有紧贴和分离两种做法（图7.2-2）。两种做法各有优劣，前一种做法的占用高度小但卷材被金属面板连接件穿透点多，后一种占用高度大但卷材穿透点少；为实现特定的表面效果，在金属面板外也可以另加一层开放式的装饰面板。

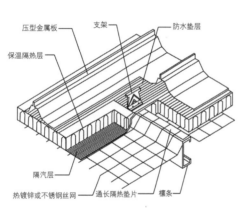

（a）单层压型板金属屋面

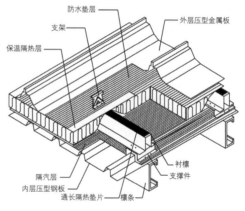

（b）双层金属板复合保温屋面

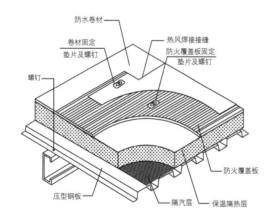

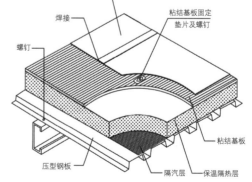

（c）卷材防水压型钢板屋面

图7.2-1 系统主要层次组成基本类型

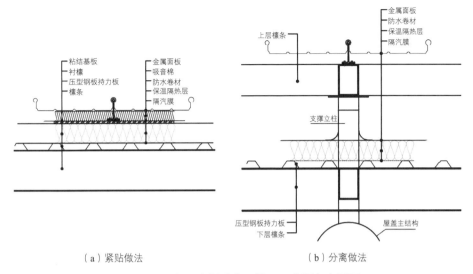

（a）紧贴做法   （b）分离做法

图 7.2-2　加设卷材防水层的双层金属复合屋面

卷材防水压型板屋面又称为柔性防水卷材金属屋面，其利用柔性防水卷材代替了上层压型金属板，因此对大曲率的屋面形态适应性更强。屋面防水卷材一般采用 PVC 或 TPO 高分子材料，存在老化问题，最上层卷材需要随着使用年限进行更换，相对而言 TPO 的耐候性更加优越。

2. 板间连接方式分类

受板幅限制，金属面板间自然存在众多板缝，它们是屋面系统的防水薄弱点，板间连接方式特别关键。以金属面板的连接形式分类，可分为咬合式与焊接式两大类。

咬合式连接是屋面板预先在纵边弯折一定角度后，相邻板的板边部分重叠通过专用卷边机相互咬合并握裹住固定支座，咬合角度有 270° 和 360°，咬合式通过增加过水路径的方式实现防水。根据咬合边与屋面板的角度关系，咬合式金属屋面可分为直立咬合与平咬合，平咬合的咬合缝贴近板面，防水性相对较弱，适用于缓坡屋面；直立咬合将咬合缝上抬，大大减小进水可能性，是目前航站楼屋面采用最多的连接形式（图 7.2-3）。

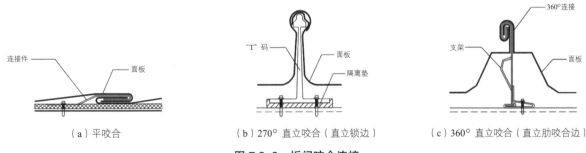

（a）平咬合   （b）270°直立咬合（直立锁边）   （c）360°直立咬合（直立肋咬合边）

图 7.2-3　板间咬合连接

焊接式屋面系统通过板间连续焊接将开放的屋面系统转变为封闭屋面系统，彻底阻断了过水路径。在利用电阻焊工艺将屋面板搭接边焊接的同时，将夹在两块屋面板之间的不锈钢固定座的滑动片也焊接在一起。目前有先焊后摺边与 U 形板焊接两种屋面焊接系统，前者采用焊缝与摺边相结合的缩缝方式，后者则在焊缝处设有 U 形盖帽（图 7.2-4）。

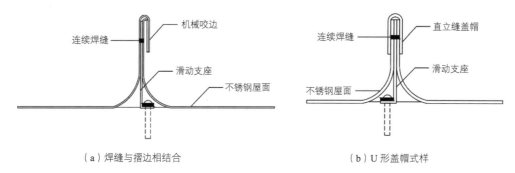

| （a）焊缝与摺边相结合 | （b）U 形盖帽式样 |

图 7.2-4 板间焊接连接

卷材防水层一般通过相互叠合形成整体防水屏障，采用机械固定与粘贴固定两种固定方式与屋面构造层结合（7.2-1c）。

3. 板型分类

金属面板板型是根据面板的刚度、强度、排水需求及连接的形式综合确定的，理论上可以自由设计；但由于每种板型都需要专属的设备进行压制，因此目前常用的板型集中在带肋 U 形板、槽形板、折边平板三种（图 7.2-5），分别与直立锁边、直立肋咬合边、焊接式三种连接方式相对应，仅板宽、肋高有少许范围的变动。同种板型在相同材质与板厚下，板宽越小、肋越高，其刚度越大，抗风能力也越强。

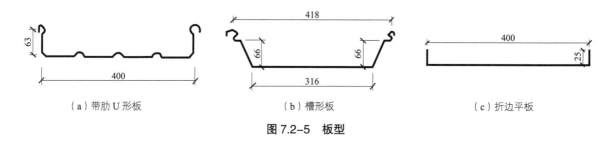

| （a）带肋 U 形板 | （b）槽形板 | （c）折边平板 |

图 7.2-5 板型

4. 面板材料分类

金属屋面面板主要关注的材料性能包括强度、刚度、热膨胀系数、防腐性及外观效果，目前可采用的材料包括钢板、铝合金板、不锈钢板及钛锌板。

（1）钢板

钢板的强度与刚度都很大，热膨胀系数中等，能够实现 360° 的咬边，抗风揭能力高于铝合金面板。但耐腐蚀性弱于其余几种材料，因此表面一般采用热镀锌、热镀铝锌或者彩色防腐涂层。钢材加工采用冷弯成型工艺，压型钢板钢的厚度一般为 0.6~0.8mm，其加工工艺较为简单、工业化程度高，同时易取材，价格较低，因此在国内得到广泛应用。浦东机场 T1、T2 航站楼与北京大兴机场航站楼金属屋面板均为压型钢板。

（2）铝合金板

铝合金板一般为铝镁锰合金板，合金中一定的镁、锰含量为金属材料带来了一定的强度与刚度。铝合金的特点是可以与大气形成一层致密的氧化膜阻止金属的进一步锈蚀，因此屋面具有很好的防腐性能。铝合金同时还具有轻质、可塑性高的特点，价格也不高。但是铝合金热膨胀系数约为钢材的 2 倍，温度下沿长向伸缩量大，因此屋面板需留有滑动端释放温度变形，单片长度不能过长以免频繁伸缩引起 T 码连接点面板的磨损，同时相邻板咬边角度也受到限制，这些都间接导致了屋面整体的刚度较低，抗风能力有所欠缺。面板厚度一般为 0.9 ~ 1.2mm。目前约 60% 航站楼采用铝镁锰合金屋面，包括首都机场 T3 航站楼、昆明长水机场 T1 航站楼等。

（3）不锈钢板屋面

不锈钢具有优良的耐腐蚀性能，强度高、使用寿命长、具有独特的金属质感，是目前唯一可采用焊接连接方式的面板材料。但是不锈钢板材价格较高，目前使用还较少，青岛胶东机场在国内最早采用了不锈钢连续焊接屋面板。

（4）钛锌板屋面

屋面用钛锌板是由 99.7% 的锌与微量的铜与钛冶炼而成。其中，钛的存在可以减小合金的热膨胀形变，铜元素能够增加合金的延展性。相比于其他屋面材料，钛锌板的优势在于：表面在空气中氧化后形成钝化层，防腐蚀性能优异；表面钝化层具有自愈性与自洁性，无需后期人工维护成本；自然哑光本色保留了金属材料天然的纹理和质感。但是钛锌板价格昂贵，约为铝镁锰合金屋面板的 10 ~ 15 倍，国内目前只有舟山普陀山机场整体采用了钛锌板屋面，青岛流亭机场航站楼屋面小部分采用。

7.2.2 系统选择

屋面系统的选择，需要综合考虑项目所处自然条件、屋面形态特点、外观效果、成本控制等因素，而各因素间的权重关系视具体项目情况会有很大不同，因此不存在一个统一的标准。屋面系统各个要素间存在一定的匹配关系，比如铝合金和钢板总是采用直立锁边形式、不锈钢可选用焊接或直立肋咬合边、焊接板总采用折边平板等。

从国内机场的金属屋面系统使用情况看，各系统使用频率从多到少排序为：铝镁锰合金直立锁边屋面、钢板直立肋咬合屋面、柔性防水卷材屋面、不锈钢连续焊接屋面（图 7.2-6）、钢板传统咬合屋面、钛锌板直立锁边屋面。其中钢板传统咬合屋面因为技术更新已逐渐被淘汰，钛锌板屋面因为价格因素极少在国内大型航站楼被采用，因此仅对其余四种屋面板型体系进行适用性分析。

（a）铝镁锰合金直立锁边屋面　　（b）钢板直立肋咬合屋面　　（c）柔性防水卷材屋面　　（d）不锈钢连续焊接屋面

图 7.2-6　四种最常用屋面系统

四种系统因为板肋高度、板材厚度、连接方式、材料性能的不同而造成防水性能、抗风性能、耐久性能、耐候性不同，因而有不同的适应特征。

总体说来，铝镁锰合金直立锁边屋面板肋高比较高；直立锁边的构造方式应对毛细作用效果好；铝合金材料不易锈蚀，性价比高，因此目前占据了航站楼金属屋面 60% 的份额。但是铝镁锰合金屋面最大的问题在于板材强度不高，热膨胀系数大，由此板材搭接处为了消解金属形变需采用可滑动的搭接形式，因此屋面板层抗风能力较弱，所以温差较大的寒冷地区或是沿海受台风影响较大地区使用时需谨慎。

钢板直立肋咬合屋面板肋一般较高，也具有很好的防水性，屋面最小坡度可为 3%；由于板型梯形截面与机械压扣式锁边，整体抗风能力较强。但是钢板的耐腐蚀性能较弱，需通过表面喷漆工艺改善材料的耐腐蚀性能，同时涂层也存在老化问题。其造价与铝镁锰屋面相当，适合非沿海且易受大风天气影响的地区。

柔性防水卷材屋面是以高分子的柔性卷材代替了最上层的金属屋面板，因此对复杂的屋面造型具有更好的适用性。此外，柔性卷材屋面的防水性能更加可靠且容易修复，造价比金属材料低，也是目前使用趋多的一种屋面系统。其缺点一是易老化，需要 10 ~ 15 年更换一次；二是采用卷材的屋面外观缺乏金属屋面的光泽感，需通过安装装饰板解决这一问题。基于上述情况，柔性卷材屋面适合气候较为寒冷地区与屋面造型较为复杂的情况。

不锈钢连续焊接屋面属于矮肋屋面，但是屋面板整体通过焊接密不透风地结合在一起，具有最强的防水抗风性能与防腐性能，特别适用于受台风影响的沿海地区。但是不锈钢屋面目前造价较高，矮肋屋面表面无法安装装饰板，国内机场目前尚缺乏大范围应用条件。

常用金属屋面系统特点见表 7.2-1。国内外部分机场航站楼屋面系统情况见表 7.2-2。

常用金属屋面系统特点   表 7.2-1

屋面系统	铝镁锰直立锁边系统	钢板直立肋咬合系统	柔性防水卷材系统	不锈钢连续焊接系统
面板材料	铝镁锰合金板	彩涂钢板	PVC 或 TPO 高分子	不锈钢板
表面处理	氟碳烤漆或聚酯烤漆	镀铝锌、氟碳或聚酯烤漆	直接外露	酸洗或除磷、光亮加工
板间滑动	可滑动	难滑动	不可滑动	不可滑动
抗风能力	较弱	较强	较强	强
与装饰板连接	可，需避免连接件对板间滑动的影响	适合	难，需穿透防水卷材	难，一般不需另做装饰

国内外部分机场航站楼屋面系统情况   表 7.2-2

项目名称	屋面系统	加设卷材防水层	装饰板
上海浦东机场 T1、T2	钢板直立肋咬合系统	—	—
北京大兴机场	钢板直立肋咬合系统	紧贴做法	铝蜂窝板装饰板
乌鲁木齐机场 T4	钢板直立肋咬合系统	分离做法	—
呼和浩特新机场	钢板直立肋咬合系统	分离做法	—
杭州萧山机场 T4	钢板直立肋咬合系统	分离做法	—
海口美兰机场 T2	钢板直立肋咬合系统	紧贴做法	铝单板装饰板
首都机场 T3	铝镁锰直立锁边系统	紧贴做法	—
广州白云机场 T2	铝镁锰直立锁边系统	紧贴做法	—
武汉天河机场 T3	铝镁锰直立锁边系统	紧贴做法	—
重庆江北机场 T3	铝镁锰直立锁边系统	分离做法	—
郑州新郑机场 T2	铝镁锰直立锁边系统	分离做法	—
昆明长水机场 T1	铝镁锰直立锁边系统	紧贴做法	—
南京禄口机场 T2	铝镁锰直立锁边系统	分离做法	—
浦东机场卫星厅	TPO 柔性防水卷材系统	—	—
香港机场	TPO 柔性防水卷材系统	—	—

项目名称	屋面系统	加设卷材防水层	装饰板
桂林二江机场 T2	TPO 柔性防水卷材系统	—	铝单板装饰
青岛胶东机场	不锈钢连续焊接系统	紧贴做法	—
日本关西机场	钢板直立肋咬合系统	/	不锈钢板
日本羽田机场	不锈钢连续焊接系统	—	—
西班牙巴塞罗那机场 T1	铝镁锰直立锁边	/	—
西班牙马德里机场 T4	铝镁锰直立锁边	/	—

注："—"表示无，"/"表示不清楚。

7.2.3　抗风揭设计

金属屋面系统因大风而导致的破坏事故时有发生，航站楼中出现事故的屋面系统大都是铝镁锰合金直立锁边金属屋面，破坏形式多是由屋面板与支座连接处的撕裂、脱落以及拉弯进而导致的屋面整体被风掀开的连锁反应，即风揭破坏。这些破坏与早期相关规范风荷载值设计值偏低、屋面系统设计缺乏抗风设计的关注、施工工艺未满足设计要求等有关，但更主要的还是和铝镁锰合金直立锁边金属屋面系统的适用性有关。

由于铝镁锰合金的弹性模量较小，屋面板与支座的咬合程度受到限制，当没有采取有效的加强措施时，在强风下容易出现拉脱，从而引起屋面系统破坏。为提高金属屋面围护系统抗风揭能力，需从屋面形态设计、屋面选型、关键部位的构造做法等方面着手。

从屋面形态角度，屋面拱起高度越大、悬挑越大、边缘曲率越大、突变越大，风揭破坏发生可能性会越高，对相应部位应特别注重构造的加强，在易受强台风影响的地区尽可能避免不利形态，无法避免时应在抗风揭能力更强的不锈钢连续焊接屋面、钢板直立肋咬合屋面或柔性防水卷材屋面系统中作选择。

从构造角度，在最大的负风压可能会产生的屋面边缘、屋面拱起区域和转角区域，应加密檩条和 T 形连接支座，并采取增设抗风夹具（图 7.2-7）或抗风压条的外部加强措施。同时，金属屋面应控制单条板的连续长度，并合理布置固定连接和可滑动连接，减小温度变化引起的滑动变形；一定间距设置分仓缝也可

图 7.2-7　设置抗风夹的金属屋面

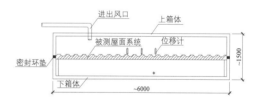

（a）试验装置示意图

（b）试验室实景

图 7.2-8　抗风揭试验

以避免万一抗风揭失效时形成多米诺骨牌效应的连续破坏。另外，通过抗风揭试验验证抗风构造的安全性是必不可少的程序，抗风揭试验包括静态试验和动态试验，《金属屋面抗风掀性能检测方法》GB/T 39794—2021 和《单层卷材屋面系统抗风揭试验方法》GB/T 31543—2015 分别对双层金属复合保温屋面以及卷材防水压型钢板屋面的抗风揭试验的要求作了明确规定（图 7.2-8）。

7.2.4　抗雪设计

对于雪荷载较大的地区，抗雪设计也是屋面系统需要关注的问题。主要关注内容包括雪荷载分布的确定、融雪措施、雪滑落预防三方面。

在风荷载作用下，雪颗粒在屋面将发生迁移，而根据现行的荷载规范很难确定大型复杂屋盖表面的雪压分布，因此有必要采用 CFD 技术进行考虑屋盖外形及风荷载对雪颗粒漂移影响的数值模拟分析，以深入了解屋盖表面的雪荷载分布情况。计算天沟的雪荷载时，还须额外考虑天沟全部填充积雪融水后的附加荷载。

图 7.2-9　挡雪栅栏

屋面系统的天沟和排水管在冬季须保持正常工作状态，特别需要防止初春融雪再结冰后对管道的阻塞，此时可以通过安装电伴热系统保证雪融水的畅通下排。否则可能导致后续融雪再次在天沟及其附近积结，局部荷载难以控制，同时融水可能从金属面板接缝渗入导致室内大面积漏水。需要注意电伴热系统的布置是以保证雪融水排水通道的畅通为原则，而不是将全屋面的雪融化下排。

对于坡度 8° 左右及以上的屋面区域，为了防止积雪沿斜坡滑落，沿垂直于滑落方向宜设置雪栅栏进行挡雪（图 7.2-9）；端部檐口上翘的部位容易出现冰凌现象，可在端部安装 3～5cm 高的薄挡板，同时在檐口附近须安装电伴热以防止积雪，并设置排水沟及排水孔引导雪融水排走。

参考文献

[1]　住房和城乡建设部. 钢结构设计标准：GB 50017—2017[S]. 北京：中国建筑工业出版社，2017.

[2]　建设部. 玻璃幕墙工程技术规范：JGJ 102—2003[S]. 北京：中国建筑工业出版社，2003.

[3]　中国国家标准化管理委员会. 建筑幕墙：GB/T 21086—2007 [S]. 北京：中国建筑工业出版社，2007.

[4]　建设部. 金属与石材幕墙工程技术规范：JGJ 133—2001[S]. 北京：中国建筑工业出版社，2001.

[5]　上海市城乡建设和交通委员会. 建筑幕墙安全性能检测评估技术规程：DG/TJ 08—803—2013[S]. 上海：同济大学出版社，2013.

[6]　郭建祥，高文艳. 上海浦东国际机场新 T2 航站楼 [J]. 时代建筑，2008（3）：116-131.

[7]　汪大绥，张富林，高录勇，等. 上海浦东国际机场（一期工程）航站楼钢结构研究与设计 [J]. 建筑结构学报，1999（2）：2-8.

[8]　邵韦平. 面向未来的枢纽机场航站楼——北京首都机场 T3 航站楼 [J]. 世界建筑，2008（8）：16-37.

[9]　上海市住房和城乡建设管理委员会. 建筑索结构技术标准：DG/TJ 08—019—2018[S]. 上海：同济大学出版社，2018.

[10]　束伟农，朱忠义，柯长华，等. 昆明新机场航站楼工程结构设计介绍 [J]. 建筑结构，2009，39（5）：12-17.

[11]　刘枫，马宏睿，赵晓花，等. 重庆江北国际机场超长单层索网结构设计 [J]. 建筑结构，2011，41（10）：50-53.

机场航站楼结构设计与工程实践

第8章 │ 既有航站楼更新改造

8.1 常见更新改造类型 219

8.2 不同年代结构改造的加固目标 220

8.3 不停航条件下的结构检测与评估 224

8.4 不停航条件下结构改造设计 225

8.5 浦东国际机场 T1 航站楼不停航改扩建案例 228

航空运输业的持续快速增长，使机场建设始终处于"建设—饱和—再建设—再饱和"的循环状态，新建和改扩建这两种机场建设模式支撑着机场的持续发展：前者是既有机场周边没有进一步增长空间的情况下异地新建整个机场，如北京大兴、成都天府、呼和浩特新机场等；后者则是在既有机场范围内改造原航站楼或在相邻位置增建航站楼。改扩建模式中的增建新航站楼是目前国内航站楼建设最为常见的形式，从结构设计角度，这与新建机场的航站楼差异不大；而既有航站楼的改造涉及已有结构的加固且大都需在机场正常运行条件下进行[1-2]，结构设计面临一些特殊的问题，因此在本章单独介绍。

8.1 常见更新改造类型

既有航站楼更新改造一般是在原有建筑规模变化不大的前提下，对航站楼原有的进出港流程、空间布局、服务设施等进行调整升级，以提高服务效率和水平，常见的改建类型有楼内局部改造、楼内整体改造、指廊延伸这三种。

8.1.1 楼内局部改造

楼内局部改造是航站楼小规模改造的通常做法，如浦东机场 T1 航站楼 1999 年竣工投入使用后，在 2009 年对长廊卫生间和空调系统进行的改造，2016 年至 2020 年持续对航站楼卫生间、办票岛、电梯等进行的改造；虹桥机场 T2 航站楼 2010 年竣工投入使用至今，楼内持续进行的商业名品街增设、楼顶贵宾休息区增设、贵宾候机区改造、吸烟区外侧增加等。这种改造一般不涉及或仅涉及局部的结构变动，需要视情况确定是否进行整体的结构检测鉴定，其结构改造程序与常规建筑基本相同。

8.1.2 楼内整体改造

楼内整体改造是在建筑面积变化不大的情况下对航站楼进行整体的功能升级，如进出港流程的重新规划、空间系统的重新组织、立面效果的调整等，由于受原有条件的限制，设计和实施都有不同于常规建筑改造的特点，难度较大。

国内既有航站楼大规模整体改造的案例有咸阳机场老航站楼改造[3]、广州旧机场改造[4]、南京禄口机场 T1 航站楼改造[5]等，数量不多。虹桥机场 T1 航站楼改造属于比较典型的一个[1]。始建于 20 世纪 20 年代的上海虹桥机场，中华人民共和国成立后历经了 1964 年、1984 年、1988 年、1994 年等多次扩建，当包含新建 T2 航站楼的虹桥交通枢纽于 2010 年投入使用后，上海的航空形成了新的格局，对 T1 航站楼提出了新的要求，因此于 2014 年再次启动 T1 航站楼的整体综合改造工作，以使其服务水准、服务能级、整体形象与新建的 T2 航站楼相匹配，并以此带动虹桥东片区的综合改造开发（图 8.1-1 和图 8.1-2）。

另一个航站楼整体改造的典型案例是上海浦东机

（a）20 世纪 60 年代的虹桥机场

（b）20 世纪 90 年代的虹桥机场

图 8.1-1 虹桥机场 T1 航站楼改造前

图 8.1-2　虹桥机场 T1 航站楼改造完成后

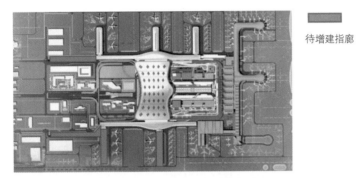

待增建指廊

图 8.1-3　萧山机场 T4 航站楼待增建指廊

场 T1 航站楼改造[6]，本章第 5 节将进行介绍。

8.1.3　指廊延伸

指廊延伸模式指对现有航站楼的候机区域进行延长、拓宽或加层，适用于空间构型为指廊式且已在原航站楼设计中预留扩建接口的航站楼。由于前期已进行了统一规划，此模式易于实现功能空间、流程规划、建筑形象的融合统一。已有的案例包括：兰州中川机场 2017 年完成的对原 T2 航站楼的指廊延伸[7]；杭州萧山机场正在新建的 T4 航站楼，其南侧的两个指廊本期暂不建造，而是预留接口以方便后期的扩建等（图 8.1-3）。指廊增建与原航站楼结构存在交接面，需要处理好接口问题，同时施工场地紧邻现有机位，施工受限制较多。

8.2　不同年代结构改造的加固目标

改造的既有航站楼可能建于不同年代，多轮次扩建下还会出现不同年代结构共存于同一航站楼的情况，对于已经使用年数较长的结构是保留还是拆除、不同结构是否都要按新建结构的使用年限的要求进行加固、如果不按新建结构加固应该按什么标准进行改造加固等问题需要在改造加固设计前予以解决。航站楼结构加固标准，即按多少年的后续使用年限设计，是改造设计中首先要确定的，决定了结构改造加固方案的经济性、合理性。

8.2.1　原设计采用的规范及其安全度

1949 年以前我国没有自己的标准规范，大城市的许多历史建筑采用国外规范设计建造，安全储备较大且得到较好的使用维护，因此至今仍在使用，甚至加层改建、加固后的一些百年建筑仍在安全使用。

20 世纪 50—60 年代，我国基本沿用苏联规范的模式。在物资匮乏的经济条件下，20 世纪 60 年代的结构设计规范采取低安全度的政策，采用多系数表达的极限状态设计法，未包含抗震设计，实际安全水平较低，而且由于管理水平和技术素质不高、"大跃进"及"文革"等的干扰，这一阶段建筑结构的总体质量及安全度较低。

20 世纪 70 年代，我国编制了以《钢筋混凝土结构设计规范》TJ 10—74、《工业与民用建筑抗震设计规范》TJ 11—74、78 为代表的一批 74 系列标准规范，大体适合当时的国情。74 系列规范采用综合安全系数的方法，即单一安全系数表达的极限状态设计法，安全度设置水平基本维持 20 世纪 60 年代水平，但吸收了二十多年基本建设和科研的经验教训，开始考虑地震，7～9 度抗震设防区采用基本烈度单水准抗震设防，总体安全度比 60 年代高，在 20 世纪 70 ～ 80 年代（直至 90 年代初）起到了控制工程质量、保证结构安全的积极作用。

20 世纪 90 年代初开始（各地不同，一般不晚于 1993 年 7 月 1 日）执行的《混凝土结构设计规范》GBJ 10—89 和《建筑抗震设计规范》GBJ 11—89 为代表的 89 系列规范，解决了 74 系列规范间及同一规范内安全系数不一致的问题，利用可靠度设计理念对 74 系列规范进行安全度校准，对某些可靠指标明显偏低的设计方法进行局部调整，使结构的总体安全度更趋于科学和合理。尽管 89 系列规范未对安全度设置水平作普遍调整，但提升了薄弱环节的安全储备，以较小的代价全面提高了结构的实际安全度水平，抗震设计由单水准设防过渡到三水准设防和两阶段抗震设计。

2002 年起实施的《混凝土结构设计规范》GB 50010—2002 和《建筑抗震设计规范》GB 50011—2001 为代表的 2002 系列规范，在经济持续高速发展的背景下依托工程实践和科研成果，全面、适度地提高了结构安全度设置水平。2002 系列规范提高安全度主要体现在提高设计荷载和作用、提高荷载和材料分项系数、降低材料设计强度取值、增加混凝土保护层厚度提高耐久性、提高梁板钢筋最小配筋率、提高墙柱配筋率及构造措施、提高结构抗震性能、抗震设计中提高抗剪能力和竖向构件的性能、提出多道抗震防线等。2002 系列规范的安全度与国际标准尚有一定差距，但差距已大为减少。

2010 年起实施的《混凝土结构设计规范》GB 50010—2010 和《建筑抗震设计规范》GB 50011—2010 为代表的 2010 系列规范进一步与国际接轨，适当增加结构安全储备，提高抗灾能力、抗连续倒塌能力，提倡采用高强度高性能材料，完善耐久性设计。抗震设计吸取汶川地震的震害经验，适当提高抗震设防标准，提高了抗震设计要求。

2022 年开始实施通用规范，恒荷载、活荷载和地震作用的分项系数都有了提高，抗震设防要求再次提高。

从历次标准的修订过程来看，结构设计的安全度逐步提高，材料消耗量相应增加。不同结构类型增加量不尽相同。规范修订时的试设计及工程调查的结果表明，在相同条件下，89 系列规范比 74 系列规范钢筋用量增加 5% ～ 8%，2002 系列规范比 89 系列规范钢筋用量增加 10% ～ 15%，2010 系列规范与 2002 系列规范相比梁钢筋用量基本持平、柱钢筋用量增加 10% ～ 15%、采用高强度钢筋后总体用量减少，2022 年通用规范实施后，钢筋和混凝土的用量总体再次增加估计 5% 左右。

综上所述，可以得到以下初步结论：74 系列及 89 系列规范的安全度相对较低，2002 系列以后的规范安全度有明显提高；74 系列抗震设计相对较弱，89 系列基本形成抗震设计的概念，2002 系列以后抗震设计逐渐完善。

8.2.2　改造加固的最低目标要求

航站楼结构改造加固需遵循的规范规程有《民用建筑可靠性鉴定标准》[8]《建筑抗震鉴定标准》[9]《建筑工程抗震设防分类标准》[10]《混凝土结构加固设计规范》[11]《建筑抗震加固技术规程》[12]《既有建筑鉴定与加固通用规范》[13] 等，不同规范对改造中涉及的鉴定、加固提出了相应的要求。其中，《建筑工程抗震设防分类标准》要求国际或国内主要干线机场航站楼结构的建筑抗震设防类别为重点设防类（简称乙类建筑），其抗震设防目标应高于一般建筑结构；《既有建筑鉴定与加固通用规范》《混凝土结构加固设计规范》对经可靠性鉴定确认需要加固的混凝土结构加固设计作了全面规定，包含部分抗震设计的规定；《建筑抗震加固技术规程》对经抗震鉴定后需加固的结构抗震设计作了专门规定。

1. 关于后续使用年限的说明

"设计使用年限"指设计规定的结构或构件不需进行大修即可按其预定目标使用的期限。在结构改造加固中的"后续设计使用年限"指被改造加固后的结构或构件不需进行大修即可按其预定目标使用的期限，应包括抗震设防、安全性、耐久性等性能目标。后续设计使用年限的确定，是经济合理的改造加固方案的前提，决定了各种荷载和作用的取值。

房屋建筑达到设计使用年限后，也并不意味着该房屋结构寿命的终结，而是通过系统的检查和鉴定，得出是否可以继续安全使用或应再次加固的结论。

2.《混凝土结构加固设计规范》[11] 的要求

《混凝土结构加固设计规范》对加固设计使用年限的确定原则是：应由业主和设计单位共同商定；当加固材料含有合成树脂或其他聚合物成分时宜按 30 年考虑，当使用年限为 50 年时其所用的胶和聚合物的粘结性能应通过长期应力作用能力的检测；使用胶粘、掺聚合物材料加固的应定期检查其工作状态，首次检查时间不应迟于 10 年。

此外，《混凝土结构加固设计规范》要求既有建筑物结构荷载标准值应符合现行国家标准《建筑结构荷载规范》的规定，楼面活荷载、基本风压、基本雪压均以 50 年设计基准期为基础，根据后续使用年限进行 0.85 ~ 1.0 的系数修正，但对于 30 ~ 50 年后续使用年限的修正系数均为 1.0。也就是说，一般 30 ~ 50 年设计使用年限，加固设计采用的楼面活荷载、风荷载、雪荷载等都与新建结构相同，按 50 年设计基准期采用。

3.《建筑抗震鉴定标准》[9] 和《建筑抗震加固技术规程》[12] 的要求

《建筑抗震鉴定标准》和《建筑抗震加固技术规程》对不同建造年代的建筑规定了不同的后续使用年限要求：20 世纪 70 年代及以前建筑经耐久性鉴定可继续使用的，其后续使用年限不应少于 30 年；80 年代建造的直至 89 系列规范执行前（不晚于 1993 年 7 月 1 日）建造的，后续使用年限宜采用 40 年或更长，且不得少于 30 年；90 年代采用 89 系列规范设计建造的，后续使用年限不宜少于 40 年，条件许可时应采用 50 年；在 2001 年以后采用 2002 系列规范设计建造的，宜采用 50 年。有条件时应采用更高的标准，尽可能提高其抗震能力，对国家投资的项目可依据相关部门的要求按较高的要求鉴定。

4.《既有建筑鉴定与加固通用规范》[13] 的要求

《既有建筑鉴定与加固通用规范》对后续工作年限的确定原则是：后续工作年限的选择，不应低于剩余设计工作年限。根据后续工作年限，将既有建筑划分为 A、B、C 三类建筑，而不依赖于建筑建造年代；即后续工作年限为 30 年以内（含 30 年）的建筑，简称 A 类建筑；后续工作年限为 30 年以上 40 年以内（含 40 年）的建筑，简称 B 类建筑；后续工作年限为 40 年以上 50 年以内（含 50 年）的建筑，简称 C 类建筑。

A 类和 B 类建筑的抗震鉴定，应允许采用折减的地震作用进行抗震承载力和变形验算，应允许采用现行标准调低的要求进行抗震措施的核查，但不应低于原建造时的抗震设计要求；C 类建筑，应按现行标准的要求进行抗震鉴定；当限于技术条件，难以按现行标准执行时，允许调低其后续工作年限，并按 B 类建筑的要求从严进行处理。

8.2.3 影响加固目标确定的因素

确定既有航站楼的加固目标要综合考虑航站楼建筑功能的重要性和航站楼改造程度的影响。

1. 航站楼功能重要性的影响

（1）人员密集的航站楼

按照现行《建筑工程抗震设防分类标准》[10]，国际或国内主要干线机场航站楼结构的建筑抗震设防类别为重点设防类，支线机场航站楼没有明确要求，这一划分标准主要是按建筑物内人员密集程度确定的。同为抗震重点设防类的建筑类型还有学校、医院、体育场馆等人员密集的公共服务设施，要求按照高于当地房屋建筑的抗震设防要求进行设计，增强抗震设防能力。对于航站楼改造结构加固来说，可按《建筑抗震鉴定标准》《建筑抗震加固技术规程》和《既有建筑鉴定与加固通用规范》中"乙类建筑"有关的要求进行鉴定和加固，不同后续使用年限的结构其乙类建筑的核查和提高措施也不同，对其后续使用年限的确定没有影响。

（2）有航管、通信、应急指挥功能的航站楼结构

按现行《建筑工程抗震设防分类标准》，航管楼的设防标准应高于重点设防类，但没有明确的具体要求。汶川地震发生后，灾区的成都机场、绵阳机场、广汉机场航管系统不能正常运行，机场关闭不能及时救援，因此，规范提出了航管楼应按更高的抗震设防标准。实际上，航站楼结构中对整个机场运行有较高控制性影响的功能区域，如信息控制中心、应急指挥中心等部位，具有类似于航管楼的重要性。如改造的航站楼结构中有这些重要功能，应该在改造加固设计中予以重点关注，除了按"乙类建筑"考虑外，应有更高的抗震设防要求。乙类建筑抗震加固与一般结构相比主要采取提高抗倒塌变形能力的措施，对合理的破坏机制和变形能力、延性有较大提高，但结构构件的抗震承载能力提高不大，不能确保通信设施和网控设备在地震后仍正常运行，因此，航管、通信、应急指挥功能的航站楼结构后续使用年限不能按最低要求选用，应有提高，如从30年提高到40年或50年，从40年提高到50年。

（3）改造过渡期的航站楼结构

航站楼不停航改造情况复杂，可能出现某些已经使用年数较长、仅仅在过渡期内需要保留的航站楼结构，这些结构也需要进行必要的抗震鉴定和加固，但确切地说不属于《建筑抗震鉴定标准》的范围，不能直接套用现有的鉴定和加固规范。2008年北京奥运会体育场馆[14]和2010年上海世博会场馆的改造中有类似情况。比如，北京工人体育场建成于1959年、奥运会前进行加固的抗震设防年限为12年[15]；世博会场馆建设中有较多的既有建筑改建，《上海世博会园区过渡性既有建筑抗震设防规定》中将过渡性既有建筑的设计使用年限设定为10年。改造过渡期的航站楼结构的设计使用年限应由业主和设计共同确定，根据过渡期的具体情况，建议采用10年后续使用年限进行鉴定和加固，以相对少的资源，满足业主对建筑短期使用功能的需求。

2. 航站楼结构改造程度对加固要求的影响

（1）改变原结构规则性的改造

对现有建筑进行装修和改善使用功能的改造时，一般不应改变原结构的规则性，原结构不规则的不应增加结构的不规则性。结构的不规则性包括平面不规则、竖向不规则，改造可能引起的平面不规则包括扭转不规则、凹凸不规则、楼面大开洞等，改造可能引起的竖向不规则有竖向抗侧力不连续、楼层承载力突变等。一般的局部楼板开洞、局部次梁布置调整、局部框架柱移动等不会引起结构不规则性的增加，但楼面大开洞、框架梁打断等改造可能造成平面不规则，抽柱改造则会造成结构竖向不规则，具体不规则程度可参考抗震超限审查的有关内容加以判别。

当结构改造改变原结构规则性或引起不规则性增加时，抗震鉴定和加固需考虑不规则性的影响，要求高于抗震鉴定和加固规范的一般要求，进行针对性的评估并采取加强措施，这种情况下为实现规范的抗震设防标准,应采用比《建筑抗震鉴定标准》最低要求的后续使用年限更高的要求。比如，1988年采用74系列规范设计的航站楼结构，《建筑抗震鉴定标准》最低要求的后续使用年限是30年，当结构改造引起不规则时，其后续使用年限宜按40年进行鉴定加固。

（2）加层改造

加层改造有别于一般装修和改善使用功能的改造，可能引起原结构基础、竖向构件的承受的荷载有较大幅度的增加，整体结构重量及振动特性也会有较大的变化从而导致地震作用的改变，与改

造前的结构有着很大的差别。

若进行加层改造，加层的要求应高于现有建筑抗震鉴定的标准。加层新建的面积与原结构面积之比较大，特别是航站楼结构一般层数较少，加层改造的原结构也应接近或达到新建工程的要求。比如，1988 年采用 74 系列规范设计的航站楼结构，《建筑抗震鉴定标准》最低要求的后续使用年限是 30 年，加层改造的后续使用年限宜采用 50 年，不应少于 40 年。

8.2.4　加固目标确定流程

加固目标的确定要综合比较拆除重建的投入与对应可能目标的改造加固代价来进行评估和确定。具体可以按以下流程进行评估和确定：

（1）按图 8.2-1 流程对航站楼单体改造加固的可选目标及代价进行估算。

（2）按图 8.2-2 流程进行航站楼局部单元拆除与保留的权衡选择。

（3）按图 8.2-3 流程最终确定航站楼保留部分的综合加固目标。

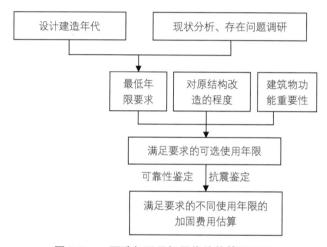

图 8.2-1　可选加固目标及代价估算流程图

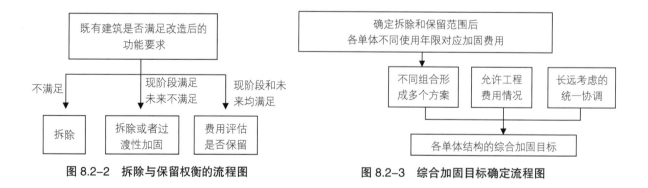

图 8.2-2　拆除与保留权衡的流程图　　　　图 8.2-3　综合加固目标确定流程图

8.3　不停航条件下的结构检测与评估

确定结构加固目标后，接下来就需要基于现场的结构检测结果，结合相关规范标准对既有结构性状做出评估，给出结构鉴定结论，以作为后续结构加固的依据。由于机场处于不停航条件，现场检测工作经常面临相当的困难。

8.3.1　重点检测内容 [17-18]

对于混凝土结构，常规主要检测项目包括：混凝土强度、外观质量和内部缺陷、构件尺寸和布置偏差、钢筋布置、构件形变等；对于钢结构，常规主要检测项目包括：构件平整度、尺寸和布置偏差、构件表面的缺陷、节点连接、锈蚀情况、涂层厚度等，对于采用大跨度钢结构屋盖的结构，还要特别关注屋盖变形和屋面围护系统的渗漏水情况。

8.3.2　限制条件下的结构检测 [17]

航站楼具有常年不停运、每天关闭的时间短、基于安全上的要求大量区域不可随便进入、内部环境要求较高等特点，现场检测工作条件受限，检测工作经常无法按常规建筑要求开展，需要更有针对性地提出检测方案以适应实际情况，检测方案需要跟机场运营部门充分沟通协调后确定。

建筑物现场检测一般均为样本检测，根据检测项目不同，样本取样比例也不一样。由于航站楼在不停航条件下现场检测受到很多限制，有时难以像一般建筑那样一次性抽取足够多的样本进行检测，需要结合现场可进入情况，分阶段抽取适当数量的样本，通过这些分阶段样本的检测结果，逐步判定建筑物的结构状况并即时调整取样计划。

由于所取样本数量往往无法一次性满足要求，在处理材料强度测试数据时首先要注意关注测试数据的均匀性。对于同一个构件内不同测区数据不均匀的构件，查看是否存在缺陷，如有严重缺陷需提出处理意见；如数据变异较大，取最小值作为构件的测试结果。对于构件测试数据不均匀的区域，结合构件外观质量情况，综合判断该区域的施工质量，对该区域最终的强度取值要根据分析结果略偏保守，如数据变异较大，取构件最小测试值作为本区域的测试结果。

在不停航改造的工程中，往往会综合运营与改造的需求，分区域和分时间地提供改造作业面，当现场条件许可时，应及时对航站楼结构进行补充检测，以弥补初始检测样本不足的缺陷，校核前期检测数据和结论的准确性，并即时修正检测结论；同时结合后续改造方案，对需改造部位进行重点检测。

8.3.3　基于加固目标的抗震能力评估

基于前面初步确定的加固目标，对航站楼结构进行综合抗震能力的评估，包括抗震构造措施评估和抗震承载力评估。抗震构造措施评估是对照现有结构，检查结构的构造措施是否满足要求，主要包括结构布置、柱梁等主要构件的构造、柱梁连接节点的构造等；抗震承载力评估是按地震作用，对结构进行整体抗震验算，复核结构的抗震承载力是否满足要求。同样除按照规范规定的最低后续年限进行评估外，还可按更高后续年限要求进行评估，对后续要求的加固量和加固方式以及最终达到的抗震能力进行综合比较，为后续决策提供依据。

8.4　不停航条件下结构改造设计

不停航施工条件下，既有航站楼的结构改造设计需考虑航站楼运营的特殊性，包括：改造工期有限定、改造部位的实施顺序有限定、某些部位不得进入或涉及、改造的顺序或部位会根据运营需求有动态变化等，不停航条件下的航站楼结构改造因而衍生出以下两条原则：以不停航施工的制约条件为前提选择结构方案；结构方案实施过程中结构加固方法的动态调整。

8.4.1 基于制约条件的结构方案选择

结构改造可归结为解决以下两大类问题：一是构件承载力不足，二是结构整体抗震能力不足。前一类是明确要对特定的构件进行加强以提高其承载力，后一类是从全楼的角度考虑选择加固量最小的抗震能力提高方案，二者都需要在不突破制约条件的前提下进行选择。

1. 构件承载力不足时的方案选择[19]

构件承载力不足的常规加固设计方法有：增大截面、外包钢、粘钢、贴碳纤维、体外预应力、增加支点等。由于必须对特定的构件进行加固，应对制约条件的方法相对有限，常用的有合理转化加固位置、干法代替湿法等。

如因运营的原因，某些空间对施工无法开放或者加固允许占用的空间有限，对于梁，此时可以利用弯矩调幅原理，一定程度上将加固的位置在梁面、梁底间进行变换；或通过与钢梁组合的方式，将湿式加固变换为干式加固（图 8.4-1）；或采用体外预应力的方式，在占用空间有限的条件下，明显提高梁的承载力能力（图 8.4-2）。

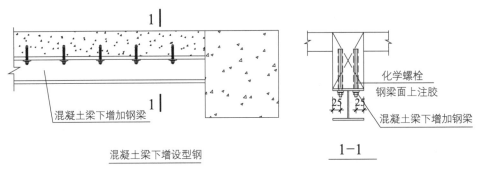

图 8.4-1 与钢梁组合，湿式加固变换为干式加固

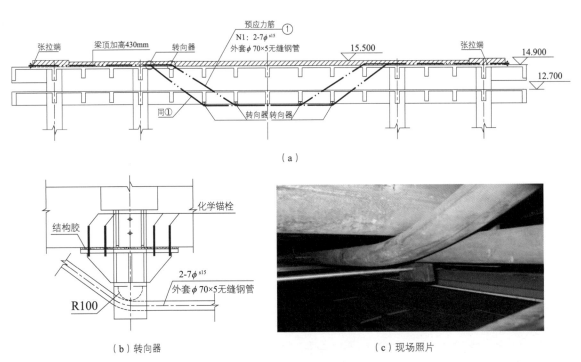

（a）

（b）转向器

（c）现场照片

图 8.4-2 体外预应力加固

机场航站楼结构设计与工程实践

2. 结构整体抗震能力不足时的方案选择

在设定的结构加固目标下，结构的抗震能力不足包括结构性能指标不满足规范要求（如层间位移角、扭转位移比等）、结构构件在设定的地震水准下的性能目标不能满足要求两种情况。

解决以上问题的常规方法是增加竖向构件的刚度（柱截面增大）、增加平面构件的刚度（梁截面增大）、新增抗侧构件（钢或混凝土支撑）、增设消能减震装置等，在提高结构总体性能指标的同时减小构件现有能力与性能目标之间的差距，进而减少加固量。当现状结构整体性能差距较大时，则可能需要调整抗侧力体系布置。比如，对于原结构为基本未进行抗震设计的框架结构体系时，如按常规方案，需对全部框架梁柱进行增大截面法进行加固以满足轴压比、结构抗侧等各项指标，涉及加固面广、湿作业需求多、加固完成后的构件外观尺度相对较大，这些问题都可能会影响到航站楼的运营，因此可以尽可能利用功能房间隔墙位置、楼梯间隔墙位置和建筑无用空间增加剪力墙或设置 BRB 支撑将结构体系调整为框架 - 剪力墙结构或者框架 - 支撑结构，将加固工作限定在相对集中的区域。

8.4.2　动态调整的加固设计方案

基于运营中的航站楼的施工条件的复杂性和一定程度的不可控制性，初始的加固设计经常需要根据现场的实际情况动态调整，这样就形成了不停航需求下结构方案动态调整的设计路线（图 8.4-3）。

图 8.4-3　结构方案动态调整设计路线

不停航需求导致设计动态调整的因素多种多样，难以预估，如：为满足部分功能先期开通的要求，需要结构采取临时措施；因保护运行中的机电设施，对结构方案进行变动；基于施工安全性的要求，对结构方案进行变动。以下为浦东机场 T1 航站楼改造中实现动态调整的两个实际案例。

（1）机场运营需求引起的动态调整

某落地的承重混凝土墙因新增行李转盘通过需截除其首层部分，原搁置于承重墙上的各标高楼面结构均需进行加固转换传力路径，原设计按先行加固上部楼层梁使之独立承受其上墙体、而后凿除首层墙体的方式进行了改造设计。而当施工到这一部位时，根据机场总体运营的新要求，在上部楼层尚需正常使用无法加固之前，必须先期贯通下部新增的行李转盘并投入使用。

由于使用功能的限制，新增行李转盘区域无法设置常规的施工临时支撑先行支承上部楼层，因此，设计在行李转盘内不影响其正常运作的位置增设一个临时柱将承重墙托起，为承重墙的先期凿除提供了条件，待上部楼层结构有条件完成加固后，再拆除该临时柱（图 8.4-4）。

（2）机电设施保护需求引起的动态调整

登机长廊中因流程的需求，需将现状钢楼梯改为自动扶梯。原结构设计方案为拆除楼梯后，用钢结构做出平台用于扶梯搁置。施工至该区域时，发现该钢楼梯下方为一使用中的强电间，强电间旁即为燃料库，两个功能房间均无法调整位置，作为强电间屋顶的钢楼梯无法拆除。根据这一限制条件，将结构方案调整为：保留原楼梯，自动扶梯位置右移至跨于楼梯之上，在强电间和燃料库之间找到适当点位增设一个支撑原钢楼梯侧钢梁的钢柱，直接将该钢梁作为自动扶梯平台的支承点（图 8.4-5）。

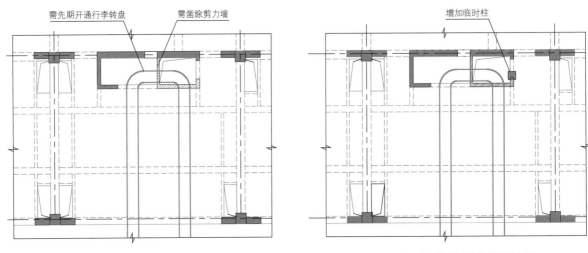

（a）下部剪力墙需凿除，上部楼层梁尚无加固条件　　　　　（b）增设临时柱暂时替代楼层梁加固

图 8.4-4　根据运营要求对加固方案的调整

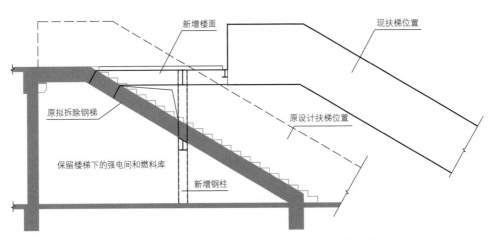

图 8.4-5　根据机电设施需求对结构改造方案的调整

8.5　浦东国际机场 T1 航站楼不停航改扩建案例 [6]

　　根据 2004 年修编的浦东国际机场总体规划，上海浦东国际机场工程建设总目标是建设一个 8000 万人次年旅客量的枢纽型航空港，T1、T2 航站楼与卫星厅共同承担该吞吐量。浦东机场 T1 航站楼 1999 年竣工投入使用，设计容量为年 2000 万人次，T1 与待建的卫星厅 S1 将通过新建的旅客捷运系统进行联系。为配合 2019 年三期工程卫星厅建成后 T1 与卫星厅间新建旅客捷运系统的运行，并结合将 T1 改为东方航空公司和天合联盟成员航空公司的专用航站楼的需求，于 2014 年开始了 T1 航站楼的整体改造和局部扩建，内容主要为 T1 航站楼流程的改造，在完善中转功能的同时提高航站楼的年处理能力，充分发挥 T1 航站楼的潜能，同时预留与卫星厅 S1 的接口。

　　改扩建结构内容包括：在原主楼和长廊间的内部庭院位置新建 A、C、D、F 段建筑将二者直接连通，相应需改造主楼和长廊在这一位置的高大立面幕墙；原 B 段上部加层，原 F 段上部加层下部增设地下室，加建面积为 6.7 万 m²，其中 C、D、F、E 段的地下部分均用作连接卫星厅的捷运车站；与加建部分比邻的老楼全面改造，涉及面积约 4.5 万 m²（图 8.5-1 和图 8.5-2）。下面介绍与不停航改造关系密切的 B、E 段结构加层和局部外立面幕墙改造。

図中文字：
新建两层
新建六层
既有连廊三层加建至六层

图 8.5-1　浦东机场 T1 航站楼各段结构改扩建示意图

（a）鸟瞰图

（b）侧视图

图 8.5-2　浦东机场 T1 改造效果图

8.5.1　不停航条件下的结构加层

结构 B、E 分段目前为主楼与指廊之间连接通道，为 3 层混凝土框架结构，楼层标高分别为 6.000m、12.000m 和 17.180m，需加建 0m、18.3m、23.8m、27.8m、31.8m 楼面，取消原 17.180m 楼面。结构加层改造前后情况见图 8.5-3。

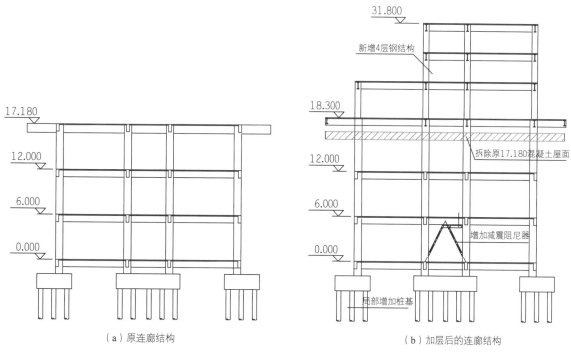

（a）原连廊结构　　　　　　　　　　　　　（b）加层后的连廊结构

图 8.5-3　B、E 段加层前后

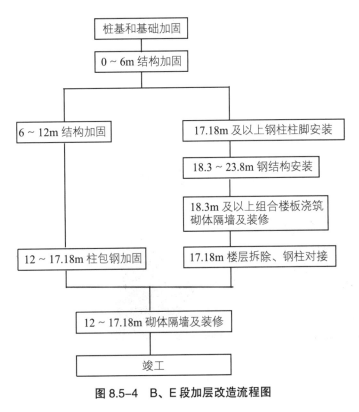

图 8.5-4　B、E 段加层改造流程图

该建筑后续使用年限为 50 年，根据《建筑抗震鉴定标准》GB 50023—2009 第 1.0.5 条，后续使用年限 50 年的建筑（简称 C 类建筑），应按现行国家标准《建筑抗震设计规范》GB 50011—2010（2016 年版）的要求进行抗震鉴定。为避免既有结构下桩基础的过多加固，加建结构采用钢框架 + 组合楼板的体系，完成后的体系为底部 2 层钢筋混凝土框架 + 上部 4 层钢结构框架。根据不停航的运营要求，该区段建筑在结构加固施工过程中除局部区域的短期暂时关闭外，总体需保证正常使用，结构加固中尽量不采用湿作业。

经分析，底部混凝土框架结构 Y 向抗侧刚度不满足小震 1/550 的层间位移角要求；Y 向框架梁承载力差距大于 40%，根据《混凝土结构加固设计规范》GB 50367—2013，不适合采用粘钢或碳纤维加固。

为提高该结构的刚度，同时满足不停航运营的相关限制条件，结构改造采用了设置黏滞阻尼器减震的方法以避免大量的竖向构件截面增大，柱的加强尽量采用外包钢管内灌粘钢胶的加固方法，同时将钢筋混凝土梁在地震作用下的承载力缺口降低至 40% 以下，从而可以采用粘钢或贴碳纤维等干式加固方法。

从施工程序上，如果按常规先拆除既有 17.180m 标高梁板、再加固下部柱、然后安装 18.300m 标高钢结构、最后施工以上楼层，对最繁忙的 12.000m 标高安检区的占用时间会相当长而且是在较早期，无法赶上相邻新建区域安检区的建成和翻交使用。为实现原安检区加固占用时间不超过 40d，并控制最短的结构整体施工时间，设计选择了在尚未拆除 17.180m 标高的梁板、12.000m 标高以上柱也未完成加固的情况下，先期实施 18.300m 及以上的加层，同时进行 12.000m 标高以下的加固（图 8.5-4）。

为实现保留 17.180m 标高的梁板条件下的上部加层，对 17.180m 楼层与上部柱的连接进行专门的设计。增设楼层的钢柱最终需与下部加固钢管加固后的混凝土柱通过钢管焊接并增设道肋板加强。该节点的钢管对接只有在 17.180m 标高梁板拆除后才有条件实施，因此在下部外包钢管尚未施工前，在上部钢框架钢柱内先灌注混凝土至 19.720m 标高，上部钢框架先期施工部分的荷载通过柱内混凝土传递至下部混凝土柱（图 8.5-5）。在该钢柱对接前，钢柱与下部原混凝土结构间通过埋件连接。上部钢框架此阶段暂时为一个柱底铰接的结构体系，施工过程中按 10 年一遇风荷载来验算结构的抗侧刚度和承载力，根据验算结果在 18.300 ~ 23.800m 间设置了柱间临时钢支撑。另外，还对施工过程中最不利的状态，即 17.180m 标高既有梁板凿除、上部钢管与下部钢管间仅有肋板连接的情况进行了验算。

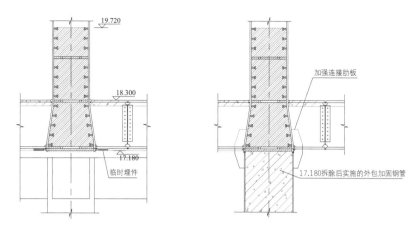

图 8.5-5　柱节点转化过程

8.5.2　不停航条件下的幕墙改造

新增 C、D 段与主楼及指廊间大范围贯通，既有主楼与指廊幕墙需部分拆除（图 8.5-6）。原幕墙支承结构为单向支承的空腹桁架，下端搁置于楼面大梁，顶部倾斜倚靠于张弦屋盖的边桁架上，对屋盖结构有一个往外的作用力（图 8.5-7a）。指廊的屋盖结构为由斜拉群索提供全部抗侧刚度的张弦梁结构，原两侧幕墙的外推力基本相当，使得屋盖结构处于平衡位置。左侧的幕墙大范围拆除后，屋盖结构该侧所受往左的水平力明显减小，将发生明显向右的水平变形，从而偏离原平衡位置并改变张弦梁下弦索的内力。为尽可能减少对屋盖结构的影响，设计选择了改变幕墙结构传力路径的方案，在顶部幕墙保留段的底部增设托梁连接于屋盖支撑柱，幕墙重力荷载直接转至贴近柱顶部位，使柱子发生转动趋势，从而替代原完整幕墙对屋盖的往外推力的作用（图 8.5-7b）。由于幕墙保留段重量太小，通过在增设的托梁中留孔注入铁砂增重，铁砂注入量以屋盖整体形态在改造前后基本保持不变为目标（图 8.5-7c）。

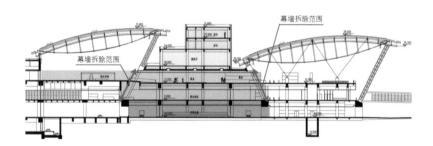

图 8.5-6　幕墙改造位置示意

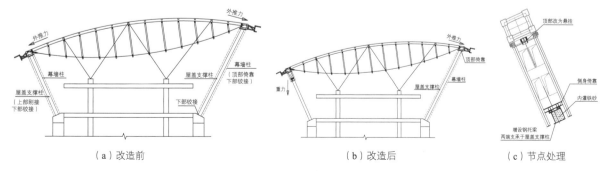

（a）改造前　　　　　　　　　　（b）改造后　　　　　　　　　（c）节点处理

图 8.5-7　指廊幕墙改造

参考文献

[1] 郭建祥，吕程 . "传承"与"提升"——虹桥国际机场 T1 航站楼改造设计 [J]. 建筑学报，2019（9）: 44-49.

[2] 戴颖君 . 大型国际机场航站楼枢纽化改造设计研究——以浦东国际机场 T1 航站楼不停航改造为例 [J]. 中外建筑，
      2018（9）: 174-177.

[3] 张顺强，薛中兴，潘元 . 咸阳机场老航站楼改造加固的设计思路与分析 [J]. 工程抗震与加固改造，2008，30（5）:
      85-88+92.

[4] 蒋运林 . 广州旧机场结构改造加固设计 [J]. 广东土木与建筑，2009，16（6）: 46-48+51.

[5] 王冬 . 改造与创新——南京禄口国际机场 T1 航站楼改扩建工程 [J]. 建筑与预算，2022（3）: 49-51.

[6] 周健，王瑞峰，苏骏 . 上海浦东机场 T1 航站楼改扩建结构设计 [J]. 工程抗震与加固改造，2016，38（5）: 144-
      150.

[7] 戴一正，戚广平，于圣飞 . 航站楼改扩建设计的模式研究——以兰州中川 T1、T2 航站楼改扩建方案为例 [J]. 建
      筑技艺，2019（4）: 108-111.

[8] 住房和城乡建设部 . 民用建筑可靠性鉴定标准: GB 50292—2015[S]. 北京: 中国建筑工业出版社，2015.

[9] 住房和城乡建设部 . 建筑抗震鉴定标准: GB 50023—2009[S]. 北京: 中国建筑工业出版社，2009.

[10] 住房和城乡建设部 . 建筑工程抗震设防分类标准: GB 50223—2008[S]. 北京: 中国建筑工业出版社，2008.

[11] 住房和城乡建设部 . 混凝土结构加固设计规范: GB 50367—2013[S]. 北京: 中国建筑工业出版社，2013.

[12] 住房和城乡建设部 . 建筑抗震加固技术规程: JGJ 116—2009[S]. 北京: 中国建筑工业出版社，2009.

[13] 住房和城乡建设部 . 既有建筑鉴定与加固通用规范: GB 55021—2021[S]. 北京: 中国建筑工业出版社，2021.

[14] 毋剑平，孙建华，戴国莹，等 . 由现有体育场馆改建的奥运场馆设计使用年限的确定 [C]// 建设工程防灾技术
      交流会 . 中国建筑科学研究院，2005.

[15] 李建国，王轶，王立新 . 北京工人体育场加固设计综述 [J]. 建筑结构，2008，38（1）: 54-57+62.

[16] 戴国莹 . 现有建筑加固改造综合决策方法和工程应用 [J]. 建筑结构，2006（11）: 1-4+44.

[17] 华东建筑设计研究院有限公司房屋质量检测站 . 浦东机场 T1 航站楼安全性鉴定报告 [R]. 2015.

[18] 季立群 . 浦东国际机场 T1 航站楼主体钢结构耐久性检测评估 [J]. 建筑知识，2013（4）.

[19] 朱伯龙 . 建筑改造工程学 [M]. 上海: 同济大学出版社，1998.

机场航站楼结构设计与工程实践

第9章 | 专项研究

9.1 航站楼轨交车致振动与噪声控制   235

9.2 航站楼结构防恐抗爆安全设计   241

9.3 航站楼结构健康监测   248

基于航站楼功能的重要性和极高的社会关注度，除常规设计内容外，结构设计还需要从旅客的舒适性和特殊情况下的结构安全角度进行更多的考虑，本章将对轨交车致振动和噪声的控制、结构防恐抗爆安全设计和结构健康监测这三个方面的研究工作进行介绍。

9.1 航站楼轨交车致振动与噪声控制

随着机场枢纽化的发展，机场航站楼与高铁、地铁、市政交通逐渐走向集约化，高铁、地铁、飞机、道路引起的结构振动、噪声所造成的航站楼使用舒适度问题开始成为工程设计中的关注点。振动噪声虽然不足以使结构出现安全性问题，但是常常会给航站楼内的旅客和工作人员带来不适感，降低了环境质量，影响了工作效率。各类振源中，高铁、地铁等轨道交通产生的振动和噪声的影响控制是解决航站楼振动问题的关键。

9.1.1 噪声与振动类型及控制标准

轨交车致振动是车辆运行与轨道相互作用以及运行中车辆压缩周边空气进而激发、传导的结构振动；结构噪声分为空气声和结构声（又称固体声）两类，二者又分别简称为一次噪声和二次辐射噪声，其中一次噪声是指直接通过空气传播而来的噪声，二次辐射噪声是指通过建筑结构传播机械振动和物体撞击等进而引起的噪声[1-2]。对于航站楼结构来说，交通中心内的列车通过时，车轮冲击轨道引起轨道构件的振动，该振动发出一次噪声、并同时将振动直接或者通过土体传播到建筑物；车辆运行对局部封闭空间内空气的压缩也产生一次噪声、并引起该空间四周结构的振动。上述两种振动由建筑物的基础、墙、柱梁传播到建筑内的各房间，使建筑物的结构和墙体发生振动，并进而产生二次辐射噪声（图9.1-1）。

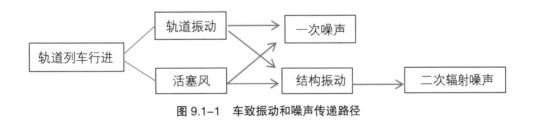

图9.1-1 车致振动和噪声传递路径

国内对于振动控制的标准来自《建筑工程容许振动标准》GB 50868—2013、《城市区域环境振动标准》GB 10070—88 和《城市轨道交通引起建筑物振动与二次辐射噪声限值及其测量方法标准》JGJ/T 170—2009（简称《标准》），其中《标准》的控制标准为目前常用。国内对于一次噪声控制的标准由《民用建筑隔声设计规范》GB 50118—2010（简称《规范》）规定。以上的标准和规范主要是针对住宅、酒店、商业、工业、轨道相关区域的控制要求，目前还没有针对航站楼相关功能区域的专门规定。

对于航站楼，根据各功能区对于振动、二次辐射噪声的敏感程度，建议在设计中将机场各区域分成五个等级，第一等级为旅客过夜用房，第二等级为内部办公区，第三等级为候机区，第四等级为值机区、安检区、商业区和大通道，第五等级为机房等设施区域。参照《标准》，根据机场各功能区与规范各功能的相似程度，第一等级可参照居民、文教区，第二、三、四等级分别参照居住、商业混合区和商业中心区、第五等级参照工业集中区，并适当调整进行控制。一次噪声参照《规范》，第一等级区域参照旅馆建筑客房的一级控制，第二等级区域参照办公建筑控制，第三等级区域参照商业建筑的员工休息室，第四等级区域参照商业建筑的购物中心控制（表 9.1-1）。

机场航站楼振动及噪声控制建议标准

表 9.1-1

功能区	振动（dB）	二次辐射噪声	一次噪声
旅客过夜用房	65（昼间）/62（夜间）	38（昼间）/35（夜间）	40（昼间）/35（夜间）
办公	67	38	43
候机	70	41	45
值机、安检、商业、大通道	72	43	52
设备机房	80	—	—

9.1.2 结构振动与噪声的主要影响因素

从车致振动的产生与传导途径看出，结构的最终振动响应与由轨道输入支承结构的振动激励、车行区空间特征、轨道与结构连接关系以及结构的刚度和振动特性这几个因素密切相关。

输入支承结构的轨道振动激励的主要特征包括方向、强度、激励频率等，与通过航站楼轨交的线型、车型、车速、轨道平整度直接相关，其数值主要来源于目前车-轨道研究的现状成果和车型参数，同时可以结合类似情形下的实测数据对激励值进行调整。

车行区的空间特征指列车行驶经过区域是开敞还是封闭、封闭程度等。封闭结构形式包括侧墙封闭、盾构、隧道等，封闭空间的几何特点和封闭结构的刚度特性决定了列车风的振动响应。

轨道与建筑结构的位置关系和界面接触情况决定了轨道和建筑结构相互影响的程度，前者决定了振动传递路径的长短，后者决定了振动的传递强度。位置关系可分为以下几种情况：轨道位于独立的盾构或隧道里与建筑结构隔着土层；轨道位于建筑结构的地下室内；轨道位于建筑地上范围内、轨道的支承结构与建筑结构合建（桥建合一）；轨道位于建筑地上范围内、轨道的支承结构采用桥梁形式与建筑结构分离（桥建分离）。界面接触情况包括轨道与道床之间通过普通或减振扣件相连、道床与建筑结构直接或通过隔振支座相连。

传到建筑结构的振动激励通过建筑的竖向构件传导到梁、再传到结构板，建筑结构的刚度和振动特性也会影响人员活动位置的振动。航站楼楼层结构的大跨度情况决定了结构的竖向刚度相对较小，在车辆振动下更容易产生较为显著的动力响应。航站楼楼层结构如果采用刚度更小的钢结构，振动响应更需要引起重视。

楼面建筑面层的处理也会影响最终传递到人的振动强度，通过在建筑地坪中设置隔振材料也可以缓和人体对振动的感受。

航站楼室内一次噪声大小主要由轨道平整度、车速、空间隔离度（轨道与功能区的距离）等因素决定，室内装修中采用有效的吸声材料可以降低室内一次噪声。航站楼室内二次噪声强弱与结构振动响应直接相关，也与建筑材料的吸声性能密切相关。

9.1.3 振动和噪声控制策略

进行振动与噪声控制的第一步是进行结构振动、噪声的评估，评估一般采用振动数值分析的方法，有条件可以结合实测或类比测量。如果评估结果超过评价标准，设计时就需要采取措施来减小结构振动、噪声的影响。减振措施主要分为五类：振源减振、路径减振、路径隔振、增加结构刚度减振、铺设柔性减振材料。二次辐射噪声与结构振动响应直接相关，控制好振动一般就能将二次辐射噪声控制在可接受范围，必要的话还可以通过装修吸声材料进一步改善；对于一次噪声的控制主要是通过建筑阻隔和装修吸声材料的选择来解决。

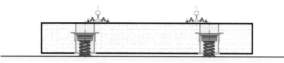

图 9.1-2　钢弹簧浮置道床结构

1. 振源减振

振源减振即在列车和轨道上采取措施，将列车运行引起振动降低。振源减振从三个方面来实现：（1）通过降低列车通过航站楼时运行的速度来降低振动激励；（2）在轨道与道床间设置减振装置，包括各种减振扣件；（3）在道床与支承结构之间设置减振设施，如采用钢弹簧浮置板道床。第一种方式是减少振源的振动能量，后两种方式是将振动能量尽量多地耗散在钢轨和道床上。

钢弹簧浮置板道床采用现浇或预制的钢筋混凝土结构构成板式整体道床，通过钢弹

图 9.1-3　浦东国际机场卫星厅捷运线路示意

簧隔振器将道床板与轨道基础弹性隔离，构成质量、弹簧与阻尼系统（图 9.1-2）。当列车通过时，车辆动扰力通过隔振器传递到轨道基础，在此过程中，隔振器进行调谐、滤波、吸收能量，达到隔振减振的目的。基于车辆行驶安全和车辆保护的要求，目前当列车运行速度大于 200km/h 时，钢弹簧浮置板的使用会受到限制。

虹桥综合交通枢纽中，地铁 2 号线和 10 号线需东西向从地下以盾构方式穿越新建的 T2 航站楼，进入与上部东交通广场和磁浮车站连成一体的地下结构，由于磁浮车站上部有集中的办公区域，轨交设计中就采用了钢弹簧浮置板道床进行减振。

通过增加轨道直接支承结构的质量和刚度来消耗部分车辆激励的输入，也是一种振源减振的方法，浦东机场卫星厅的捷运车辆减振采用了这一手段[3]。

该捷运线路分别用于 T1 航站楼与卫星厅 S1、T2 航站楼与卫星厅 S2 之间的旅客运送（图 9.1-3），卫星厅端的捷运车站位于主体结构的地下一层内，捷运车辆采用普通地铁制式以节省运行维护费用。设计中研究了在承台防水板整体基础、承台防水板 + 分离式捷运基础、厚底板整体基础（2m 厚和 3m 厚）三种基础方案下（图 9.1-4），捷运车辆通行对机场卫星厅结构振动响应的影响，通过对各楼层结构加速度响应幅值、速度响应幅值和位移响应幅值的分析对比，并综合考虑了结构安全、防水、振动控制效果等诸多因素，最终采用了 2m 厚底板整体基础的振动控制方案。

2. 路径减振

路径减振是在振动传播的路径上采取减振措施，削弱传播到主体结构的振动波。比如对于穿越或靠近航站楼的地上高铁正线线路，可以采用桥建分离的方案，将承轨结构和建筑结构整体断开，从而隔断振动波在建筑上部结构上直接传播,迫使振动沿着承轨桥梁 - 支座 - 桥墩 - 桥梁基础 - 土体 - 建筑基础 - 建筑上部结构这样的间接路线传播，大大减少传递到建筑内人员所在位置的振动能量。对轨交线路位于地下的情况，理论上也同样可以通过增设矮墩 + 桥梁的方式来实现轨道 - 结构的分离，但实际工程中需要考虑开挖深度影响、桥梁施工条件、工期、经济性等多种因素进行综合评估确定（图 9.1-5）。

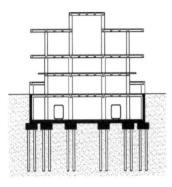
（a）承台防水板整体基础

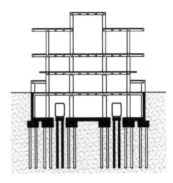
（b）承台防水板＋分离式捷运基础

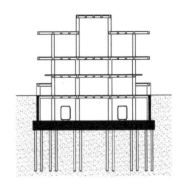
（c）厚底板整体基础

图 9.1-4　三种基础方案

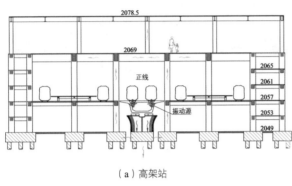
（a）高架站

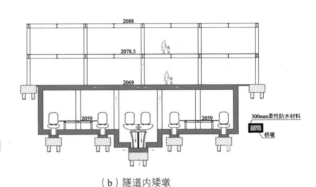
（b）隧道内矮墩

图 9.1-5　桥建分离减振

图 9.1-6　高铁、地铁穿越昆明长水 T2 航站区示意

昆明长水国际机场 T2 航站区工程中，渝昆高铁穿越整个航站区，地铁 6 号线、9 号线和嵩明线并行下穿交通换乘中心，地铁轨线与高铁斜向汇交于交通中心下方[4]（图 9.1-6）。为保障交通中心使用舒适性，振动控制策略为地铁区域采用了桥建分离，时速 350km/h 的高铁正线采用桥建分离、高铁到发线桥建合一。经楼层加速度分析，大通道区域和商业区域的最大振动分别为 72.7dB 和 73.3dB，除个别点位略超 72dB 的标准外，总体可以满足设定的目标。

3. 路径隔振

采用隔振装置将建筑结构整体或局部敏感区域与振动激励阻断，也是一种有效的减振方式，目前常用的建筑隔振装置为螺圈或碟形弹簧支座（图 9.1-7）。高铁的主激励频率约为 40 ~ 80Hz，城市轨道交通的主激励频率约在 50 ~ 100Hz，通过设置固有频率为 3 ~ 5Hz 的钢弹簧隔震支座，通常可以过滤掉 70% 以上的振动，大大减小传至建筑结构的振动。

隔振支座需要专门设置一个隔振层，考虑维护、检修等因素，隔振层的高度一般需要 2.5 ~ 3m，对建筑的总体安排有很大的影响，因此需要在项目的早期就进行深入研究并确定是否采用路径隔振方案。为了实现较低的固有频率控制，目前单个螺圈钢弹簧支座的最大承载力约为 4500kN，大轴力的单柱下往往需设置多组支座，对柱下的空间有较大需求。采用钢弹簧隔振需考虑上部结构的抗倾覆设计，也需要关注钢弹簧水平向的承载和变形能力及对水平地震作用的影响问题，必要时隔振器需要与减隔震装置组合使用以解决隔振设计带来的抗震问题，实现对上部结构的振震双控。

昆明长水机场 T2 航站楼在高铁穿越主楼地下的区域，采用了建筑物整体隔振的方案，隔振支座的布置范围为覆盖整个高铁隧道顶板（图 9.1-8）。由于主楼整体已经采用了隔震设计应对高烈度区的抗震需求，主体结构在罕遇地震下与高铁隧道间会发生 500～600mm 的相对位移，此位移值已远远超过钢弹簧隔振支座的水平变形能力，因此拟采用隔振支座与滑板支座或橡胶隔震支座组合的方式，解决水平位移需求问题。两种支座的组合方式将在紧密式和分离式之间作进一步的比选确定。

（a）螺圈弹簧

（b）碟形弹簧

图 9.1-7 弹簧隔振支座

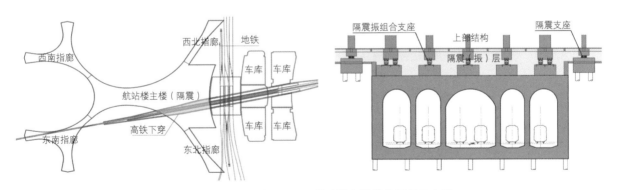

图 9.1-8 昆明长水机场 T2 航站楼主楼整体隔振示意图

对于原本非隔振结构的情况，当轨交仅穿越建筑的局部时，也可以采取局部隔振的方案，对轨交直接通过区及其附近设置支座进行隔振，支座设置范围根据振动分析结果确定。成都天府国际机场的旅客过夜用房有地铁 18、13 号线从弧形建筑的端头穿过，就采用了局部路径隔振的振动控制策略（图 9.1-9）。

青岛胶东国际机场高铁正线时速 250km/h 下穿航站楼，也采用了局部路径隔振的策略，仅对振动敏感区域的 8 根柱设置了弹簧隔振支座。

4. 断缝与增加结构刚度

当振动计算结果超过标准较少时，也可尝试结构分缝与增加结构楼层竖向刚度的方式改善振动响应。

（a）酒店鸟瞰

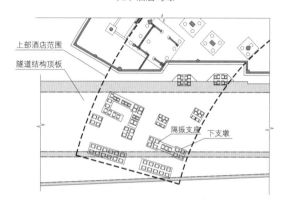

上部酒店范围
隧道结构顶板
隔振支座
下支墩

（b）隔振支座布置平面

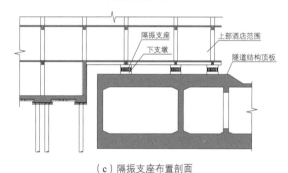

隔振支座
下支墩
上部酒店范围
隧道结构顶板

（c）隔振支座布置剖面

图9.1-9　成都天府机场旅客过夜用房局部隔振

同一结构区段中振动可沿各种构件多向传递，结构设缝分段使得振动仅保留从基础传递的单一途径，将振源平面范围以外的结构设缝断开可以明显减小其振动响应。同时，振动在建筑结构的传递路径是柱-梁-楼板，同一区域的振动响应一般是板跨中＞板边＞梁跨中＞梁支座，当主梁支座即柱边位置的振动评估值满足标准要求而其他位置不满足时，就有机会通过增加相应梁板的刚度改善其他位置的振动响应。杭州萧山国际机场三期项目T4航站楼中采用了此方式进行高铁影响区域的振动控制[5]。

该航站楼主体结构为钢筋混凝土框架，主楼局部地下一层，地上三层，北侧部分竖向构件与穿越而过的地铁区域共建，南侧部分竖向构件与正线时速250km/h的高铁区域共建。由于高铁速度、高铁站建筑空间限制、上部结构分区的抗震性能需求等原因，振源减振、路径减振、路径隔振等方法均无法在本项目中应用，上部结构只能与高铁隧道整体相连（图9.1-10）。在此情况下，基于结构的振动响应分析，对上部结构分缝，将要求较高的候机区从振动较大的区域隔开（图9.1-11）；通过将振动影响较大部位楼板厚度由150mm加厚至250mm，使响应最大振级由76.1.dB降低到74.4.dB。

5. 铺设柔性隔振材料

当计算评估结果超过标准较少时，还可以通过改善人与结构的接触关系来降低人对于振动的感受，如局部区域铺设隔振材料。前述杭州萧山机场T4航站楼在采用增加结构刚度进行减振后，对于振动相对敏感的内部办公区域增加了这种方式。

以上的每一种控制振动方法均会对建筑布置或结构设计带来一定的要求，有些甚至会直接影响建筑的整体方案，因此，需要在项目的初期就对轨致振动的影响做出评估，综合各种因素，尽早确定减振方案。

9.1.4　列车振动分析方法

列车对结构的振动影响分析是一个十分复杂的问题，最理想的方法是：建立完整的车-轨道-结构-土体模型、给定精确的车-结构-土体参数、输入精确的振动激励、通过完整的有限元分析来得到结构的振动影响。实际操作受限于计算能力、列车激励的不确定性、对于振动机理认识的局限性、参数模拟的近似性等条件，很难完全依靠数值方法得到真实的振动响应。比如列车的荷载激励，受到行驶速度、轨道平顺程度、列车型号、列车的养护情况、周边空间特征等诸多因素的影响，只能有一个近似的输入，比较合理的方式是结合现场实测来近似确定。

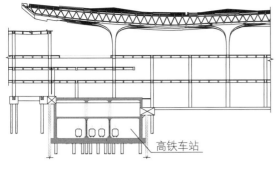

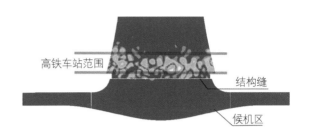

图 9.1-10　主楼与高铁隧道关系　　　　　　图 9.1-11　结构缝对振动响应的影响

实际的列车振动分析设计中，一般将整个列车-轨道-结构-土体系统的动力学分析求解分解成下面三部分工作[6]。

（1）列车车辆对轨道激励时程的计算。列车车辆对轨道的激励指的是列车运行在基础筏板上产生动力荷载作用。列车运行产生的振动与噪声主要来源于列车的轮轨系统和动力系统，实际的轨道不是平直的和绝对刚性的，轨道上存在着各种各样的不平顺而且车轮也非理想的圆。车辆在轨道上运行时，轮轨间会出现不断变化的轮轨作用力，这些力会激起车辆的振动。车辆和轨道振动的因素很多，有些是确定的，有些是随机的，归纳起来可以分为以下几个方面的内容：与车辆相关的因素、与轨道相关的因素、与运营相关的因素。因此，在确定列车车辆对轨道的激励时程时，建立一个完整的车辆-承轨结构系统，考虑各相关因素，利用已有的车-轨耦合模型动力相互作用计算的研究成果，对这个车辆-轨道系统进行动力相互作用计算，得到列车车辆对轨道各节点的激励时程。

（2）列车风对结构动力作用的激励时程的计算。列车穿越隧道时，隧道中的空气被列车带动和推动，而顺着列车行进方向流动，这一空气动力学问题为三维黏性非定常可压缩紊流流动，建立列车隧道空气动力学计算模型求解列车通过隧道过程中的空气连续方程、动量方程、可压缩问题的能量方程、湍流模型方程，以得到流场中各位置的压力、速度等物理量的时程分布，对压力时程进行相关等代处理，可以得出列车风对结构动力作用的激励时程。

（3）结构动力响应的计算。将整个结构相关范围内的结构、隧道、土体、桩基和筏板进行建模，在轨道各节点输入列车车辆对轨道各节点的激励时程（上述1计算结果），在隧道内输入列车风对于隧道内各表面的风压激励时程（上述2计算结果），进行结构的动力时程计算，得到结构各部分的动力响应，综合分析计算结果，对结构的安全性和舒适性进行评判，并提出振动控制的相关建议。

9.2　航站楼结构防恐抗爆安全设计

大型机场作为国家的生命线工程，人员密集，功能重要，容易成为恐怖袭击目标。据不完全统计，近40年来全球机场发生的恐怖事件至少22起，造成至少582人死亡，后果极为严重。如1983年黎巴嫩贝鲁特机场汽车炸弹袭击事件，大楼炸塌，造成近200人死亡、100多人受伤；2016年土耳其伊斯坦布尔机场的连环自杀式爆炸袭击事件，造成45人死亡，239人受伤；2016年比利时布鲁塞尔机场的背包炸弹袭击事件，造成至少35人死亡，130多人受伤。由爆炸事件统计分析可知，爆炸造成重大人员伤亡和设施破坏的主要因素有：强冲击波、结构构件受爆失效引发的结构连续性倒塌、围护结构受爆破坏并产生高速飞行的碎片。因此，大型航站楼设计时也应针对性进行防恐抗爆安全设计。

参照《民用建筑防爆设计标准》T/CECS 736—2020[7] 的要求，大型航站楼的防恐抗爆安全设计可分为 4 部分工作：风险分析与安全规划、关键结构构件的抗爆设计、结构防连续性倒塌设计和建筑幕墙的抗爆设计。

9.2.1 风险分析与安全规划

恐怖爆炸是人因灾害，通过风险分析和安全规划可有效降低爆炸风险和可能后果。在设计阶段，分析机场航站楼可能遭受的恐怖威胁并评估其风险，布置适当的防护措施，对于保障航站楼的安全运营以及在紧急状况下最大限度地保障旅客生命安全是非常必要的。

风险分析主要内容是基于航站楼各区域的重要性和可达人员与车辆的安全性情况，通过潜在威胁分析、防护系统的易损性分析及受袭后果分析，确定机场各区域的风险水平。进行风险分析的区域一般包括出发层外侧道路、出发大厅、到达大厅、候机区、停机坪、运营控制中心等。

安全规划是在风险分析的基础上，提出针对各类恐怖袭击的防恐安全规划和技防系统技术建议，包括：不同区域的防恐等级界定以及相应的技防系统配置要求、防恐应急预案、需进行防爆设计的结构构件和幕墙、需设置专门防护墙的关键设备和机房等。

1. 风险分析方法

风险分析可基于式（9.2-1）进行，即通过威胁分析、易损性分析、危害性分析确定风险水平[7-8]。当风险水平高于公众或业主可接受的阈值时，需采取措施来降低风险。

$$R=P_A \times (1-P_E) \times C \tag{9.2-1}$$

式中，R 为风险水平；P_A 为威胁的可能性；P_E 为防护系统的有效性；$1-P_E$ 即为易损性；C 代表后果，即危害性。

（1）威胁分析

威胁分析是根据分析对象的重要性等级、社会环境、类似对象的袭击历史、周边环境、可能采取的防护措施等因素确定所分析对象的潜在威胁及其可能性。通过分析对象的重要性等级和类似对象的袭击历史，可确定分项工程被袭击的吸引程度；通过分析社会环境，来确定获取炸药等袭击所需工具的难易程度；周边环境分析是对分析对象的用途、所处的地理位置、周边交通、布局、结构布置、防护措施、内部及周边人员情况等进行仔细梳理和分析，用于后续确定分析对象可能遭受的威胁类型以及后果。潜在爆炸威胁的危险性可按低、中、高进行分级。

分析威胁的可能性，还需考虑时期的不同。通常定义四个时期：和平时期、安全关注期、紧张时期和战争冲突时期。不同时期威胁因素和威胁水平会发生变化，相应地防护设计和防护措施也要随之变化。

对于机场航站楼，主要考虑爆炸袭击、车辆撞击、纵火等恐怖威胁形式。根据运载工具的不同，爆炸袭击又可分为汽车炸弹、背包炸弹、邮包炸弹和自杀式炸弹等。

根据安检程度的不同，人员和车辆的安全性分类如表 9.2-1 和表 9.2-2 所示。若安全性较低的人员或车辆可到达某一重要区域，则该区域遭受袭击的可能性较高，反之较低。出发层外侧道路未经安检，社会车辆均可到达，因此需考虑汽车炸弹的威胁；而出发大厅距车道有十几甚至几十米的距离，爆炸冲击波危害减小；候机区和停车坪仅经过仔细安检的人员可到达，受袭可能性最小。到达大厅应区分到达出口内外，内部区域仅仔细安检人员可到达，到达出口外初级安检人员也可到达；运营控制中心则需视其采取的防护措施确定其潜在威胁。

人员安全性分类 表 9.2-1

人员分类	描述	人员安全性
未经安检人员	人员未经安全检查，如乘载机场大巴进场人员以及从停车库进入交通中心人员	非常可能携带爆炸物、枪支或纵火装置等，安全性极低
一般安检人员	人员经过一般安检，如地铁与城铁安检	有一定可能携带爆炸物、枪支；但非常可能携带纵火装置，安全性低
航站楼初级安检人员	人员经过航站楼初级安检，如进入出发大厅人员以及从换乘大厅进入航站楼到达层人员	携带爆炸物、枪支的可能性低；但非常可能携带纵火装置，安全性中
航站楼仔细安检人员	人员经过航站楼仔细安检，如进入候机大厅人员	几乎不可能携带爆炸物、枪支或纵火装置，安全性高
内部员工	经过航站楼仔细安检	几乎不可能携带爆炸物、枪支或纵火装置，安全性高

车辆安全性分类 表 9.2-2

车辆分类	描述	车辆安全性
未经安检社会车辆	没有经过仔细检查	很有可能携带爆炸物、枪支等，安全性低
安检社会车辆	经过全面仔细安检	几乎不可能携带爆炸物、枪支等，安全性高
机场工作车辆	如机场巴士，旅游巴士，机场货运车辆等，此类车辆可能经历比社会车辆严格一些的安检，但并不是全面仔细检查	有一定可能携带爆炸物、枪支等，安全性中

（2）易损性分析

易损性分析是指潜在爆炸威胁下分析对象的防护系统性能降低甚至失效的可能性，确定其发生破坏甚至倒塌的概率。易损性可分为低、中和高三级。

（3）危害性分析

后果即危害性分析，主要是确定威胁造成的人员伤亡、经济损失和社会影响等，可分为轻微、中等、严重和非常严重四级。

（4）风险分析

可按式（9.2-1）计算风险水平，也可通过将三个风险参数（危险性、易损性和危害性）的定性级别用逻辑组合和专家判断的模型组合起确定风险等级，即低（Low）、中（Moderate）、高（High）和非常高（Very High）。

风险分析的结果可表达在平面布置图上，如图9.2-1所示。

2. 防恐安全规划

防恐安全规划是指通过合理的基地选址、场地设计和功能分区，以及安检措施和车辆阻挡装置的布设等，在爆炸风险等级高或非常高的情况下将爆炸风险降到最低。具体的内容包括：

（1）重要性等级高的建筑、设施需远离道路和地面停车场，且不宜设置地下停车场。

（2）无法保障整体建筑具有足够的安全距离时，应通过合理的功能分区，将重要性等级高的部位远离道路、停车场和周边公共建筑。

（3）通过设置安检卡口和可疑物品专门检查空间，加强对人员和车辆等装载工具的爆炸物检测，增大潜在爆炸威胁的爆距。

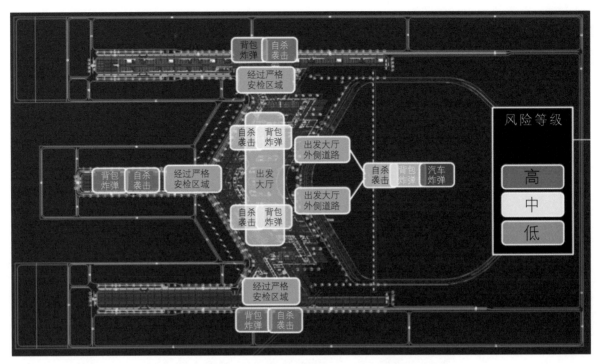

图 9.2-1　乌鲁木齐机场 T4 航站楼出发层的风险分析结果

（4）通过设置车辆阻挡装置或建筑外围防爆墙等措施，降低潜在爆炸威胁的当量。车辆阻挡装置可为专门的防撞墩、防撞墙，也可利用地形、花坛等景观设施（图 9.2-2）。

（5）设置合理的应急疏散系统。

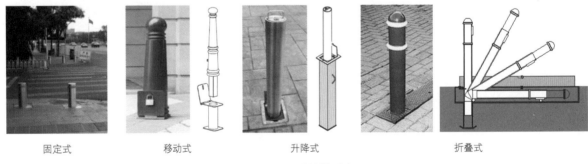

固定式　　　　　移动式　　　　　升降式　　　　　折叠式

图 9.2-2　防撞墩形式

图 9.2-3 为乌鲁木齐机场 T4 航站楼陆侧核心区车辆安检点布设规划，图 9.2-4 为在此基础上出发层的防撞墩布置。

9.2.2　关键结构构件的抗爆设计

抗爆结构首先应具有较好的整体性、延性和冗余度，具有承受偶然荷载的能力和传递偶然荷载的途径，同时，结构的抗爆关键构件应具有较多的冗余约束。抗爆关键构件是指直接承受爆炸荷载且失效后可能引起结构严重破坏或连续倒塌的结构构件，应基于爆炸风险分析和安全规划结果来确定。单从受力角度，框架结构的抗爆关键构件可为结构底层或地下车库层的角柱、长边中

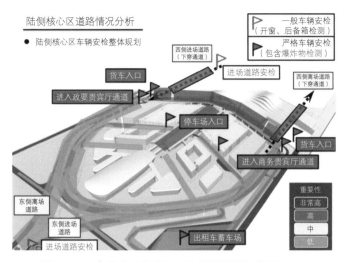

图 9.2-3　乌鲁木齐机场 T4 航站楼陆侧核心区
车辆安检整体规划

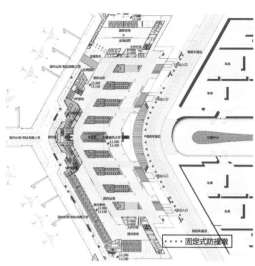

图 9.2-4　乌鲁木齐机场 T4 航站楼出发层
防撞墩布置方案

间部位外柱和内柱等，大跨空间结构的抗爆关键构件可为支座、支座附近杆件或预应力空间钢结构的钢索等。

　　抗爆关键构件的抗爆性能宜通过细致的非线性动力有限元分析确定。有限元分析可采用 LS-DYNA 等通用显式有限元程序，数值模型的建立应符合结构构件的实际受力特征，选取合适的单元类型、材料模型、网格划分和边界条件。爆炸作用下的材料模型应考虑应变率效应。根据数值分析的结果，判断设计爆炸威胁下关键结构构件的破坏模式和残余承载力（图 9.2-5）。

　　当抗爆关键构件的抗爆性能不能满足要求时，应采取综合的抗爆加强措施，如：加强安检措施，增大建筑防护安全距离；设置隔离阻挡装置，阻止爆炸物靠近关键结构构件；设置防爆墙等防护设施，避免其直接承受爆炸作用；通过外包钢板、改进截面设计等措施提高关键构件的抗爆性能（图 9.2-6）。

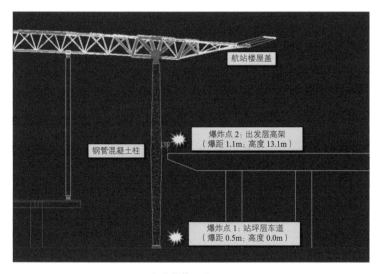

（a）爆炸工况

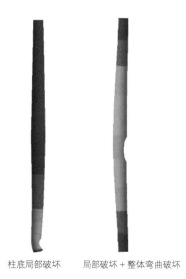

（b）破坏模式

图 9.2-5　乌鲁木齐机场 T4 航站楼楼前立柱抗爆分析

图 9.2-6　乌鲁木齐机场 T4 航站楼换乘中心结构柱防爆措施

9.2.3　结构防连续倒塌设计

结构连续性倒塌是指爆炸等偶然荷载作用下结构构件或局部结构发生破坏，并引发连锁反应，最终导致整体结构倒塌或者造成与初始局部破坏不成比例的结构大范围倒塌。结构连续性倒塌的设计可参照《民用建筑防爆设计标准》T/CECS 736—2020[1] 或《大跨度建筑空间结构抗连续倒塌设计标准》DG/TJ 08—2350—2021[9]。

航站楼结构的防连续倒塌设计应首先进行概念设计并进一步采用拆除构件法或改进的拆除构件法进行连续性倒塌分析，保证结构在爆炸荷载作用下不因关键结构构件失效而发生连续倒塌。

防连续性倒塌的概念设计包括：采用合理的结构布置，避免出现薄弱部位；提高结构重要部位的冗余度，增加替代传力路径；合理划分结构区域，控制结构破坏范围；保证节点和连接的强度；保证梁柱节点梁端的转动变形能力；保证结构关键构件及相邻构件有反向承载能力。

拆除构件法是分析移除关键结构构件后剩余结构的响应与破坏；改进拆除构件法在拆除构件法的基础上，同时考虑与拆除构件相邻的构件在爆炸荷载作用下的初始条件和初始损伤。航站楼结构的连续倒塌分析宜采用非线性动力分析法，考虑材料动态本构模型和阻尼。

图 9.2-7 和图 9.2-8 所示为虹桥机场 T2 交通中心的连续性倒塌分析工况，采用 LS-DYNA 进行非线性动力有限元分析。分析时首先模拟结构在 1.2 恒载 +0.5 活载下的初始静力状态，然后瞬间去除某关键构件，分析结构的整体动力反应，根据承载力和变形破坏标准判断是否有构件破坏；如有破坏，则删除该构件并从该构件破坏时刻继续进一步分析。分析结果表明：柱 130 去除后，柱顶受压支撑 1 在达到屈曲承载力率先破坏，而后梁 10049 由于端部剪力达到极值而破坏，并进一步引发梁 10021、10039 和 10040 因端部剪力超限而发生破坏。而当同时去除柱 129 和 130 时，将发生连续性倒塌，如图 9.2-7 所示。

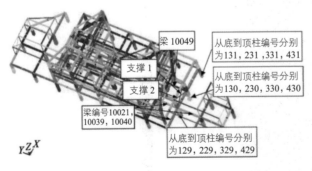

图 9.2-7　连续性倒塌分析工况 [10]

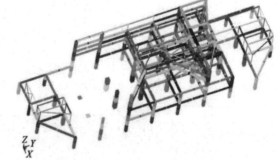

图 9.2-8　同时去柱 129 和 130 引发的连续性倒塌 [10]

9.2.4　建筑幕墙的抗爆设计

航站楼立面通常采用大量的玻璃幕墙。玻璃是一种脆性材料，在爆炸冲击波作用下易发生脆性断裂破坏，产生的高速碎片会对室内人员和设施造成重大伤害；而且玻璃断裂后不能阻挡爆炸冲击波向室内的传播，从而造成对室内人员和设施的二次伤害。统计数据表明，爆炸中大量的人员伤亡是由高速飞行的玻璃碎片引起的。幕墙的抗爆设计可参照《民用建筑防爆设计标准》T/CECS 736—2020[1] 进行，幕墙的抗爆性能可按表 9.2-3 分级 [7, 11]。

玻璃幕墙防护等级的界定　　　　　　　　　　　　　　　　表 9.2-3

性能分级	防护等级	威胁等级	破坏情况说明
1	非常高	无威胁	玻璃及边框无破坏发生
2	非常高	无威胁	玻璃发生破碎，室内侧表面的玻璃仍完整保留在边框上，少量材料碎片脱落
3a	高	非常低	玻璃发生破碎，碎片进入室内，进入距离小于 1m
3b	高	低	玻璃发生破碎，碎片进入室内，进入距离为 1～3m
4	中	中	玻璃发生破碎，碎片进入室内，在 3m 处距地面高度为 0～0.6m
5	低	高	玻璃发生破碎，碎片进入室内，在 3m 处距地面高度大于 0.6m

考虑节能环保，大型机场航站楼常采用中空幕墙，支承体系常采用框支式、点支式。为减少爆炸作用下的碎片飞溅，幕墙面板需采用夹胶玻璃，夹胶材料可为 PVB 或 SGP 且夹层厚度不小于 0.75mm。大尺寸玻璃幕墙的抗爆设计，也可采用索网等碎片捕捉系统最大程度地减少碎片飞溅或破碎后的整片夹层玻璃的飞溅。

幕墙系统的抗爆性能宜采用 LS-DYNA 等通用显式有限元程序进行细致的非线性动力有限元分析确定 [12-14]。有限元模型应选取合适的单元类型、材料模型、网格划分和边界条件，玻璃、夹胶、金属框或支承等应分别采用相应的材料模型，并考虑应变率效应 [15-17]。在不改变边框刚度以及边框与玻璃面板间传力路径的前提下，可对具体构造进行合理简化。图 9.2-9 给出了中空夹胶玻璃抗爆性能分析的有限元模型。幕墙系统的抗爆分析时，还需考虑爆炸产生的负压作用，而且应考虑荷载的不同分布（图 9.2-10）。有限元分析可给出设计幕墙的破坏模式（图 9.2-11）及破坏程度，包括玻璃开裂、夹层撕裂、玻璃破碎后的整体飞溅和飞溅距离，如表 9.2-4 所示。

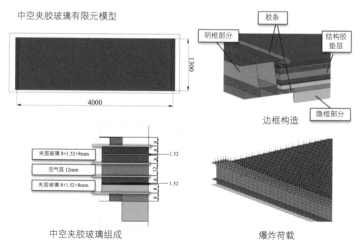

图 9.2-9　中空夹胶玻璃抗爆性能分析的有限元模型

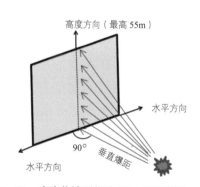

图 9.2-10　玻璃幕墙受爆分析工况示意图

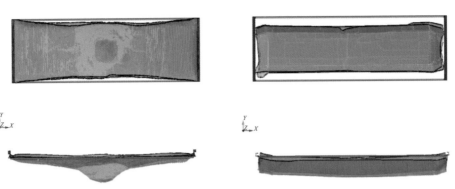

（a）局部型破坏，25kgTNT 背包炸弹，爆距 1m　　（b）整体型破坏，500kgTNT 汽车炸弹，爆距 25m

图 9.2-11　爆炸作用下某中空夹胶玻璃幕墙的破坏模式

某玻璃幕墙的抗爆性能对比分析结果　　　　表 9.2-4

| 板块高度（m） | 中空 PVB 夹层玻璃 | | | | | | 中空 SGP 夹层玻璃 | | | | | |
| | 100kg@25m | | | 250kg@25m | | | 100kg@25m | | | 250kg@25m | | |
	性能分级	抛射速度（m/s）	抛射距离（m）	性能分级	抛射速度（m/s）	抛射距离（m）	性能分级	抛射速度（m/s）	抛射距离（m）	性能分级	抛射速度（m/s）	抛射距离（m）
0.5	2	—	—	3b	8.08	2.87	2	—	—	3b	6.52	2.06
10	2	—	—	5	4.34	6.05	2	—	—	5	3.84	5.37
20	2	—	—	2	—	—	2	—	—	2	—	—
30	2	—	—	2	—	—	2	—	—	2	—	—
42	1[a]	—	—	2	—	—	1[a]	—	—	2	—	—

注：1. a 表示玻璃面板无破坏，但回弹时结构胶发生破坏；

2. "—" 表示未脱框工况。

9.3　航站楼结构健康监测

　　基于防灾减灾对航站楼的重要性，对结构的性状进行健康监测正逐渐成为航站楼结构健康与安全保障的手段之一。结构的健康监测是应用无损检测手段来评价结构安全水平的有效方法，目前已发展到以数据处理为核心、信号处理与知识处理相结合的智能发展阶段，可以通过运用该手段来对航站楼结构进行整体的实时健康诊断。

9.3.1　航站楼结构健康监测的必要性

1. 结构安全性要求

　　航站楼钢屋盖大多采用大跨度空间结构，结构受力机理较复杂，虽然目前的设计理论和数值模拟技术已能对结构的受力情况进行理论上的预测，但施工情况和环境条件的复杂性使得结构的实际情况与理论难免存在差异，结构关键部位及构件的工作状态难以准确评估。结构在长时间的使用过程中，结构构件也存在老化、徐变等可能影响结构性能的同样难以精确评估的材料性能变化。结构的全过程健康监测能够实时监控结构的工作状态，及时发现结构的安全隐患并做出预警，为将安全隐患消除于萌芽状态、确保结构体系顺利完成其历史使命提供条件。

2. 运行与养护管理需求

根据航站楼运营需求开发的健康监测系统，可以实现无人值守，实时不间断对结构进行健康监测，动态了解航站楼在日常使用环境下以及在强台风、地震、火灾等灾害性荷载下的结构性态，进行极端灾害情况下的安全性预警，为灾害时的应急管理提供决策依据；不出现报警的情况下，通过定期和特定条件的系统评估，给出航站楼结构相关的运维策略，提高结构使用安全度，使得运维施工工作有的放矢，减少投入。

3. 规范要求

近年来，国家、地方、行业及相关协会编制了多本结构健康监测方面的规范和标准，用以指导结构健康监测工作的实施。其中《建筑与桥梁结构监测技术规范》GB 50982—2014 对需进行施工期间监测和使用期间监测的大跨空间结构做了明确规定，满足下列条件之一的大跨空间结构宜进行施工期间监测：

（1）跨度大于 100m 的网架及多层网壳钢结构或索膜结构；

（2）跨度大于 50m 的单层网壳结构；

（3）单跨跨度大于 30m 的大跨组合结构；

（4）结构悬挑长度大于 30m 的钢结构；

（5）受施工方法或顺序影响，施工期间结构受力状态或部分杆件内力或变形与一次成型整体结构的成型加载分析结果存在显著差异的大跨空间结构。

满足下列条件之一的大跨空间结构宜进行使用期间监测：

（1）跨度大于 120m 的网架及多层网壳钢结构或索膜结构；

（2）跨度大于 60m 的单层网壳结构；

（3）结构悬挑长度大于 40m 的钢结构。

设计文件中应根据项目的具体情况，对结构健康监测提出明确要求。

4. 数字化与智慧建造需求

国家"十四五"规划及 2035 年远景规划明确促进数字经济、人工智能领域的科学和技术发展，住建部也在大力促进智慧结构和智慧城市的建立和推广，"数字机场""智慧机场"是未来机场发展的重要目标，机场航站楼的建造和管养作为机场发展的重要组成部分，以信息化、数字化为核心的航站楼结构健康监测系统可以作为智慧机场中心网络化、信息化、数字化的子项目，助力全面提升机场现代化、科学化、智能化建设与管理水平。

9.3.2　主要监测内容

航站楼项目的结构健康检测目前主要围绕大跨度屋盖结构、减隔震装置、围护结构这几项内容进行。

1. 大跨度屋盖结构监测

大跨度空间结构按荷载作用、环境特点划分为载荷源监测和结构响应监测。

（1）结合环境特点的载荷源监测（图 9.3-1）

1）温度监测：大跨度钢屋盖主桁架关键构件设置温度测点；结构构件表面的日夜温差、结构构件向阳和背阳处的表面温差、不同季节的温差均将致使结构产生十分明显的变形和内力。

2）风环境监测：屋盖最高处设置风速风向测点、屋面设置风压监测点；风速监测传感器获得钢屋面顶部不同方向的来流风速和风向数据，风环境监测应与结构的风致响应监测相结合，以建立起有效的荷载 - 响应关系，实现强风灾害的预警以及风荷载作用下结构的损伤识别和健康评估。

3）雪荷载监测：针对雪荷载较大地区的航站楼，屋面应设置雪压、雪厚监测点。

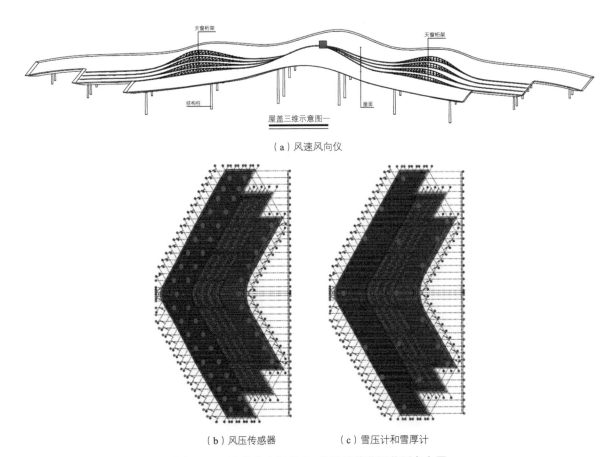

（a）风速风向仪

（b）风压传感器　　　　　（c）雪压计和雪厚计

图 9.3-1　乌鲁木齐机场 T4 航站楼载荷源监测点布置

（2）结合结构特点的结构响应监测（图 9.3-2）

1）位移监测：钢屋盖支承柱、屋盖结构主桁架设置位移测点；

2）应力应变监测：钢屋盖支承柱、屋盖结构主桁架、拉索等关键构件布置应力测点；

3）动力特性监测：结合屋盖结构振型特点，沿钢屋盖主结构设置动力特性测点。

2. 设置减隔震装置的航站楼监测

针对高烈度地区设置减隔震装置的航站楼及高铁和城市轨交下穿的航站楼，通常进行下述监测：

（1）地震作用监测：在航站楼大底板设置地震作用测点；

（2）隔震层支座位移监测：航站楼隔震层选取支座进行位移监测（图 9.3-3b）；

（3）隔震层温度、湿度监测：隔震层温度会显著影响隔震支座的位移，监测隔震层温、湿度变化可用于对支座位移原因的评判（图 9.3-3a）；

（4）减隔震区的振动监测：高铁和城市轨交影响区域，在边界以外、边界上、边界以内均设置振动测点，监测平行于轨线、垂直于轨线方向的振动，关注减隔震区受高铁和城市轨交影响产生的振动情况；

（5）主楼的水平振动监测：受地震动或高铁、城市轨交影响，下部混凝土主体结构的水平振动；

（6）下部超长混凝土结构应力、温度监测：超长混凝土结构布设应力测点，实时监测应力随温度的变化情况。

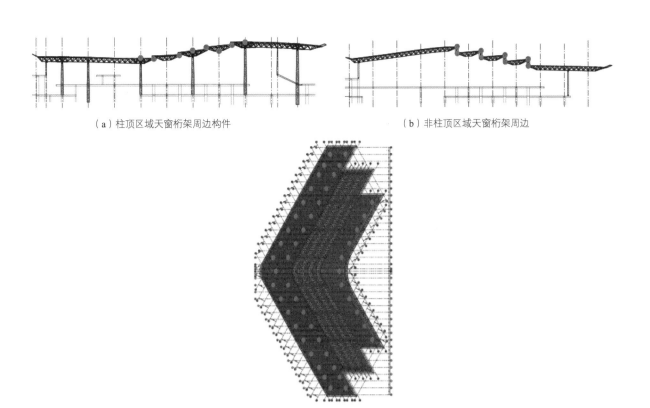

（a）柱顶区域天窗桁架周边构件　　　　　　　（b）非柱顶区域天窗桁架周边

（c）天窗以外区域

图 9.3-2　乌鲁木齐机场 T4 航站楼构件应力（兼温度测点）

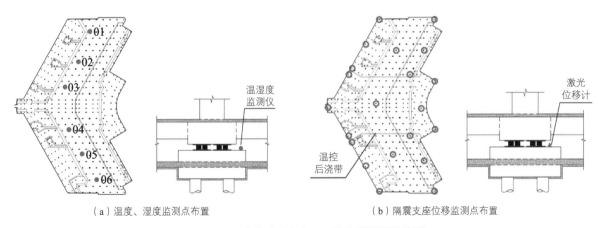

（a）温度、湿度监测点布置　　　　　　　　　（b）隔震支座位移监测点布置

图 9.3-3　乌鲁木齐机场 T4 航站楼隔震层监测

3. 围护结构监测内容

对于风敏感的航站楼金属屋面及墙面围护结构，有必要从变形、动力特性等方面对围护结构的风效应，特别是抗风揭效应进行长期的跟踪和监测；在遭遇恶劣天气后，应进行数据评估，检查和验证围护结构的安全性和正常使用：

（1）短期变形监测：结构建造结束使用无人机设备进行三维扫描，使用阶段进行多次三维扫描，对比不同阶段的变形状态；

（2）长期变形监测：设置若干高清摄像装置，实时监测围护结构的变形，重点考察风灾前后变形状态；

（3）振动监测：对风敏感的部位布置较多的振动测点，尤其关注大风后结构的振动特性，对于振动异常的部位，应分析判断原因并采取相应的对策。

9.3.3　监测系统的组成

1. 监测系统总体框架

一般来说，航站楼结构监测系统应包括施工阶段监测系统和使用阶段监测系统，施工阶段监测可以为后期使用状态的监测获得一个初始态。施工阶段监测系统的设计充分考虑到与使用阶段健康监测系统的相关性，各类传感器的布置在满足施工监测系统的要求下兼顾结构使用阶段健康监测系统的需求。

施工期间的结构健康监测根据现场条件一般选择无线监测，运营期根据现场数据情况沿用或改设有线监测系统。监测单位在机场航站楼项目各测点安装的监测设备，包括应变计、加速度计、位移计、风速风向仪、风压计等，各测点设备通过模拟信号线将监测数据传输至弱电间子站内。施工阶段，各相关设备安装完成后，通过弱电间机柜内的无线发射装置将实时监测数据发送至监测单位服务器上，获得权限用户可以通过电脑、手机、iPad等各种终端查看数据。结构竣工验收前，所有设备安装完成后，有条件情况下取消无线发射装置而采用光纤将各个弱电间子站内数据传输至总控中心服务器内，为项目建立一套完整的健康监测系统。

航站楼布置的结构健康监测系统可分解为5个子系统，各子系统构成及功能如表9.3-1所示。

子系统构成及主要功能

表 9.3-1

子系统	完成的主要功能
传感器系统	直接测得各种荷载源情况和结构响应
自动化数据采集与传输系统	信号采集、传输、处理和分析控制（包括数据采集模块和传输模块、数据处理与控制模块）
中心数据库处理与控制子系统	各子系统数据的支撑系统，完成数据的归档、查询、存储、维护和打印输出等工作
结构安全预警与综合评估子系统	（1）结构安全状态评定； （2）结构实时监测与预警； （3）维护、维修建议及计划
用户界面子系统	该系统为完整的人机交互子系统，实现将各种数据实时按需求向用户展示，并且接受用户对系统的控制与输入

2. 监测系统总体性能

航站楼建立的施工阶段和运营阶段结构健康监测系统应能够满足如下性能：

（1）根据所测量物理量的不同，在进行传感器测点布置时，综合考虑传感器对所测物理量的灵敏度，不同测点的正交性，以及安装时的可操作性。

（2）数据采集能够确保获得高精度、高品质、不失真数据，包括数据采集软硬件以及数据采集制度的确定，满足传感器的监测要求。数据采集软件应能够实现数据实时采集、自动存储、缓存管理、即时反馈等功能；设备配置能进行本地或远程调整，可通过标签数据库或本地配置文件进行信息读取；应对传感器输出信号、数据采集和传输设备的运行状态信号进行实时采集。

（3）监测系统应能够兼顾施工阶段和运营阶段的监测需求，实现运营阶段监测系统与施工阶段监测系统无缝连接，满足施工阶段和运营阶段监测系统之间的设备和数据共享，以获得更为高效、合理的监测系统。

（4）进行实时监控，实现结构响应状况连续稳定的监测。系统综合考虑无线与有线相结合的数据传输模式的应用。

（5）监测系统具有"可视化"的人机交互界面，其面向对象主要为系统管理维护人员。中心数据库具备完善的数据管理功能。

（6）实现项目场地内外的远程监控，系统所得数据及分析结果能及时传输到总监控中心及其他有关部门，如设计人员。

（7）传感器及其监测系统现场线路布置应尽量少，提高系统工作性能稳定性、抗干扰性和耐久性，并减少对施工与结构美观的影响。

3. 传感器系统

传感器系统包括所有感知结构环境、结构荷载、结构特性和结构响应的传感器元件及网络，传感器系统是结构健康监测系统最前端的部分。

航站楼结构健康监测用传感器按所监测的参数可分为下列几类（图9.3-4）：

（1）环境监测类传感器：包括温湿度传感器、风速风向传感器、雪载传感器等；

（2）几何监测类传感器：包括位移传感器和全球卫星定位系统（GPS）等；

（3）结构响应监测类传感器：包括应变传感器、位移传感器、加速度传感器等。

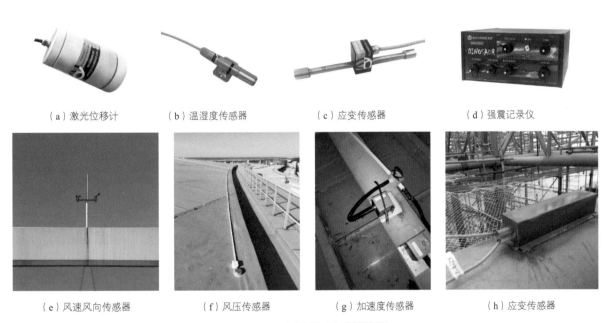

（a）激光位移计　　　（b）温湿度传感器　　　（c）应变传感器　　　（d）强震记录仪

（e）风速风向传感器　　　（f）风压传感器　　　（g）加速度传感器　　　（h）应变传感器

图9.3-4　主要监测传感器类型

航站楼健康监测的传感器选型应符合下列原则：

（1）结构健康监测应根据具体的项目要求和实际应用条件，本着"监测完整、性能稳定兼顾性价比最优"的主要原则选择合理的传感器类型和数量；

（2）传感器应根据结构状态、体系和形式以及经济条件选择，并结合健康监测中具体内容和目的选择适宜的传感器类型和数量；

（3）传感器应在监测期间具有良好的稳定性和抗干扰能力，采集信号的信噪比应满足实际工程需求；

（4）宜选择具有补偿功能的传感器。

航站楼健康监测的传感器布置应符合下列原则：

（1）监测的数据应对实际结构的静、动力参数或环境条件变化较为敏感；

（2）监测的数据应能充分并准确地反应结构的动力特性；

（3）监测的参数应能够与理论分析结果建立起对应关系；

（4）应能通过合理添加传感器对敏感区域进行数据重点采集；

（5）宜在结构反应最不利处或已损伤处布置；

（6）可合理利用结构的对称性原则布置传感器，达到经济合理的目的；

（7）传感器的布置宜便于安装和更换；

（8）宜减少信号的传输距离，确保信号正常传输。

4. 数据采集与传输系统

数据采集与传输系统包括对传感器系统获得的信息进行采集和数据传输的网络系统，是结构健康监测系统中进行测量信息传输的部分。数据采集与传输系统由数据采集单元和数据传输网络构成。

数据采集与传输子系统是结构健康监测系统的中心枢纽，一端与传感器子系统相连，完成传感器信号的调理、模数转换；一端通过无线发射模块与数据处理和管理子系统（监测中心）相连，完成数据的远程传输。

数据采集硬件主要含静态采集仪，动态采集仪。

数据采集软件，用于实现数据实时采集、自动存储、缓存管理、即时反馈和自动传输等功能；与数据库系统和数据分析软件稳定、可靠地通信，可本地或远程调整设备配置，可通过标签数据库或本地配置文件进行信息读取；对传感器输出信号、数据采集和传输设备的运行状态信号进行实时采集，对系统运行状态进行监控，异常时可及时报警；接受并处理数据采集参数的调整指令，并记录和备份处理过程。

数据传输保证系统各模块之间无缝连接，以成为一个有机协调的整体，确保监测数据和指令在各模块之间高效可靠地传输。

5. 数据处理与控制系统

数据处理与控制系统直接对测量信息进行处理和分析，并在此基础上对结构运营状态进行动态显示，必要时进行结构控制，发布灾害预警信息。数据处理与控制系统由高性能计算机和数据处理及分析软件构成。

数据处理与控制系统主要负责控制数据采集、处理、传输、汇集、归档、备份、显示及初步计算，并通过网络控制安装在体育中心上的数据采集子站。数据处理与控制系统对数据库中的大量测试数据进行校准、抽取、转换、分析和其他模型化处理，完成数据 - 信息 - 知识的转化，将经过处理和分析的数据传送到结构健康数据管理系统，为后续健康监测和数据管理提供数据基础。

数据处理与控制系统的工作是由软件自动完成的。软件包括两个方面的内容：一是指各子系统软件之间的接口、调用及合理的触发机制；二是指各软件同数据库之间的接口、通讯。

6. 结构安全预警系统

结构性态评估系统是结构健康监测系统的核心部分。基于结构设计信息、分析模型和监测系统获得的实测监测信息，系统应能够进行综合的精细化结构分析、参数灵敏度分析、结构特性分析、结构响应预测、结构参数与损伤识别、结构性态评估等。

数据诊断及评估系统是指在系统运行过程中当监测数据超过警戒值时发出报警信息，提醒管理员及时检查异常情况，迅速对异常状况进行确认，并采取应急措施。

9.3.4 结构的健康评估

航站楼结构的健康评估是结构进行健康监测的重要目的之一，根据航站楼监测内容，评估总体可分为荷载输入评估和结构响应评估，对温度、风环境监测数据的评估属于输入荷载评估，对位移、应力、加速度等数据的评估属于结构响应评估。

1. 输入荷载评估

通过对输入荷载进行详细的统计分析，得出输入荷载的规律，并与输入荷载设计允许值进行比较，判断实际的输入荷载是否超出了设计荷载的范围。若监测输入荷载超出设计荷载范围，则进行预警，并输入监测荷载进行有限元模型分析，评估结构响应状态，判断结构的安全性。

（1）地震动参数指标可选用地震动水平向加速度作用，根据航站楼监测得到的地震动数据，统计出地震作用最大值、地震反应谱及其参数等；

（2）根据航站楼监测得到的风环境数据，统计出极值风速、脉动风速谱及其参数等；

（3）根据监测的温度数据，给出最低和最高温度及不利温度场分布；

（4）根据监测的雪载数据，给出最大雪压和雪深统计。

荷载作用预警阈值由设计根据结构具体情况设定并提供健康监测单位加入评估系统中。

2. 结构响应评估

对结构响应进行评估时，包括基于监测数据的直接评估、基于有限元模型的安全评估。

对结构响应的评估，首先应对结构的响应数据进行统计分析，得出结构响应的规律，通过对比多个时间段测量到的结构响应数据，得出结构响应的发展趋势，再将结构响应的实测数据与结构响应的理论数据进行比较分析，看实测数据是否超出设计限制范围。

（1）基于监测数据的直接评估

1）应力数据评估

钢构件应力评估综合考虑钢材牌号、钢材板厚及受拉和受压构件承载力差异，受拉构件确定应力预警阈值可用下式表示：

$$\sigma = \gamma f$$

受压构件确定应力预警阈值可用下式表示：

$$\sigma = \gamma \varphi f$$

式中，σ 为构件应力；γ 为预警值调整系数，可参照表 9.3-2 设置多级预警系数；f 为材料强度设计值；φ 为轴心受压构件稳定系数。

应力预警阈值 表 9.3-2

预警级别	预警阈值
I	0.9
II	0.7
III	0.5

2）变形数据评估

主体结构位移可参照按表 9.3-3 确定多级预警阈值。

结构变形预警阈值 表 9.3-3

预警级别	预警阈值
Ⅰ	0.9w
Ⅱ	0.7w
Ⅲ	0.5w

注：w 表示最大允许位移。

3）隔震支座位移评估

结合支座设计极限位移设置预警阈值，支座极限位移是按照罕遇地震作用下设计计算分析的位移，在正常使用状态下，支座可能由于温度变化、混凝土收缩等原因发生位移。支座位移预警阈值按正常使用阶段、发生地震时分别进行设置，支座实测位移与设计极限位移对比得到百分比，可参照表 9.3-4 确定多级预警阈值。

隔震支座位移预警阈值 表 9.3-4

预警级别	预警阈值
正常使用阶段	
Ⅰ	15%
发生地震时	
Ⅰ	80%
Ⅱ	50%
Ⅲ	25%

4）动力特性评估

将结构一阶自振频率实测值与结构竣工后第一年一阶频率对比，得到变化百分比，可参照表 9.3-5 确定预警阈值。

结构一阶自振频率变化百分比预警阈值 表 9.3-5

预警级别	预警阈值
Ⅰ	25%
Ⅱ	15%
Ⅲ	10%
Ⅳ	5%

（2）基于有限元模型的数据评估

1）施工期建立施工阶段分析模型，并结合现场情况及时调整施工计算步。施工阶段以施工阶段分析模型为基础，应力和变形监测数据与仅考虑结构自重的有限元模型计算结果进行比较，判断实测值与计算值的差异。

2）使用阶段以有限元模型为基础，施加阈值计算所需的荷载，得到航站楼相关位置的极限应力／变形值，设置监测预警值。

动力特性监测频率可以与有限元模型计算结果比较，若二者频率一致，则结构施工完成符合设计预期。

参考文献

[1] 刘维宁，等．地铁列车振动环境影响的预测、评估和控制 [M]．北京：科学出版社，2014．

[2] 张胜龙．地铁列车引起的周围建筑物振动及二次噪声预测研究 [D]．北京：北京交通大学，2016．

[3] 同济大学．浦东机场三期扩建工程捷运系统振动分析与振动实测研究 [R]．2016．

[4] 中铁二院工程集团有限责任公司．昆明长水国际机场 T2 航站楼及综合交通枢纽工程专项研究 [R]．2020．

[5] 建研科技股份有限公司．杭州萧山国际机场三期结构列车振动影响研究 [R]．2018．

[6] 颜锋，等．北京大兴国际机场的列车振动影响研究 [J]．建筑结构，2017，33(5):8-13．

[7] 中国工程建设标准化协会．民用建筑防爆设计标准：T/CECS 736—2020[S]．北京：中国建筑工业出版社，2020．

[8] 李国强，刘春霖，陈素文，译．安全风险评估和管理—建筑物及基础设施防护指南 [M]．北京：中国建筑工业出版社，2012．

[9] 上海市住房和城乡建设管理委员会．大跨度建筑空间结构抗连续倒塌设计标准：DG/TJ 08—2350—2021[S]．上海：同济大学出版社，2021．

[10] 周健，陈素文，苏骏，等．虹桥综合交通枢纽结构连续倒塌分析研究 [J]．建筑结构学报，2010，31（5）：174-180．

[11] 美国总务管理局．玻璃窗和窗户系统抗爆性能标准试验方法：GSA—03[S]．2003．

[12] 陈素文，章宇宽，陈星．框支式 SGP 夹层玻璃抗爆性能的试验和数值模拟研究 [J/OL]．建筑结构学报，2021．https：//doi.org/10.14006/j.jzjgxb.2021.0279．

[13] 陈星，陈素文，李国强．爆炸作用下框支式聚乙烯醇缩丁醛夹层玻璃的破坏模式 [J]．同济大学学报，2021，49（11）：1565-1574．

[14] Chen S W，Chen X，Li G Q，et al. Development of Pressure-Impulse Diagrams for Framed PVB-Laminated Glass Windows [J]. Journal of Structural Engineering，2019，145（3）．

[15] Hooper P A，Blackman B R K，Dear J P. The Mechanical Behaviour of Poly（Vinyl Butyral）at Different Strain Magnitudes and Strain Rates [J]. Journal of Materials Science，2012，47（8）：3564-3576．

[16] Chen S W，Chen X，Wu X Q. The Mechanical Behaviour of Polyvinyl Butyral at Intermediate Strain Rates and Different Temperatures [J]. Construction and Building Materials，2018，182：66-79．

[17] 陈素文，陆钰佳，邵筱．考虑温度和加载影响的离子型中间膜拉伸力学性能 [J]．同济大学学报，2021，49（9）：1265-1274．

下篇　设计案例

华东建筑设计研究院有限公司1990年至2022年机场项目汇总

已建成

虹桥 T1 A 楼加建（1994）

浦东 T1*（1999）

扬州泰州*（2012）

南京 T2*（2014）

烟台 T1（2015）

日照（2015）

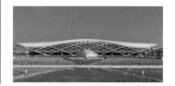

盐城（2018）

宁波 T2*（2019）

浦东卫星厅*（2019）

建造中

乌鲁木齐 T4*（计划 2024）

呼和浩特新机场*（计划 2024）

合肥 T2*（计划 2026）

设计中

昆明 T2*

南京 T3*

淮安 T2*

括号中为投运时间，带*为作者参与的项目

浦东 T2*（2004）

虹桥枢纽*（2010）

浦东 T1 改造*（2016）

温州 T2*（2018）

虹桥 T1 改造*（2018）

萧山 T4*（2022）

定日*（2022）

太原 T3*（计划 2026）

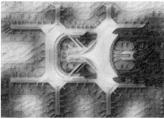

浦东 T3*（计划 2027）

洛阳 T3*

蚌埠*

大理*

澜沧*

案例一　｜　浦东国际机场 T1 航站楼

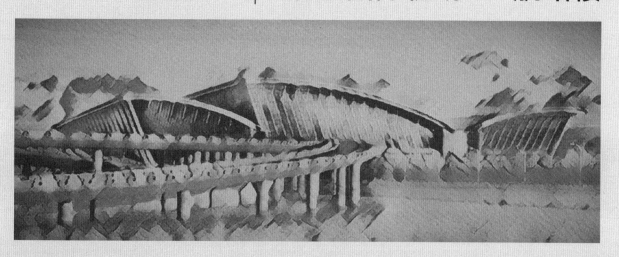

1.1	工程概况	265
1.2	地基基础	266
1.3	下部主体结构	266
1.4	钢屋盖结构	267
1.5	节点设计	273
1.6	试验与研究	275
1.7	吊装方案与施工模拟分析	276

项目地点	上海市浦东新区
建设单位	上海机场集团
旅客规模	2200 万人次 / 年
建筑面积	27.8 万 m² （航站楼）+15 万 m² （交通中心）
抗震设防烈度	7 度
基本风压	0.55kN/m²（50 年）
设计时间	1996 年 4 月起
投运时间	1999 年 9 月
方案设计	法国巴黎机场公司（ADP）
初步设计	法国巴黎机场公司（ADP）、华东建筑设计研究院
施工图设计	华东建筑设计研究院

1.1　工程概况

浦东国际机场 T1 航站楼由航站主楼和候机廊两大部分组成，二者间以两条宽 54m 的廊通相连。其建筑外形是一组轻灵的弧形钢结构支承在稳重的混凝土基座上，犹如振翅欲飞的海鸥，象征着浦东的腾飞（图 1-1）。上部建筑以大面积玻璃幕墙和金属屋面板围护，展现出现代高科技建筑风采，倾斜的幕墙赋予建筑以强烈的动感，形成鲜明的个性（图 1-2）。

与建筑物的外形相呼应，航站楼的内部空间也独树一帜，进厅、检票大厅、候机厅等主要功能部分均采用大跨度结构，形成数万平方米的无柱空间。置身于这些震撼人心的空间内，人们的视线可以透过玻璃幕墙到达金波万顷的东海，繁忙的停机坪和广袤的浦东大地。大空间内深蓝色的金属吊顶仅遮盖住结构圆弧形的上弦，宛若深邃无限的天穹，其下悬垂着一根根白色的腹杆，并以黑色的预应力钢索相串连，充分展现结构的力度（图 1-3）。而屋架与纵向柱列的错位布置又形成一种和谐的韵律。这种独一无二的空间效果使航站楼建筑从外观到内部都具有极强的个性，因而也极具标志性，给人以深刻的印象，与浦东国际机场作为国际枢纽航空港的地位十分相称。

图 1-1　一期航站楼总体

图 1-2　T1 航站楼外立面

图 1-3　航站楼室内

根据建筑功能的需要和受力特点，航站楼的结构采用了钢筋混凝土与钢结构两种体系。

1.2 地基基础

1. 地质条件

浦东国际机场位于东海之滨，场址用地为海滩发育而成。场地勘察报告揭示，场地浅部第②_$_1$层至第④层各土层分布稳定，土性均匀，第⑤层以下各土层由于地质历史上受古河道切割影响，其沉积分布范围、土性有较大差异。第⑤层黏性土划分为4个亚层。上海地区分布较广的第⑥层暗绿～褐黄色粉质黏土在场区缺失。第⑦层由于受东西向古河道切割，其层面南北向起伏较大，在古河道位置埋深较大，最深达 60m 左右，最浅处为 30m 左右。场地浅部地下水属潜水类型，补给来源主要为大气降水、地表径流及潮水，埋深一般为 0.85～2.20m。根据上海地区宏观地震地质背景、本场地工程地质条件，在宏观判别的基础上，结合多种方法综合分析评价，本场地按设防烈度 7 度（近震）考虑，为不液化（局部轻微液化）场地，场地土类别为Ⅳ类。

勘察报告揭示：本场地第⑤_$_{1-1}$层及其以上各土层以饱和软弱黏性土为主，不宜作为本工程的桩基持力层；⑤_$_2$层夹多量粉砂，土质较好，第⑤_$_4$层土质较好，但厚度较薄且分布很不稳定；第⑦_$_1$层砂质粉土、第⑦_$_2$层粉细砂层，工程力学性质均较好，但⑦_$_1$层在场地内分布不均匀，厚度变薄或缺失。

2. 基础与地下结构

综合上述地质情况，考虑到本工程对地基沉降变形有严格要求，选择⑦_$_2$层作为本工程的桩基持力层，采用预制钢筋混凝土方桩。并针对处于有⑦_$_1$层、无⑦_$_1$层、古河道河床边坡和古河道河床底部这四种地质状况，分别做了八组静载荷试桩，研究沉桩的情况和单桩设计承载力的取值。最终根据持力层层面的等高线平面，划分不同分区，选用不同的桩长和桩径。其中航站楼主楼，划为 85 个分区，选用了 450 方桩 18 种桩长、500 方桩 48 种桩长，总桩数为 2639 根。航站楼登机长廊，划出 64 个分区，选用了 450 方桩 17 种桩长、500 方桩 24 种桩长，总桩数为 2803 根。连接廊划出三个分区，选用 500 方桩 3 种桩长，总桩数 175 根。登机桥固定端，划为 28 个分区，选用了 450 方桩 4 种桩长、500 方桩 10 种桩长，总桩数 158 根。单桩承载力 3000kN。

航站楼基础设计采用了独立桩基承台、双向基础梁拉结，以提高基础的整体性。航站楼主楼和登机长廊分别有作为设备机房、仓库之用的地下室，主楼地下室宽度 50 多米，长度 400 多米；长廊地下室宽 5.6 米、长 1374 米，均为不设缝超长地下室。为了解决施工期间混凝土的收缩变形，设置了横向施工后浇带，主楼地下室设置了 4 道施工后浇带；长廊地下室设置了 14 道施工后浇带，并对其中的 7 道作了诱导缝设计。地下室采用了抗渗等级为 P8、强度等级为 C30 的混凝土浇捣，地下室外墙板还采用了掺加膨胀剂的混凝土浇捣，并配合相应的施工措施以减少裂缝的产生。

1.3 下部主体结构

地面以上共三层，采用现浇钢筋混凝土大柱网框架结构体系，并根据建筑的功能划分，设置了一定数量的剪力墙，以增加结构的整体刚度。整个混凝土结构有几个特点：第一，柱网大，纵向柱距均为 18m，横向为不等柱距，最大为 22.65m，部分大跨度梁采用预应力。第二，体量巨大，主楼平面长 402m，宽 102m；候机廊长达 1374m，宽 37m（图 1-4）。由于结构超长、超宽，因此纵横向均设置了温度伸缩缝，主楼纵向划分为 7 段，横向划分为 3 段，候机廊纵向划分为 20 段。伸缩缝区段的最大长度为 72m。第三，大面积清水混凝土，结构的大部分外露部分（包括室内、室外）采用清水混凝土，以取得特定的装饰效果，为此，结构设计中对混凝土原材料的选择（包括水泥、骨料和外加剂）、保护层厚度、模板及其支撑系统的设计、养护方法等方面都进行了专题研究和试验，取得了良好的效果。

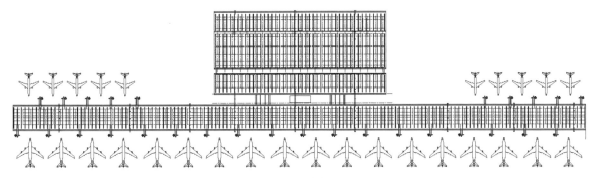

图 1-4　航站楼平面图

1.4　钢屋盖结构

12m 以上大空间全部采用张弦梁结构，由单跨的张弦梁分别覆盖进厅，办票厅、商业区和登机廊四个大空间，总覆盖面积（包括挑沿）约 16 万 m²，这是张弦梁这种结构体系在国内的首次应用。为了恰当地表达海鸥振翅欲飞的建筑创意，张弦梁由斜柱支承（图 1-5）。根据各跨结构的不同特点，设置了不同类型的预应力钢索来维持结构体系的稳定和抵抗邻海大风的影响。

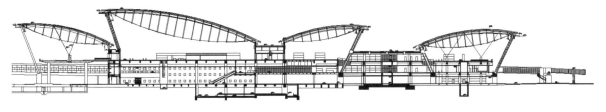

图 1-5　航站楼剖面图

1. 张弦梁 - 垂直向基本受力结构单元

本工程采用的张弦梁，上弦为圆弧形方管，下弦为折线形（圆的内接多边形），腹杆平行布置，均垂直于上弦圆弧两端的连线（图 1-6a）。跨越四大空间的四种张弦梁，分别简称为 R1、R2、R3 和 R4，其支承点水平投影跨度分别为 49.3m、82.6m、44.4m 和 54.3m。

上弦由三根平行的方管组成，中间主弦为 400mm×600mm 焊接方管，钢板壁厚 18 ～ 25mm，两侧副弦为 300mm×300mm 方管，壁厚 8mm，由两根冷弯槽钢焊成。主副弦之间由短方管相连，上弦的总宽度为 3.30m。腹杆采用圆钢管，管径 $\phi273$ ～ $\phi325$（图 1-6b）。上弦与腹杆均采用国产 Q345 低合金钢。下弦为单根钢索，采用上海浦江缆索厂生产的大扭矩挤包索，其材质为高强冷拔镀锌钢丝，强度级别为 1570MPa，外包黑色高密度聚乙烯。钢索两端通过热铸锚组件与上弦相连。腹杆上端以销轴与上弦相连，下端通过特殊设计的索球与钢索相连，这种构造可以保证在下弦张拉时或张弦梁整体受力时腹杆均只承受轴力（图 1-7）。

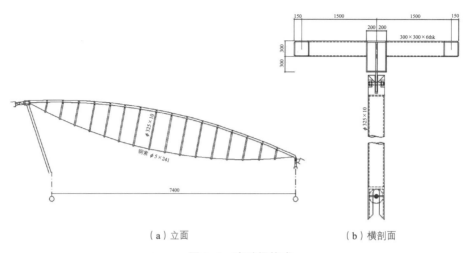

（a）立面　　　　　　　　　　　　（b）横剖面

图 1-6　张弦梁构成

机场航站楼结构设计与工程实践

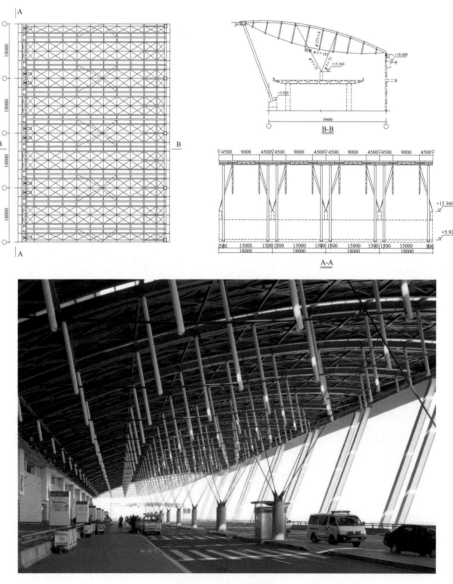

图 1-7　R1 布置图

张弦梁间距为 9m，而建筑纵向柱距为 18m，建筑师为了得到一种特殊的韵律，要求张弦梁与支承柱错位布置。为此，设置纵向托架来支承张弦梁并将荷载传递给纵向柱列。托架承受张弦梁传来的竖向力、水平力、扭矩，以及幕墙传来的水平力，采用宽 1700mm、高 1300mm 的空间桁架。

纵向托架支承于斜柱上，斜柱为双腹板工形柱，按 18m 轴线间距成对布置，两根柱之间距为 3m，在纵向形成 3 + 15 + 3 + 15 + 3 的韵律。斜柱的下端铰支于钢筋混凝土框架，上端与托架通过高强度螺栓刚接。

2. R1 屋盖 - 水平悬臂式抗侧 + 拉索抗风体系

R1 屋盖覆盖楼前高架路，相当于一个约 50m×400m 的大雨篷。且三面敞开，一边接近于封闭。R1 张弦梁的高端支承于纵向托架及斜柱，低端支承于纵向剪力墙（图 1-7）。该跨结构受力的特点是纵向刚度极不均匀，高端纵向支承体系的刚度远低于低端的钢筋混凝土剪力墙，三面开敞一面封闭的形体，正面气流进入后受到封闭墙面的阻挡而拥塞成为正压，与流过屋面的气流形成的负压相叠加，形成很大的向上的风压，对于采用柔性下弦而屋面覆盖材料又很轻的张弦梁结构，这是很不利的受力状态。

针对纵向刚度不均的情况，结构布置上采取了增强屋面低端在钢筋混凝土剪力墙上的固结并加强屋面上弦平面内支撑系统的措施。每榀张弦梁的低端支座设计成与剪力墙刚结，并在每个柱距内另设一根刚结于剪力墙的竖向箱形短柱，短柱与各榀张弦梁之间以箱形梁连接，共同承受纵向刚度不均匀而产生的扭矩。加强屋面上弦平面内的支撑系统，使整个屋面成为一个类似于圆柱壳面的水平向悬臂体系，从而减少纵向刚度不均所造成的扭转变形，把屋面高端的纵向位移控制在可接受的范围内。

向上的风压超过屋面体系的自重从而将使张弦梁下弦索的拉力消失而导致结构整体失效。为了保证结构能承受风压，并对有可能出现的超过设计风压的灾害性天气现象也有一定的抵御能力，设计中采用了设置抗风索的方法。抗风索每榀张弦梁设两根，相邻二榀张弦梁的四根索形成一组，其下端锚固于设在高架路分隔带中央的混凝土柱上，上端连接张弦梁上弦。每根索均施加一定值的预应力。抗风索的设置不仅可以有效地抵抗巨大的风吸，对改善屋面纵向刚度不均现象也有积极的作用。

3. R2、R3 屋盖 - 立面索抗侧 + 配重抗风体系

R2 和 R3 跨越办票大厅和商业餐饮大厅。每个大厅三面围以玻璃幕墙，另一面是混凝土墙，其张弦梁也是高端支承于托架和斜柱，低端支承于混凝土墙，其结构受力特点同样是纵向刚度不均匀。针对这一情况，在斜柱之间设置了由交叉索组成的支撑系统，与斜柱、托架共同形成纵向抗侧力系统，从而有效地改善了纵向受力情况，保证了玻璃幕墙平面内变形控制在可接受的范围内（图 1-8）。交叉索施加一定预应力，以保证在两向地震作用下所有的索都保持受拉状态。

张弦梁的弧形上弦，形似机翼，来流产生的升力效应，在屋面上产生很大负压。在设计风压作用下，作用于屋面的风吸力已接近屋面体系自重，为了保证此种状态下张弦梁下弦索中保持一定量的拉力值，采取了在张弦梁上弦箱形截面中灌注水泥砂浆的方法（图 1-9），这个方法简单易行，造价低，作用明确、直接。需灌浆的节间数由计算确定，其位置尽量布置在跨中，以使一定的附加质量产生尽可能大的下弦拉力。

本工程的围护结构施工顺序是金属屋面板先于玻璃幕墙，因此在施工的某一阶段，有可能出现屋面已完成，幕墙未封闭或未完全封闭的情况，从而形成不利的受风状态。风洞试验模拟了此种工况，设计中根据这种临时工况采取了在跨中增设临时抗风索的措施。

张弦梁受力效率高，跨度 82.6m 的 R2 屋盖理论用钢量约为 81.0kg/m²（不含托架）。

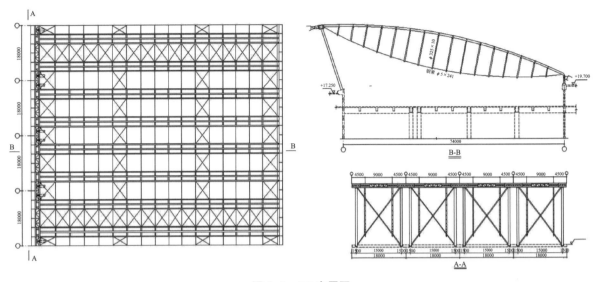

图 1-8　R2 布置图

图 1-9　上弦灌浆操作

图 1-10　R4 覆盖的登机廊

4. R4 屋盖 - 空间群索稳定体系

R4 覆盖候机廊，全长 1374m，候机廊的两侧共安置了 28 座登机桥，整个建筑的四周均用玻璃幕墙围护（图 1-10）。R4 采用两端均支承于斜柱和托架的张弦梁，整个结构体系的刚度很差，尤其是在横向，柱与托架节点虽按刚接设计，其抗弯刚度也很小，如果节点在某种作用下进入塑性，横向抗侧力体系即成为四铰机构。为了解决这一问题，设计中采用了群索稳定系统：设置两列纵向短柱（由下部混凝土框架柱向上延伸），柱距为 18m，每根短柱上设四根钢索，成倒四棱锥形布置。索的上端通过加强檩拉住张弦梁的上弦。索与张弦梁不在同一平面内，每根索的索力都有纵向和横向两个分量，因此可以对整个结构提供两向约束，从而保证体系的稳定，同时也完全解决了负风压作用下张弦梁本身的稳定问题（图 1-11）。对群索必须施加预应力才能使结构具有初始刚度。确定初始预应力值的原则是保证在水平力作用下各根索保持受拉状态，同时满足位移要求。群索的设置是本跨结构最显著的特点，也给建筑内部空间带来新意，同时也给结构设计与施工带来很大的难度。它使结构具有明显的非线性性质，结构分析中必须反映索的刚度与拉力值的关系。

R4 的斜拉群索是保持结构稳定、提供整体结构各向抗侧刚度、同时抵抗风吸的重要构件，其初始拉力值的确定是一个关键的问题。过小，会有部分索在水平力作用下退出工作，削弱结构的抗侧刚度；过大，会给结构带来过多的附加垂直荷载，加大下弦索、上弦杆及托架梁的受力。理想的索力是使每一根索达到在任何荷载组合下均不出现松弛所需的最小索力，此处松弛的概念是指索的非线性刚度不小于一定的值。考虑到各种荷载组合出现的可能性，取在不包含地震的所有组合下，索的刚度始终不小于其材料抗拉刚度的 90%；在有多遇地震参与的荷载组合下，此值降低至 50%；对于罕遇地震，要使所有索均不出现松弛所需初始索力实在过大，按"大震不倒"的原则，允许部分索松弛退出工作，但确保每一根斜拉群索的强度条件，此时，结构整体仍是稳定的。

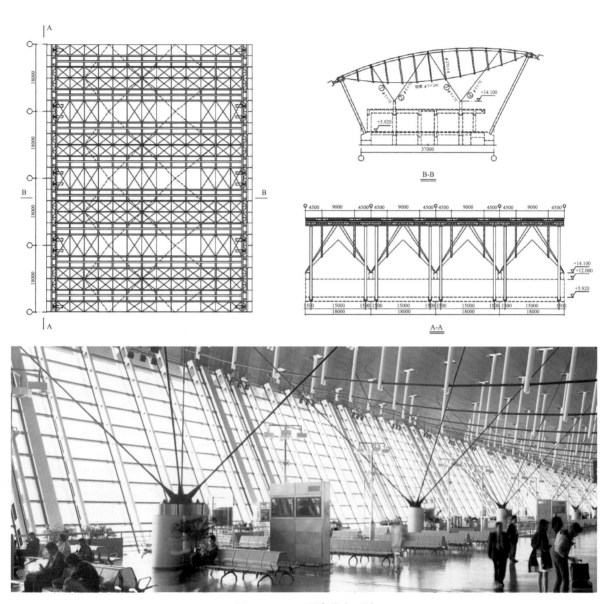

图 1-11　R4 群索稳定系统

以上的考虑是从力的角度出发确定索力，并未兼顾变形控制，由于 R4 斜柱提供的抗侧刚度极其有限，群索的张拉会对结构的形状产生很大的影响，必须对索力进行调整，以使结构的初始形状符合设计要求。综合上述因素，各斜拉索控制的初始索力值为① 184.3kN，② 443.6kN，③ 238.8kN，④ 195.0kN（屋面系统全部完成后）。

5. 结构非线性特性的研究和利用

本工程屋架采用了张弦梁形式，并大量使用了索这一特殊的材料，使屋盖的工作体现出明显的非线性特性，具体表现在三个方面。

（1）斜拉索的非线性刚度

索是一种只能承受拉力而不能受压的特殊构件，并且，在受拉状态下，其刚度也不是固定不变的，而是随索力的减小而减小，减小的程度与索的长度、两端点的高差及自重大小有关。这是因为在实际工作中，两端点间的索为一随应力变化而不断改变垂度的悬链线，而非直线，要正确反映它的实际工作状态，可采用两种方法进行模拟，一是在两端节点间增设节点，将其分成多段直线索来模拟悬链线进行分析；二是将两端节点间索视为一直线的材料非线性杆件，其材料刚度随应力增大而增大，而这种刚度变化恰能描述悬链线形状变化的效应。本工程设计中采用后一种方法来模拟斜拉群索和柱间交叉索，对于每一根不同的索，均可找出其特定的应力应变曲线关系，从而很好地反映它的实际工作状态（图1-12）。研究发现当索应力小于一定的水平时，索的刚度将明显减小，直至退出工作。在设计中，通过对索初始应力的控制，使其在水平风载及7度小震作用下，索的最终拉应力不小于上述控制值，从而确保斜索对体系的抗侧刚度的贡献得到充分保证，使得位移计算结果与按线性拉杆计算结果接近；在7度罕遇地震作用下，部分索刚度进入明显减小阶段甚至受压退出工作，相应计算所得位移较按线性拉杆计算有所增大，但结构整体仍处于稳定。

对于屋架张弦梁下弦索，由于节间长度很短，且索力变化范围均高于刚度显著减小的临界值，刚度的变化很小，计算中均用线性拉杆替代，精度足够。

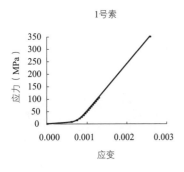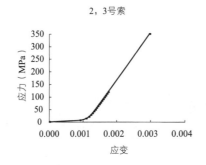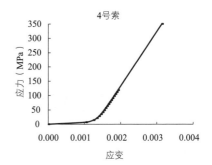

图1-12 R4拉索应力 – 应变曲线

（2）下弦索的应力刚化

屋架的形式为张弦梁，由于建筑造型的需要，下弦出平面方向不允许设置任何支撑，其平面外的稳定问题是设计中必须慎重考虑的。在线性分析范围内，由于腹杆上端为双向铰，无抗弯能力，下弦索与腹杆位于同一垂直平面，无出平面应力分量，当出平面外力作用于腹杆下端或索上时，张弦梁的正常工作完全取决于下弦索的非线性效应，主要表现在两个方面，一是应力刚化（Stress Stiffening），二是大变形效应。

应力刚化，此处是指索的轴向应力对其平面外刚度的显著影响，对R2单榀张弦梁的计算显示，当在腹杆下节点处施加1组固定的出平面水平外力，随着下弦索内轴向应力的变化，下节点平面外位移发生明显变化（图1-13），当索内轴向应力由62.7MPa增加至329.8MPa时，在水平荷载不变的条件下，跨中水平位移由560mm减小至140mm，当轴力趋近于0时，平面外变形无限加大而使结构失效，其余屋盖的计算也显示了同样的结果。可见保持下弦索力不小于一定的值是确保下弦稳定的必要条件。

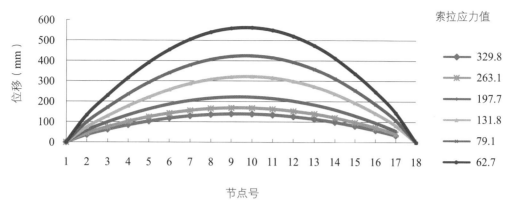

图 1-13　下弦平面外位移与索应力关系

（3）结构的大变形效应

大变形效应在本结构中显示在多个方面。一是下弦索平面外变形，当下节点发生水平位移后，索的几何形状发生变化，偏离使索长度为最短的初始位置，同时索内拉力增大并产生反向恢复力，限制了下弦的出平面位移，并使其回归平衡位置。正是由于上述非线性因素的影响，确保了下弦索的出平面稳定，并将下弦的位移控制在可承受范围之内。在 R2 的足尺模型试验中，对此种受力状况进行了模拟，结果证实了上述分析，由自重产生的索力使下弦索在水平荷载下的平面外位移控制在较小限度内，并随水平外力的撤销而恢复平衡位置。

二是指结构张弦梁体系几何位置及尺寸的变化使结构产生的附加的位移和内力，该效应的大小与结构实际产生位移有关。在整体结构工作阶段，其可能产生的变形值与结构几何尺寸之比均极小，结构的受力状态始终与初始几何状态接近，大变形效应极小（如 R2 在风吸作用下跨中起拱值在是否考虑大变形效应时的计算结果分别为 138mm 和 136mm）；而在张弦梁张拉阶段和 R4 斜拉群索的张拉阶段，由于此时结构尚未形成整体刚度，张弦梁的起拱和 R4 的水平及垂直变形均相对较大，均看出大变形效应的作用。为了保证屋架几何尺寸的准确性，必须把初始张拉力控制在较低的数值，而索力主要靠自重产生。实际设计中，我们把结构胎架上张拉阶段起拱值控制在 120mm 以内，因而大变形效应可以忽略。

本工程结构整体分析采用 SAP84 和 ANSYS 及同济大学自编程序分别进行了线性和非线性分析，SAP84 中将所有索、腹杆、支撑系统按杆单元输入，其余构件按梁单元；ANSYS 中将下弦索按只拉不压单元，群索、柱间交叉索按非线性索单元（应力—应变曲线自定义），腹杆、支撑系统按杆单元，其余构件按梁单元；同济大学自编程序下弦索按拉杆单元，群索按非线性多节点拉索单元，并考虑了杆件间的偏心连接。对三种分析结果经综合后按不利情况进行。

1.5　节点设计

由于结构中较多地运用了索，加之特殊的施工方式给支座形式带来的限制，使航站楼钢屋盖节点的设计显示出一些特殊性。

1. 下弦索端节点

下弦索是垂直受力的主要构件，除满足强度要求外，还要能够方便地调节索长以施加预应力，设计中将索端分成热铸锚固定端和可调节长度的双螺杆带反力横梁，并在双螺杆两端头设计了特殊的外六角内螺纹，以便连接张拉设备（图 1-14）。

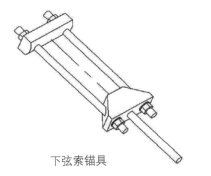

下弦索锚具

图 1-14 下弦索端张拉节点

2. 腹杆上下节点

上端与主弦杆的连接为双向铰，设计中采用了一般用作单向铰的销轴，另一方向的铰接通过将销轴孔处理成圆弧面来实现，该圆弧面尺寸根据腹杆出平面方向可能达到的最大转角来确定。单片上铰板与双片下铰板之间预留了适当的间隙以适应这一转角，间隙内设橡胶作为腹杆出平面位移时的阻尼（图 1-15a）。

腹杆下端与索的连接也为双向铰接，设计中采用了球状索夹这一美观而又简单的过渡构件将柔性的索表面与刚性的腹杆二者巧妙地连接起来（图 1-15b），索与球间垫 2mm 厚锡片提高二者间摩擦力。通过索球夹持强度试验，验证此构造能够保证球与索间不发生滑移（图 1-15c）。

3. 群索上下节点

群索下端为暴露端，美观要求较高，因而做成简洁的固定端，张拉端在上端，同样为双螺杆加热铸锚固定端（图 1-16）。

（a）腹杆上节点

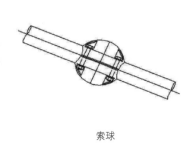

索球

（b）球状索夹

（c）腹杆下节点

图 1-15 腹杆上下节点

4. 斜直柱脚节点

按结构设计，斜柱与混凝土基座的连接为铰接，直柱与混凝土基座的连接为刚接。由于施工中采用整体滑移的特殊工艺，需在柱底与基座之间增设一槽形滑轨，所有的地脚螺栓在滑移到位之前均不能冒出混凝土面，这给柱脚的固定带来很大困难。经与施工单位反复研究，直柱刚接柱脚采用了先预埋套管，滑移到位后再穿入螺杆在下端预留槽内用螺母固定，最后在柱靴旁加焊抗剪板及柱底灌注铁屑砂浆的方法实现刚接（图 1-17）；斜柱铰接柱脚采用预埋内螺纹套筒、滑移到位后拧入螺杆的方法实现（图 1-18）。

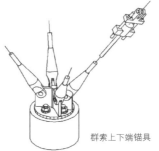

图 1-16 群索上下节点

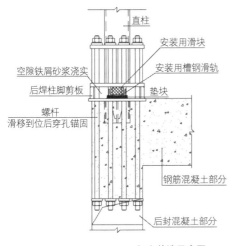

（a）构造示意图

图中标注：
直柱
安装用滑块
安装用槽钢滑轨
空隙铁屑砂浆浇实
后焊柱脚剪板
垫块
螺杆
滑移到位后穿孔锚固
钢筋混凝土部分
后封混凝土部分

（b）实施现场

图 1-17 后穿螺杆固定的刚接直柱柱脚

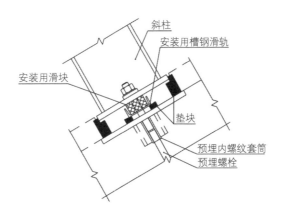

图中标注：
斜柱
安装用槽钢滑轨
安装用滑块
垫块
预埋内螺纹套筒
预埋螺栓

图 1-18 螺杆后拧入的铰接斜柱柱脚

1.6 试验与研究

　　由于这是大跨度张弦式钢结构在我国的首次采用，通过试验研究来了解此种体系的各种受力性能是非常必要的。根据工程特点和设计的需要，进行了下列三方面的工作。

1. 82.6m 跨度张弦梁足尺加载试验[1]

　　试验在江南造船厂进行，其目的是探索下弦施加预应力时整榀结构的变形规律，检验结构的承

图 1-19　大跨度张弦梁足尺加载试验

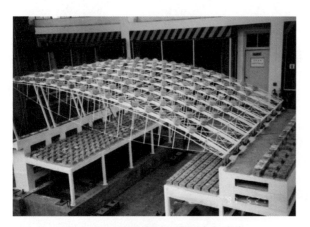

图 1-20　结构模型地震振动台试验

图 1-21　风洞试验模型

机场航站楼结构设计与工程实践

载性能，对节点构造的合理性进行验证，试验中还包括了对下弦节点施加面外推力以检验索复位能力。同时通过试验件的制作为批量制作确定合理的工艺参数（图 1-19）。

2. 结构模型地震振动台试验研究 [2]

试验在同济大学振动台进行，模型缩比为 1/20，试验通过对一个结构单元模型（包括 8 榀钢桁架与下部混凝土结构）的模拟单向及三向地震试验，验证结构在地震作用下的整体工作性能，并找出其薄弱环节（图 1-20）。

3. 模型风洞试验 [3]

本工程位于沿海，风荷载的合理确定至关重要。为此，在南京航空大学风洞实验室进行了整体模型的风洞试验。试验采用 1/300 刚性模型，用有机玻璃制作。整个模型共布置了 1500 个测点，根据对称性可以得到 2800 个点的风压。同时用六分量天平测模型所受的合力，以校核测压结果。试验在低速风洞中进行，试验风速为 15m/s，流场为均匀流（图 1-21）。模型作 360° 旋转，每隔 10° 测定一次。经计算得到瞬时风压及 10min 平均风压。

除了上述三方面的试验研究外，还对结构中的一些关键构件的性能进行了试验，如钢索的残余变形，索端热铸锚的锚固强度，索球与索的夹持强度等。这些试验研究，加深了我们对结构体系的认识，也为合理的设计打下了基础。

1.7　吊装方案与施工模拟分析

1.总体吊装方案

实际施工操作中，R1、R2、R3 采用"屋架节间地面拼装，柱梁屋盖端跨组合，区段整体纵向移位"方法，即先在地面胎架上将每 18m 节间的二榀屋架连同纵向托架拼接成形并张拉至规定索力及外形，然后起吊至主楼端部组合成一个整体区段（36 ~ 72m），用计算机控制同步滑移的方法将整体区段拖拉到位。由于张弦梁的一端为斜柱一端为直柱，滑移过程中直柱底需承受较大的面内剪力，而此时柱底仅有滑轨的侧向约束，抗剪能力非常有限。因此，对于剪力较大的 82.6m 跨的 R2，巧妙地采用了与反向倾斜的 R3 直柱顶相互拉结、同步滑移的方式，使得二者的水平剪力大部分相互抵消，大大减小滑轨受剪需求（图 1-22）。

R4 采用"地面拼装，四机抬吊，高位负荷，远程吊运"的方法（图 1-23），即先在地面胎架将每 18m 节间二榀屋架拼接成形张拉完毕，然后用四机抬吊就位后连成整体区段（54 ~ 72m），最后安装并张拉斜拉群索至规定索力。

图 1-22　成组同步滑移的 R2 与 R3

2. 胎架张拉

由于下弦为柔性的钢索，因而单榀张弦梁本身的成形就有一定的难度，下弦索必须达到一定的应力水平，才能使之形成一个刚性的整体。而这一应力水平的确定，除了要保证屋架的形状之外，还要为抵抗风吸力提供一定的预拉力，这一过程是通过下弦索的张拉来完成的。张拉阶段抵抗下弦拉力的，仅仅是弧形的上弦杆，其单独的抗弯刚度是极其有限的，在设计所要求的预应力之下，跨中的起拱值将非常大，并且这一变形的大小对于屋架两端的支座约束条件的变化非常敏感，在现场施工条件难以精确控制支座约束条件的前提下，各榀屋架的起拱值很难控制到一致，从而会给下边工序的整体区段拼装带来困难。根据这一情况，在胎架张拉这一阶段，应以控制结构的形状为主要控制因素，将张拉力控制在较低水平，抵抗风吸不足的

图 1-23　R4 四机抬吊

那部分预拉力在后阶段结构整体成形后由二次张拉及灌注砂浆来提供。

3. 斜拉群索张拉

如前所述，斜拉群索是 R4 结构稳定的必要构件，按设计要求给各索施加确定的预拉力是保证 R4 正常工作的关键。而给每区段 32 根索施加预拉力是一个十分复杂的问题，其复杂性体现在两个方面：（1）施加预应力时的结构状态与结构全部完成时的不同；（2）没有足够的设备一次给一个区段内所有的索同时施加预拉力。这就给设计提出了两个要求：（1）提供结构各安装阶段对应的索力值；（2）确定分批张拉顺序及对应的张拉力。由于在结构的整体分析中，斜拉群索的索力是通过让索发生初始应变的形式施加的，这使上述问题变得易于解决：改变作用于结构上的荷载以模拟幕墙、屋面板、吊顶是否完成的各个阶段，从而可得出对应阶段的索力值；在模型中去除尚未张拉的索，便可求得先期张拉索的实际张拉力（表 1-1 和表 1-2）。

根据实际施工条件，分 4 批每批 8 根张拉 32 根索，以张拉过程中索力变化幅度较小，且结构较大侧移尽早出现尽早回复为确定张拉顺序的依据，按②号索→③号索→②号索（复测）→④号索→①号索→④号索（复测）的顺序进行张拉。从理论上说，结构的计算方法可以保证每次张拉一根索，张拉一遍即使 32 根索最终全部达到设计值，但是各种边界条件的假定误差及施工误差的累计使计算模型的精确性受到影响，且无可行的消除误差手段，而每批 8 根的张拉量加上适当的复测调整以消除误差，使张拉力的精度、设备的占用、施工周期的控制各方面达成较好的平衡。

各施工阶段对应群索拉力值（kN） 表1-1

索号	结构完成张拉时	屋面系统完成后	幕墙吊顶完成后
①	216	195	184
②	436	451	443
③	332	259	239
④	251	212	195

各张拉步索力变化 表1-2

张拉顺序	索力值（kN）			
	T1	T2	T3	T4
②	—	155.4	—	—
③	—	431.7	292.8	—
④	—	365.2	379.6	195.7
①	216.5	435.8	332.3	250.5

4. 计算模型的转化

在一般的结构设计中，总是将全部的荷载组合作用于完成后的结构上进行分析。本工程的实际情况是，部分的荷载是在结构尚未完全成形时已经作用上去了，即计算模型在不同的荷载作用阶段存在转换的过程，以 R2 为例，下弦的胎架张拉使预应力和此时的结构自重作用于两端铰接的单榀张弦梁上；连接各榀张弦梁的托架梁及檩条支撑的自重作用于全部柱脚均铰接且不含柱间交叉索的整体结构上；下弦的二次张拉、交叉索的张拉、屋面、吊顶、幕墙荷载作用于直柱柱脚刚接，且含交叉索的最终结构上。相同的荷载作用于不同的模型上其效应显然有一定的差异，在设计中，按不同的施工阶段及对应的荷载分别进行了计算分析。

参考文献

[1] 陈以一，沈祖炎，赵宪忠，等．上海浦东国际机场候机楼 R2 钢屋架足尺试验研究 [J]．建筑结构学报，1999（2）：9-17.

[2] 李国强，沈祖炎，丁翔，等．上海浦东国际机场 R2 钢屋盖模型模拟三向地震振动台试验研究 [J]．建筑结构学报，1999（2）：18-27+42.

[3] 上海市建筑科学研究院，复旦大学，华东建筑设计研究院．上海浦东国际机场风压分布风洞试验研究报告 [R]．1997.

案例二 │ 浦东国际机场 T2 航站楼

2.1 工程概况 281

2.2 地基基础 282

2.3 下部主体结构 283

2.4 钢屋盖结构 284

2.5 设计难点及关键问题研究 287

2.6 试验研究 289

项目地点	上海市浦东新区
建设单位	上海机场集团公司
旅客规模	主楼4000万人次/年，长廊2000万人次/年
建筑面积	约40万 m²（航站楼）+14.64万 m²（交通中心）
抗震设防烈度	7度（0.1g）
基本风压	0.55kN/m²（50年）
设计时间	2004年6月起
投运时间	2008年3月
设计单位	华东建筑设计研究院有限公司　原创

2.1　工程概况

浦东国际机场 T2 航站楼是第一座由国内设计单位原创完成的超大型航站楼建筑，华东建筑设计研究院有限公司作为设计总包承担了全过程设计工作，内容包含：前期咨询—方案设计—扩初设计—施工图设计—招标技术文件—专项设计分包管理—现场施工配合控制。

T2 航站楼与 T1 相向而建（图 2-1），包括航站主楼、候机长廊及其间连接体三部分（图 2-2 和图 2-3）。其中主楼长 414m，宽 135m，高 19.6m/40.0m（混凝土面/钢屋盖面）；候机长廊长 1414m，宽 41～63m，高 13.6m/31.65m（混凝土面/钢屋盖面）；连接体长 288m，宽 45.5m，高 37.2m。主楼和候机长廊 13.600m 标高以上为大空间，以下的空间则为相对较小的柱网，均采用钢筋混凝土结构与钢结构屋盖相结合的混合结构体系以适应这一建筑特点。

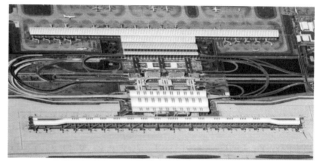

图 2-1　相向而建的浦东机场 T1 与 T2 航站楼

图 2-2　浦东机场 T2 航站楼立面照片

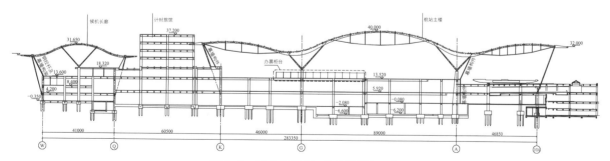

图 2-3　浦东机场 T2 航站楼横剖面图

2.2　地基基础

1. 地质条件

场地位于长江入海口南面的滨海地带，其地貌类型属河口、砂嘴、砂岛。勘察所揭露深度 85.16m 范围内的地基土分别属第四纪全新世、上更新世沉积物，主要由饱和黏性土、粉性土和砂土组成，根据地基土的特征、成因年代及物理力学性质的差异可划分为 6 个主要层次，并进一步分成若干亚层和次亚层，其中第⑦₂层砂层是理想的桩基持力层。

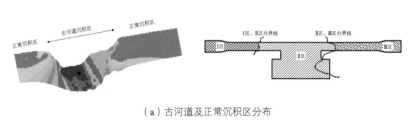

（a）古河道及正常沉积区分布

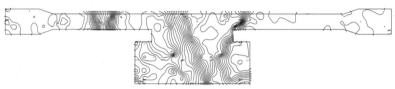

（b）持力层⑦₂层面分布等高线

图 2-4　地层分布

受古河道切割，项目场地划分为古河道沉积区（Ⅱ区）及正常沉积区（Ⅰ、Ⅲ区），航站主楼及连接廊基本全部处于古河道沉积区内，登机长廊跨越古河道沉积区，两端位于正常沉积区内（图 2-4a）。该古河道宽约 600m，最大埋藏深度约 65.10m，底部分布形状较为复杂，其总体规律为北侧较陡峭，在水平距离 40.0m 范围内第⑦层层面高差达 36.0m，南侧呈台阶状地层分布，相对较平缓。通过对古河道沉积区内一柱一孔的勘探，得到持力层⑦₂层面分布等高线（图 2-4b）。

2. 桩型选择

本工程场地大部分区域现状为空地，有条件采用经济性好的锤击预制桩。由于需穿越厚度约 30m 砂质土层，穿透性较好的 PHC 管桩成为首选。接头数过多时施工质量不易控制，在先期施工的登机长廊中，桩长 45m 以下均选用 PHC 管桩单桩以将总节数控制在 3 节以内，桩长 45m 以上选用预制方桩。根据对桩的施工情况的监测和动测结果，发现只需加强施工控制，4 节 PHC 管桩的沉桩质量也能得到保证，因此在后期施工的主楼中，桩长 45m 以上也选用了 PHC 管桩，并将单节桩长增加到 16m，最长单桩用到了 4 节 16m 的 PHC 管桩，桩径 600，长细比接近 110。

3. 桩基持力层选择

正常沉积区（Ⅰ、Ⅲ区）选择第⑦₂₋₁层作为桩基持力层入持力层深度 1m，桩长约 33m，单桩承载力设计值基本由土体控制，约 2800 ~ 4200kN。

古河道沉积区（Ⅱ区）区域受"古河道"切割，第⑦层层面变化较大，层顶埋深高差约 30m，采用分布较广的第⑦₂₋₂层作为桩基持力层，入持力层约为 2m，桩长 34 ~ 64m，单桩承载力基本由桩身强度控制，设计值 3280kN。由于持力层高低起伏较大加上结构地下室的深度不同，桩顶桩底标高情况非常复杂，为保证沉桩效果，对每一柱下的桩长进行了精细划分，桩底标高共有 35 种，桩顶标高 13 种，分别以数字和字母组合对每一桩进行命名。根据施工单位提供的记录，最终未送达设计标高的桩数约为总桩数的 12.5%，且未送达设计标高的桩离设计标高均在 1m 左右，沉桩效果与相似地质条件下的 T1 航站楼相比大为提高。

2.3 下部主体结构

航站楼主体混凝土结构部分均为现浇钢筋混凝土框架结构体系，主楼结构和连接体的典型柱网尺寸为 18m×18m，候机廊典型柱网尺寸为 18m×12.5m 和 18m×8m。整个航站楼基础部分连成一体，基础面以上由结构缝划分为 31 个独立单元（图 2-5），最大单元平面尺寸为 108m×95m。18m 跨的大柱网方向设置了预应力框架梁，合理减小梁高，利于布置设备管道及增加建筑净高，并改善结构抗裂性能。典型柱直径 1300mm，典型预应力框架梁截面 600×1200mm。

受登机桥坡度等条件限制，候机廊三个楼层的标高分别为 4.200m、8.400m 和 13.600m。为了尽可能提升净高、改善旅客的空间感受，结构和建筑设计从优化构件布置、引入自然采光等方面采取了以下手段：沿着行进方向间距 3m 均匀布置外露混凝土梁，表现结构韵律；

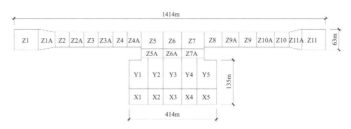

图 2-5　下部混凝土结构分块示意图

图 2-6　登机廊净高改善做法

控制次梁截面 200×450、框架梁 400×450；建筑处理上，将 8.400m 标高楼层在自动步道上方的范围设置采光天窗，上部 13.600m 标高楼层也采用类似手法，从而改善了自动步道上空的自然采光，空间感受也更丰富（图 2-6）。

建筑外立面及部分室内立面大量采用了清水混凝土，以取得特定的装饰效果。在结构设计中根据最终效果需求的不同，将其分为不作着色处理的"A"类清水混凝土构件（图 2-7）和可作着色处理的"B"类清水混凝土构件（图 2-8），分别对混凝土原材料的选择、保护层厚度、模板及其支撑系统的设计、养护方法等方面都进行了专题研究和试验，取得了良好的效果。

图 2-7　外立面"A"类清水混凝土构件

图 2-8　室内"B"类清水混凝土构件

2.4 钢屋盖结构

1. 结构方案构思

建筑师对 T2 航站楼屋盖外形的设想是如海鸥翱翔于天空般的一条舒展曲线（图 2-9a），钢屋盖结构方案基于这条曲线展开，跟随力流的逻辑和建筑师的需求，逐步演化出基本的结构体系（图 2-9b）：曲线的最低点是力流的汇聚处，是理想的设柱位，也不影响下部平面的布局；两侧内收的斜柱可以凸显两翼上升的趋势，赋予建筑以动感；拱形曲面结构固有的水平推力使得屋面往外的变形难以控制，需要柱顶间设置拉杆平衡；而过低的拉杆会影响室内空间，于是将拉结点上移，并设置撑杆使之形成张弦梁；中间的直柱需改成 V 形斜柱以减小柱顶部位梁的弯矩，并增加该段的截面高度以承担这一弯矩；V 形柱的下端增加直段以使旅客能够靠近柱边不受阻挡。张弦范围的钢梁结合建筑天窗造型在平面上分叉成梭形，相应的张弦撑杆也采用 V 形，形成空间张弦梁。所有斜柱都在面外方向做成 Y 形以实现下部结构 18m 柱网与张弦梁 9m 榀距的转换，同时提供纵向抗侧刚度，Y 形斜柱支撑的张弦连续梁这一看似复杂的结构体系至此自然形成（图 2-9c）。

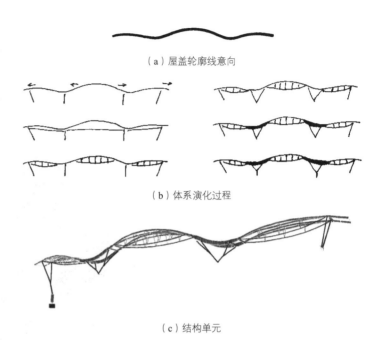

（a）屋盖轮廓线意向

（b）体系演化过程

（c）结构单元

图 2-9　斜柱支撑的张弦连续梁结构体系的形成

图 2-10　浦东机场完整的门户形象

T2 航站楼寓意"高空翱翔"的形象柔和灵动，与 T1 航站楼"展翅欲飞"阳刚而充满力度的形象遥相呼应，二者刚柔并济，共同组成了浦东机场完整的门户形象（图 2-10）。

2. 主楼钢屋盖结构

航站主楼的钢屋盖同时覆盖楼前的入口高架道路，平面投影尺寸为 414m×217m。其纵向支承点的间距为 18m，横向支承点的间距为 46m、89m、46m。沿纵向设置结构缝将整个屋盖分成 5 个区段，与混凝土结构缝对应；在横向由于屋盖的波浪外形对于温度变形具有很好的适应能力，因此全跨均不设缝，217m 的长度跨越了三个混凝土结构单元。

屋盖的上弦为五跨连续的变截面箱形梁，截面高度由 Y 形斜柱支承点最大处的 600mm×2200mm 逐渐向跨中减小至 400mm×800mm，跨中分叉的上弦与下弦钢拉杆形成梭形的张弦梁结构，上下弦间以竖直平行布置的腹杆相连。张弦梁下弦采用单根屈服强度为 550MPa 的高强度钢棒，截面直径为 100mm 和 130mm，以铸钢锚具与上弦及腹杆相连（图 2-11）。

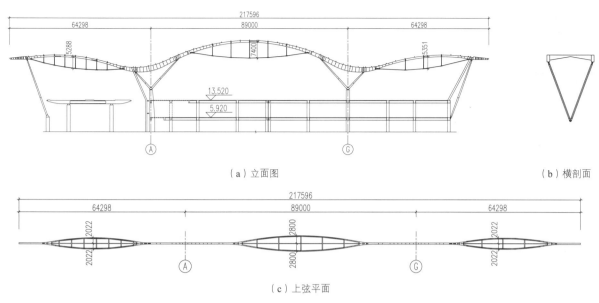

（a）立面图

（b）横剖面

（c）上弦平面

图 2-11　张弦梁布置图

　　配合梭形的采光天窗形状，主楼张弦梁上弦做成了梭形，结构直接作为建筑天窗的边界，构造层次简洁。木纹效果的吊顶对结构的外露部分进行了取舍，使得最终看到的结构更清晰地展示了结构逻辑（图 2-12）；张弦梁下弦钢棒与腹杆的连接没有采用常规的叉耳式接头，而是通过铸钢件以螺纹咬合方式连接，以减少连接层次使节点尽可能紧凑，从而强化表现钢棒纤细轻盈的效果（图 2-13）。

　　根据张弦梁各跨风吸荷载与屋盖总量的关系，三跨结构分别采用不同的腹杆布置密度（图 2-14）。在最不利情况下，各跨屋面承受的风吸力设计值均大于屋面自重，张弦梁下弦钢棒会失稳压屈。对于位于室内位置二者差值不大的张弦结构，T1 航站楼使用过的通过配重使下弦钢棒始终处于受拉状态是个简单易行的解决方法。对于覆盖楼前车道的第一跨张弦结构，三边均为开敞，在迎风荷载作用下，其上表面因流动分离而产生负压，而下表面因气流被玻璃幕墙阻挡而淤塞在屋盖下方而产生正压，二者之和较钢屋盖自重大得较多，单纯依靠增加配重平衡风荷载需要增加的重量过大，从而对重力和地震主导工况十分不利，同时又没有条件如 T1 航站楼般在跨中设置下拉索，设计通过适当加大下弦截面、加密腹杆间距，将下弦钢棒的长细比控制在压杆允许的范围内，下弦钢棒与上弦箱梁一起形成梭形空腹桁架，从而解决了其抗风失稳问题。

　　与张弦梁截面形式相呼应，Y 形钢柱也采用箱形截面，柱上端均铰接于张弦梁下翼缘，下端或埋入钢混凝土悬臂柱，或铰接于下部框架柱侧边（图 2-15）。Y 形的中柱、边斜柱与横向张弦梁、纵向连续梁共同形成屋架完整的抗侧力体系，以确保屋盖结构具有足够的侧向刚度。

（a）局部暴露的主结构

（b）被吊顶遮盖的次结构与管线

图 2-12　主楼屋盖的局部外露

图 2-13　下弦钢棒与腹杆螺纹节点

（a）室内跨，腹杆间距约 6m

（b）室外跨，腹杆间距 4.5m

图 2-14　不同的腹杆布置密度

（a）高架外侧柱

（b）幕墙位置柱

（c）中柱

（d）空侧柱

图 2-15　Y 形柱

机场航站楼结构设计与工程实践

Y 形柱的柱顶为理想的销轴式铰接点，通过扭转铸钢件解决柱分肢与张弦梁的夹角问题，柱的顶、底处均采用了铸钢件以实现塑型需求（图 2-16）。

3. 长廊钢屋盖结构

覆盖候机长廊的钢屋盖沿纵向总长 1432m，共分为 11 个 72 ~ 108m 的结构单元，每个单元与单个或两个下部混凝土结构单元对应。中部标准段宽度 60m，两个端头扩大为 90m。屋盖采用变截面 Y 形斜柱支承的曲线形的三跨连续箱梁结构体系，Y 形斜柱支承钢屋盖竖向荷载的同时，与设置在幕墙平面内的交叉拉杆共同组成整个结构的抗侧体系（图 2-17）。

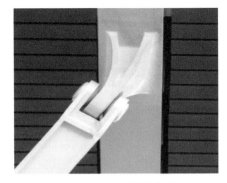

图 2-16　柱顶铰接节点

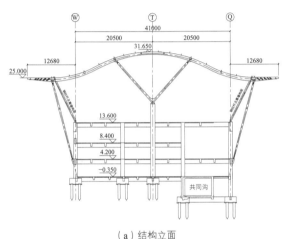

（a）结构立面

（b）室内照片

图 2-17　候机长廊标准段

2.5　设计难点及关键问题研究

1. 屋面风荷载的确定

T2 航站楼屋盖为大跨度钢结构，由于其阻尼小、柔度大、质量轻，结构自振周期约为 1.6s，和风速的长卓越周期比较接近，加之波浪形的外形，对风荷载十分敏感，风荷载是屋盖结构设计的主要控制荷载之一。因此，委托同济大学土木工程防灾国家重点实验室在 TJ-3 大气边界层风洞中进行了 1 ：200 的刚性模型风洞试验[1]（图 2-18）。屋盖弹性引起的风振效应由进一步的等效静力风荷载分析获得。试验对包含一期航站楼在内的实际环境进行了准确反映，并对规划中的 T3 航站楼对 T2 航站楼风压分布的影响进行了模拟。

本工程采用阵风响应因子法来确定钢屋盖的风振系数。阵风响应因子法把结构的目标特征量的峰值响应与平均响应之比定义为阵风响应因子，此值相当于规范中的风振系数。根据主楼和长廊不同的结构特点，分别选用张弦梁下弦内力和 Y 形斜柱柱顶轴力为响应的观察对象。刚性模型风洞试验中得到屋面各测点的风荷载时程数据，在频域内将其输入整体结构模型，对结构作随机振动分析，便可得到脉动风作用下均方根响应。按概率统计考虑峰值因子把这个均方根响应放大后，再加上平均响应即为峰值响应。

不同部位、在不同风向角下，对于不同的响应，其阵风响应因子均不同，一般情况下，较大的

图 2-18　刚性模型风洞试验

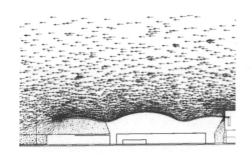

图 2-19　风洞数值模拟分析

（a）整体模型

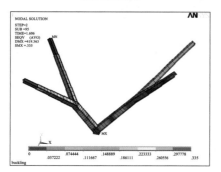

（b）实体板壳柱

图 2-20　整体稳定分析模型

响应值往往对应较小的响应因子，而平均风压较小的风向角所对应的阵风响应因子较大。几乎所有监测目标特征量的最大阵风响应因子都在 1.5 ~ 2.0 之间，个别监测目标特征量的阵风响应因子远远超出 2.0，由于其最大响应值本身较小，对结构的影响可以忽略。将二者乘积的较大值除以静态下的平均响应的结果作为风振系数，可以较好地与规范配套运用。

主航站楼和候机廊东、西两侧檐口分别布置有遮阳百叶，屋面大量采用突起梭形天窗，由于百叶、天窗尺寸和整个模型尺寸相差悬殊，风洞试验的缩尺模型制作和测压非常困难，无法获得有效的试验数据。因此还采用了数值风洞模拟技术，通过计算流体力学的方法在计算机上对结构周围风场的变化进行模拟并求解结构表面的风荷载 [2]（图 2-19）。

2. 钢屋盖和 Y 形柱的整体稳定性研究

钢屋盖结构为复杂大跨度空间结构，支撑钢屋盖的 Y 形柱也是复杂的变截面构件，屋盖张弦梁、Y 形柱、纵向系梁之间相互提供约束。对于这样的大型复杂结构很难确定梁柱的计算长度和长细比、进而采用规范的计算长度系数法对构件进行强度和稳定性的验算，且单根杆件的稳定验算也不能代替整个复杂结构的稳定验算，对结构进行整体稳定性分析是十分重要且必需的。

工程采用 ANSYS 软件对结构进行恒 + 活荷载下的线性和非线性全过程有限元分析，将结构的强度、稳定性以及刚度变化同时进行考虑。计算模型包含下部混凝土结构，并将整体杆系模型中的一组 Y 形柱细化为实体板壳模型（图 2-20），对结构进行了线性整体稳定性分析、带几何缺陷结构的考虑几何非线性的整体稳定性分析、考虑材料非线性和几何非线性的弹塑性整体稳定性分析，以对钢屋盖整体和 Y 形柱的稳定性有全面的认识 [3]。

计算的结果显示，主楼钢屋盖带缺陷（最大跨度的 1/300）结构弹性几何非线性分析所得结构整体稳定系数为 6.88，考虑几何、材料双非线性时的结构弹塑性稳定系数为 2.96；对于登机长廊，该两个数值分别为 4.80 和 3.56。

恒 + 活荷载作用下的屋盖整体稳定性分析表明，钢屋架梁先于 Y 形柱出现失稳，因此没能得到各组 Y 形柱的稳定性能和极限承载能力。由于 Y 形柱同时抵抗竖向荷载和水平地震作用，是整个结构中的关键构件，尤其是地震组合下受力较大且比较复杂，因此在整体结构中再专门研究柱在竖向和水平共同作用下的极限承载能力。需要说明的是，结构在地震作用下的动力稳定性非常复杂，在实际工程中应用还很少，一般来说结构的动力稳定性能高于其静力稳定性能，用静力稳定性分析的结果来检验 Y 形柱在地震组合下的稳定性是偏于保守的。

Y 形柱在平面外地震下的弹塑性大位移稳定性分析方式是：以所考察柱对应的屈曲模态为变形

模式施加 1/300 的初始缺陷,然后在屋面恒 + 活荷载的基础上,再在柱分肢的四个顶点施加竖向集中荷载,以模拟在 Y 形柱平面外地震作用下的受力情况,考虑双非线性,递增该集中荷载直至柱发生破坏。结果显示,Y 柱达到极限承载力时,柱内轴力相当于中震下柱承受总轴力值的 2 ~ 2.5 倍之间,柱在该方向地震下有良好的稳定性能。

在 Y 形柱平面内地震作用下,Y 形柱上部两个分肢的轴力一肢增大、另一肢减小甚至出现拉力,采用的加载方式是:先对整体屋面施加 1.2 倍的重力荷载代表值,然后逐渐增大 Y 形柱平面内方向的惯性力,直至柱发生破坏。计算中为了实现 Y 形柱分肢轴力持续增大,柱顶附近的纵向钢系梁均按弹性考虑。结果显示,Y 柱达到极限承载力时,柱内分肢的轴力超过了其在中震弹性下的轴力值。

上述 Y 形柱的极限承载力均是柱底部进入塑性发生内力重分布引起的平面内弯矩增大导致,而非由于压弯构件的大变形附加弯矩引起,没有压弯构件整体失稳的明显特征。因此均为延性的强度破坏而非失稳。实际上,中震下横向连系梁将早于 Y 形柱屈服,柱子内力将比弹性计算要小,能满足中震性能要求。

3. 抗震性能的研究

T2 航站楼抗震的复杂性主要表现在以下几个方面:第一,屋盖跨越部分的下弦采用了大量的受拉钢棒,其在地震下的表现难以预估;第二,屋盖支承结构本身的超静定次数不多,少量 Y 形钢柱的失效便可能引起整个屋盖结构的破坏,而 Y 形柱作为屋面结构全部抗侧刚度的提供者和竖向荷载的承担者,对地震反应敏感,仅按规范对结构进行大震下的弹塑性位移控制并不足以确保实现"大震不倒"的抗震目标,必须对这些关键构件大震下的应力进行控制,方能确保抗震目标的实现;第三,主楼屋面钢结构柱支承于多个混凝土结构单元上,并且下部混凝土框架结构的刚度有限,结构计算分析时必须将二者共同建模方能准确反映结构的动力特性。针对这些特点,分别开展了多点地震输入下的动力分析、整体结构弹塑性时程分析[4]。

弹塑性动力时程分析模型为包含下部混凝土框架及其上部钢屋盖的整体结构。钢屋架梁、Y 形柱的截面均为变截面构件,在计算模型中以分段等截面杆件模拟。考虑到钢屋架下弦高强钢棒受轴向力的同时也承受一定的弯矩作用,钢棒采用梁单元进行计算。由于 Y 形柱柱顶连接于钢屋架梁下翼缘,偏离钢屋架梁形心轴,所以在钢屋架梁和柱顶之间增加一段刚性杆件来模拟梁柱偏心连接,经过对比分析验证是精确可行的。此外,计算模型中还反映了纵向钢系梁、屋面支撑构件与钢屋架梁之间的偏心位置关系。

在整体结构动力弹塑性时程分析中,专门对 Y 形柱的应力进行了跟踪。鉴于计算容量的考虑,先通过反应谱分析对可能进入塑性的构件及区域进行鉴别,然后在动力弹塑性时程分析时仅考虑这些构件的弹塑性,其弹塑性特性以塑性区模型来模拟。由钢屋盖结构的塑性发展进程可见,在罕遇地震作用下,钢屋盖结构先后发生边跨横向连系梁及相邻交叉支撑、中跨横向连系梁及相邻交叉支撑进入塑性的现象。总体而言,结构进入塑性的构件数量较少,塑性发展程度较弱。主承重构件基本保持弹性状态,没有发生过大的位移,不会发生整体坍塌。

2.6 试验研究

1. 柱顶理想铰接节点

为满足 Y 形斜柱柱顶截面尺寸较小的建筑效果,其与钢屋架梁相接处采用铰接节点。由于该铰接节点有各向自由转动的变形需求和同时传递柱轴力及两个方向剪力的传力需求,传统的单向销轴铰接节点无法胜任,本工程中首次将机械领域的向心关节轴承融入建筑领域的节点中,设计了一种理想的柱顶铰接节点。整个节点主要由以下几个部分组成：用于调整角度的扭面铸钢件，与Y形柱相连的柱顶支座铸钢件，内嵌于扭面铸钢件的向心关节轴承，销轴，此外还有焊接封口环、销轴帽组件等装配固定件（图2-21）。

向心关节轴承由带有内球面的外圈和带有外球面的内圈构成一对滑动摩擦副，内外圈之间的接触面可以传递较大的径向荷载和较小的轴向荷载。本工程中使用的向心关节轴承材料为不锈钢，根据柱顶受力大小的不同，分别采用内圈直径 d 大小为 140mm、120mm、80mm 的三种规格。

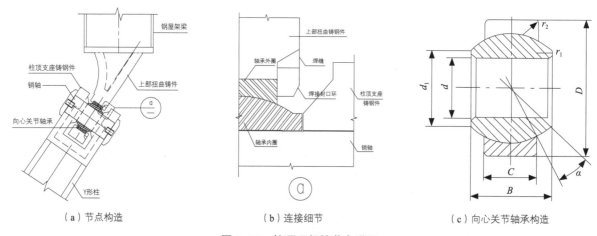

（a）节点构造　　　　　（b）连接细节　　　　　（c）向心关节轴承构造

图 2-21　柱顶理想铰节点详图

由于向心关节轴承此前在大型结构工程中尚无应用先例，其连接构造和受力性能对结构设计和结构安全有重大影响。同时铸钢节点构造复杂，带有空间扭曲面，受力复杂，无法用常规方法进行计算校核。设计委托同济大学对这一关键节点进行了节点足尺模型试验[5]，对其轴向、径向受力性能和应力应变发展规律和安全储备情况进行了全面考察，通过反复的"分析—试验—改进"，成功地实现了屋架梁与Y形柱顶的理想铰（图2-22）。

图 2-22　柱顶理想铰节点足尺试验

先期试验的 4 组试件在压剪组合荷载下破坏模式为轴承内圈边缘的断裂破坏和销轴的明显弯曲变形进入塑性，节点承载力满足要求但余量不大。结合试验现象和有限元分析结果可以判断，由于销轴变形，轴承内圈球面悬挑部分受销轴挤压后产生较大的环向拉应变，当销轴进入塑性时变形进一步加大，对轴承内圈的挤压也越大，内圈主拉应变不断增大，最终发生破坏（图 2-23）。

针对这一情况，从减小销轴变形情况下对轴承内圈的挤压和增加轴承内圈抗拉能力出发，将位于轴承内圈端部的销轴区段直径减小 2mm，使销轴和轴承内圈在此区段内留有空隙从而延缓销轴因弯曲变形与轴承内圈开始接触的时间，同时在保证向心关节轴承有足够自由转动能力的前提下，尽量加大轴承内圈边缘的厚度，以提高轴承的极限承载能力（图 2-24）。

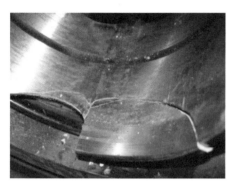
（a）轴承内圈边缘断裂

（b）销轴弯曲

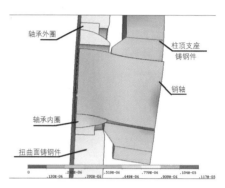
（c）节点受压变形有限元模型

图 2-23 节点破坏模式

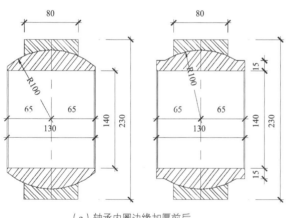
（a）轴承内圈边缘加厚前后

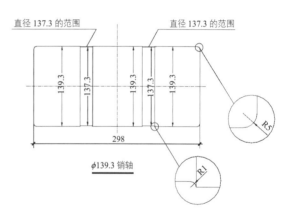
（b）销轴开槽

图 2-24 节点的改进

改进后的柱顶理想铰节点再次进行了足尺模型试验，其径向极限承载能力得到了明显提高（表 2-1），实际工程中都按此采用。

<table>
<tr><td colspan="5">改进前后的节点承载力对比　　　　　　　　　　　　　　　　　表 2-1</td></tr>
<tr><td rowspan="2">轴承型号</td><td rowspan="2">额定径向载荷</td><td colspan="3">试验径向极限承载能力</td></tr>
<tr><td>优化前</td><td>优化后</td><td>提高比例</td></tr>
<tr><td>GEG120XS/XK</td><td>5350kN</td><td>5580kN</td><td>9600kN</td><td>72%</td></tr>
<tr><td>GEG140XS/XK</td><td>6800kN</td><td>9010kN</td><td>10992kN</td><td>22%</td></tr>
</table>

2. 下弦钢棒与腹杆连接节点

腹杆与下弦钢棒通过铸钢件以螺纹咬合连接的方式也没有可参考先例，因此也进行节点足尺模型试验[6]，试验目的是确认连接的可靠性和确定咬合螺纹数量（图 2-25）。

机场航站楼结构设计与工程实践

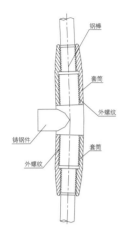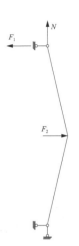

图 2-25　下弦钢棒－腹杆螺纹连接节点试验

3. 登机桥减振设计和试验研究

二期航站楼的登机桥共42 座，其中 19 座为 V 形登机桥的斜段跨度约 53m，采用钢桁架形式，受建筑使用功能和整体造型效果限制，高度均统一为 3m，结构刚度偏小，实测自振频率仅为2Hz 左右，这个基本频率与行人步频十分接近，极易引起登机桥发生共振，行人舒适度较差。

图 2-26　Y 形柱锚固试验研究

设计过程中专门对此类长跨登机桥在不同数量行人步行作用下的振动进行了数值分析和实测研究（详见上篇第 6.1.2 小节），进而采用被动调谐质量阻尼器（TMD）减振装置对登机桥进行了制振减振研究。通过对 TMD 质量、弹簧刚度、阻尼系数等参数的分析计算显示，较小的 TMD 质量就能够达到较好的减振效果；TMD 的弹簧刚度、阻尼系数可以参考单自由度体系的参数优化结果确定；TMD 弹簧刚度的变化对减振效果的影响较大。

现场试验显示，TMD 减振措施应用前后，1 ~ 2 人的跨中跳跃激励和 1 ~ 75 人的步行激励的跨中最大加速度峰值至少减小了 65% 左右，行人振动感觉明显减轻，减振效果显著。

4. 其他试验研究

支撑屋盖的 Y 形柱下端锚在悬臂的混凝土柱中，钢骨并未继续往下穿过楼面，也在同济大学进行了静力往复试验以验证节点抗震可靠性[7]（图 2-26）。另外，本项目还进行了模型振动台试验[8]。

参考文献

[1] 同济大学土木工程防灾国家重点实验室.上海浦东国际机场二期工程航站楼风荷载试验和分析研究 [R] .2005.

[2] 上海现代建筑设计集团建筑风工程仿真技术研究中心.上海浦东国际机场二期工程平均风压分布数值风洞模拟 [R] .2006.

[3] 徐春丽，罗永峰，周健.上海浦东机场二期航站楼钢屋盖结构稳定性分析 [J] .建筑结构，2007，37（2）: 18-21.

[4] 同济大学建筑工程系.浦东国际机场二期航站楼钢结构研究报告 [R] .2006.

[5] 赵宪忠，王帅，陈以一，等.单向载荷作用下向心关节轴承球铰节点的受力性能 [J]. 轴承，2009（9）: 27-31.

[6] 赵宪忠，马越，陈以一，等.浦东国际机场 T2 航站楼张弦梁弦 - 杆连接节点试验研究 [J]. 建筑结构，2009，39（5）: 59-62.

[7] 骆文超.铸钢节点 Y 型混合柱抗震性能研究 [D]. 上海: 同济大学，2007.

[8] 吕西林，刘锋，卢文胜.上海浦东机场 T2 航站楼结构模型模拟地震振动台试验研究 [J]. 地震工程与工程振动，2009，29（3）: 22-31.

案例三 | 虹桥综合交通枢纽

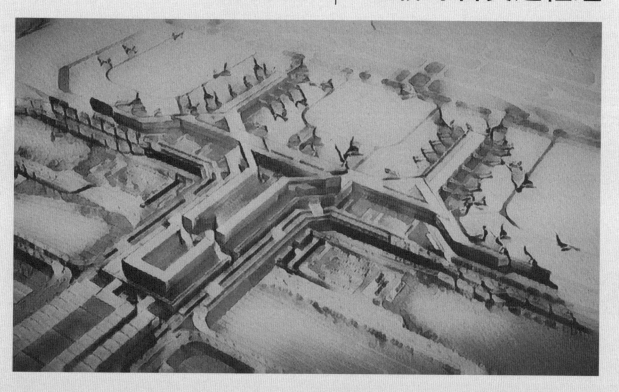

3.1	工程概况	297
3.2	地基基础	298
3.3	地下结构	299
3.4	体系丰富的上部主体结构	301
3.5	建筑结构的融合和结构的表达	305
3.6	防恐抗爆设计在工程中的创新性应用	308
3.7	关键技术问题及对策	312

项目地点	上海市长宁区、闵行区
建设单位	上海机场集团公司、铁道部、申通公司、申虹公司等
旅客规模	110万人次/天（全枢纽），4000万人次/年（T2航站楼）
建筑面积	142万 m²
抗震设防烈度	7度（0.1g）
基本风压	0.55kPa（50年）
设计时间	2006年2月起
投运时间	2010年3月
设计单位	华东建筑设计研究院有限公司　原创（总控及T2航站楼、东交通广场、磁浮车站） 铁道第三勘察设计院集团有限公司、华建集团现代建设（高铁站） 上海市政工程设计研究总院（西交通广场）

3.1　工程概况

上海虹桥综合交通枢纽以原有虹桥机场为基础向西拓展而成，包括了航空、城际铁路、高速铁路、轨道交通、长途客运、市内公交等多种换乘方式，总占地面积26km²，是当前世界上换乘模式最多和规模最大的综合交通枢纽。

枢纽核心区内各主要功能主体的平面布局由东向西依次为：T2航站楼、东交通广场、预留磁浮车站、高铁车站、西交通广场（图3-1），东西向总长约1600m。东交通广场主要服务机

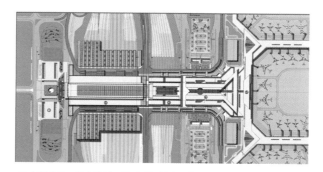

①交通广场；②高铁站；③磁浮虹桥站；④东交通广场；⑤T2航站楼

图3-1　核心区主要功能主体平面布局

场T2航站楼和磁浮并作为上部商业设施和下部换乘人流的联系纽带，西交通广场主要服务高铁车站，各功能主体的规模情况见表3-1。

<table>
<tr><td colspan="4" align="center">各功能主体规模</td><td>表3-1</td></tr>
</table>

功能主体名称	层数（地上/地下）	建筑面积（万 m²）	高度（地上/地下）（m）
T2航站楼	9	34.8	42.85/0
东交通广场	11/2	31.0	42.85/−16.85
磁浮站	11/2	16.6	42.85/−16.85
高铁站	5/2	28.9	40/−16.85
西交通广场	0/3	17.4	0/−22.00

枢纽五大主体功能通过位于−9.350m、6.600m和12.150m标高的三条不同层面换乘大通道连接起来（图3-2），使旅客能在各类交通工具之间便捷换乘，车辆的连通路径为 ±0.000m地面道路和+12.150m层楼前高架桥。

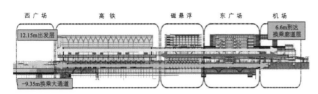

图 3-2　三大换乘通道

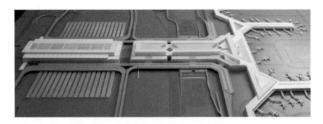

图 3-3　虹桥综合交通枢纽整体模型

图 3-4　虹桥综合交通枢纽整体立面

图 3-5　虹桥综合交通枢纽全景

虹桥交通枢纽的建筑以"功能性即标志性"为设计定位[1]，没有刻意追求建筑造型上的标志性，而是紧密结合交通建筑追求便捷、便利的特点，以功能布局合理化为先导，造型服从和真实反映内部功能。最终采用的造型方案寓意为"城"：整体以直线条为主，简洁平和，方正大气；每个功能单体都自有形象，条理分明，同时又相互协调（图 3-3 ～图 3-5）。内部空间尺度适当，通过精致细节的打磨体现人性化追求。

3.2　地基基础

本工程场地地貌类型为滨海平原，土层分布和土性特征来看，拟建场地内第⑦₂层灰色粉细砂，层顶埋深为 38.5 ～ 63.8m，厚度为 3.5 ～ 21.9m，静力触探 Ps 值为 12.68 ～ 16.06MPa，由于受古河道切割的影响，层面有较大的起伏，最大埋深差异达 21m；第⑨层灰色粉细砂夹中粗砂，层顶埋深为 69.8 ～ 78.0m，静力触探 Ps 值约为 22.98MPa，该两层土都是本工程理想的桩基持力层。

综合考虑不同功能区域地下工程挖深情况、承载力需求、地铁与磁浮区域沉降控制要求、后穿入地铁盾构对桩基要求及影响、工期、成本等因素，本工程采用了包括 PHC 管桩、钻孔灌注桩、扩底灌注桩等多种桩型，抗压桩分别以⑦₂层和⑨层土为桩基持力层，总桩数达 2.3 万根（图 3-6），华东院负责设计的单体的桩基情况统计见表 3-2 和表 3-3。

抗压桩情况统计　　　　　　　　　　　　　　　表 3-2

功能主体名称		抗压桩型	持力层	有效桩长（m）	特征值（kN）
T2 航站楼	一般区域	ϕ600PHC 管桩	⑦₂	38 ～ 67	2720 ～ 3040
	盾构穿越区	ϕ850 钻孔灌注桩，桩端后注浆	⑨	66 ～ 74	3500
东交通广场	地铁东站	ϕ850 钻孔灌注桩，桩端后注浆	⑨	53 ～ 68	5500
	南北车库	ϕ600 PHC 管桩	⑦₂	40 ～ 47	3100
磁浮车站		ϕ850 钻孔灌注桩，桩端后注浆	⑨	53 ～ 75	5500

机场航站楼结构设计与工程实践

抗拔桩情况统计 表 3-3

功能主体名称		抗拔桩型	持力层	有效桩长（m）	特征值（kN）
东交通广场	地铁东站	φ600 钻孔灌注桩	⑦₂	30	1000
	南北车库	φ400PHC 管桩	⑤₃₋₁	40	580

T2 航站楼采用桩基 + 独立承台的基础形式，承台双向设基础梁拉结；东交通广场地铁区域采用了桩基 + 独立承台 + 中厚板的基础形式，车库区域设计采用了桩基 + 承台的形式，承台双向设基础梁拉结，底板采用倒楼盖形式，上翻梁间回填素混凝土以减小抗浮需求；磁浮站采用桩基 + 独立承台 + 厚板的基础形式，基础底板厚 2.5m，承台厚度 3m，以提高基础的整体性。

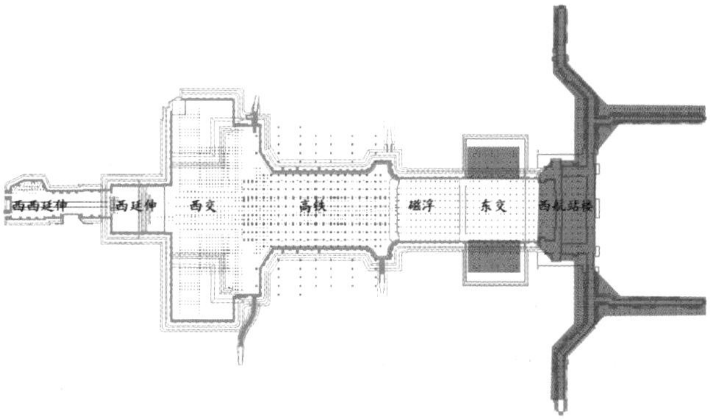

地铁道床位于地下二层的基础底板上，为减小地铁运行对上部结构的振动影响，除柱底位置外，磁浮车站在地铁轨道下额外布置了一定数量的桩。

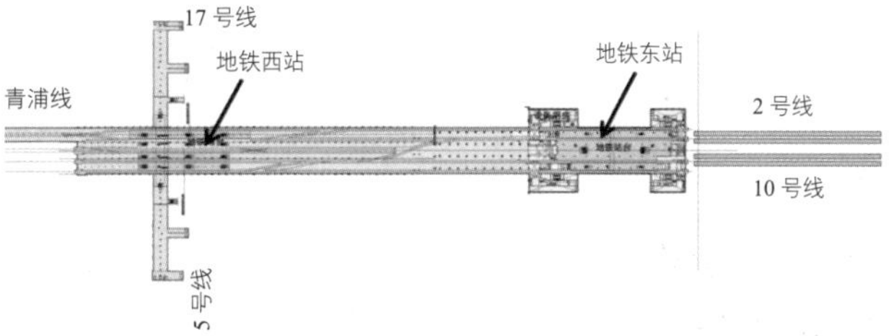

图 3-6 桩基总体平面布置示意图

图 3-7 地下轨交平面

3.3 地下结构

1. 超长结构

虹桥枢纽地下结构总体为两层，局部三层。其中地下一层（标高 −9.350m）的大通道是连接各大功能主体的三大换乘通道中最重要的一条，除了连通功能外还是枢纽与地铁的换乘界面，是人流最为密集的区域；地下二层（标高 −16.850m）及局部三层主要作为地铁站台层和地铁区间功能，枢纽规划的"两纵三横"5 条地铁线路分别在东、西交通中心设站，其中东交通中心下有 2、10 号线，西交通中心另再包括 5、17号线和青浦线（图 3-7），目前 2、10、17 号线已投入运营。地铁轨道直接坐落于地下室底板上，与上部结构连成一体，轨交主体结构在磁浮站及以东范围全部由华东院完成设计，以西范围结构由上海市政院设计。

地铁站台层所在的地下二层结构在虹桥枢纽主体结构范围内的长度约 700m，地下一层大通道结构如果算上西交通中心外继续往西延伸的西延伸段和西西延伸段，总长将达 2000m。由于地铁从地下室内贯穿通过，从使用功能和防水角度考虑，全部地下室连成一体不设结构缝，是典型的超长地下结构。针对混凝土收缩和温度应力问题，设计上主要通过设置后浇带、钢筋连续拉通并适当提高配筋率、部分区段添加高性能混凝土膨胀剂和抗裂纤维等措施加以改善，并在施工缝辅以附加防水层作为加强防水措施。施工上采用在混凝土中掺加缓凝抗裂材料、跳仓浇筑、夜间浇筑低温入模减少温差、加强养护等措施。根据建成十余年的持续观察，除早期在地下二层外墙段出现一定开裂渗漏外，经修补后未再发现明显渗漏。

这么长的地下室未发现明显渗漏，可能和以下几个有利因素有关：地下室环境温度变化小且基本处于空调范围，基础底板较厚抗渗漏能力强，水土压力在结构内形成一定的压应力，外墙有一定的进退并未全部处于同一直线。同时，外墙采用二墙合一且在现浇叠合层的基础上另加砌体内衬墙，站台为后做的二次结构，地下室外墙与底板不直接进人，即使有少量渗漏，由于不影响正常使用可能也未被发现。

2. 地上化的地下结构

为了给巨大的地下空间创造通透舒适的环境，枢纽的地下室设置了大量通至地面或屋面的采光、通风天井和边庭（图3-8），这使得地下结构一定程度上地上化，结构设计与常规的地下室设计有了些许的不同。

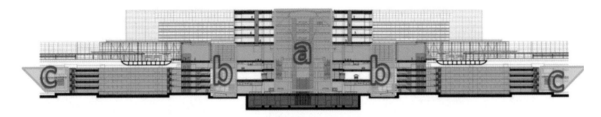

地下结构直通室外区域分布

（a）东交通广场中庭　　　　　　　　（b）车库通风天井　　　　　　　　（c）车库边庭

图3-8　地上化的地下结构

东交通广场的地下一层和底层，典型柱网尺寸为18m×18m，框架梁采用双向后张有粘结预应力梁以控制梁高，结构平面南北两侧中部一半的宽度范围均为下沉式庭院，内部的楼板开洞面积也比较大，导致上部结构在地面标高的嵌固条件受到较大的削弱。为准确反映这一影响，结构计算中将模型建至基础面，底层仅在有土体可靠约束处设置侧向约束，地下一层和底层楼板均按弹性板模拟。

交通广场南北车库各5层，为消解车库在地面以上的体量感从而与枢纽整体和谐统一，车库一半位于地面以下，同时为改善地下车库采光通风条件不佳的通病，车库一面与交通广场主体共享中部地下庭院，其余三面设置了下沉式绿化庭院，地下车库成为建在一个深度为8.6m的下沉式广场里的地上建筑（图3-9）。车库本身的结构变成了常规的全地上结构，下沉式广场的设计成了结构设计的主要问题。下沉式广场的挡土墙采用了带三角内斜撑的结构形式，堆成斜坡的绿化种植土覆盖住了内斜撑，同时为挡土墙提供了被动土压力并可兼作抗浮配重。沿挡土墙下和车库外的空旷处另布置了预应力管桩PHC400作为抗拔桩，进一步平衡基础底板承受的水浮力。

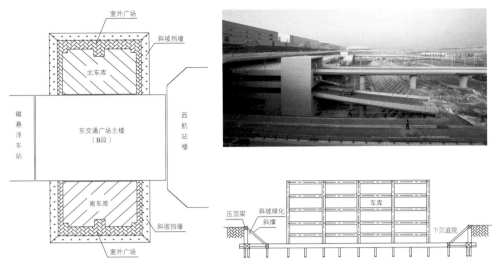

图 3-9　东交通广场开敞式下沉车库

3. 超深大基坑

枢纽基坑总面积高达 350000m², 开挖深度 20～29m, 属超大超深基坑工程, 其规模在上海地区乃至全国均属罕见。基坑工程综合性强, 涉及面广, 各单体施工在平面、时间和空间上相互重叠、纵横交错, 施工难度大, 且工期十分紧迫。

针对本基坑中部深、南北两侧浅的阶梯形分布特点, 设计在东交通广场、磁悬浮以及南北侧地下车库基坑工程中创新性地采用了多级梯次联合支护体系, 即两级放坡＋重力坝＋"两墙合一"地下连续墙＋两道钢筋混凝土水平支撑系统的围护形式 [2]（图 3-10 和图 3-11）, 浅部基坑采用经济性显著的卸土放坡结合重力坝的围护形式, 深部基坑安全可靠的地下连续墙形式, 该区域开挖深度为 8.3～22.87m。基坑支护施工现场如图 3-12 所示。

为加强分槽段施工的地连墙的防渗漏性能, 设计中采取如下几项技术措施: 槽段间采用构造简单, 施工适应性较强的圆形锁口管接头; 在地下连续墙内侧另外现浇一道纤维钢筋混凝土内衬墙, 构成叠合墙体; 地墙在与顶板及底板接缝位置采取留设止水条、刚性止水片等措施改善接缝防水。

3.4　体系丰富的上部主体结构

由于航空限高的要求, 虹桥枢纽的核心区建筑高度都控制在 45m 以下, 各单体的建筑外形协调统一, 采用的结构体系也大体相似, 都是以框架结构为主体

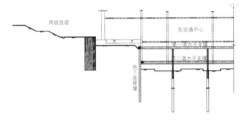

图 3-10　多级梯次联合支护体系典型剖面图

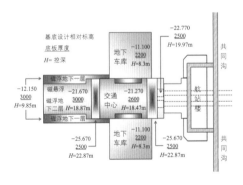

图 3-11　东交通广场、磁浮站基坑深度情况

图 3-12　基坑支护施工现场

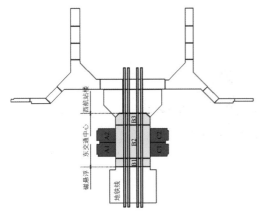

图 3-13　T2 航站楼、东交通广场磁浮车站结构单元划分图

（图 3-13）。为配合多样的使用功能和内部空间效果要求的不同，多种不同的结构处理方式与看似单一的框架结构相结合，构成了丰富的结构形式。

1. T2 航站楼

T2 航站楼由主楼、登机长廊及集中布置于主楼上部的机场办公楼组成，其中航站主楼长 270m，宽 108m，高 24.650m，主体为钢筋混凝土框架结构，其上办公楼顶标高 42.250m，为钢框架结构；登机长廊为 π 形，总长约 1740m，宽 45m，高 18m，局部 20.65/27.65m，全部为钢筋混凝土框架结构。不同于国内绝大多数大型航站楼以大跨钢结构作为公共区域屋盖的做法，本航站楼屋盖以混凝土结构为主，仅在局部区域点缀了跨度适中、形式收敛的钢结构轻型屋面，以契合整个枢纽简洁平和的气质（图 3-14）。

（a）安检后大厅　　　　　　　　　　　　（b）候机廊

图 3-14　混凝土框架为主的 T2 航站楼结构

各混凝土结构单体的典型柱网尺寸为 18m×15m、15m×15m，较多地采用双向后张预应力梁以控制梁高，部分单体标高 4.200m 以下柱网进一步减小至 7.5m×7.5m 的小柱网。由于建筑布置需要，各单体存在相邻上下楼层层高变化大、立面收进、不同程度的楼板缺失、局部错层等情况，从而引起结构竖向刚度不均匀、楼层受剪承载力突变和结构平面不规则，部分单体在 0.000m 至 12.000m 的楼层之间布置了少量钢支撑，以改善上述不规则影响。

为控制上部办公楼的层高，上部钢结构的柱网由下部混凝土结构的 18m×18m 转换成横向 7.5m+3m+7.5m、纵向 6m+6m+6m，结构转换层利用办公首层设置 18m 跨的钢桁架（图 3-15）。为避让走道，桁架的斜腹杆了偏心布置，通过节点处的加强处理抵抗局部的偏心弯矩。在转换层中桁架下弦及与桁架相连接的框架柱（框支柱）均采用型钢混凝土，以确保钢结构与混凝土结构过渡的可靠性。

办公楼的中部单体 B3 立面开洞形成连体结构，连体部分的平面为顶边 18m 跨度、底边 54m 跨度的等腰梯形，采用与两端刚接的钢桁架跨越（图 3-16）。

办公楼两侧单体在标高 36.650m 处与东交通广场主楼之间设有跨度约为 94m 的高空连接廊（图 3-17），连接廊采用大跨度钢桁架结构，该连廊的主要作用是塑造虹桥枢纽一体相连的总体形象。由于连廊尺度相对两端建筑体量较大，与两端采用搁置方式弱连接于两端的结构单体上。为减小连接廊对被搁置结构单体的地震效应，采用带黏滞阻尼器的减振支座连接。

机场航站楼结构设计与工程实践

采用钢屋盖的主要两处之一是办票大厅区域，此处最大跨度36m，直接采用箱形钢梁跨越就可满足（图3-18）；另一处为南北两侧的VIP休息厅，屋顶为底边90m的直角三角形无柱空间，采用了双向张弦梁结构（图3-19）。两处结构本身的实现难度并不大，设计主要关注如何完成建筑结构的完美融合，此议题将在后面章节展开。

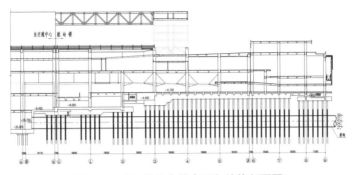

图 3-15　T2 航站主楼东西向结构剖面图

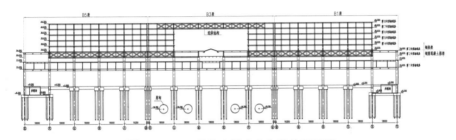

图 3-16　T2 航站主楼南北向结构剖面图

图 3-17　T2 与东交通广场间的高空连接廊

图 3-18　办票大厅大跨空间

图 3-19　VIP 休息厅大跨屋盖

2. 东交通广场

东交通广场主体也为钢筋混凝土框架，总高 45m（图 3-20），典型柱网尺寸为 18m×18m，采用双向后张有粘结预应力梁，在 12.000m 至 24.000m 的楼层之间布置柱间钢支撑，以改善该层抗侧刚度的突变和提高该层楼层抗剪承载力（图 3-21a）。平面内设置巨大圆形中庭，通过大跨的悬挑梁实现（图 3-21b）。两侧 24.000m 标高处在大通道屋顶采用 36m 跨的钢结构轻型屋面，结构形式与 T2 航站楼相同（图 3-21c）。20.650m 标高以上功能为商业开发，柱网的需求与下部相同为 18m，混凝土框架往上延续，直至顶层采用双向网格钢梁支撑玻璃屋面以提供 36m 大跨的空间（图 3-21d）。

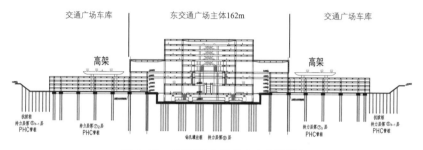

图 3-20　东交通广场南北向剖面图

机场航站楼结构设计与工程实践

（a）12.000m 楼层的柱间钢支撑

（b）悬挑梁实现的巨大圆形中庭

（c）36m 跨钢结构轻型屋面

（d）顶层双向网格钢梁

图 3-21　东交通广场结构形式

3. 磁浮车站

磁浮虹桥站主体结构平面尺寸 162m×170m，标高 24.550m 以下采用钢筋混凝土框架，基本柱网为 18m×13.8m，较多地采用了后张预应力梁；标高 24.550m 以上开发用房采用钢框架，柱网转换成 9m×6.9m。标高 12.050～24.550m 的高架站厅层双向设置了屈曲约束支撑，以及减小层间侧向刚度突变，屈曲约束支撑外露于公共空间（图 3-22a）。在 24.550m 标高开发用房的内庭院，设置了膜结构的遮阳棚（图 3-22b）。

（a）12.050m 楼层的柱间屈曲约束支撑　　　　　　　（b）24.550m 标高膜结构遮阳棚

图 3-22　磁浮车站结构形式

4. 高铁站

高铁车站 12.000m 标高以下为 24m 柱网，采用方钢管混凝土柱配合平面钢桁架梁的形式；24m 标高以上为高大候车空间，结构形式为大跨度空间桁架。

3.5　建筑结构的融合和结构的表达

虹桥综合交通枢纽总体的气质是简洁平和，建筑结构融合追求润物无声，于细微处显匠心。相比浦东机场 T1、T2 航站楼，虹桥机场 T2 没有复杂的大跨空间结构，结构也没有作为强烈突出的表达对象，但结构设计遵循了建筑关注人性化这个统一的逻辑，对结构细节精益求精，符合了这个建筑希望带给人的整体感觉。

1. 大跨钢柱 - 钢梁结构的蜕变

T2 航站楼办票大厅屋盖结构采用了最简单的钢结构梁柱体系，支撑柱主要沿幕墙边和内部墙面布置，仅在总平面两侧拐角处各设置了三颗细长中柱，将整个屋面的最大结构跨度控制在 36m 以内，东交通中心、磁浮车站大通道也是同样 36m 跨屋面，尺度适中，都采用了基于普通钢梁 - 钢柱的朴素结构体系，建筑师希望对结构进行一定的展示以表达一种本真的趣味，由于所在的空间尺度不大，外露结构构件将处于旅客可接近范围，构件和节点的设计就显得特别重要。

结构设计采取了两个策略，一是将水平与竖向荷载分开传递，使外露竖向构件仅承受竖向力，截面可以做到最小；二是将梁柱铰接，创造表达节点的机会。

对于 T2 航站楼办票大厅，钢屋盖东侧已有的混凝土结构具有足够的抗侧刚度，西侧的刚度如果靠钢柱自身提供会需要很大截面，于是设法将西侧区域的结构选出一块做成刚度较大的混凝土结构（图 3-23），通过将屋面平面内的刚度加大，东西两侧混凝土结构可以为整个屋面提供抗侧需求，这样全部的钢柱被从抗侧的需求中解放出来，截面能够控制在 450mm 直径，30 的高宽比在空间中可以保持细高的感觉（图 3-24）。

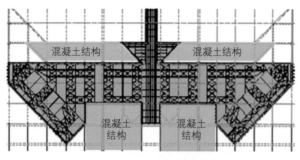

图 3-23　抗侧刚度的形成　　　　　　　　图 3-24　支撑大跨屋盖的细高柱

大跨钢梁的端部截面收小使之视觉上轻量化，梁端采用销轴节点与外立面位置的钢柱顶及东、西侧混凝土结构铰接，外立面位置的柱同时为幕墙提供侧向支撑。对于东交通广场、磁浮车站大通道，一侧的抗侧刚度通过钢柱间设置纤细的拉索支撑提供。梁柱节点、柱间支撑和屋面支撑及其节点进行了专门设计，结构的精致性通过节点得到呈现（图 3-25）。屋面吊顶设在梁间并在端部提前收至天窗边，将主梁下翼缘和梁柱节点区域完整且真实暴露，结构体系整体也得到了完整展示。

（a）混凝土侧梁端节点　　　　　（b）同时支撑幕墙的结构柱　　　　　（c）东交通广场梁 - 柱 - 支撑节点

图 3-25　T2 航站楼办票大厅及东交通广场、磁浮车站大通道屋盖节点

2. 无处不在的"虹桥"元素

结合建筑流线功能需要并结合虹桥枢纽"彩虹桥"的母题，枢纽内设计了各种形式的人行桥，每一座桥都是结合所在位置的环境和边界条件，以建筑结构一体化为目标进行设计。

其中连接 T2 和东交通广场的双大跨连桥是组成虹桥综合枢纽总体形象的重要一笔（图 3-26）。其他包括 T2 到达大厅无行李通道桥、东交通广场中庭连桥、车库步行桥、办票大厅连桥等，相关介绍见本书上篇第 6.3.1 小节。

图 3-26　连接 T2 和东交通广场的双大跨连桥

3. 简洁的幕墙结构

沿陆侧立面的幕墙高 12m，幕墙柱采用了 3m 间隔的紧凑箱形截面，借助支撑屋盖柱的侧向辅助，高 12m 的幕墙柱被控制在 120mm×250mm 的较小截面。在自动扶梯区域，由于大量的楼板缺失，幕墙由地下一层楼面直达屋面，幕墙和支撑屋盖柱的高度都达到 38m。通过柱与幕墙桁架间的相互支撑，将屋盖柱与幕墙柱的截面都控制在与正常高度处的同样尺寸，保证了整体的统一效果和局部的适宜尺度（图 3-27）。

（a）陆侧立面　　　　　　　　　　　　　　（b）楼板缺失处幕墙

图 3-27　T2 幕墙支撑结构

4. 兼作指向标的三角形屋面

航站楼最大跨度的屋盖在出发层贵宾休息厅的顶部，其平面是一个 90m×45m 的等腰直角三角形，建筑师在屋顶设置了一个箭头状的天窗，作为对此处主要人流方向的一个指引。从受力角度而言，结构存在图示的多种布置可能性（图 3-28），能否强化对箭头状天窗的展示，被当成了选择方案的一个主要因素[3]。最终选择沿三角形底边和高两个方向布置下弦的双向张弦梁结构，最大程度地减少对天窗指向性的干扰。张弦腹杆采用格构式，便于双向张弦交叉处索的穿越；下弦杆端索锚具中的设置了锚索计实时监测索力变化（图 3-29）。

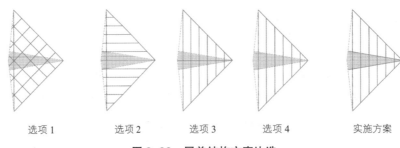

| 选项 1 | 选项 2 | 选项 3 | 选项 4 | 实施方案 |

图 3-28　屋盖结构方案比选

（a）双向张弦布置　　　　　　　　　　　　（b）格构式腹杆

（c）清晰的导向箭头显示　　　　　　　　　　（d）实时索力监测

图 3-29　VIP 屋盖双向张弦结构

5. 清水混凝土

T2 航站楼中较多区域采用了清水混凝土，以契合其追求的简洁平和、朴实无华的气质。主要使用的部位包括结构柱、部分的梁底梁侧、陆侧立面以及敞开式车库（图 3-30）。

6. 其他小结构

另外，T2 航站楼在入口雨篷、候机区的剪式楼梯、透明电梯钢骨架、停车库的室外钢楼梯等次结构上，以建筑结构一体化为目标，将结构作为空间中的一个表达元素，共同塑造虹桥枢纽高效、简洁、低调的气质特点。相关内容见本书上篇第 6.4、6.5 节。

3.6　防恐抗爆设计在工程中的创新性应用

虹桥枢纽庞大的体量、复杂的功能和巨大的客流量使其在政治经济方面的重要意义不言自明，一旦遭受恐怖爆炸袭击，造成的后果也将不可设想。将防恐怖爆炸的理念引入虹桥综合交通枢纽结构工程的设计工作中，是在大型交通类建筑设计中的初次尝试，当时在国内也无先例[4]。

1. "预防"与"抵抗"并举的防恐策略

依据国内外恐怖袭击事件的历史经验，虹桥枢纽这类的巨型交通类公用设施所面临的恐怖袭击威胁包括如下类型：爆炸威胁（汽车炸弹、背包炸弹、邮包炸弹）、劫持、纵火、车辆撞击暴力进入、武器远程攻击、生化威胁、网络恐怖和威胁。其中爆炸威胁造成的人员财产损失和社会影响最大，是设计关注的重点。

近距离恐怖爆炸袭击作用于建筑物的冲击波荷载非常高，足以对建筑物主体结构造成损伤，严重的甚至会发生结构的连续倒塌；冲击波超压作用于建筑物的围护结构时，其产生的大量门窗、幕墙玻璃碎片高速飞溅，也会造成大量的人员伤亡。

虹桥枢纽应对恐怖爆炸威胁的技术措施分为"预防"与"抵抗"两类。前者通过有针对性地部署防恐安保、监测软硬件系统，提高防恐水准，不仅可以加强枢纽抗恐怖袭击能力，还可以因其威慑作用而对潜在的恐怖事件进行吓阻。后者则是对虹桥枢纽建筑结构本身进行抗爆分析研究，加强高风险区域的结构抗爆能力，提升整体结构抵抗恐怖爆炸威胁的防护水平。

2. 安全区域的分级

鉴于虹桥交通枢纽庞大的体量，对所有结构进行抗爆设防的代价过于巨大，而不同功能区的重要性、可到达性、保安人员和安防设备的密度都不一样，可能遭受的恐怖袭击风险也不相同，因此必须在整体结构中找出关键的部位和构件进行针对性的重点分析和抗爆加强，从而以最合理的代价使整个交通枢纽防恐怖爆炸袭击的能力达到一个较好的水平。

为此，首先对整个虹桥交通枢纽功能区采取了分级安全区域划分，采取不同的措施分层防线，使整个交通枢纽形成设防水平渐次增高的不同安全区域，各级安全分区分别面临不同的最小安全距离和相应的爆炸物当量。

（a）主楼清水混凝土柱

（b）登机廊清水混凝土梁柱

（c）陆侧立面

（d）开敞式车库立面

图 3-30　清水混凝土使用部位

第一级安全区域，为交通枢纽外围到建筑物室外路边。该区域设防目标为进场车辆，在进入交通枢纽的道路上设置了检查站对车辆进行人工检查，以排除超过设防当量的爆炸物进入的可能。本次设计对该级区域所需要的各项条件做了预留，运营方将根据应急安全预案在必要时启用。

（a）施工状态

（b）完成效果

图 3-31 虹桥枢纽防撞墩布置

第二级安全区域，为建筑物室外路边到室内公共活动区。该区域为主要设防区域，针对不同的袭击手段设置各种防护设施，包括防撞栏杆、行李扫描设备、爆炸物嗅探装置等，以保证设防关键构件的最小安全距离（图 3-31）。

第三级安全区域，主要是旅客空侧候机区域和机场运营方使用的办公室、控制调度室、机电设备用房等场所。该部分区域需经严格安检或设置门禁系统和智能监控系统，严格防止恐怖分子携带爆炸物进入。

3. 高效的防恐安保、监测系统

安保、监测系统是交通枢纽本身防范恐怖袭击的第一道，也是最重要的一道防线。在虹桥交通枢纽的安保系统设计中部分采用了智能安防技术，其核心是高清摄影机配合带有分析软件的闭路电视监控系统。该系统具有智能化监测和判别能力，可以识别异常行为和物品，如在敏感区域放置时间超长的可疑背包、在敏感路段异常减速或停靠的车辆等；也可以借住于高清摄影机的精度优势配合人脸识别技术，对枢纽内可能出现的犯罪嫌疑人进行识别、定位、预警。与公安机关的相关数据库系统联网以后，它将可以极大地提高对恐怖袭击事件（包括其他异常行为）预警和处理效率。

4. 结构防爆炸能力的提升

虹桥枢纽结构自身的防恐怖爆炸设计目标设定为两点：一是防止各单体的整体结构在局部受袭后出现连续性倒塌；二是避免结构柱在设防爆炸荷载下出现难以修复的破坏。此要求接近美国国防部"新建建筑最低防恐怖主义（AT）标准"中防护等级"中"的水平。

（1）抗连续倒塌的设计

结构抵抗连续倒塌的设计方法一般可归为事件控制、间接设计和直接设计三类。事件控制要求突发事件在发生前即予以阻止；间接设计是指不直接体现突发事件的具体影响，而采用一些概念性的设计措施以提高结构的最低强度、冗余特性和延性能力；直接设计又分为备用荷载路径分析和特殊抗力设计，前者又可称为构件拆除法，后者则是对主要承重构件进行防爆或防撞加强设计。

由于建筑功能、外观上的要求对结构布置的限制，采用单一设计方法往往难以达到抵抗连续倒塌的目的，本工程中结合了上述三种方法进行防连续倒塌设计，即原结构按抗震设计，已具备较好的整体性和延性（间接设计）；通过安全区域的划分减小载有大当量炸弹的汽车可能靠近的区域范围（事件控制），再对该范围内关键柱采用构件拆除法进行结构连续倒塌分析（直接设计），最后根据分析结果对可能造成不可接受的连续倒塌后果的柱进行防爆加强设计（直接设计）或防撞礅布置的调整（事件控制）；上部楼层公共人员可到达区域，按背包炸弹当量进行结构验算，对不满足要求的柱进行防爆加强设计（直接设计）。

本工程的结构连续倒塌分析采用非线性动力分析数值模拟方法，具体见本书上篇第 9.2.3 小节。

（2）关键柱的防爆分析和加强

对于通过连续倒塌分析找出的失效后可能引发连续倒塌的关键柱，结合安全分区确定的安全防护距离和爆炸荷载当量，采用有限元方法进行了抗爆分析。对于第一级安全区域和紧邻一、二级界线的第二级安全区域柱，爆炸物当量视车辆可及情况分别取车载级别和手持级别，一般称为汽车炸弹和背包炸弹。综合分析结果，最终得出以下结论并应用于实际设计工作。

汽车炸弹：当最小安全距离为 1.5m 时，未经加固的结构柱在爆炸冲击荷载作用损伤很大，其残余承载力和残余刚度都非常低。而外包一定厚度的钢套时，相同最小安全距离的情况下结构柱可以有超过 60% 的残余承载力，甚至在汽车炸弹抵近至 1.1m 时，较多结构柱残余承载力也还在可以接受的范围。

背包炸弹：尽管背包炸弹当量较小，但是若在距离柱子非常近（200mm）的地方爆炸也会对柱子造成很大的损害。对于未经防护的结构柱，抵近爆炸的背包炸弹很容易造成混凝土的崩塌，试算结果表明，部分柱的承载力损伤系数达到 0.187，刚度损伤系数甚至达到了 0.31。对于外包一定厚度钢套的结构柱，背包炸弹的破坏作用则大大削弱，承载力损失大大降低至 5% 以内，刚度损伤则几乎可以忽略。

最终，结合防撞墩的布置优化调整，共对 58 根结构柱采取了防爆加固措施，均使用一定厚度的钢套外包（图 3-32），各柱的钢套外包高度也不相同，最低为 2.6m，最高为柱全高。

图 3-32　虹桥枢纽车道边的防爆加固柱

5. 玻璃幕墙抗爆防护

玻璃幕墙系统防护的主要目的是防止玻璃碎片飞溅对密集的人群造成二次杀伤，设防的对象包括幕墙支撑系统和玻璃本身。由于虹桥交通枢纽各子项立面大量采用玻璃幕墙，且其中部分入口处、车道边受汽车炸弹威胁较大，本工程通过设置防撞墩提供足够的安全防护距离、幕墙玻璃贴 SGP 膜防止飞溅、幕墙支撑系统内穿索耗散爆炸能量的方式进行防护（图 3-33）。

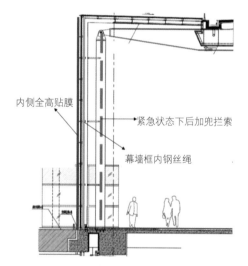

图 3-33　车道边幕墙防护方式

6. 重要设施伪装

对关键和重要的设施进行伪装，使其不易被恐怖分子辨识，从而降低其成为恐怖袭击目标的可能性符合防患于未然的原则，也是防恐设计中必不可少的一环。本工程设计建议的伪装工作主要针对重要的设备、控制房间，主要排风和新风风口，也包括关键的监控设施等，其措施包括：掩饰重要设备名称；对关键的设备、控制房间只使用房间号码以模糊其用途；用环境、绿化、广告设施等遮挡主要排风和新风风口，使其难以被发现；对重要通道处的监控设备进行视觉伪装，使其融入背景之中不易被觉察等。

3.7 关键技术问题及对策

1. 航站主楼基础以下地铁盾构后穿越

地铁 2 号线和 10 号线需东西向从地下穿越新建的西航站楼，到达设于东交通广场地下的地铁车站。根据整个项目的建设规划，虹桥机场西航站楼设计施工在先，地铁盾构穿越在后。在此背景下，航站楼设计时，需要解决地铁隧道与航站楼二者之间的相互关系及影响。

地铁对航站楼的影响一是地铁运行时的振动和噪声等对航站楼使用时舒适度的影响，二是地铁盾构施工穿越时，对航站楼的沉降影响；航站楼对地铁的影响在于航站楼使用时产生的沉降对地铁隧道的影响。

针对以上几个问题，航站楼结构设计时采取了以下对策：

首先，在 T2 航站楼范围，地铁通道与主体结构基础与完全脱开，采用盾构穿越，盾构接受井设在东交通广场，从而大幅减少地铁运行时的振动和噪声对航站楼使用舒适度的影响。

其次，在盾构穿越区域桩型的选择上作了专门考虑。航站楼设计时，由于拟建场地大部分区域现为空地，周边较开阔，从周边环境、施工进度及经济角度考虑，基桩主要采用较经济且施工质量易于控制的高强混凝土预应力 PHC 管桩。但由于 PHC 管桩单节长度小于 15m，每根 PHC 管桩会存在 2 个以上的单桩接头。地铁盾构施工穿越时，或多或少会对周边土体产生挤压，而 PHC 管桩接头处承受水平侧压力的能力较差。因此在地铁盾构穿越柱网相邻两侧专门选用了抵抗水平侧压力能力强的钻孔灌注桩，ϕ850mm 直径，桩底后注浆，并适当提高桩身配筋率，进一步增强桩身强度。

桩位的布置也专门调整，相邻柱下桩布置调整为两列，并由条形承台梁连接整体协同工作，给盾构的穿越留出足够的空间（图 3-34a）。同时对盾构穿越处相邻土体采用措施进行适当的土体加固，以减小盾构穿越时对土体的扰动而影响主体结构桩基承载力（图 3-34b）。

另外，在地铁盾构钻通过西航站楼时，采取严格控制钻进速度、加强监测等方法，以减小地铁盾构施工穿越时，对航站楼的沉降影响。目前航站楼及地铁均已正式运行，经沉降监测，航站楼厅柱累计沉降值控制在 6mm 以内。

盾构西端接受井设在东交通中心地下室内，以用于盾构出井。考虑到交通中心主体施工与盾构出井施工的先后顺序关系，端头井范围内地下室二层楼板预留吊装孔，待盾构出井后再进行混凝土浇捣封闭。盾构设备出井利用上部已施工结构框架进行提升和平移，以最大程度减小对上部结构施工进程的影响。盾构进井位置的地下连续墙围护体也针对盾构掘进需要进行了相应处理，两个槽段的分缝位置对准盾构隧道的中心线，在洞口周边设置加强钢筋，加强钢筋沿圆周布置，在单幅槽段内布置（图 3-35）。

2. 三塔弱连体结构抗震设计 [5]

连接东交通广场与 T2 航站楼之间的两座高空连廊与主体结构呈 45° 放置，离地面高度约 40m，跨度约 94m，单体重量约 1000t。连廊的平面和立面位置如图 3-36 所示。基于连廊与两端主体结构的体量关系和相对位置关系，若采用强连接方式将导致各单体建筑在几何关系和刚度分布上都存在严重突变现象，对结构抗震设计非常不利，因而设计采用隔震设计的思想将连廊两侧的主体结构水平运动隔离开来，连廊两端分别搁置于 T2 航站楼交通中心主体结构并可顺桥向相互滑动，同时在顺桥下刚度相对稍大的交通中心侧设置了黏滞阻尼器和弹性复位装置，从而形成非封闭形的三塔弱连体结构。T2 航站楼侧由于顺桥向刚度太小，仅设置单向滑动支座以尽可能减小连桥的影响，万一地震作用下连廊搁置端产生残余相对位移，设计预留了进行外力复位的条件。

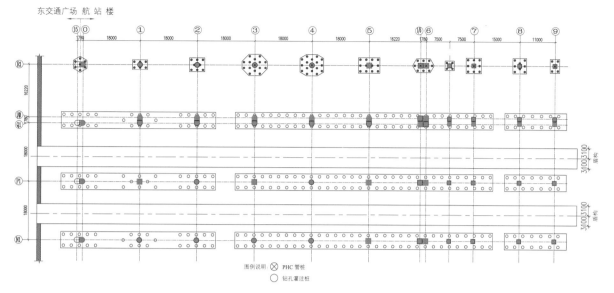

（a）桩型和桩布置方式

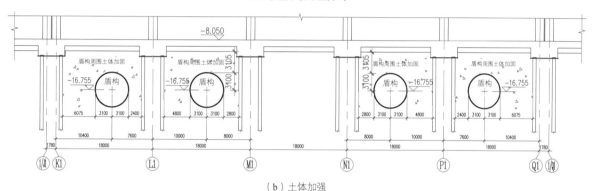

（b）土体加强

图 3-34　盾构穿越处的基础处理

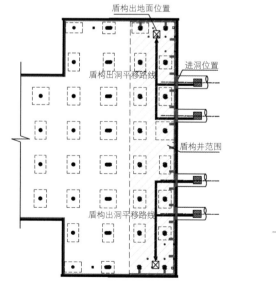

（a）盾构井位置及出井路径

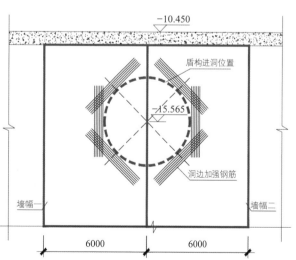

（b）盾构进洞除地连墙槽段处理

图 3-35　盾构井

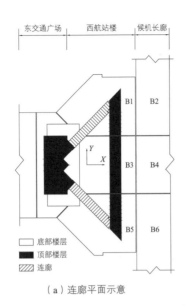

(a) 连廊平面示意

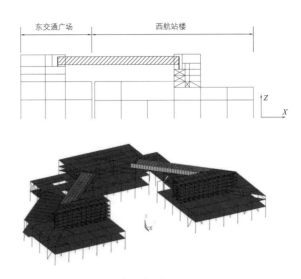

(b) 连廊立面示意

图 3-36 高空连廊与建筑关系

由于当时对成熟的隔震支座产品了解有限，设计按照概念"散拼"了一套隔震支座：承重和滑动功能由简易的顺桥向单向滑动钢支座提供，控制摩阻系数在 2% ~ 3%，黏滞阻尼器提供阻尼耗能，纯橡胶支座控制位移并提供复位能力，不承受竖向力（图 3-37），横桥向直接限位以避免连廊在大风环境下发生变位。

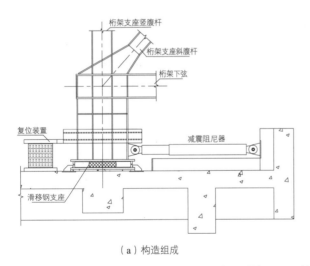

(a) 构造组成

(b) 现场照片

图 3-37 连廊隔震支座

根据葫芦串简化模型的初步参数设计，液体黏滞阻尼器选用 $C=120kN/(mm/s)^{0.3}$ 的非线性阻尼器（图 3-38）。设计基于 LS-DYNA 程序和二次开发建立的结构动力弹塑性时程分析方法进行了地震分析，计算结果显示，隔震支座在大震下的最大变形约 360mm，黏滞阻尼器最大速度 1000mm/s，最大输出力 1000kN。图 3-39 为连廊支座反力（含阻尼力、摩阻力和复位弹簧力）和东交通广场楼层剪力（连廊坐落处）的时程比较。可以看出：连廊支座反力的方向大体是与结构层间剪力相反的，这种反向作用关系占整个振动过程的 75% ~ 80%，从而可建立起类似于 TMD 的减震机制；但由于连廊反力的量值低于结构层间剪力一个数量级以上，因此对主体结构的减震效果是有限的。

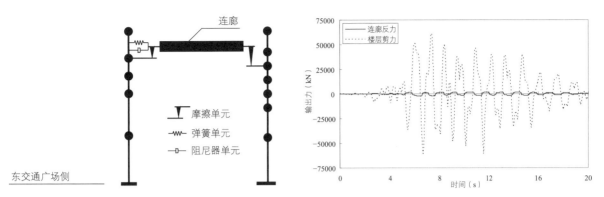

| 图 3-38 弱连体结构的葫芦串模型 | 图 3-39 连廊支座反力与东交通广场楼层剪力时程 |

3. 磁浮站结构一体化设计的研究[6]

磁浮车站是虹桥综合交通枢纽的一个重要组成部分,其地面层为磁浮列车站台层,地下一层为换乘人流通道和磁浮站厅,局部地下二层为垂直于磁浮轨道方向的地铁运行轨道,地上二层为换乘人流通道和站厅,二层顶板之上为局部4层的开发用房。

磁浮列车荷载先作用于车站框架结构,然后通过基础传入地基;地铁在地下二层的车站基础底板上运行,框架结构同时承受地铁运行中的动力作用;磁浮虹桥站结构成为磁浮列车与地铁列车支承、导向以及牵引和制动的轨道基础,即上部框架结构、磁浮支承结构、地铁支承结构三者合一(图3-40)。在磁浮列车、地铁列车行驶过程中的动荷载作用下,三合一结构的动力响应非常复杂,磁浮列车和地铁列车能否正常行驶、上部结构能否正常使用,是进行磁浮站结构一体化设计中需要解决的问题。

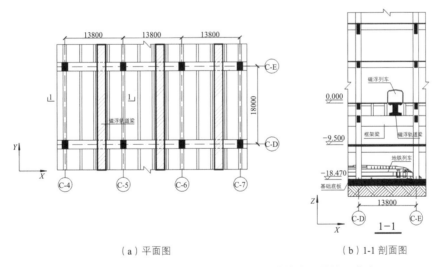

| (a)平面图 | (b)1-1剖面图 |

图 3-40 上部框架结构和磁浮支承结构、地铁支承结构三者合一

设计对如下关键技术问题进行了研究:①磁浮列车、地铁列车对三合一结构的动态作用确定,此项通过实测获得;②三合一结构边界条件的精确模拟,关键是确定合理的桩土边界,提出了"弹簧-阻尼"桩土边界模型模拟;③磁浮与地铁列车动力荷载作用下三合一结构的动力响应分析,主要采用有限元软件ANSYS;④对动力响应分析结果的判断,确定三合一结构满足磁浮和地铁列车正常运行、建筑物正常使用的要求。

经动力响应分析,得到以下研究结论:在磁浮和地铁列车的单工况及组合工况下,磁浮轨道梁结构在竖直方向上的弹性变形应小于 $L/6000$ 的限值，地铁轨道梁下部建筑结构的弹性位移引起轨面不平顺的变化率小于 0.1%，均在系统规定的变形范围内，二者的正常运行能够保证；在磁浮和地铁列车的动力作用下，房屋结构的承载力和变形均能满足要求，部分位置的竖向振动加速度限值大约为 $0.12 \sim 0.21g$，超过限值，地铁减振技术有必要采用；将磁浮支承结构、地铁支承结构、建筑结构三者合一进行磁浮站结构一体化设计是可行的。

4. 人行桥减振设计

本工程众多连桥中都存在竖向振动舒适度的问题，一般均为常见的单跨桥梁第一振型跨中振动问题，其中较为特别的是东交通广场中庭连桥。该桥跨度为 54m，跨中桥两侧各有一吊点通过钢索悬挂于上部混凝土结构，形成一带弹性支座的二跨桥梁，结构的前二阶竖向频率为 2.02Hz、2.43Hz，且桥身质量较轻，存在舒适度问题，需要采用调谐质量阻尼器（TMD）减振（图 3-41）。

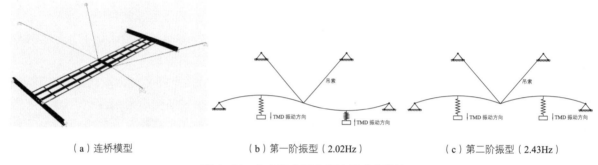

（a）连桥模型　　　　　（b）第一阶振型（2.02Hz）　　　　　（c）第二阶振型（2.43Hz）

图 3-41　东交通广场中庭连桥动力特性

根据相关文献，设桥上的人员密度为 1 人/m²，同步行走的人数为桥上总人数的平方根即 12 人，人的平均体重按 65kg。由于其前二阶振型分别为反对称模态和正对称模态，因此分别采用半桥反对称步行激励和全桥激励两种激励工况进行分析：第一种 6 人按第一阶固有频率在半桥上同步行走，另外对称的半桥上同时作用相同的反向激励；第二种为全桥步行激励，即 12 个人按第二阶固有频率在整个桥上同步行走，荷载均同样均匀作用在桥中间。以典型的多步洛足曲线进行激励分析，结果显示安装 TMD 减振器前后，1/4 桥跨处的加速度相应有明显降低，反对称步行激励和全桥步行激励下减振效率均在 70% 以上，最大加速度可以控制在 0.03g 以内，满足规范要求（图 3-42）。

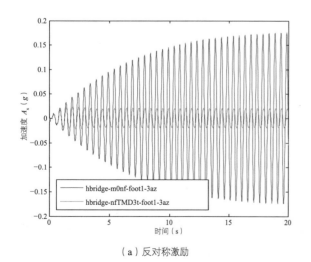

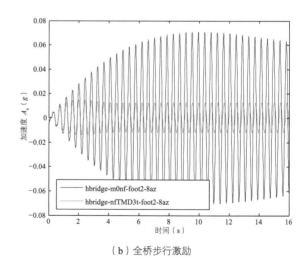

（a）反对称激励　　　　　　　　　　　　　（b）全桥步行激励

图 3-42　安装 TMD 前后 1/4 跨处的振动加速度响应

参考文献

[1] 郭建祥，郭炜. 交通枢纽之城市综合体上海虹桥综合交通枢纽规划理念 [J]. 时代建筑，2009（5）: 44-49.

[2] 翁其平，王卫东. 多级梯次联合支护体系在上海虹桥综合交通枢纽基坑工程中的设计与实践 [J]. 建筑结构，2012，42（5）: 172-176.

[3] 周健，汪大绥. 结构师视角的"结构建筑学" [J]. 建筑学报，2017（4）: 28-31.

[4] 王冬，周健，苏骏，等. 防恐怖爆炸设计在虹桥交通枢纽结构工程中的应用 [J]. 建筑结构，2009，39（S1）: 394-398.

[5] 江晓峰，周健，苏骏，等. 弱连体结构抗震设计方法在虹桥综合交通枢纽工程中的应用 [J]. 建筑结构学报，2010，31（5）: 167-173.

[6] 汪大绥，刘晴云，周建龙，等. 上海虹桥交通枢纽磁浮站结构一体化设计研究 [J]. 建筑结构学报，2010，31（5）: 160-166.

案例四 | 南京禄口国际机场 T2 航站楼

4.1 工程概况   321

4.2 地基基础   322

4.3 下部主体结构   322

4.4 钢屋盖结构   324

4.5 节点设计   328

4.6 结构专项分析   329

项目地点	南京市江宁区
建设单位	南京禄口国际机场有限公司
旅客规模	1800 万人次 / 年
建筑面积	26.34 万 m² (航站楼)
抗震设防烈度	7 度 (0.1g)
基本风压	0.40kN/ m² (50 年)
设计时间	2009 年 5 月起
投运时间	2014 年 7 月
设计单位	华东建筑设计研究院有限公司　原创

4.1　工程概况

　　T2 航站楼工程是南京禄口国际机场二期建设工程的重要组成部分,其航站楼主体由扇形主楼及左右一字展开的指廊组成,总长约 1200m,其中主楼最大宽度约 170m,两侧指廊宽约 40m (图 4-1)。航站楼局部地下一层,为 −6.000m 标高的设备机房和 −5.200m 标高的设备共通沟;一层主要为旅客到达大厅、行李机房和远机位出发到达厅;二层为 4.250m 标高的局部夹层,主要功能包括到达旅客通道、中转厅、指廊端部候机厅和行李设备夹层;三层标高 9.000m,为出发层 (图 4-2 ~图 4-4)。

　　T2 航站楼下部主体结构为现浇钢筋混凝土框架结构;主楼屋盖为配合建筑内外表面自由波状曲面造型的大跨度空间曲面网格钢结构体系,由悬臂钢柱支承;指廊屋盖为悬臂端设置预应力下拉杆的单跨带悬挑拱形钢梁,同样由悬臂钢柱支承。

　　工程结构设计使用年限为 50 年,下部混凝土结构安全等级为二级,屋盖钢结构安全等级为一

图 4-1　航站楼鸟瞰效果图

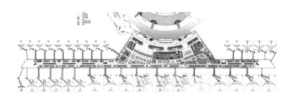

图 4-2　出发层平面图

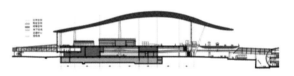

图 4-3　主楼横向剖面图

级。抗震设防类别为重点设防类 (乙类建筑)。抗震设防烈度为 7 度,设计地震分组第一组,场地类别 Ⅱ 类,设计基本地震加速度 0.10g。结构设计时小震采用《地震安全性评价报告》[1] 的地震参数, α_{max}=0.1,中震和大震则采用《建筑抗震设计规范》的地震参数。

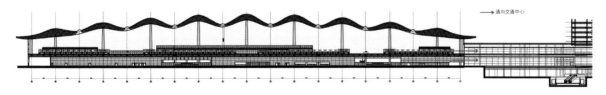

图 4-4　主楼纵向剖面图

4.2 地基基础

工程所在场地土层分布复杂,性质不一,浅层主要有①₂层填土、②₁层粉质黏土、③₁层黏土等,承载力较低。为避免土层力学指标不一产生不均匀沉降,地勘报告建议采用嵌岩桩,以⑤₃层中风化安山(角砾)岩为桩端持力层,岩石单轴抗压强度标准值 29.5MPa。中风化岩层顶标高起伏多变,局部位置基岩破碎。基础采用桩基 - 独立承台 - 基础拉梁的形式,对完整的中风化岩层较浅的位置,以⑤₃中风化安山岩作为桩基持力层,设置嵌岩桩,桩端入岩深度 1 倍桩径;对未探出中风化岩层或完整的中风化岩层埋置很深的位置,以层⑤₂强风化安山(角砾)岩、层⑤₂a强风化近中风化安山(角砾)岩、层⑤₃-₁破碎的中风化安山岩作为持力层,设置摩擦型桩。桩径根据柱底反力分别采用 600mm、800mm、1000mm、1200mm,桩长约为 4 ~ 18m,单桩承载力特征值差异较大,600mm 摩擦桩单桩承载力特征值为 1100 ~ 1900kN,800mm 摩擦桩单桩承载力特征值 3500kN,600 ~ 1200mm 嵌岩桩单桩承载力特征值 3280 ~ 13600kN 不等。

承台以一柱一桩为主要形式,对于支承屋盖的钢管混凝土柱、Y 形柱等构件,设置了多桩承台以有效抵抗柱底弯矩。本场地基岩一般不含水,仅局部一般富水,富水量不大,潜水、裂隙微承压水对桩基工程影响程度小,局部地下室及地下设备共同沟桩基均无抗拔要求。

4.3 下部主体结构

主体结构采用钢筋混凝土框架结构体系,部分支承屋盖的柱下部为钢管混凝土柱。全楼设 7 道防震缝将结构划分为 8 个独立的单体(图 4-5)。

首层全面设置了现浇混凝土梁板以控制地面的沉降变形,并方便隔墙的自由砌筑。除局部有地下室部位外,其余楼板直接以回填土为胎模浇筑。考虑到首层梁与基础承台间距较小,通过加大该梁截面并在梁两端加腋与独立承台咬合,该层梁直接兼作基础拉梁。

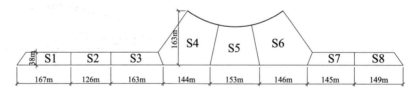

图 4-5 混凝土主体结构分缝示意

二层楼板缺失较多,部分框架柱为跨层柱。为了营造悬浮的感觉,该层的无行李通道和转换平台均另设纤细吊杆进行悬挂,主体结构柱通过水平拉杆提供侧向稳定(图 4-6)。登机坡道在大空间的自由穿越也通过悬挂实现(图 4-7)。

三层楼面结构完整,主楼扇形柱网 18m×18 ~ 24m,框架梁采用了预应力以满足建筑净空要求,典型梁截面为 1200×1400 与 1400×1200。主楼结构单元平面尺寸 163m×146m,温度效应仍不可忽略,设计中除采用设置施工后浇带、拉通配置板钢筋外,还配置了板内无粘结预应力钢筋。根据温度应力中间位置较大、边缘板带相对较小的分布规律,预应力筋沿楼板中间段位置双向设置(图 4-8),预应力板带宽度约为楼板总宽度的 1/2 ~ 2/3。

图 4-6　悬浮的无行李通道和转换平台　　　　　　图 4-7　自由的登机坡道

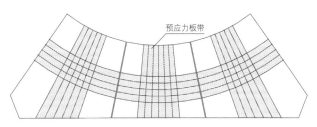

图 4-8　三层楼板预应力板带示意

　　楼前高架采用独立的市政桥梁方式，与航站楼三层楼面间的入口通道采用两端弱连接的钢桥板。为了配合建筑师营造一层薄板穿透幕墙的漂浮感，桥板两端分别搁置于楼前高架和室内距幕墙面 10m 的楼面结构上。桥板平面在与幕墙相交区域内收并在中部开孔以避让通高的幕墙柱，二者结构完全独立（图 4-9）。室内楼面一侧采用固定铰支座，高架桥一端采用滑动支座，支座形式选用有一定隔振效果的板式橡胶支座以减小高架桥行车振动对室内的影响。

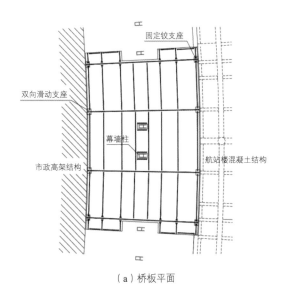

（a）桥板平面

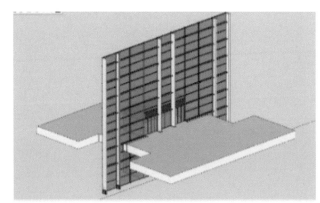

（b）与幕墙关系示意

图 4-9　穿越幕墙的入口桥板

　　三层楼面以上的办票岛和零星商业夹层均采用钢架结构，钢柱底与楼面铰接，从而减小对楼层结构的影响，给建筑布置的调整更大的自由度。

4.4 钢屋盖结构

1. 主楼屋盖体系的确定

T2 航站楼的建筑造型理念是"云行锦韵"，希望通过一个延绵的波浪形大屋面体现十朝古都的磅礴大气。航站楼主楼屋盖的造型是一个中间高四边低、总体上相对平缓的自由曲面，在这个大的曲面上分布着连续的单向波浪形，建筑师希望屋盖上表面的波浪起伏相对较大，以使屋面轮廓清晰（图 4-10）；室内天花的效果也是与之呼应的略微起伏的缓和波浪，显示出动感但又不感觉突兀，同时布置条形的天窗给室内带来天光并使屋顶显得轻盈（图 4-11）。屋盖长 471.5m，宽 187.7m，最高处建筑标高为 39.250m，总体流线的造型具有较小的风阻，对抗风设计总体有利。

图 4-10 起伏相对较大的屋盖上表面

图 4-11 缓和波浪的室内天花

总体平缓的屋面形态，以及由航站楼功能流程确定的径向间距明显大于环向间距的支承屋盖柱网，决定了屋盖是一种整体受弯为主的结构体系，因此选择了空间网格结构。

为了在屋面最高点限高在 40m 的前提下获得最高的室内空间净高，减小波谷处的结构厚度是最有效的途径，因此，波谷处设计成单层构件，为 800×300×12×16 矩形钢管，同时结合采光天窗的布置对该处结构进行外露表达。上、下表面间的曲率差异在波峰处自然地形成了可用作结构厚度的空间，由于此处结构无需外露，双层的桁架结构可以自由地使用（图 4-12）。由此形成了以多管空间桁架为主受力构件、单层结构为联系构件、桁架间局部大跨区域以双层网架补缺的网格结构体系（图 4-13 和图 4-14）。

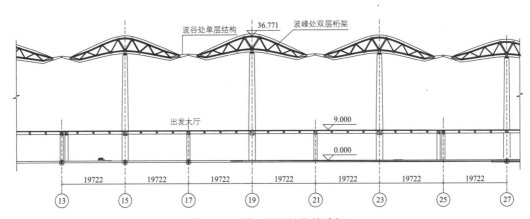

图 4-12 单、双层结构的选择

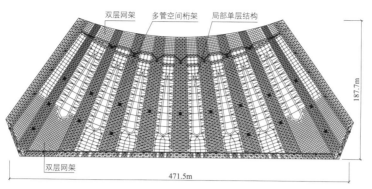

图 4-13　主楼屋盖结构组成

结构的上、下表面均直接结合建筑外表需求为曲线形或折线拟合的曲线形,为屋面和吊顶系统的连接构造提供方便。建筑外形的优化也必须以二层表皮间在不同部位的结构高差需求为基本条件,结构工程师与建筑师基于同一个参数化模型进行结构形态的调整和受力分析,使得这一过程便捷顺畅。

结合建筑对屋盖上、下表面线型的需求和结构的可行性,最终结构最厚处上、下弦杆间距离为 4m,相对于跨度需求该结构高度是偏小的,因此屋盖主桁架弦杆最大截面达 $\phi 800 \times 40$,逐步过渡至 $\phi 402 \times 20$,腹杆截面 $\phi 450 \times 25$ 至 $\phi 133 \times 5$;网架部分弦杆 $\phi 203 \times 8$,腹杆 $\phi 133 \times 5$,采用螺栓球节点。

图 4-14　双层与单层结合的屋盖结构

2. 屋盖支撑柱

主楼钢屋盖的抗侧刚度由一系列悬臂柱提供,柱径向最大间距 78m,环形间距 50m 左右,总体数量较少。室内中柱为锥形柱立面,由底部的 $\phi 2100 \sim 1625 \times 80$ 收小至顶部的 $\phi 1300 \times 50$,边柱为 $\phi 1200 \times 30$ 直柱,均采用钢管混凝土形式以提高其抗侧刚度(图 4-15)。位于陆侧室外的一排柱由地面直接升至屋面,柱高近

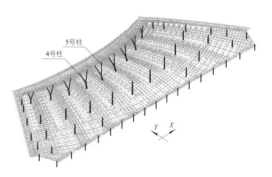

图 4-15　屋盖支撑柱

30m,同时其受荷范围又是各排柱中最大,面内抗侧能力明显不足,因此设计成 Y 形分叉柱,与柱顶位置的环向桁架共同作用形成抗侧刚架(图 4-16)。屋盖在陆侧需要覆盖楼前车道,由于悬挑根部屋盖结构厚度的限制,Y 形柱往外倾斜,将悬挑跨度由 35.5m 减小至 25.5m,这也使得建筑的整体形态更为生动(图 4-17)。Y 形柱截面由底部的 $\phi 2340 \sim 1760 \times 60$ 收小至顶部的 $\phi 840 \sim 630 \times 40$,分叉点以下采用变截面钢管混凝土柱,分叉点以上采用变截面钢柱,钢材材质均为 Q345B。

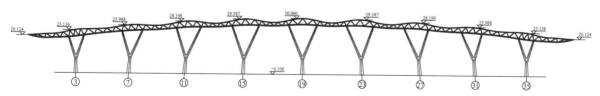

图 4-16　Y 形柱与柱顶桁架形成的抗侧刚架

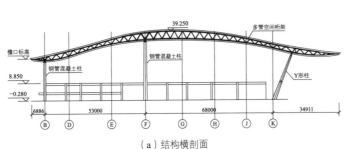

(a) 结构横剖面 　　　　　　　　　　　　　　（b) Y 柱支撑的悬挑端

图 4-17　倾斜的 Y 形柱

Y 形柱的倾斜造成所有柱顶在竖向荷载下就会产生一定的侧移从而在柱内形成弯矩，特别是室内空侧较矮的柱由于刚度较大而分担较大弯矩，对于其中中部 3 根弯矩特别大的柱采取了改为钢管柱以减小其侧向刚度措施，以减小其弯矩分担。另外，为减小温度应力对屋盖钢结构的影响，屋盖长向端头的各两根柱设计成滑动支座以释放其水平刚度，降低由于结构超长所引起的温度内力。

3. 采光天窗

为了给室内带来更多的自然天光，屋盖波浪间布置了条形天窗。天窗的出现既可能使屋盖显得轻盈，也可能使结构凌乱，该区域结构的处理尤其关键。在竖向荷载下天窗部位受力需求较小因而有条件做成单层结构，单层网格与双层桁架间的过渡做成了刚接以解决多管桁架侧翻问题，过渡位置的杆件位置关系经过了细致的规划，以保证天窗与吊顶间的最终完成面自然平滑过渡；水平荷载作用下屋面结构的平面内刚度问题，通过将单层结构构件按三角形网格布置来解决（图 4-18）。所有天窗构件均完全暴露，看似不经意暴露出的那部分轻盈单层结构不但保证了天窗的美观效果，还能暗示隐藏在表皮后面的整个屋盖结构的精致品质。

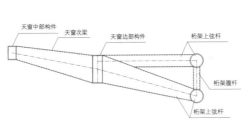

（a) 单双层过渡处节点 　　　　　　　　　　（b) 单层网格形式

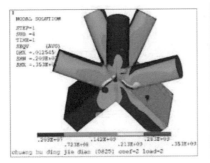

（c) 端部节点分析 　　　　　　　　　　　　（d) 天窗建成效果

图 4-18　采光天窗结构

机场航站楼结构设计与工程实践

4. 指廊屋盖

指廊屋盖为单跨带悬挑结构，跨度为 31m，结构采用单向实腹钢梁结构形式。由于沿中间设置了通长的天窗，该范围结构外露，建筑效果上需要钢梁在跨中位置的结构高度最小，这与单跨结构跨中截面需求最大的基本力学原理似乎相悖。通过在钢梁两端的悬挑端利用幕墙柱作为下拉杆（图 4-19），并施加一定的预应力以减小钢梁跨中弯矩。分析结果表明设拉杆后钢梁跨中弯矩减小了 40%，看似不合理的结构找到了合理的解决方法。

5. 交通中心弦支穹顶

交通中心圆形中庭顶部为 30m 跨度的圆形玻璃采光屋面，采用弦支穹顶结构，弦支穹顶矢高为 2.5m。由于屋面结构完全暴露，弦支穹顶的构件布置方式显得极为重要。配合采光天窗的玻璃分格，上弦穹顶采用联方型和肋环型混合的单层网格，外圈为联方型网格，内圈为肋环型网格；下弦由 10 道高强度的径向钢拉杆和 1 圈环向钢拉杆组成，其平面投影位置与上弦外圈联方型网格的平面投影位置一致，节点采用铸钢节点。上弦杆为箱形截面，径向和环向拉杆分别为直径 50mm 和 65mm 的钢棒，设计强度 550MPa。弦支穹顶的尺度虽然不大，但精细的结构设计和与建筑效果的密切结合，使得结构本身成为一个美的展示点（图 4-20）。

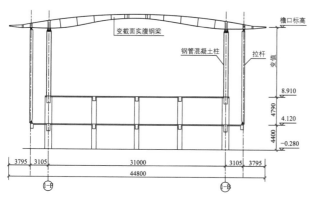

（a）指廊结构剖面图 　　　　　　　　　　　　（b）建成效果

图 4-19　指廊屋盖结构

图 4-20　交通中心弦支穹顶

4.5　节点设计

1. 柱顶节点

室内悬臂柱柱顶桁架下弦汇交节点由于杆件内力较大且两个方向管径也较接近，故采用铸钢节点，铸钢节点与柱顶间放置抗震支座。由于支座基本承受压力，在地震组合下最大的受拉力很小，采用普通的抗震球形钢支座就可以轻松承受这一拉力。其中在航站楼纵向两端各两根柱顶采用双向滑动支座，以释放温度效应，其余柱顶采用固定支座。

陆侧车道边 Y 形柱柱顶受力较为复杂，在水平中震作用下需要承受高达 7500kN 的拉力。为了保证 Y 柱锥形收小的完美比例，柱顶截面小，支座尺寸严重受限，普通抗震球形支座抗拉能力弱，外形尺寸无法满足要求。这里专门设计了一种利用一对推力轴承将拉力转化为压力的新型支座，使其具备同样大小的抗拉和抗压承载能力（图 4-21）。

2. 钢筋混凝土梁 - 钢管混凝土柱环梁节点

航站主楼变截面钢管混凝土柱底部直径 2000mm，如采用候机廊的"双梁跨绕"势必造成相邻普通框架柱柱帽过大，导致双梁横向间距偏大、双梁整体性差等问题。通过分析研究，结合楼面预应力框架梁设计，航站主楼混凝土框架梁与钢管柱连接采用钢筋混凝土环梁节点做法（图 4-22）。

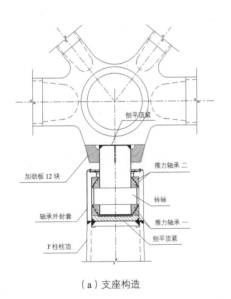

（a）支座构造　　　　　　　　　　（b）Y 形柱　　　　　　　　（c）支座完成照片

图 4-21　Y 形柱柱顶抗拉铰接支座

图 4-22　钢筋混凝土环梁节点

4.6 结构专项分析

1. 动力弹塑性分析 [1]

主楼屋盖钢结构为一个整体，其下部混凝土结构则为三个相互独立的单体，为了反映屋盖和下部结构的相互影响，采用总装模型进行分析（图 4-23）。

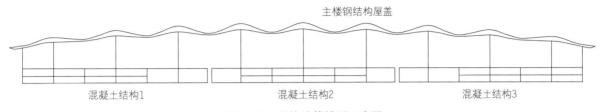

主楼钢结构屋盖

混凝土结构1　　　　　　混凝土结构2　　　　　　混凝土结构3

图 4-23　结构计算模型示意图

罕遇地震下动力弹塑性分析软件为 ABAQUS，所有构件均采用梁单元并通过应力 - 应变本构关系对材料非线性进行模拟，钢材采用考虑包辛格效应的动力硬化模型，混凝土采用可考虑材料拉压强度差异、刚度强度退化、损伤累积及拉压循环刚度恢复的弹塑性损伤模型 [2]。结构前 4 阶周期分别为 1.929s、1.643s、1.635s、1.516s，第 1 阶振型为屋盖整体 Y 向平动，第 2 阶振型为扭转，第 3 阶振型为主桁架竖向振动，第 4 阶振型为屋盖整体 X 向平动（图 4-24）。

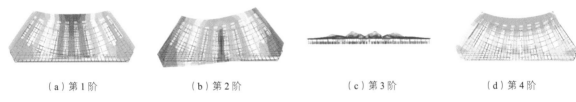

（a）第1阶　　　　（b）第2阶　　　　（c）第3阶　　　　（d）第4阶

图 4-24　结构前 4 阶振型

弹塑性分析显示，两个方向的最大层间位移角分别为 1/91 和 1/107，罕遇地震下结构仍保持直立。下部结构普通钢筋混凝土柱未出现受压刚度退化，混凝土受拉出现一定程度退化，柱中钢筋出现轻度受拉塑性应变。钢管混凝土柱混凝土受压无刚度退化，受拉局部出现退化，钢管发生轻度塑性应变，最大值为 1.86×10^{-3}；屋盖结构整体塑性应变程度较低，发生塑性变形的杆件较少；Y 形柱在整个大震过程中保持弹性。

2. Y 形柱稳定分析 [2]

由于屋盖总体受弯为主，整体稳定问题不明显，整体稳定分析的关注点在受力情况复杂的 Y 形柱，在设计中利用荷载 - 位移全过程跟踪方法对 Y 形柱在竖向荷载和水平风、地震作用下的稳定性进行了分析。由于屋盖也为 Y 形柱提供了侧向约束刚度，在 Y 形柱全过程分析中采用了带有部分屋盖结构和侧向约束弹簧的子结构模型，柱子采用塑性壳单元进行模拟（图 4-25a）。考虑几何非线性、材料两折线弹塑性本构模型及柱高 1/300 的初始几何缺陷后，分析的 5 个柱子的第一临界荷载系数都在 3.445 ~ 5.731 范围内，在加载至 2 ~ 3 倍荷载时，柱子开始进入塑性发展阶段。另补充全屋盖总装模型进行屈曲分析，后者的各柱第一阶屈曲荷载系数均大于 22.0（图 4-25b）。结果表明采用子模型得到的计算结果更偏于保守。

3. 连续性倒塌分析 [3]

考虑到 Y 形柱靠近陆侧、受恐怖袭击可能性相对较大以及其在整个结构中的重要性，采用 ABAQUS 程序对 Y 形柱失效后的连续性倒塌进行了分析 [3]。采用瞬态动力时程分析方法，充分考虑抽柱后结构状态改变的惯性效应，动力积分方式为显式积分，初始荷载状态为恒 + 活。

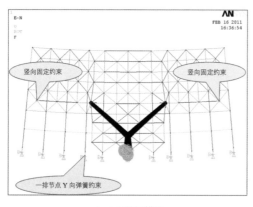
（a）子结构模型

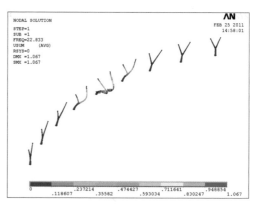
（b）总装模型

图 4-25　Y 形柱整体稳定分析

位于屋盖宽度中部的 4 号柱和 5 号柱所在的轴线上仅有 3 根承重柱，从概念上判断，其失效后果对屋盖结构的影响要较其他柱大，故选择该两柱进行连续倒塌分析。

模拟分析表明，若 4 号柱或 5 号柱分别单独失效，屋盖结构出现一定的竖向变形增大，振动衰减后最大竖向变形约 −0.26m，屋盖应力水平仍保持在弹性范围；若 4、5 号柱同时失效，则支承上方的竖向变形最大可达 3.46m（图 4-26），上方局部范围内杆件出现塑性，涉及区域向周围发展，杆件最大塑性应变 0.02，仍未超过 0.025 限值，可认为最终维持稳定状态，未出现连续倒塌。可以看出，连接柱顶的纵向联系桁架及外挑部分的双层网架在柱失效后起了受拉系杆的作用，有效提高了屋盖抗倒塌能力。

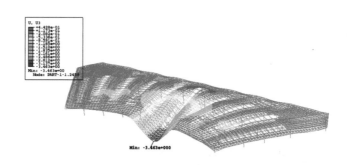

图 4-26　4、5 号柱同时失效结构最大竖向变形（m）

参考文献

[1]　上海现代建筑设计集团有限公司技术中心 . 南京禄口机场航站楼结构罕遇地震动力弹塑性时程分析报告 [R]. 2011 .

[2]　崔家春，周健，杨联萍，等 . Y 形柱稳定性分析研究 [J]. 建筑结构，2012，42（5）：115-118 .

[3]　上海现代建筑设计集团有限公司技术中心 . 南京禄口机场 Y 形柱连续倒塌分析报告 [R]. 2011 .

案例五 | 扬州泰州国际机场航站楼

5.1 工程概况 333

5.2 地基基础 333

5.3 下部主体结构 333

5.4 钢屋盖结构 334

项目地点	江苏省扬州市江都区
建设单位	苏中江都机场投资建设有限公司
旅客规模	200 万人次 / 年
建筑面积	3.13 万 m²
抗震设防烈度	7 度（0.15g）
基本风压	0.40kN/m²（50 年）
设计时间	2010 年 6 月起
投运时间	2012 年 5 月
设计单位	华东建筑设计研究院有限公司　原创

5.1　工程概况

扬州泰州国际机场是由江苏省扬州市和泰州市联合建设的一个民用机场，其航站楼是一个平面呈扇形的前列式单体（图 5-1 和图 5-2），南北长约 210m，东西宽约 135m，建筑高度 15 ～ 24m。航站楼主体结构地下 1 层，地上 2 层。地下室为机电设备用房，一层为旅客到达层层高 6.5m，二楼为出发层，上有局部商业夹层（图 5-2）。下部主体结构为钢筋混凝土框架结构，屋盖为大跨钢结构（图 5-3）。

图 5-1　扬州泰州机场航站楼鸟瞰图

图 5-2　立面照片

5.2　地基基础

航站楼建设场地拟建场地位于里下河古泻湖平原地貌单元。在勘探深度 45m 以内的地基土主要为填土、粉土、黏性土。根据本工程荷载情况及变形要求，场地内无良好的浅基础持力层，设计采用桩基础。

基础设计采用了桩基（PHC 预制管桩）加独立承台的形式，承台双向设基础梁拉结，基础梁与独立桩承台整浇在一起，以提高基础的整体性。PHC 预制管桩桩径 ϕ500，持力层为黏土层，有效桩长 20 ～ 30m，桩型为 PHC-500（100）A-C80。

5.3　下部主体结构

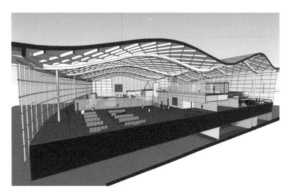

图 5-3　航站楼剖面图

航站楼主体结构为现浇钢筋混凝土框架结构，柱网呈放射状布置，典型柱距为 12m×10 ～ 23m，环形梁采用了有粘结预应力梁。主体结构平面尺寸约为 95m×160m，考虑到该平面尺寸在温度应力可承受范围内，因此未设置结构缝，整个结构为一个结构单元（图 5-4）。

5.4 钢屋盖结构

屋面形态为空间曲面，顶部设置菱形网格天窗以呼应当地精致的园林文化。东西向呈波浪状起伏，前后有约14m的挑檐；南北向为中部略高的圆弧形，两翼有约17m的挑檐。由于投资控制，大屋盖室内不做吊顶，钢结构直接外露。综合考虑建筑需求和结构受力性能，钢屋盖采用以放射向布置的钢屋架为主结构、单层四边形斜交网格为次结构的体系（图5-5）。

1. 钢屋架结构形式选择

根据出发大厅功能布置情况和空间效果的需求，每榀屋架下可布置三组支撑点从而形成带悬挑端的两跨连续结构，最大跨度约45m。结合波浪状外形，钢屋架立面组成方式进行了设置下弦拉索和腹杆形成张弦梁与直接采用拱形曲梁的多个方案的比选（图5-6）。索的存在减小了连续跨拱对V形柱和人字柱的水平推力，同时增大了钢屋架的竖向抗弯刚度，连续梁跨中弯矩减小。由于受限于空间净高要求，右跨的张弦梁矢高需控制在3m以内，并且索与曲梁的连接点只能设在离柱顶比较远的位置，因此对柱顶区域梁截面最大处的改善情况有限，最终还是选择了更为简洁、通透的无索纯曲梁方案3（图5-7）。屋架各部位连续曲梁截面情况见表5-1。

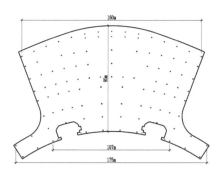

图 5-4　结构单元分块

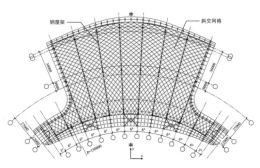

图 5-5　钢屋盖结构平面布置图

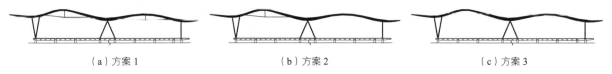

（a）方案1　　　　　（b）方案2　　　　　（c）方案3

图 5-6　屋架方案比选

图 5-7　无索纯曲梁方案实施效果

机场航站楼结构设计与工程实践

部位	V 形柱处	左跨跨中	人字柱处	右跨跨中	摇摆柱处
截面（mm）	550×1000	550×800	550×1550	550×900	550×1200

屋架连续梁为变高度的曲梁，采用实腹箱形截面，结构效率较高，用钢量也小。但实腹箱梁外形厚实，缺乏轻巧感，与建筑整体的精致风格不协调。在设计中，将箱形截面的腹板往内偏移，并在截面上半部分采用薄钢板装饰出箱形截面轮廓，截面高度因此显得明显减小（图 5-8）。相较于箱形截面，结构受力性能基本没有变化，用钢量也增加很少，但曲梁的线条美得以很好地展示（图 5-8）。

（a）箱形截面及立面

（b）改进截面及立面

图 5-8　屋架连续梁截面形式

2. 斜交网格结构布置方式

主屋盖梁间的单层斜交网格次结构平面为扇形，跨度 15 ~ 25m，建筑选择

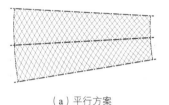
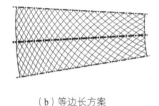

（a）平行方案　　　　　　（b）等边长方案

图 5-9　斜交网格布置方案

棱角明显的矩形钢管以展示结构的线条美，网格的划分方式也经比选确定。方案 1 为平行方案（图 5-9a），同一斜向的棱边相互平行，网格与钢屋架的交点间距均为 3.6m，网格布置方式逻辑简洁。其缺点是钢屋架两侧的杆件非连续过渡，网格棱边成一定夹角；其次，构件在短跨区布置较密集，而在受力较大的长跨区则相对稀疏，受力不尽合理。方案 2 为等边长方案（图 5-9b），所有网格的投影形状为边长同为 3.6m、相邻边夹角不同的菱形，同一走向的网格节点位于同一圆弧上，不同跨网格结构间构件布置连续，且网格大小均匀。根据初步计算结果，两种方案的经济性比较见表 5-2，方案 2 以构件布置优美、受力合理及经济性好等优点成为最终实施方案。

斜交网格结构方案对比　　　　　　　　　表 5-2

方案	构件截面（mm）	网格节点总数	总用钢量（t）
平行方案	□ 400×200	约 2500	约 2400
等边长方案	□ 360×200	约 2000	约 2000

3. 抗侧力体系的布置

结合建筑平面布置，支撑屋盖柱为 V 形柱、人字柱和细直柱，在沿放射状布置的屋盖主曲梁平面内布置。为控制柱截面尺寸（人字柱截面为 $\phi450×20$，其余柱截面为 $\phi450×10$），所有柱均为上下铰接，与曲梁共同作用形成了该方向的抗侧力体系。沿垂直主曲梁方向，铰接柱无法提供抗侧刚度，需要另设置抗侧支撑。刚性支撑需要的截面较大，影响建筑轻巧、通透的效果，因此采取钢拉杆，该方向成为纯柔性构件的抗侧力体系。钢拉杆设置在幕墙面内，不占用额外建筑空间，钢拉杆对立面通透性的影响也很小（图 5-10 和图 5-11）。

V形柱柱顶与幕墙面间距约1.3m，细直柱距幕墙约5m，屋面在地震下的水平惯性力依靠斜交网格次结构的面内刚度传至两侧幕墙位置，并经由曲梁悬挑端传至钢拉杆，最终经由钢拉杆下端的混凝土结构传至基础。

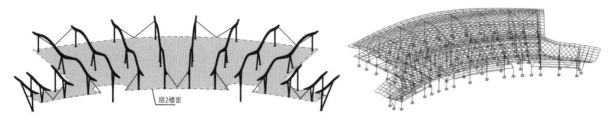

图5-10 钢屋架与钢拉杆布置图

（a）细直柱一侧 　　　　　　　　　　　　　　（b）V形柱一侧

图5-11 幕墙面内的抗侧钢拉杆

　　钢拉杆需施加一定的预拉力，以避免一个方向拉杆在地震作用下松弛从而降低抗侧刚度，但过大的预应力则会加大悬臂梁的负担，最终的索力以平衡中震反应谱分析下不出现压力为标准。由于部分拉杆的下端也为下部混凝土结构的悬臂端部，该处的梁底也增设了锚至基础的钢拉杆。

4. 节点设计

（1）简化的网格节点

　　矩形钢管构件沿屋面扭曲走向布置，由于构件截面方位向量不同，如果不采用全长扭曲的截面，四杆交接处杆件翼缘均不共面（图5-12a），而全部采用扭转构件或采用铸钢件的制作难度和成本都非常高。考虑到屋盖网格距人的视线距离较远，设计中将节点间的构件取为直线，扭转偏差通过节点来解决。为进一步降低制作难度，节点区域的平滑过渡通过折板方式实现，该节点的主要设计思路是：保持节点核心区的上下翼缘相互平行，通过成一定角度的两个平面弯折的钢板将原来不共面的构件边缘线与核心区边线连接起来（图5-12b）。实际制作中，节点区域将内力较大方向构件的翼缘和腹板弯折贯通，另一方向构件的翼缘和腹板直接与其焊接（图5-12c）。施工完成后总体效果见图5-12（d）。

（2）铰接节点

　　本项目中所有支撑屋盖的柱均为两端铰接节点，且均直接暴露在旅客视线中，自然成为建筑表达的重点，均采用了符合铰接受力模式且造型美观的销轴式节点，销轴材质均采用硬度高、耐磨性能好的42CrMo，销轴座采用了塑形能力强的铸钢节点（图5-13）。

机场航站楼结构设计与工程实践

其中柱顶与曲梁间的销轴节点在传统耳板式销轴连接的基础上进行了变化，销轴孔直接设于曲梁腹板高度范围内，表达出柱端直接承托曲梁的特别效果。在节点区域，屋架连续梁下翼缘板无法连续，为保证该处截面的抗弯能力，将该处梁截面调整为腹板多层叠加加厚的 T 形截面形式（图 5-14）。

（a）节点处构件偏差示意　（b）折板节点原理　　（c）节点实样　　　　　　　（d）完成效果

图 5-12　简化的网格节点

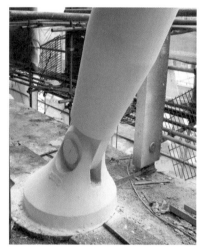

（a）V 形柱脚节点　　　　　　　　　　（b）人字柱脚节点

图 5-13　柱底铸钢节点

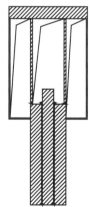

图 5-14　承托式销轴节点

案例六 | 虹桥国际机场 T1 航站楼改造

6.1 工程概况 341

6.2 不停航改造 343

6.3 不同年代共存的结构改造设计 343

6.4 结构与建筑的紧密融合 345

项目地点	上海市长宁区
建设单位	上海机场集团
旅客规模	1000 万人次 / 年
建筑面积	12.73 万 m^2（改造 7.45 万 m^2+ 新建 5.28 万 m^2）
抗震设防烈度	7 度（0.1g）
基本风压	0.55kN/m^2（50 年）
设计时间	2012 年 7 月起
投运时间	2018 年 10 月
设计单位	华东建筑设计研究院有限公司　原创

6.1　工程概况

虹桥国际机场 T1 航站楼位于虹桥机场东片区，位置紧邻市区，始建于 20 世纪初，经历了近百年的发展与演变。现存的 A 楼、B 楼、楼前高架和地面停车场等功能单元，是经 20 世纪 60、80、90 等不同年代多次扩建、改造而成（图 6-1）。

随着虹桥 T2 航站楼的建成投运，对虹桥 T1 航站楼提出了新的功能布局要求，包括日、韩包机业务和经济型航空被规划布局在 T1 航站楼。同时，T1 航站楼不同年代建成的单体结构安全性差异较大、立面风格不统一（图 6-2）、出发大厅空间较局促（图 6-3）、设施设备不足、地面停车场土地使用效率低且周边环境较差、与西边 T2 航站区发展不匹配的矛盾日渐突出，影响虹桥国际机场整体服务水平的提升，因此上海机场集团在 2012 年决定再次对其进行整体改造。

本次改造总体目标为：改造后 T1 航站楼的整体服务品质、安全保障系统、环境空间形态与西航站区的 T2 航站楼相匹配，成为一个临近市中心的精品航站楼。同时作为龙头项目，带动虹桥东片区的综合改造，打造现代航空服务示范区（图 6-4）。

图 6-1　不同年代改扩建后的虹桥机场 T1 航站楼

（a）A楼　　　　　　　　　　　　（b）B楼

图 6-2　改造前的 T1 外立面

（a）A楼　　　　　　　　　　　　（b）B楼

图 6-3　改造前的出发大厅

机场航站楼结构设计与工程实践

（a）A、B楼完整立面

（b）入口雨篷

图 6-4　改造后外立面

6.2 不停航改造

改造期间 T1 航站楼的运营不能中断,因此,采用了分阶段置换的改造方式:第一阶段以 B 楼为运营主体,通过增设临时过渡厅,完成原 A、B 楼提供的全部服务,同时对 A 楼进行改造施工(图 6-5a);A 楼改造完成后,将运行功能搬到 A 楼,再对 B 楼进行改造(图 6-5b)。这样的实施过程满足了改造期间航站楼不停航的特殊条件,充分发挥了机场的使用功能,体现了"物尽其用"的可持续发展理念。

6.3 不同年代共存的结构改造设计

1. 原结构各单体检测及改造情况

A 楼 20 世纪 60 年代建造部分,主体为混凝土框架,屋盖为钢桁架,于 20 世纪 90 年代进行过改造和抗震加固,柱距较小,对建造改造方案的制约较大。A 楼 20 世纪 80 年代建造部分于 1984 年由日本大林组株式会社设计,为地上二层的钢框架结构,高度 11.480m。

A 楼 A 段和 D 段均为 1994 年设计,1996 年建成,采用 89 版系列规范设计,为地上二层的钢筋混凝土框架结构。

B 楼于 1989 年设计,1991 年建成,采用 74 版规范设计,钢筋混凝土框架结构。整体平面近似呈 T 形,从西至东一共分为 7 段,设置伸缩缝。地上二层,中部局部区域为三层,高度约 13.6m,中部屋盖为钢桁架结构。楼前高架桥与 B 楼同期设计建造,高架桥地上一层,6.2m 高,钢筋混凝土框架结构,整体现浇,分段设沉降缝(图 6-6)。

根据原结构现状及建筑功能要求,按本书上篇第 8.2.4 节的流程确定了本次改造拆除及保留范围:A 楼的 20 世纪 60 年代建成部分、1984 年建成部分、紧邻 A 楼的虹港酒店拆除,相应位置新建 B 段和 C 段;

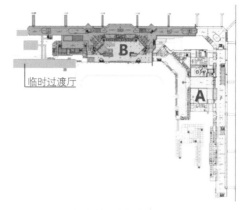

(a)第一阶段改造平面

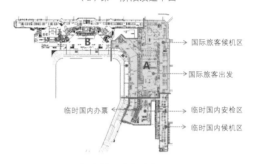

(b)第二阶段改造平面

图 6-5　分阶段改造安排

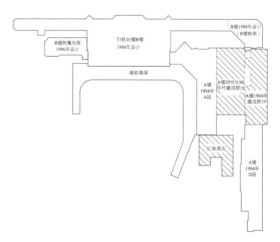

图 6-6　不同年代设计的各区段分布

A 楼的其余部分(A 段和 D 段)及 B 楼、楼前高架均为加固改建(图 6-7)。其中,A 楼 A 段出发大厅二层结构及局部三层办公用房保留,配合建筑立面幕墙改造,原有屋面拆除,提升室内出发大厅高度;覆盖 A 楼 A 段及 C 段的新建出发厅屋盖、幕墙与雨篷一体化设计的钢结构。B 楼立面改造,与 A 楼立面形成统一造型,屋面钢结构桁架悬挑端拆除,主要受力桁架均保留,局部新建出发厅幕墙钢结构,以提升出发厅上空高度,其余屋面不变。

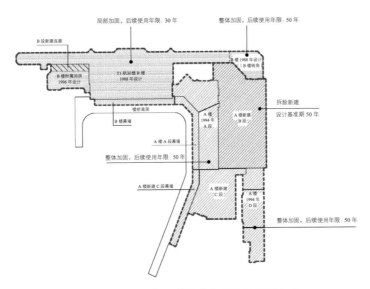

图6-7 新建、加固单元分布及后续使用年限

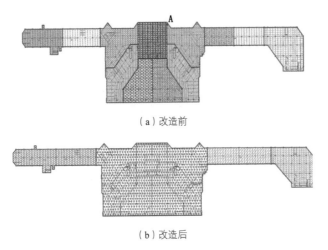

（a）改造前

（b）改造后

图6-8 B楼改造前后分缝方式

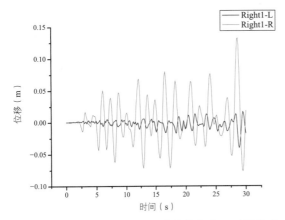

图6-9 A点变形缝左右两边节点的位移-时间关系

2. 各单体设计使用年限的确定

确定不同年代航站楼共存条件下的改造加固目标，是本工程航站楼改造设计的基础。基于抗震鉴定结果，根据本书第8.2.4节的流程，梳理各单体的可选设计使用年限，以工程造价等因素为指标，对整个项目新建和保留部分的不同单体设计使用年限组合进行比选，兼顾长远运营考虑的统一协调，最终与业主共同商定，合理确定了不同年代共存的结构改造设计的后续使用年限（图6-7）。

3. B楼原有结构缝的处理

B楼改造确定了尽可能保留原结构、减少拆除重建的改造原则。原结构每40～50m设置变形缝，将整体划分为多个结构区段。由于1988年的设计均未考虑抗震要求，变形缝宽度为20mm或50mm，均为牛腿搁置形式，宽度不满足抗震缝要求，同时各结构区段结构刚度差异大（图6-8a）。

由于各区段的结构刚度差异很大，地震下变形缝两侧结构变形差异也很大。对设缝的原结构进行罕遇地震下的弹塑性分析，得到图中A点变形缝两侧的变形历程，最大达到150mm左右（图6-9），一般也为100mm左右。地震下缝两边结构的相互碰撞不可避免，对原结构的变形缝进行处理是必需的。

考虑到混凝土结构的收缩已基本完成，本次改造通过灌浆和拉结的方式将中部7个分缝的单体以及左右各2个单体分别连成相对规则的整体（图6-8b），仍旧保留的3条缝均通过改双柱的方式加大至150mm，确保大震下相邻单体不发生碰撞。

4. B楼中心区结构抗震性能提升

B楼原结构虽然满足"A类建筑"的标准，允许采用折减的地震作用进行抗震承载力和变形验算，以及采用现行标准调低的要求进行抗震措施的核查，但考虑到其中心区结构相对复杂，且有一定的不规则性，航站楼结构人员密集、重要性程度高，改造设计中采取了进一步措施以尽可能考虑提升其抗震性能。

原结构是按框架结构体系设计，左右两个区域各分布有三个楼梯间的剪力墙未按抗震墙进行考虑（图6-10）。在进行变形缝改造后，这些剪力墙正好处于整体结构相对对称的位置，有条件承担部分地震作用，减小框架结构的地震作用，一定程度上弥补原框架柱箍筋构造措施不足的弱点。由于原剪力墙未进行抗震设计，因此对这些剪力墙进行了抗震加固。

考虑到平面中部没有剪力墙，改造设计在不影响建筑功能的前提下，在首层和二层布置了一些承载 - 耗能型防屈曲支撑（BRB）（图6-10），支撑与剪力墙共同承担抗侧作用，进一步减小框架柱所受的地震作用，支撑比剪力墙更早屈服，提高结构阻尼比，并实现多道抗震设防。

整体抗震能力的提高，减少了对局部构件加固的需求，使得一些位于公共区域有特色的构件可以不需要加固而保留原有特点，比如办票大厅的八边形混凝土柱（图6-11）。

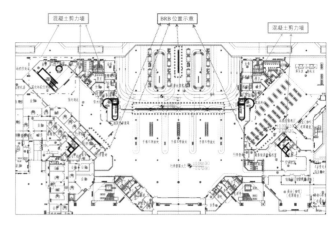

图6-10　B楼中心区抗震加强的剪力墙与增设BRB的位置

图6-11　B楼办票大厅八边形柱

6.4　结构与建筑的紧密融合

1. A楼改造的屋面、立面及雨篷一体化结构方案

A楼出发大厅是结构改造最大的区域。原15.800m标高的混凝土屋面抬高至24.000m，形成高大室内空间；悬挑雨篷由5m左右加大至12m以上，使其挡雨范围由一个车道扩大至两个车道（图6-12）。

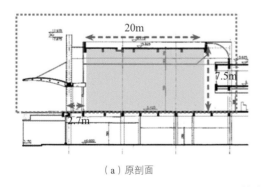

（a）原剖面

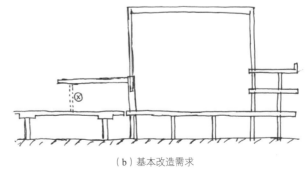

（b）基本改造需求

图6-12　A楼出发大厅屋面与雨篷改造需求

紧贴航站楼的高架结构因使用功能和承载力限制，无法在其上增设支点减小雨篷悬挑；入口处间距22.5m的原结构柱子被保留利用以支撑屋盖，该柱承受荷载较大但加固受下部结构条件限制，承载力可提高程度小。因此，减小入口处支承柱的受力成为选择结构方案的出发点，采用钢结构的轻型屋盖是最直接的方法，这是最先确定的。

新增结构与混凝土柱铰接设计也是减少柱受力的有效方法，而能够实现铰接连接的前提是屋面、立面、雨篷三者形成一体化的整体结构（图6-13a），让大悬挑雨篷的弯矩与大跨屋盖的弯矩内外自平衡，从而最大程度减小支承柱的弯矩，并能呈现出稳重的混凝土基座支托轻盈屋盖的漂浮感，也为屋面、立面、雨篷结构在外观上形成统一表达效果创造了条件。

底部铰接的钢屋盖高度较大，结构侧向刚度很小，设置斜撑是提高结构抗侧刚度的直接方法，因此，结构设计建议将平屋面改为局部单坡，这一形状修改减少了建筑室内空间，也有利于绿色节能，同时仍能维持高挑的空间感受。最终的形态结合了采光、自然通风需求及室内空间的感受来确定（图6-13b）。新增一体化钢结构在地震和风作用下的面内水平力由门厅入口组合柱和右侧单跨框架结构共同承担，单跨框架通过增设屈曲约束支撑的方式增加其抗侧刚度以分担更多的水平力，从而减轻门厅入口组合柱的水平向负担（图6-13d）。

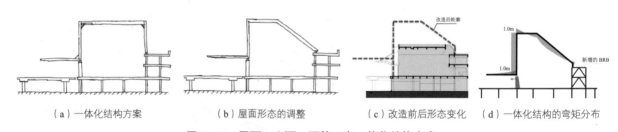

（a）一体化结构方案　　（b）屋面形态的调整　　（c）改造前后形态变化　　（d）一体化结构的弯矩分布

图6-13　屋面、立面、雨篷三者一体化结构方案

2. A楼改造一体化方案的结构体系构成

24.7m的屋盖跨度和12m的悬挑雨篷若采用实腹钢梁，构件尺度比较大，在空间不大的办票大厅中会显得过于笨重。为减小杆件截面需求，考虑将钢梁离散为以轴力杆件为主的更高效的单元化结构体系（图6-14）。沿宽度方向的柱距为22.5m，柱间水平向抗风构件的截面需求也很大，对立面效果不利，也需要作进一步的离散化（图6-15）。

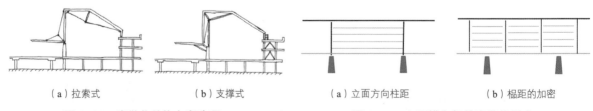

（a）拉索式　　　　　（b）支撑式　　　　　　（a）立面方向柱距　　　（b）榀距的加密

图6-14　离散化结构方案选项　　　　**图6-15　立面横向杆件离散化需求**

结合各项需求，最终选用的为梁-杆组合的空间结构单元形式（图6-16）：单元的外轮廓构件选择了小截面的矩形截面连续钢梁，以方便与幕墙、天窗及屋面板等围护系统的连接；混凝土柱顶设置伞状分叉钢柱支撑顶部外轮廓构件；由伞状钢柱分叉点下挂一组拉杆，与由混凝土柱顶伸出的一组钢杆一起支撑立面–雨篷转折点；增设一组斜撑减小悬挑雨篷跨度。全部支撑杆两端铰接，以精细的铰接节点显示其仅承受轴力的特点。下挂拉杆在自重荷载下受力不大，但在水平力下存在较大的压力，而支撑长度为 11.8m，杆件截面较小时容易出现失稳破坏。因此采用了小直径圆截面的 BRB 支撑，外径 180mm，达到结构轻巧的效果，避免地震下失稳。外轮廓连续钢梁被支撑杆分为在竖向荷载作用下弯矩大小接近的 5 跨（图 6-17），截面高度可以统一控制在 500mm 以内。

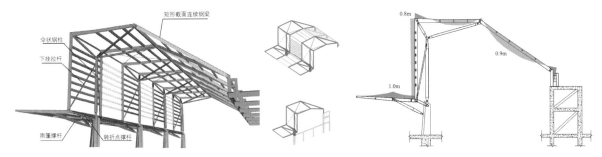

图 6-16　单元式体系构成示意　　　　　　　　图 6-17　外轮廓连续钢梁

3. 保留原结构印记的 B 楼立面改造

为了与 A 楼一体化立面保持统一的外观效果，同时一定程度上保留原有结构印记，B 楼基本保留了原多跨连续钢桁架结构，仅将原桁架悬挑端拆除改为降低并悬挑更大的雨篷，同时在入口一跨增加了局部抬高的屋面，提升办票大厅空间高度。由于保留了入口第一小跨的桁架，对桁架内部各跨受力的影响大大减小，避免了更大范围的拆除和减少了加固量（图 6-18）。那一小跨原有桁架在挑高的空间中穿过，也为保留历史发展印记创造了机会（图 6-19）。由于原有桁架外观效果不理想，最后实施时还是遗憾地外包处理了。

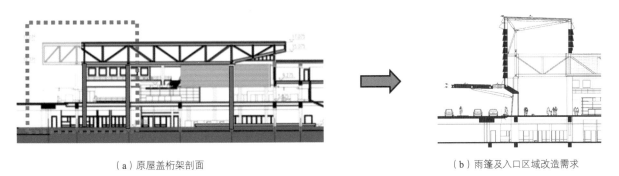

（a）原屋盖桁架剖面　　　　　　　　　　　（b）雨篷及入口区域改造需求

图 6-18　B 楼立面改造

图 6-19　保留原有历史印记的设想

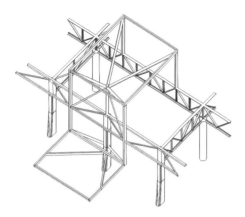

图 6-20　与 A 楼形式接近的一体化结构体系

悬挑雨篷、立面构架和局部抬高的屋面采用了与 A 楼形式接近的一体化结构体系，外轮廓构件为一个完整的钢架，通过伞形组合钢柱立在原有混凝土柱上，伞形组合柱的斜撑及立柱均两端铰接，钢架后方新建钢柱支承在保留的屋面横向钢桁架上，钢架下方的雨篷悬挑梁端部通过斜杆支撑在原结构混凝土柱上（图 6-20）。

4. 简洁的外露结构表达

A、B 楼出发大厅的伞形柱、支撑、V 形屋面梁等结构以简洁的三角形稳定体系、清晰的受力逻辑，成为空间中的表现要素，营造出精致简约、内敛含蓄的建筑风格（图 6-21 和图 6-22）。杆件尺度适宜，结构形式活泼，建筑空间有趣，给旅客带来轻松愉悦的享受（图 6-23 和图 6-24）。雨篷 V 形斜撑、伞形钢柱等构件均为铰接节点，大量采用铸钢节点制作而成，受力明确且便于安装，设计阶段做了深入的研究，细节设计上体现了精致、细腻，同样也给人轻松的感受（图 6-25）。

图 6-21　A 楼办票厅内景

图 6-23　雨篷撑杆

图 6-22　A 楼办票厅正立面内侧

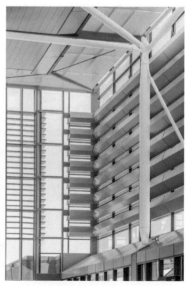

图 6-24　伞状钢柱

机场航站楼结构设计与工程实践

图 6-25　铰接节点及推敲模型

A 段新建国际联检厅的重载屋面，通风塔下的伞形混凝土结构形成菱形天窗，通过理性设计营造出举重若轻的效果（图 6-26a）。基于梁柱节点附近弯矩变化的规律，采用宽度较小的变截面混凝土梁，将弯矩最小处设为最小截面。而此处仍需要传递剪力，因此在混凝土梁柱中设置了型钢（图 6-26b），最终实现所见的截面尺寸。

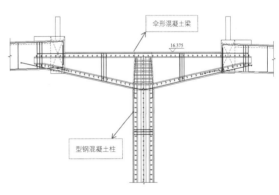

（a）菱形天窗建成效果　　　　　　　　　　　（b）伞形型钢混凝土结构

图 6-26　A 段新建国际联检厅伞形混凝土结构

案例七 | 浦东国际机场卫星厅

7.1　工程概况　　　　　　　　　353

7.2　地基基础　　　　　　　　　354

7.3　地下结构　　　　　　　　　355

7.4　上部主体结构　　　　　　　357

7.5　钢屋盖结构　　　　　　　　359

7.6　次结构设计　　　　　　　　360

项目地点	上海市浦东新区
建设单位	上海机场集团
旅客规模	3800 万人次 / 年
建筑面积	64 万 m²
抗震设防烈度	7 度
基本风压	0.55kN/m²
设计时间	2014 年 3 月起
投运时间	2019 年 9 月
设计单位	华东建筑设计研究院有限公司

7.1 工程概况

上海浦东国际机场是我国三大门户型枢纽机场之一，2019 年年旅客吞吐量已达到 7615 万人次。原 T1、T2 航站楼的主楼按 8000 万人次 / 年的办票和行李处理能力、候机廊按 6000 万人次 / 年的近机位候机能力设计，本次卫星厅的建设将提供 3800 万人次 / 年的近机位候机和中转，从而补足 T1、T2 航站楼的近机位缺口，并为 T3 航站楼预留 1800 万人次的候机容量。

功能布局上，卫星厅通过西、东捷运线分别与 T1、T2 航站楼连接（图 7-1），是现有航站指廊功能的延伸。卫星厅的基本旅客流程采用国内到发混流、国际分流，基本剖面形式为国际到达在下、国内混流居中、国际出发在上。T1 航站楼的捷运站在 2015 年 T1 航站楼改造时已建成 [1]，T2 航站楼的捷运站本次与卫星厅一同建设，位置贴邻 T2 航站楼。

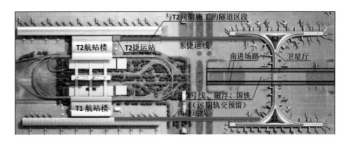

图 7-1 总平面图

图 7-2 卫星厅鸟瞰

本次卫星厅设计遵循功能优先、舒适实用、安全可靠、技术成熟的原则，整体造型与功能布局紧密结合，通过建筑空间的穿插组合使复杂的功能形成一个有机的整体，朴素大方，摒弃了近年来较为普遍的追求高大形象的钢结构大屋面，除局部区域外均采用了混凝土屋面（图 7-2）。

卫星厅由东、西、中指廊及东、西中央大厅组成，平面形状为工字形，外包平面尺寸约 954m×932m，指廊宽 42～55m。中指廊跨越正常运行中的市政道路南进场路槽形地下段，还需要为远期轨交预留穿越条件（图 7-3）。

结构设计使用年限为 50 年，建筑结构安全等级为一级，地基基础设计等级为甲级，抗震设防类别为乙类。抗震设防烈度为 7 度，设计基本地震加速度为 $0.1g$，场地类别为 Ⅳ 类（上海），设计地震分组为第一组，场地特征周期多遇地震时取 T_g=0.9s[2]；基本风压 w_0=0.55kN/m²，体型系数取为

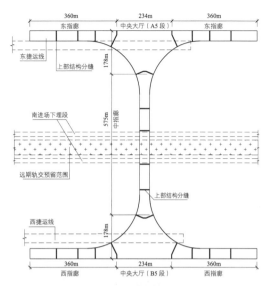

图7-3 卫星厅的组成及地上结构分段

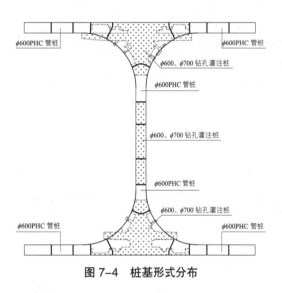

图7-4 桩基形式分布

机场航站楼结构设计与工程实践

1.30，地面粗糙度为A类。

7.2 地基基础

卫星厅基础设计采用桩基加独立承台的形式，双向设基础梁拉结以提高基础的整体性。

由于拟建场地大部分区域现为空地，制约条件少，卫星厅选用经济、施工快速的预应力PHC管桩作为主力桩型[3]（图7-4），以⑦₂₋₁粉砂层作为桩基持力层，桩径600mm，桩端进入持力层深度2~3m，桩长约为42m，单桩承载力特征值2200kN，桩的分段数控制在3节以内，便于施工和沉桩质量的控制。

中指廊中部临近已建南进场路区域，为减小对运行中的南进场路槽形开口隧道的影响，桩型采用ϕ700钻孔灌注桩，⑦₂₋₂粉砂层作为桩基持力层，桩端后注浆，单桩承载力特征值3000kN，桩长约49m；中央大厅地下捷运通道与卫星厅地下结构连成一体，该部位同样采用ϕ700钻孔灌注桩，以减小捷运运行时的振动影响。

地下室区域的纯抗拔桩采用ϕ600钻孔灌注桩，⑦₂₋₁粉砂层作为桩基持力层，桩长约为33m，单桩承载力特征值1000kN。

中指廊在南进场路两个隧道间的位置远期将有国铁、磁浮和地铁线路下穿通过（图7-5），现阶段的设计需为后期的盾构的穿越预留条件。以桩与盾构间净距不小于2.0m为目标，将桩基和承台按长条形布置（图7-6），桩基采用ϕ800桩端后注浆钻孔灌注桩以让出更多的穿越空间，对盾构穿越区两侧的土体也进行了深层搅拌加固以防止穿越期间对桩基的扰动[4]。计算桩基承载力时扣除了盾构高度范围的侧摩阻力，单桩承载力特征值3500kN。

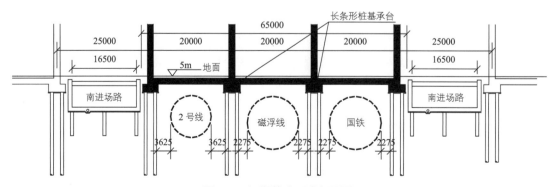

图7-5 远期轨交下穿剖面图

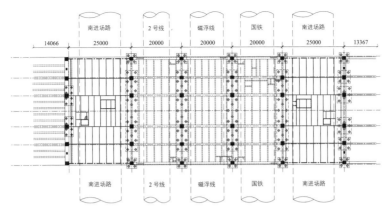

图 7-6 盾构间桩基布置形式

7.3 地下结构

中央大厅部分地下一层，局部夹层，指廊局部地下一层；±0.000m 的结构楼层，对于有地下室的区域采用现浇钢筋混凝土梁板，无地下室区域均采用预制底板＋现浇叠合的形式，以降低对土体回填的要求和省去楼板底模施工，楼内 ±0.000m 标高及以下结构连成一体。另有独立的连通至 T1、T2 航站楼的捷运通道。

1. 捷运入地下室减振设计

连接 T1、T2 航站楼的地下捷运通道需要进入中央大厅地下室区域，由于项目所在位置地下水位高，捷运轨道无法与主体结构分缝断开，捷运车辆运行导致的振动不可避免地会传至上部结构从而带来舒适性的问题 [5]。为确定本工程的减振策略，在建筑方案确定前，设计就对不同形式的基础方案对上部振动影响情况进行了数值模拟分析，并结合对虹桥交通枢纽地铁振动影响情况的实测进行了研究。

数值模拟采用轮轨激励施加于结构 - 桩 - 土整体模型进行上部结构各层楼面振动响应分析的方式进行，由于当时没有实际运行荷载和时程样本，计算分别采用基于简谐荷载和参照相关文献 [6] 提供的道床加速度时程计算得到的道床力这两种方式来近似模拟。卫星厅的捷运系统采用城市地铁模式，考虑到地铁系统运营引起的振动频段主要集中在 40 ～ 100Hz 之间，简谐荷载的计算频率分别取 40Hz、60Hz 和 100Hz 三种，激励幅值 3000kN/m，激励沿车行方向的分布为均匀分布，施加方式为竖直向下加载，未考虑轨道隔振措施。

对比分析的基础方案选择了四种形式：方案一是分离式，即理想的轨道支承结构与建筑结构基础分离的方式；后三种都是轨基一体的方式，其中方案二是常规的承台＋梁板式，方案三、四分别是 2m 和 3m 厚底板式（图 7-7）。

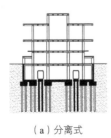
（a）分离式

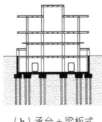
（b）承台＋梁板式

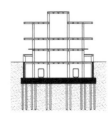
（c）2m 和 3m 厚底板式

图 7-7 四种基础方案示意

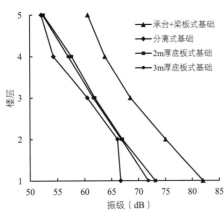

图 7-8　不同基础形式下加速度计权振级随楼层的变化

根据我国《城市区域环境振动标准》GB 10070—1988 所推荐的 W 频率计权曲线，以文献提供道床力时程输入工况为例，不同基础形式下结构跨中的加速度计权振级随楼层的变化曲线如图 7-8 所示[7]。

计算结果显示，分离式基础各楼层的加速度计权振级最小，均满足本书表 9.1-1 中对候机区不高于 70dB 的要求；承台 + 梁板式基础的一、二层响应超过了 75dB；两种厚板式基础在站台层的响应基本接近对大通道 72dB 的要求，其余各层均小于 70dB。可以看到，厚底板基础对像地铁这类含有丰富高频成分的荷载激励有较好的过滤作用，减振效果良好；相对于常规承台 + 梁板式基础，分离式基础、3m 厚底板式基础、2m 厚底板式基础的振动响应峰值分别为 15%～30%、30%～50% 和 40%～60%；综合各方面因素，最终捷运通过区域基础采用了 2m 厚底板方案，桩基也采用了钻孔灌注桩以增加刚度。

卫星厅捷运投入运营后，上部候机区又进行了现场振动实测[8]，测得最大加速度计权振级为 68.8dB，符合限值要求。

2. 捷运通道的适应性改造

为了保证东捷运通道施工期间 T2 航站楼的西侧机位能够正常运行，紧邻 T2 航站楼长廊的一段隧道在 2006 年 T2 航站楼建造时已经进行了设计并施工完成（图 7-1）。由于当时尚无条件锁定未来 T2 航站楼捷运站的站台布置方式，捷运车辆在贴临待建车站的扩大段隧道内线路走向也存在居中布置和相对偏下布置两种可能性（图 7-9）。该处隧道顶板最大跨度超过 17m，在 1.2m 厚覆土荷载、消防车荷载以及梁高限制条件下，跨中至少需要设置一个柱。由于同时符合两种线路需求的柱位并不存在，于是依据每一种线路各选择了一个柱位，设计了双柱方案，顶板、柱、桩都按满足只保留双柱中任一个的情况进行设计，以保证站台布置和车行线路、正式实施铺轨前，可以截除影响线路的那根柱而不影响余下结构的安全性。双柱方案在 T2 航站楼建设同时完成了施工。

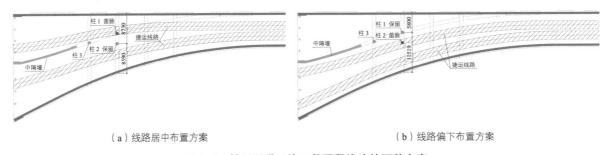

（a）线路居中布置方案　　　　　　　　　　（b）线路偏下布置方案

图 7-9　捷运通道已施工段预留线路的两种方案

本次捷运实施时，由于最终选用的车型与原来预设的不同，采用了维保最为经济的城市轨交地铁制式，其进出站转弯时需要更大的转弯半径，因此对已建通道的约 122m 长度范围进行 0～1.8m 的加宽改造，并在该区域通道中间增设分隔墙以减小顶、底板跨度，同时在通道加宽较大的范围增设抗拔桩，满足通道的整体抗拔需求，双柱按原设想被截除一个。上述施工都在不影响隧道顶板位置 T2 航站楼机位使用的情况下实施（图 7-10）。

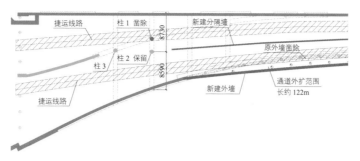

图7-10 捷运通道实际改造示意

7.4 上部主体结构

上部结构设防震缝划分为 23 个独立单元（图 7-2），总体均为钢筋混凝土结构。

1. 中央大厅结构体系

中央大厅采用设置屈曲约束支撑的混凝土框架结构体系，平面外包尺寸约为 284m×179m，典型柱网为 18m×19m 和 11m×21m，较多使用后张预应力梁以控制梁高从而利于设备管道的布置，楼板内也布置了无粘结预应力筋缓解温度应力的影响。A5 段和 B5 段在底层以上分别共有 8 层和 7 层或完整、或局部的结构层，其中最上面三层为逐渐退台的屋面，最上层屋盖覆盖由底层直至屋顶的通高中庭，采用钢桁架结构，顶部标高 43.000m（图 7-11）。

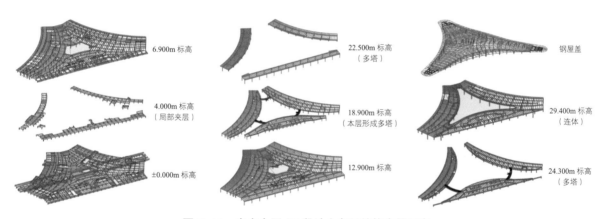

图7-11 中央大厅 A5 段地上各层结构布置示意

由于高大中庭的存在，以及周边各个商业夹层的自由布置，结构存在相邻上下楼层层高变化大、楼板缺失、错层以及类似分塔和连体等复杂情况，从而引起结构竖向刚度不均匀、楼层受剪承载力突变和结构平面不规则等超限情况。设计中除了尽可能通过结构的布置调整刚度和从构造上采取措施以改善结构的抗震性能外，还在平面接近周边的位置布置了柱间屈曲约束支撑（BRB），以改善结构抗侧刚度的突变、提高结构抗扭刚度和楼层受剪承载力，同时通过其消能减震以提高结构在中震和大震作用下的延性。在与支撑连接的框架柱和梁内设置型钢，有效传递支撑轴力（图 7-12）。

根据结构的自身特殊性和超限情况，确定结构的抗震性能目标为 C 级，部分错层柱、框支柱、支撑屋盖钢柱及转换梁、支撑框架等关键构件的抗震性能目标在此基础上适当提高。

罕遇地震作用下的动力弹塑性时程分析结果显示，平均有 98% 的 BRB 进入屈服，不同地震波作用下结构响应不同，BRB、系统阻尼和结构非线性耗能大小也不相同。对于选取的具有代表性的

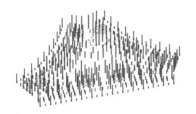

（a）BRB布置三维轴测图

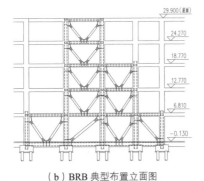

（b）BRB典型布置立面图

图 7-12　中央大厅 BRB 布置图

机场航站楼结构设计与工程实践

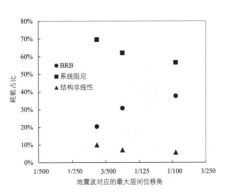

图 7-13　各组地震波下耗能占比

三组地震波 SHW9、SHW10 和 SHW13，相应的结构最大层间位移角分别为 1/143、1/183 和 1/98。

BRB、系统阻尼和结构非线性耗能占比如图 7-13 所示。可见，随着以层间位移角描述的结构响应增大，BRB、系统阻尼和结构非线性耗能大小相应增大，BRB 耗能占比上升，系统阻尼和结构非线性耗能占比下降。以耗能情况换算的结构附加阻尼比分别为 2.48%、1.47% 和 3.33%，BRB 产生了良好的耗能效果[9]。

2. 指廊结构体系

指廊采用钢筋混凝土框架结构，各单元平面宽 42～55m、长 70～165m，典型柱网尺寸 14.5m×18m 和 12m×18m，纵向较多采用后张预应力梁。在底层以上分别共有 3 层或 4 层结构层，其中最上面二层为逐渐退台的屋面，屋面略有坡度，檐口标高 15.745～19.200m，由端指廊两端及中指廊中部逐渐向中央大厅抬高。

由于登机桥坡度限制以及现状塔台通视需求，指廊的总建筑高度和楼层标高设置受到了较为严格的限制，其中国际到达层与国内混流层之间层高仅为 2.9m，如何在这有限的空间中为旅客塑造良好的空间体验成为设计的极大挑战。典型指廊剖面见图 7-14。

建筑师通过取消国内混流层靠幕墙侧的楼板形成通高的共享空间消解层高带来的压迫感，留给结构的难题是在柱网 18m、层高 2.9m 的条件下实现 4.2m 的悬挑，并保证板下的净高（图 7-15）。

结构采取的对策是：采用板式悬挑，让结构全宽度参与工作；机电管线全部埋置于悬挑板中；尽可能减轻结构自重，将此处的面层做薄，悬挑板的厚度由根部的 400mm

收小至端部的 200mm，板底取消抹灰层以清水混凝土外露。根部最小 2.4m 的建筑净高要求最终得到了实现（图 7-16）。

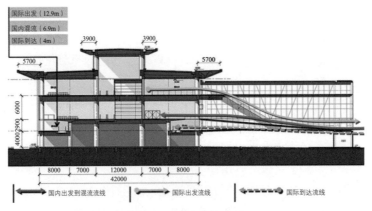

图 7-14　典型指廊剖面

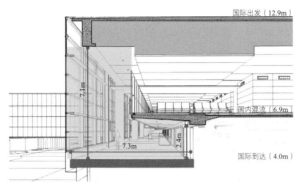

图 7-15　国际到达层净高需求与实现　　　　　　　图 7-16　国际到达层实景

3. 市政车道不停运制约下的上部结构实现

中指廊中部结构单体东西各有一跨需跨越施工期间维持运营的南进场路的两个下穿通道。每个通道宽 18m，为顶部开口的下沉隧道形式（图 7-17a），隧道顶部距中指廊 ±0.000m 仅 0.8m，底层结构高度和施工条件都严重受限。为解决这一问题，该两处中指廊的柱距加大为 25m，±0.000m 和二层采用钢结构和压型钢板组合楼板以避免底部的支模。

结构采用了悬挂支承的方式（图 7-17b）：二层 6.770m 标高设置 25m 跨度的钢桁架，采用固定铰接搁置于两端柱侧的牛腿；±0.000m 结构通过吊柱悬挂于桁架下弦，通过多设置吊点，底层的梁高可以控制在 0.6m 以内；±0.000m 的电梯底坑采用钢板结构控制底部标高。施工时，先用临时加强后的 ±0.000m 结构梁板封闭下穿通道顶部，后进行上部桁架安装，再将两者相连并拆除临时加强措施。

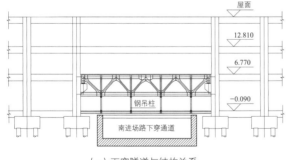

（a）下穿隧道与结构关系　　　　　　（b）钢桁架下挂平台

图 7-17　钢桁架及吊挂结构示意图

7.5　钢屋盖结构

中央大厅中部的通高中庭是整个卫星厅最主要的室内空间，该大跨无柱空间从 ±0.000m 贯通至标高 43.000m 的屋顶，屋盖平面为边长约 170m、各边略内凹、端部倒圆角的类等边三角形。建筑师希望达到在空间中尽可能弱化支撑巨大屋盖的结构构件的视觉效果（图 7-18）。

屋盖结构采用周边支承的空间钢桁架结构体系（图 7-19）。将逆吊法思想与计算机数值模拟相结合，结合建筑自由曲面的造型，根据最大力流方向分析结果确定主桁架结构布置的方向[10]，桁架最大跨度约为 60m，两端挑檐长度约为 5～10m；立面呈拱形，从跨中向两端的桁架高度逐渐减小；屋盖理论用钢量为 42kg/m^2，有效控制了结构重量。

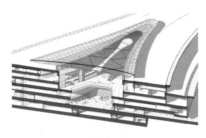

（a）中庭区域剖视图 　　　　（b）中庭内部实景 　　　　（c）中庭室外实景

图 7-18　中庭大跨屋盖区域

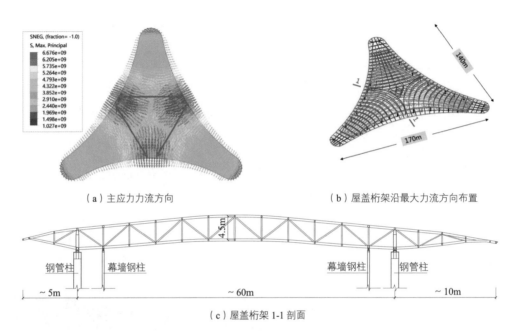

（a）主应力力流方向 　　　　　　（b）屋盖桁架沿最大力流方向布置

（c）屋盖桁架 1-1 剖面

图 7-19　大跨屋盖结构布置

屋盖桁架由周边幕墙柱和幕墙面外的圆钢管柱共同支撑：从室内可见的幕墙柱间距约 3.5m，两端铰接，承受 90% 以上的竖向荷载，由于数量众多且仅承受轴力，其截面尺寸可以控制在 200mm×250mm，融于幕墙中基本感受不到其作为结构的存在；圆钢管柱距为 19 ~ 21m，管径 700 ~ 900mm，下端刚接、上端铰接，主要承受水平力，从室内也不可见。总体效果上感觉大跨结构是被不露声色地轻松托起的，实现了建筑师的意图。

7.6　次结构设计

1. 大型可转换登机桥的轻量化实现

可转换登机桥是一个约 40m 长、8.5m 宽、12.5m 高的大盒子，内部布置有人行坡道和自动扶梯，分别与卫星厅 4.000m、6.900m 和 12.900m 标高处的楼面相连。结构主体采用钢桁架结构，斜腹杆均沿受拉方向布置，采用钢拉杆使得外立面更为通透。由于登机桥底部要保证 4m 高的消防车通行净高，最下层的结构杆件高度要控制在 350mm 以内。因此，钢桁架的下弦杆没有按常规做在最下层，而是利用三层 6.9m 平台所在位置的水平梁。这样，最下层杆件成为悬吊在上部桁架的次结构，很容易实现较小的结构高度，桁架钢拉斜腹杆的角度也更为合理（图 7-20）。

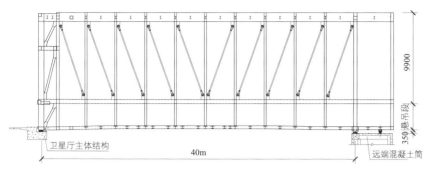

| （a）桥结构立面 | （b）登机桥内部实景 |

图 7-20　可转换登机桥

2. 空防玻璃隔断通透性的实现

国际到达层和国内混流层之间必须设置空防玻璃隔断，该玻璃隔断位于悬臂板的端部，高度3.6m。采用顶部悬挂支承的方式，使玻璃处于受拉状态，避免了受压稳定问题；同时将扶手与玻璃隔断一体化设计，通过从刚接于地面、向上悬臂的不锈钢扶手立柱顶部伸出连接件夹住玻璃，为高大的玻璃增加一个侧向支点（图 7-21），从而不需要另增设玻璃肋来加强玻璃隔断，并可以采用较小的玻璃厚度，经济性地实现了轻盈通透的效果。

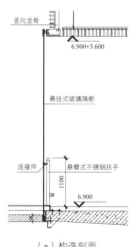

| （a）构造剖面 | （b）完成效果 |

图 7-21　通高玻璃隔断

参考文献

[1]　周健，王瑞峰，苏骏 . 上海浦东机场 T1 航站楼改扩建构设计 [J]. 工程抗震与加固改造 2016，38（5）: 144-150.

[2]　上海市城乡建设和交通委员会 . 建筑抗震设计规程：DGJ 08—9—2013[S]. 2013.

[3]　孙春明，周健，许静 . 浦东国际机场 T2 航站楼桩基设计 [C]// 第八届桩基工程学术年会论文集 . 2007: 241-245.

[4]　宋青君，王卫东，周健 . 考虑地铁盾构隧道穿越影响的桩基和基坑支护设计 [J]. 岩土工程学报 2010，32（S2）: 314-318.

[5]　花雨萌，谢伟平，陈斌 . 地铁振动对建筑物竖向楼层响应影响研究 [J/OL]. 建筑结构学报：1-10[2022-03-14]. https://kns.cnki.net/kcms/detail/11.1931.TU.20210224.1837.004.html.

[6]　李守继 . 地铁引起环境振动及房屋浮置楼板隔振研究 [D]. 上海：同济大学，2008.

[7] 陈清军，宗刚，杨永胜，等.浦东机场三期扩建工程捷运系统振动分析与振动实测研究[R].上海：同济大学，2016.

[8] 周颖，郭启航，张增德，等.浦东机场卫星厅和空港宾馆振动测试报告[R].上海：同济大学土木工程学院，2021.

[9] 杨笑天，周健，苏骏.不规则边界单层网壳找形分析与结构设计[C]//第十五届全国现代结构工程学术研讨会论文集.2015：207-212.

[10] 徐自然，苏骏.上海浦东国际机场三期扩建工程卫星厅消能减震项目抗震性能化分析[J].建筑结构2017，47（12）：23-28.

机场航站楼结构设计与工程实践

案例八 ｜ 杭州萧山国际机场 T4 航站楼

8.1	工程概况	365
8.2	地基基础	366
8.3	地下结构	366
8.4	下部主体结构	368
8.5	钢屋盖结构	368
8.6	专项分析	371

项目地点	浙江省杭州市萧山区
建设单位	杭州萧山国际机场有限公司
旅客规模	5000 万人次 / 年
建筑面积	72.3 万 m² (航站楼), 47 万 m² (交通中心)
抗震设防烈度	6 度 0.05g
基本风压	0.45kN/m² (50 年)
设计时间	2018 年 3 月起
投运时间	2022 年 9 月
设计单位	华东建筑设计研究院有限公司 联合体牵头单位 原创设计
	浙江省建筑设计研究院有限公司

8.1 工程概况

　　萧山国际机场航站区内已建有 T1、T2、T3 共三座航站楼,三期新建工程包括 T4 航站楼、综合交通中心、能源中心、配套业务用房等(图 8-1),属 2022 年杭州亚运会重点配套工程[1]。T4 航站楼的建成,实现了对现有航站区的整合和更新,奠定了萧山机场走向超大型国际航空枢纽的坚实基础。

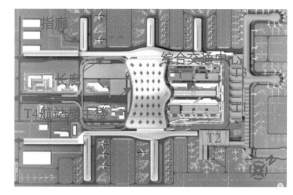

图 8-1　航站区功能布局

　　T4 航站楼采用集中式平面布局,含一个主楼、两条水平长廊和五根指廊。主楼南北面宽约 466m,东西进深约 261m,地下 2 层,地上 4 层、局部 5 层,地下为设备用房,地上分别为站坪层(±0.000m)、国内混流和行李提取层(6.000m)、国际到达层(12.000m)、出发值机办票及国际出发候机层(17.400m)和商业夹层(22.800m)(图 8-2)。五根指廊宽度为 42m,两条水平长廊宽度为 22m,地下有 1 层设备共同沟,地上 2 ~ 4 层。

　　T4 航站楼主楼抗震设防烈度为 6 度,设计基本地震加速度为 0.05g;建筑抗震设防类别为重点设防类(乙类);建筑场地类别为Ⅲ类;设计地震分组为第一组,场地特征周期为 0.45s。

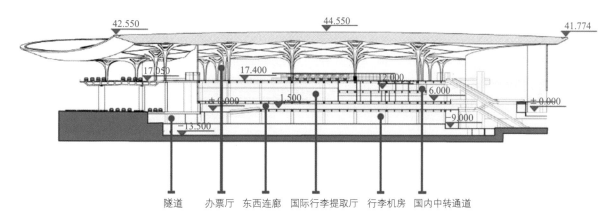

图 8-2　主楼东西向剖面图

8.2 　地基基础

拟建场区为钱塘江冲海积平原，地貌形态单一，场区自然地面较平坦。根据地勘资料[2]并结合当地实际工程经验，基础采用钻孔灌注桩加独立承台的形式，承台双向设基础梁拉结以提高基础的整体性。钻孔灌注桩桩端持力层为⑫₄圆砾层，主楼桩径 800mm，指廊桩径 700mm，桩长 60m 左右，单桩承载力特征值分别为 5200kN 和 3400kN；地铁盾构相关区域桩端持力层下伸至⑭₃₋₁圆砾层，桩长达 88m，桩径 1200mm，单桩承载力特征值 14500kN。抗压桩均采用后注浆技术，以提高桩基承载力、减少基础沉降量。

8.3 　地下结构

1. 基本情况

主楼地下室共两层，地下二层有作为设备机房的局部地下室，以及由进场道路进入交通中心车库的下穿车道；地下一层主要为通高至二层的行李处理机房。指廊地下为设备管线共同沟。

航站楼地下还存在多种轨交和通道结构的穿越：地铁车站及其盾构区间在航站楼主楼北侧下方穿越航站楼，高铁车站位于航站楼主楼南侧的下方，行李通道贯穿南北长廊，进入交通中心的车道东西向穿越主楼地下。各种通道结构间平面交叉、标高关系复杂（图 8-3）。

2. 与高铁、地铁车站的共建

航站楼主楼与高铁车站竖向重叠，主楼柱落于高铁车站顶板和外墙附近。落于顶板区域的柱与车站内柱均不能对位，全部在车站顶板进行转换（图 8-4a）；贴邻高铁站外墙的一排主楼柱，桩基只能设在远离高铁的一侧，另一侧借用高铁外墙和基坑支护的地连墙作为支承点，通过转换承台承托主楼柱（图 8-4b）。

主楼与地铁车站竖向叠放区域，除少量柱需在地铁顶板转换外，大都可与车站柱对齐。主楼地下室与地铁车站外墙紧邻处，由于地铁的围护结构已先于航站楼主体结构建设前施工完毕，故需分别设置外墙，二者间通过顶部捆梁连为整体，共同受力（图 8-5）。主楼位于地铁盾构区间段正上方区域，桩基础布置在地铁盾构之间的空间，须在地铁盾构上方设置水平转换构件，承托上部的竖向构件。

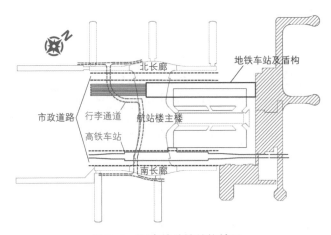

图 8-3 　下穿航站楼结构情况

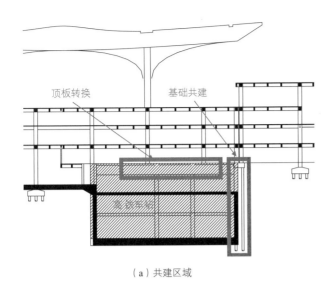

（a）共建区域

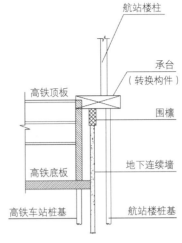

（b）航站楼基础与高铁站外墙及围护共建剖面

图 8-4　航站楼与高铁车站共建示意图

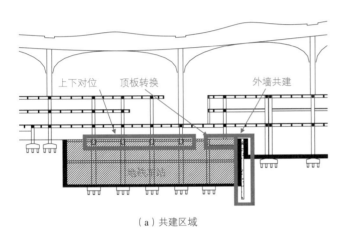

（a）共建区域

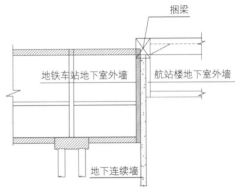

（b）航站楼首层与地铁车站外墙共建剖面

图 8-5　航站楼与地铁车站共建示意图

3. 行李通道

行李通道连通南北长廊前的空侧服务车道，需一路穿越北长廊、地铁盾构区间、航站楼主楼、高铁车站和南长廊。为保证建筑良好的防水性能，行李通道与航站楼主楼、南北长廊下共同沟、高铁站之间均采用刚性连接，为减少行李通道与主体结构之间的差异沉降，通道相关区域均采用桩基以适应主体的沉降变形。北行李通道位于地铁盾构区间上方，采用桩基础能减少盾构推进过程中对行李通道的影响。

4. 首层大开洞

航站楼主楼首层由于行李机房净高的需求，存在较大面积的楼板开洞（图 8-6）。大开洞使得底层楼板作为大底盘对上部分为

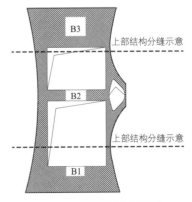

图 8-6　首层楼板大开洞

B1～B3 三塔的结构单元的嵌固与协调作用减弱，因此相关结构单元均按嵌固于地下 1 层（−6.670m 标高）进行计算设计。考虑到首层位置土和外墙实际存在一定的约束作用，整体结构也按嵌固在首层进行了包络设计。

8.4 下部主体结构

航站楼下部主体结构均采用现浇钢筋混凝土框架结构体系，共划分为 39 个结构单元（图 8-7）。主楼屋盖为一个独立完整的空间自由曲面，长度为 466m，中轴线宽度为 261m，最大宽度为 280m，对应下部三个混凝土结构单元。综合考虑天窗布置的完整性以及屋盖温度应力的控制，将指廊和连廊屋盖单元的长度分别控制在 300m 和 180m 以内，共计 19 个钢结构屋盖结构单元。

航站楼主楼典型柱网尺寸为 18m×18m，采用缓粘结预应力混凝土框架结构，以增强其抗裂能力，并尽可能减小梁高，有利于设备管道的布置及建筑净高的增加。由于建筑功能的需要，航站楼主楼存在不同程度的楼板缺失、局部错层、平面长宽比较大等情况，从而引起结构平面不规则和竖向刚度的不均匀变化。设计中通过结构的布置调整刚度和从构造上采取措施以改善结构的抗震性能。

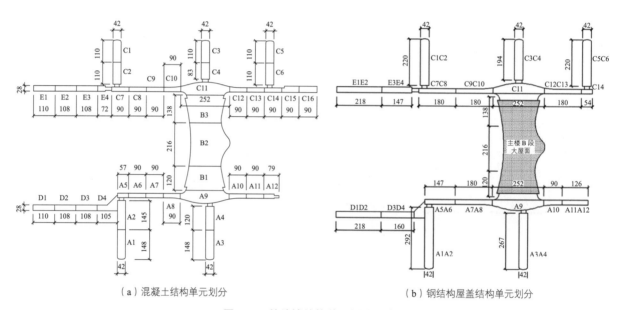

（a）混凝土结构单元划分　　　　　　　　　　（b）钢结构屋盖结构单元划分

图 8-7　航站楼结构单元划分示意

8.5 钢屋盖结构

T4 航站楼以荷花莲叶为设计主题，体现杭州"秀雅、精致、温润"的气质，独具标志性。钢屋盖及其支撑结构的设计围绕这一主题展开。

航站楼主楼屋盖造型为较为平坦的双向自由曲面，中间最高，南北两端在靠近挑檐位置略有上翘。屋面上对应柱位阵列式布置 40 个菱形天窗和一个方形的大采光顶（图 8-8）。屋盖结构采用伞状分叉柱支承的空间曲面网架结构体系，天窗周边设封边桁架，结构构件贴近起伏的建筑内外形状以获得最大的结构高度。屋盖典型柱网为 36m×54m，南北两侧悬挑最大为 40m，网架结构高度为 2.8～4.5m。

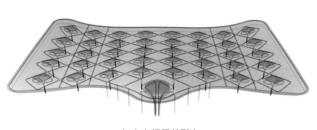

（a）主楼屋盖形态

（b）鸟瞰照片

图 8-8　屋面整体形态

1. 荷叶柱

结构柱造型宛如一株荷叶，为实现荷叶轻盈的效果，钢柱贴合建筑要求的荷叶形状，下段采用下小上大的倒锥形截面，随着高度的增大，支承柱截面逐渐变大，然后伞状分叉为 10 肢，每 5 肢间相连形成 1 个叶片，两叶片间无直接联系，留出开口让天窗的光线洒入（图 8-9）。这些柱被形象地称为"荷叶柱"。根据位置的不同，柱直段在柱底截面为 $\phi 800 \sim \phi 1000$，在分叉处的截面为 $\phi 1400 \sim \phi 2000$，均内灌混凝土；分叉的截面最小 H900×400，最大 □ 900×1800。

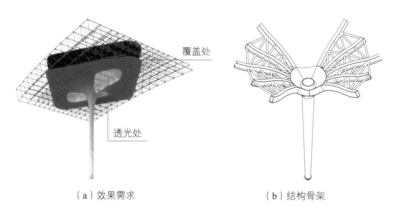

（a）效果需求　　　　　　　　　　　　　（b）结构骨架

图 8-9　荷叶柱

柱下端与混凝土结构采用铰接连接，顶部分叉成多肢与屋盖网架形成自然的刚接，整体形成类似连续的门式刚架抗侧体系；竖向荷载下，屋盖网架呈现多跨连续受弯的性能，弯矩在荷叶柱顶处连续，可以降低柱间区域的弯矩（图 8-10）。

柱分叉处需要承受很大的弯矩，采用了柱直段插入双层锥形杯口的形式，确保刚接的可靠实现（图 8-11）。

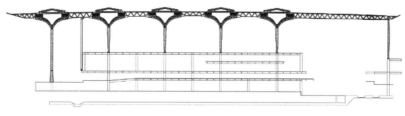

图 8-10　荷叶柱与网架组成的结构整体

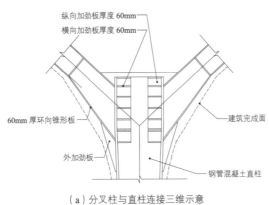

纵向加劲板厚度 60mm
横向加劲板厚度 60mm

60mm 厚环向锥形板

外加劲板

建筑完成面

钢管混凝土直柱

（a）分叉柱与直柱连接三维示意 　　　　（b）完成照片

图 8-11　荷叶柱分叉处刚接节点构造

　　每个柱顶荷叶包裹范围均为菱形平面采光天窗。为使其更为通透，此区域网架替换为单层结构，天窗周边设置加强的封边桁架过渡。封边桁架与 X 向网架构件夹角较大，无法有效传递弯矩，因此，天窗单层构件亦主要沿 X 向布置，分叉柱与天窗构件形成的力偶承担该方向柱顶弯矩，同时通过微调柱分肢的形态，使 X 向的相邻荷叶柱间形成一定的拱作用，以减小柱分肢抵抗弯矩的需求。Y 向封边桁架与网架夹角较小，可以承担该方向主要的弯矩（图 8-12）。上述结构布置降低了天窗范围内构件承担的柱顶弯矩，从而实现了荷叶柱顶分开、顶部通透的效果。分叉柱通过封边桁架与屋盖的主体网架下弦连接，最终形成了一个伞状分叉柱与屋面跨越构件连续的一体化结构体系（图 8-13）。

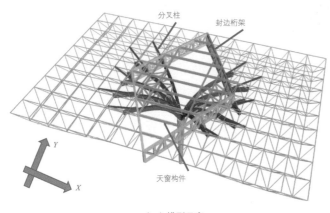

分叉柱　　封边桁架

Y

X

天窗构件

（a）模型示意 　　　　　　　（b）完成实景

图 8-12　柱顶天窗构件和封边桁架的布置

（a）室内 　　　　　　　　　　（b）楼前车道边

图 8-13　荷叶柱建成效果

荷叶柱柱底与下部混凝土结构的铰接避免了钢柱的下插，大大简化了构造、方便了施工。同时，区别于常规球形铰支座下小上大的构造，荷叶柱铰接支座采用下大上小的构造，支座高度与建筑面层厚度匹配，从而实现柱脚轻盈的效果（图8-14）。

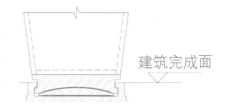

图8-14 柱底铰接支座

2. 荷花谷

航站楼主楼东侧与交通中心的连接区域的南北方向长度约216m，东西方向宽度20～75m，是重要的空间转换节点。从地下一层直达屋顶的约40m高的通高空间以巨型的组合结构柱为中心，塑造了名为"荷花谷"的室内景观节点（图8-15）。为保证采光的通透性，柱顶天窗区域采用单层网壳结构，周边通过收边桁架与屋盖整体网架结构过渡。

结构设计中重点关注荷花谷柱建筑结构一体化的实现，即在荷花谷柱纤细的建筑效果和空间大跨屋盖的承载力、刚度需求中取得平衡。为适应纤细的空间双曲的建筑造型，同时考虑构件的可加工、可实施性，荷花谷柱采用空间管桁架的结构形式（图8-16a）。荷花谷柱的柱顶、柱底分别与网架和混凝土主体结构铰接连接，使得荷花谷柱不参与整体抗侧作用，降低荷花谷柱在水平力作用下的内力效应。在竖向荷载方面，荷花谷区域以主楼东侧结合幕墙布置的8根摇摆柱为主要的支承构件。荷花谷柱作为一个刚度相对较小的弹性支座，主要用于改善屋盖在活荷载、风荷载作用下的跨中变形。荷花谷区域结构设计时，在恒荷载作用下不考虑荷花谷柱的作用；荷花谷柱设计时，仅考虑其自重、受荷范围内的活荷载及风荷载；屋盖施工时，要求待钢结构吊装完成、屋面系统铺设完毕后，荷花谷柱方可与屋盖主体相连。

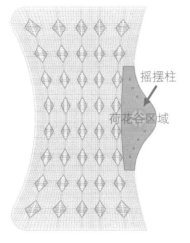

图8-15 荷花谷位置

（a）桁架式柱　　　　　　　　　（b）完成效果

图8-16 荷花谷柱

8.6 专项分析

1. 航站楼主楼与高铁、地铁共建区域的振动控制

本项目航站楼主楼结构与高铁、地铁结构连成一体，其中高铁站规模为2台4线（正线和到发线各2条），正线运营时速为250km/h。高铁和地铁列车引起的振动以低频振动为主，一方面可能会引起航站楼内旅客的不适反应，另一方面可能影响航站楼内仪器设备的使用甚至对航站楼结构安

全本身带来不利影响。因此设计中须考虑高铁列车高速通过时、地铁列车运行时引起的振动对主体结构的影响。

对航站楼主楼与高铁共建区域，采用土-结构-轨道有限元进行振动分析，模拟计算列车以250km/h过站时航站楼的振动响应，以评判主体结构振动的安全性和舒适性。分析显示列车对航站楼主楼结构造成的振动影响主要集中在高铁站房正上方区域，并向北侧扩展1~2跨，更远区域的振动响应较小。南侧结构由于分缝，与高铁站房不直接相连，振动响应相对较小（图8-17）。

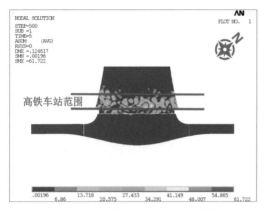

图 8-17 主楼四层竖向加速度分布云图（mm/s²）

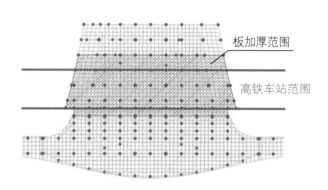

图 8-18 主楼四层楼板加厚范围图

根据振动评判安全性标准，基础处容许的振动速度峰值为 5mm/s，上层楼面为 10mm/s[3]。各层的振动速度峰值均小于容许值（表 8-1）。

航站楼主楼结构各层振动速度峰值（mm/s）　　　　　　　　　表 8-1

工况	基础	地下 1 层	1 层	2 层	3 层	4 层
250km/h 过站	2.23	1.91	1.80	1.26	0.92	0.84
容许值	5	10	10	10	10	10

由于加速度响应超标准程度不高且主要位于板跨中，同时高速列车轨道中不允许采用减振道床等减振措施，首先尝试通过增加结构刚度来降低结构的振级。不同楼板厚度下，航站楼主楼结构 2~4 层最大 Z 振级如表 8-2 所示。可以看出，楼板厚度的增加对振动值的降低效果较为明显。参考本书表 9.1-1 所提的舒适度标准，除首层道路区域不需要控制外，其他各层的 Z 振级需控制在 72dB。当 2~4 层楼板厚度为 150mm 时，Z 振级值均超过了 75dB；当板厚度加厚至 250mm 时，各层最高的 Z 振级值为 73~75dB 间，略超标准。由于受各种条件约束无法采用结构的整体隔振，最终将公共区域的标准略作降低，采取的措施为将相应范围板厚加至 250mm（图 8-18），同时，对航站楼主楼与高铁共建区域中内部办公区域另采取了设置 12.5mm 厚的减振隔声垫板进行振动控制（图 8-19）。

航站楼主楼结构 2~4 层最大 Z 振级（dB）　　　　　　　　　表 8-2

工况	2 层	3 层	4 层
楼板 150mm 厚	77.1	76.2	76.5
楼板 250mm 厚	74.4	73.5	73.7

航站楼主楼与地铁共建区域，在地铁轨道中采用钢弹簧＋浮置板的特殊减振措施，根据经验可以解决地铁运行对上部结构的振动影响，楼中未另采取措施。

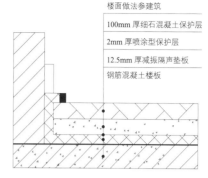

楼面做法参建筑
100mm 厚细石混凝土保护层
2mm 厚喷涂型保护层
12.5mm 厚减振隔声垫板
钢筋混凝土楼板

图 8-19　减振隔声垫板做法示意图

2. 基于柱失效的防连续倒塌及抗爆分析

考虑到屋盖坍塌可能造成的巨大影响，对是否可能因为支撑屋盖柱的失效导致连续倒塌的发生进行了分析。分析的技术路线为：①基于失效风险判断选择性抽柱，进行连续倒塌分析；②如屋盖出现的破坏未达到局部失效，则认为无连续倒塌风险，分析结束；如发生局部失效及以上破坏，则继续进行该柱的抗爆能力分析；③对相应的柱进行抗爆分析，确认其在设定当量炸弹袭击下是否会发生破坏；④如不会破坏，分析结束；如会破坏，则对相应结构柱进行加强后再返回第③步分析。

（1）连续倒塌分析

连续倒塌分析采用瞬态动力时程方法，使用 ABAQUS 程序显式动力积分方式，初始荷载状态为：1.0 恒 +1.0 活。综合屋盖的支撑跨度、受荷情况、所处不利位置等因素，选择了屋盖中柱、屋盖边柱、车道边柱、荷花谷区域的摇摆柱进行分析（图 8-20a）。以车道边 3 号柱的分析结果为例[4]，失效柱上方屋盖局部区域发生比较严重的塑性变形，稳定后最大竖向挠度达到 3.676m（图 8-20b）；上方屋盖局部区域出现塑性，杆件最大塑性应变达到 3.4×10^{-2}（图 8-20c），进入比较严重的破坏水平，无法继续正常工作。除了失效柱外，相邻支撑柱均未进入塑性，相邻区域屋盖也无明显破坏，参考《大跨度建筑空间结构抗连续倒塌设计标准》DG/TJ 08—2350—2021 的规定，屋盖结构属局部区域失效，尚未出现连续倒塌（图 8-20d）。

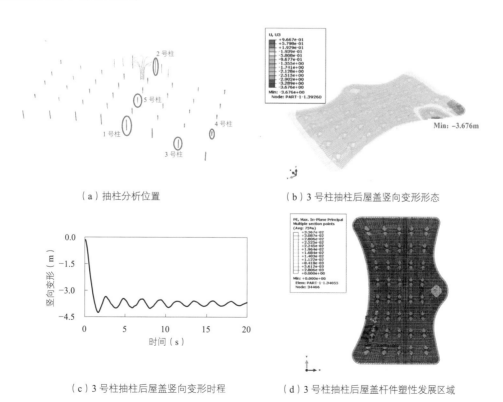

（a）抽柱分析位置　　　　　　　　　　（b）3 号柱抽柱后屋盖竖向变形形态

（c）3 号柱抽柱后屋盖竖向变形时程　　　（d）3 号柱抽柱后屋盖杆件塑性发展区域

图 8-20　抽柱连续倒塌分析

（2）柱抗爆分析

由于该柱靠近车道，存在受爆炸袭击的可能性，因此对其进行了抗爆性能分析[5]。抗爆分析采用 LS-DYNA 软件，分析中考虑屋盖恒荷载和爆炸荷载，其中爆炸荷载采用 CONWEP 算法，设定等效 TNT 当量，爆距 1.5m，爆炸点位于标高 17.050m 处的高架车道上（图 8-21a）。在爆炸荷载作用下，柱最终呈整体弯曲变形（图 8-21b），爆炸高度处侧向位移时程和柱顶位移时程曲线如图 8-21（c）所示。经历爆炸作用后，爆炸高度处局部发生凹陷，钢管局部进入屈服且混凝土强度退化，由于钢管对核心区混凝土的约束作用，能有效防止混凝土因爆炸作用失效飞溅（图 8-21d、e）。经历爆炸作用后柱轴向残余承载力为 107145kN，为原承载力的 81.8%，冗余度较高，能够满足承担原设计荷载的需求（图 8-21f）。

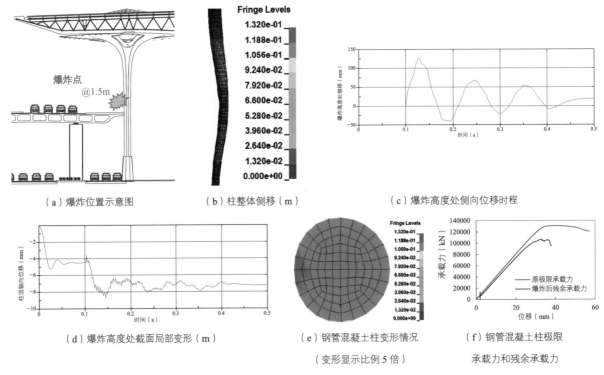

（a）爆炸位置示意图　　（b）柱整体侧移（m）　　（c）爆炸高度处侧向位移时程

（d）爆炸高度处截面局部变形（m）　　（e）钢管混凝土柱变形情况（变形显示比例 5 倍）　　（f）钢管混凝土柱极限承载力和残余承载力

图 8-21　柱抗爆分析

参考文献

[1] 周健，王瑞峰，林晓宇，等 . 杭州萧山国际机场三期项目新建航站楼及陆侧交通中心工程 T4 航站楼超限建筑结构抗震设计可行性论证报告 [R]. 上海：华东建筑设计研究院有限公司，2018.

[2] 浙江中材工程勘测设计有限公司 . 杭州萧山国际机场三期项目新建航站楼及陆侧交通中心工程岩土工程勘察报告 [R]. 2018.

[3] 建研科技股份有限公司 . 杭州萧山国际机场三期结构列车振动影响研究 [R]. 2018.

[4] 结构分析与设计学科中心，华东建筑设计研究院有限公司科创中心 . 杭州萧山国际机场三期项目新建航站楼屋盖抗连续倒塌分析报告 [R]. 2018.

[5] 同济大学 . 萧山机场 T4 航站楼屋盖支承柱抗爆性能分析报告 [R]. 2018.

机场航站楼结构设计与工程实践

案例九　乌鲁木齐地窝堡国际机场 T4 航站楼

9.1　工程概况 377

9.2　高填方地基及基础设计 378

9.3　下部主体结构 378

9.4　钢屋盖结构 384

9.5　基于风险评估的防恐防爆结构分析 388

项目地点	乌鲁木齐新市区
建设单位	新疆机场集团
旅客规模	3500万人次/年
建筑面积	50.4m²（航站楼）+35万m²（交通中心）
抗震设防烈度	8度（0.2g）
基本风压	0.60kN/m²（50年），0.70kN/m²（100年）
基本雪压	1.0kN/m²（100年一遇）
设计时间	2016年2月起
投运时间	2024年4月（计划）
设计单位	华东建筑设计研究院有限公司　原创

9.1 工程概况

乌鲁木齐作为"一带一路"的重要节点城市，乌鲁木齐国际机场是我国面向中亚、西亚地区的重要枢纽，是我国八大区域国际航空枢纽门户机场之一。乌鲁木齐国际机场新建北航站区包括T4航站楼、楼前交通中心及停车库、能源中心、旅客过夜用房等，新建T4航站楼平面布局为几何逻辑感较强的直线性造型设计，有较强的导向性，分为一个主楼和三根平行指廊（图9-1）。

图9-1　乌鲁木齐国际机场改扩建工程总体效果图

航站楼主体共划分为19个结构单元，由主楼中心区（D）、南北三角区（B1、B2、F1、F2）、南北中三指廊（其余编号区段）等组成（图9-2）。主楼面宽约685m，进深约285m，三根指廊宽度最大42m。

本工程设计使用年限为50年，竖向构件、转换构件、大跨钢结构及关键节点安全等级为一级，其余构件

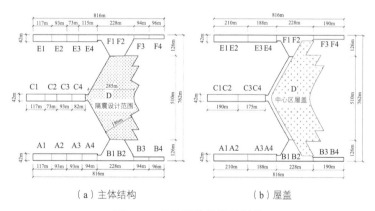

（a）主体结构　　　（b）屋盖

图9-2　航站楼结构单元划分

为二级，抗震设防类别为重点设防类，抗震设防烈度为8度（0.20g），设计地震分组为第二组，场地类别为Ⅱ类，多遇地震作用下加速度时程峰值按安评结果并考虑高填方影响取为80Gal。

航站楼主楼中心区地下一层、地上四层（含夹层），自上而下分别是出发商业夹层（20.500m标高）、出发值机办票及国际出发候机层（13.300m标高）、国内混流及国际到达层（5.500m标高）、站坪层（±0.000标高）、地下机房及设备管廊层。中心区尺寸为285m×510m，最大建筑高度为55.0m。主体结构为钢筋混凝土框架结构，框架柱典型截面为直径1400mm的圆柱，框架梁典型截面为900mm×1200mm；屋盖为钢管混凝土柱支承的空间曲面网格结构，钢管混凝土柱为变截面形

式，底部直径 1600～2400 mm 不等，顶部直径 1200～1300 mm。主楼中心区采用隔震技术。

位于中心区南北两侧的三角区地上三层，主要功能为商业、餐饮以及贵宾休息等，最大建筑高度为 25m，采用钢筋混凝土框架结构，在夹层采用金属耗能墙局部减震设计。

航站楼指廊主要功能为出发候机、到达，最大建筑高度为 22.46m，北指廊地上三层，中指廊和南指廊地上二层，主体均为钢筋混凝土框架结构，屋盖为钢管混凝土柱支承的变截面钢梁。

航站楼中心区下部有地铁穿过，在国际三角区和国内三角区有市政通道从底板以下穿越（图 9-3）。

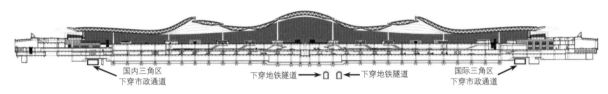

图 9-3　地铁、市政通道与航站楼关系

9.2　高填方地基及基础设计

1. 高填方地基

拟建的航站楼用地范围原状场地海拔高程为 617～630m，地形较平坦，受乌鲁木齐河影响，地势东南角高、西北角低，总体地势由东南向西北倾斜。

根据跑道等场地竖向规划要求，航站楼主楼和中指廊首层标高为 640.100m，南指廊首层标高为 641.100m，而北指廊标高为 639.100m。因此，航站楼用地范围须进行回填，最大填方高度约 25m，平均填方高度约 14m。具体高填方的设计见本书第 2.1.4 小节。

2. 基础设计

航站楼结构柱距较大，局部位置承担的荷载较大，依据地勘资料及高填方实际情况，对独立基础方案和钻孔灌注桩方案进行比选，综合考虑基础与高填方、隔震、下沉穿越等关系，最终采用钻孔灌注桩基础加独立承台的形式，承台双向设基础梁拉结，桩端持力层为圆砾层。指廊区域主要采用直径 800mm 桩基，主楼范围采用直径 800mm 和 1000mm 的桩基。

由于桩基处于高填方地基上，存在负摩阻力对桩基承载力影响的问题。按当地工程经验，采用天然级配碎石土并通过有效的地基处理后，填筑体可不考虑负摩阻力，但不宜作为桩端持力层。考虑到本工程填方厚度特别大，回填完成与桩基础施工的时间间隔很短，填筑体仍会存在一定的工后沉降，将使得桩周土层产生的沉降大于基桩的沉降，因此桩基设计采取下列措施：（1）设计前选取与航站楼回填深度相近的沙坑回填试验段进行试桩；（2）要求选取与航站楼回填深度相近的沙坑回填试验段进行为期不小于一年的工后沉降监测；（3）中性点深度的取值参照了日本建筑学会考虑回填土固结情况的公式算法。最终单桩承载力取值见本书第 3.1.2 小节。

9.3　下部主体结构

1. 不同区域减隔震方案的确定

T4 航站楼工程位于北天山地震带，多条活动断层从场区穿过。航站楼中心区平面尺寸大，建筑功能紧凑，采用减震设计存在较多困难，主要表现为：为消除平面尺寸大带来的温度作用的不利影响，需要设置较多的变形缝兼防震缝，分割了建筑功能的完整性；中心区一层为站坪层，二层为到达大厅层，均为大开敞区域，减震构件外露影响到建筑效果及功能布置，而可设置非外露减震构件的位置很少；经初步分析，在条件允许的区域均布置减震构件的情况下，附加的阻尼比约为0.6%~1.2%，减震效果很不明显。

航站楼中心区人员密集度较高、设备系统昂贵，是航站楼的关键区域，相较于减震技术，采用隔震技术更有优势[1]。经验算，隔震方案可以明显降低上部结构的地震响应，不仅减小结构本身的损伤，而且能大幅减小上部结构和机电设备等设施的加速度响应，从而提高生命线系统关键设备的抗震能力。航站楼均位于高填方范围，增设的隔震层还可以减小土方的回填量。

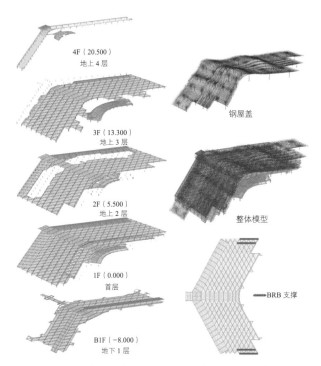

图9-4　中心区各层结构平面及整体模型示意图

航站楼南北三角区平面尺寸相对小，因为建筑功能需要，局部夹层引起平面开洞或错层、结构扭转不规则、抗侧刚度突变等情况，建筑平面上墙体相对较多，为减震设计提供了有利条件。

指廊范围由于主体结构及其屋盖结构相对规则、简单，楼内设备重要性低，采用传统抗震设计可以满足较高的性能目标要求。

基于上述特点，本工程在航站楼主楼中心区采用隔震技术；主楼南北两个三角区采用减震技术；指廊范围采用传统抗震设计。

2. 主体结构体系

中心区平面呈钝角折角形，长向最大尺寸为510m，短向约为285m。首层楼板完整，地上2层有大范围楼板缺失，地上3层平面中部局部楼板缺失，地上4层为夹层，各层结构平面及整体结构如图9-4所示。

由于建筑功能的需要，主楼中心区存在不同程度的楼板缺失、局部错层、平面长宽比较大等情况，从而引起结构平面不规则和竖向刚度的不均匀变化。设计中除了尽可能通过结构的布置调整刚度和从构造上采取措施以改善结构的抗震性能外，还在首层和地上二层南北两端设置BRB柱间支撑（承载型屈曲约束支撑），用以提高结构抗扭刚度，使其满足规范要求。支撑所在位置平面为设备机房和办公用房区域，不影响建筑使用功能。

中心区结构典型柱网呈等边三角形，边长约为20.8m。主体结构采用现浇预应力混凝土框架结构体系，楼盖结构为单向主次梁楼盖体系。其中斜向菱形网格的框架梁为主梁，采用预应力混凝土梁。设计过程中比选了次梁按菱形网格双向布置、水平单向布置这两种方式，竖向荷载下都能满足要求，且菱形双向布置方案能避免框架柱处的三向梁相交，但按水平单向布置时柱间的横向框架梁对主体结构短向抗侧刚度贡献较大，结构抗扭能力也更好，因此从抗震设计的角度选择次梁水平单向布置方案（图9-5）。

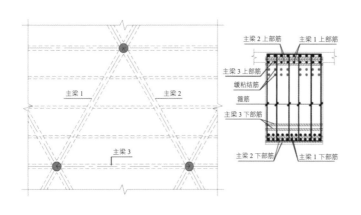

图 9-5 三角形柱网主次梁平面布置示意图　　　　图 9-6 典型梁柱钢筋排布

由于菱形主梁跨度较大且次梁单向布置，大跨梁配筋量很大，为解决三向汇交的梁柱节点钢筋过于密集的问题，采用缓粘结预应力技术。缓粘结预应力筋可分股布设穿越，节点施工处理方便、质量可靠。此外，施工图设计中严格控制柱内配筋数量和钢筋间距，为梁纵筋穿筋预留空间，主楼纵筋排布方式和各层钢筋数量均配合柱子纵筋模数确定（图 9-6 和图 9-7）。

（a）钢管混凝土柱节点 BIM 模型　　　　　（b）钢管混凝土柱节点施工照片

图 9-7　混凝土梁 – 钢管混凝土环梁节点

3. 中心区隔震设计

（1）隔震层位置选择

主楼中心区较大范围存在地下室，地下室层高为 8m，如果隔震层布置在首层楼板底部，需对无地下室区域采用基底隔震，对有地下室区域采用层间隔震。层间隔震范围的悬臂柱高近 7m，地震作用下需要承受隔震支座传来的上部结构水平剪力，截面尺寸需求较大。同时，地下室为设备机房，管线均需输送至上部各层，会造成大量机电管线穿越隔震层，选择首层底作为隔震部位对使用功能影响也较大 [2]。

因此，本工程选择跨层基底隔震，部分隔震层位于首层底板以下，地下室区域隔震层则位于地下室底板以下（图 9-8）。航站楼下部有规划中的地铁盾构穿过（图 9-3），盾构顶距隔震层底板最小约 5m。

（2）跨层隔震设计

对于跨层隔震结构，为让不同标高隔震支座更为同步地工作，设计从下述两方面进行加强：

一是加强局部地下室的水平刚度：首层以上为直径1400mm的钢筋混凝土柱，在地下室部分加大至直径1600mm；结合建筑功能，局部区域布置400mm厚的剪力墙（图9-9）。

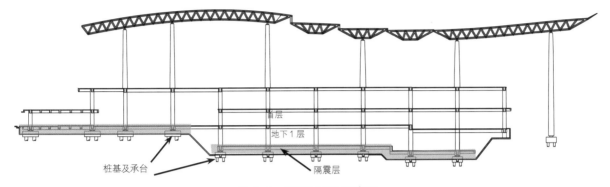

图9-8　隔震层剖面示意图

图9-9　地下室剪力墙布置

二是减小地下室区域的隔震支座刚度，尽可能采用无铅芯的天然橡胶支座，对局部轴力小的柱位置布置弹性滑板支座，减小地震作用下的水平力。

另外，对地下室竖向构件的抗侧刚度及强度提出了更高的性能要求：①地下室的层间位移角设防地震作用下不大于1/1000，罕遇地震作用下不大于1/400；②竖向构件抗剪满足大震弹性，抗弯满足大震不屈服。

采用SAP2000对包含隔震支座的整体结构进行三向输入（1：085：0.65及0.85：1：0.65）下设防地震和罕遇地震时程分析。

设防地震下地下室未加强时，X向、Y向在3条最大响应地震波下错层部位的平均层间位移角分别为1/673、1/721，不满足设计目标不大于1/1000的层间位移角限值要求；错层部位采取上述加强措施后，X向、Y向在3条最大响应地震波下的平均层间位移角分别为1/1592、1/1472，能满足设计目标不大于1/1000的层间位移角限值要求。

罕遇地震下地下室未加强模型X向、Y向在3条最大响应地震波下错层部位的平均层间位移角分别为1/368、1/400，不满足设计目标不大于1/400的层间位移角限值要求；错层部位采取上述加强措施后，X向、Y向在3条最大响应地震波下的平均层间位移角分别为1/777、1/778，能满足设计目标不大于1/400的层间位移角限值要求。

（3）隔震支座布置及隔震效果

主楼中心区隔震设计方案要点如下：①隔震目标为上部结构地震作用降低一度，满足《建筑抗震设计规范》GB 50011—2010（2016年版）[3]隔震相关规定以及《乌鲁木齐建筑隔震技术应用规定（设计部分）》的要求；②隔震层由铅芯橡胶隔震支座、普通橡胶隔震支座、弹性滑板支座组成；③铅芯橡胶隔震支座主要布置在建筑周边，以增强隔震层抵抗偶然偏心的能力；④主要采用直径1100～1500mm的隔震支座。

隔震层共布置隔震支座736个，其中铅芯橡胶支座428个，天然橡胶支座240个，弹性滑板支座68个（图9-10）。隔震层X向和Y向偏心率分别为0.39%、0.59%，均满足规范小于3%的限值要求。布置隔震层之后，结构的第一自振周期从1.89s延长到4.02s。

本工程对隔震层是否设置黏滞阻尼器进行了分析比较，阻尼器对减震系数的改善很小且由于外圈铅芯橡胶支座的比例较高，阻尼器对罕遇地震的位移影响也较小，在结构南北和东西向各设置25套阻尼器后，罕遇地震作用下隔震层最大位移仅减小约5%，从经济性考虑，最终未设置黏滞阻尼器。

在设防烈度地震作用下，设置隔震层的结构X向层间剪力最大减震系数为0.375，Y向层间剪力最大减震系数为0.358，均小于0.4，满足预期降低一度的目标（图9-11）。屋盖层以下的主体结构减震系数平均值为0.2左右。

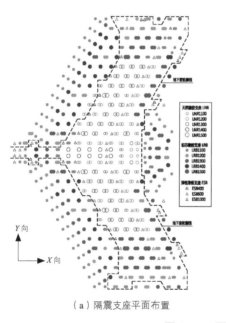

（a）隔震支座平面布置

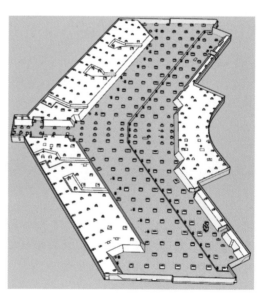

（b）隔震支座高度分布

图9-10 隔震层隔震支座布置示意图

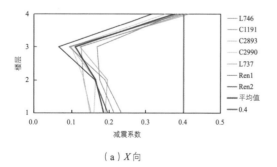

（a）X向

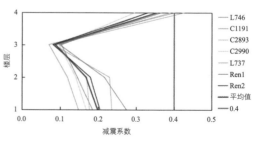

（b）Y向

图9-11 输入地震波作用下的各层减震系数

隔震支座在竖向荷载下的长期面压计算考虑了结构重力荷载代表值的作用，经计算，橡胶支座的最大压应力 11.3MPa，小于规范限值的 12MPa，弹性滑板支座的最大压应力 21.2MPa，小于规范限值的 25MPa。罕遇地震作用下，橡胶支座的最大压应力 18.5MPa，小于规范限值的 30MPa，弹性滑板支座的最大压应力 38.6MPa，小于规范限值的 50MPa；所有隔震支座均未出现拉应力，满足规范规定的隔震支座拉应力小于 1MPa 的要求。

（4）上柔下刚结构隔震特点和设计对策

中心区下部主体结构的周期约 0.72s，钢屋盖结构周期约 1.89s，下部主体结构和屋盖结构的动力特性差别显著，结构刚度比与减震系数关系如表 9-1 所示，为典型的上柔下刚结构。

航站楼中心区结构刚度比与减震系数关系 　　　　　　　　　　　　　　　　表 9-1

下部混凝土结构周期	钢屋盖周期	周期比（上/下）	隔震层周期	下部减震系数	屋盖减震系数
0.72s	1.89s	2.63	4.01s	0.198	0.375

从表 9-1 可知，下部主体结构与屋盖层的减震效果相差较大。在计算中还发现，在某些地震波下，还存在钢屋盖不能满足降一度要求的情况。对类似上柔下刚结构采用隔震设计时，如何确定合适的隔震周期以兼顾下部混凝土结构和屋盖钢结构的减震效果是需要特别关注的问题，不建议强制将较小的屋盖减震系数作为上柔下刚隔震结构设计的主要目标。相关的分析见本书上篇 4.2.5 节 3。

（5）大温差条件下超长隔震结构的支座变形控制

主楼中心区隔震单元总长 518m，项目所在地的 50 年一遇的冬夏月平均最低、最高气温差为 57℃，在结构混凝土收缩及环境温度变化下，隔震支座可能发生的水平变形会比较大。为控制这一变形，结构设计通过采取设置延迟封闭结构后浇带、严格控制后浇带封闭温度等相关的措施，并进行了深入的分析，相关的论述见本书上篇 4.2.5 节 4。

（6）隔震缝的处理

在罕遇地震作用下，隔震缝两侧结构的相对变形达到 530mm，这对隔震缝本身的处理和跨缝的各种管线、设施的处理带来很高的要求，航站楼的功能对隔震缝的处理又有一些特定的要求，相关内容的论述见本书上篇 4.2.5 节 5。

4. 主楼南北三角区局部耗能减震设计

位于中心区南北两侧的国内和国际两个三角区，柱网及楼盖布置与中心区相似，平面尺寸约为 126m×228m，平面和竖向均存在不规则[4]。本节仅介绍国际三角区部分，其平面及整体模型情况如图 9-12 所示。

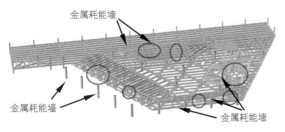

（a）夹层耗能墙位置示意

（b）耗能墙的等代单元模型

图 9-12　国际三角区夹层金属耗能墙布置示意图

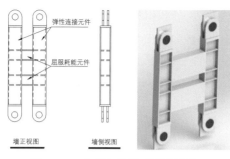

图 9-13　金属耗能墙减震装置单元

国际三角区夹层楼板缺失严重，存在大量的跃层柱，长、短柱数量比约为3：4。地震作用下楼层剪力主要由短柱承担，在罕遇地震作用下，该楼层框架柱、框架梁损伤严重，其余楼层结构的抗震性能均能满足性能目标要求。因此，为了改善该层罕遇地震作用下的抗震性能，采用局部减震设计，在地上三层楼面与夹层楼面之间结合建筑墙体布置金属耗能墙，以起到"保险丝"的作用。由于耗能墙数量相对整体结构竖向构件较少，对整体结构的附加阻尼比增大很小，计算中未作考虑。

金属耗能墙是将软钢作为剪切板，利用其屈服强度低、延性好等优点，与主体结构构件相比，它能更早进入屈服，从而可利用软钢屈服后的累积塑性变形来达到耗散地震能量的效果。本工程金属耗能墙芯板钢材材质为LY160，屈服承载力为200kN，屈服位移仅为1mm。金属耗能墙减震装置单元如图9-13所示。弹性分析时，按刚度和变形等效原则对金属耗能墙采用等效支撑进行等效模拟（图9-12b）。弹塑性分析时，模型中直接建立边缘柱，边缘柱上下定义为铰接，边缘柱之间用一般连接单元相连，一般连接单元选用位移型阻尼器。

弹塑性分析结果显示，不设置耗能墙时，大震作用下夹层的框架柱基本为中度损坏，个别框架柱甚至出现了重度损坏；夹层框架梁基本为中度损坏，部分框架梁支座部位出现了重度损坏甚至严重损坏。设置耗能墙后，大震作用下夹层的框架柱基本为轻度损坏，个别框架柱为中度损坏；夹层框架梁基本为轻度损坏，局部框架梁支座部位为中度损坏，设置耗能墙后罕遇地震作用下夹层构件性能水平如图9-14所示；罕遇地震作用下X向典型耗能墙构件滞回曲线见图9-15。

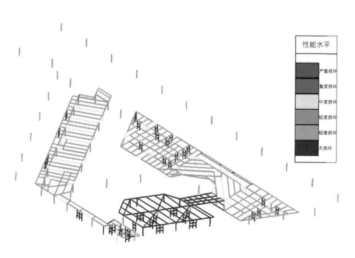

图 9-14　罕遇地震作用下夹层构件性能水平

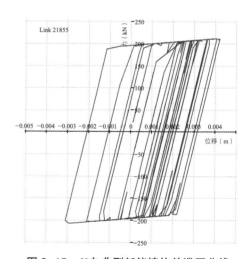

图 9-15　X向典型耗能墙构件滞回曲线

9.4　钢屋盖结构

航站楼以"丝路天山"为主题，打造西域特色人文机场。建筑师从大漠、雪山等地域景观中提取元素，屋面的三个起伏隐喻"天山"，条状的天窗又让人联想到"丝路"，形成了连绵起伏的壮丽景象（图9-16～图9-18）。

图 9-16　屋盖建筑效果图

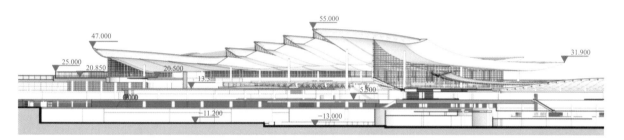

图 9-17　中心区建筑剖面图

1. 条形天窗与悬浮感的屋面

中心区钢屋盖南北长 696m，东西宽 238m，结构表皮与建筑完全对应，南北向（屋盖长方向）为连续光滑的自由曲面，最高点标高约 55m；东西向根据采光需求，局部区域呈高低错落的台阶状用以布置建筑天窗，天窗两侧结构最大高差约 6m（图 9-19）。支承屋盖柱采用变截面的钢管混凝土柱，柱顶与钢屋盖铰接连接。钢屋盖周边向外悬挑 15~25m 不等。中心区钢屋盖采用自由曲面的网格结构体系，在天窗立面布置桁架结构以联系台阶两侧的双层网格结构，桁架的斜腹

图 9-18　钢屋盖结构施工照片

杆采用钢棒按受拉方向布置，直腹杆采用箱形截面并转折延伸至两侧网格的第二个节点，以增强天窗两侧上下错开的屋盖结构间的剪力传递能力（图 9-20）。杆件相交节点以相贯节点为主，柱顶附近双向杆件截面相近处，采用焊接球节点。

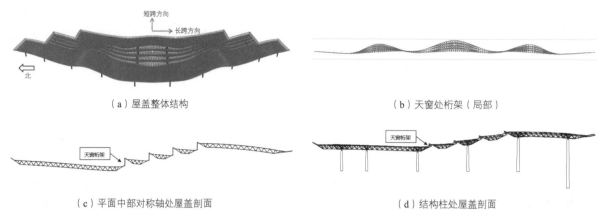

（a）屋盖整体结构　　　　　　　　　　　　　　（b）天窗处桁架（局部）

（c）平面中部对称轴处屋盖剖面　　　　　　　　　（d）结构柱处屋盖剖面

图 9-19　屋盖结构及天窗示意

图 9-20　天窗桁架及其加强处理

机场航站楼结构设计与工程实践

图 9-21　悬浮感的屋盖完成状态

为突出丝路蜿蜒连续的建筑效果，建筑师希望每两排柱间设置两条侧天窗，如图 9-19（d）所示。该方向柱距为 42m，跨度虽然不大，但钢屋盖被天窗桁架分成五条，其中第二、第四条屋盖下部无结构柱直接支撑，产生了中间一条屋盖脱离于整体屋盖结构而悬浮存在的视觉效果（图 9-21）。由图 9-22（a）可见，在横向柱间设置横向桁架就能承载侧窗桁架的竖向荷载，基于本工程侧天窗的立面为三个首尾相接的月牙形、首尾间存在一定的闭合段这一特点，横向桁架有机会藏在天窗闭合段范围而不打断条状屋盖的连续性。按这个思路，与建筑师协商调整侧天窗立面形状与柱位的关系，侧天窗长度尽可能控制在一个大跨柱距内，从而形成了柱间天窗结构方案。对于横向桁架无法隐藏的部位，则通过局部的实腹化加强，尽可能弱化其对条状屋盖连续性的干扰。调整后建筑效果如图 9-22（b）所示。天窗桁架完成效果如图 9-23 所示。

（a）天窗长度调整前

（b）天窗长度调整后

图 9-22　天窗立面形状的优化

| （a）室外 | （b）室内 |

图9-23 天窗桁架完成效果

2. 钢屋盖跨越隔震区与非隔震区的对策

航站楼中心区屋盖为完整的自由曲面，考虑到屋盖的整体性以及建筑效果的完整性，整个屋盖设计为一个独立的结构单元。下部混凝土结构基于隔震区段长度、结构规则性、整体扭转影响等因素，中心区510m宽度为隔震单元，两侧的三角区为非隔震单元。屋盖绝大多数面积均支撑在下部中心区隔震单元，因而其变形跟随隔震区，与非隔震区的三角区单元在地震下将存在很大的变形差。为协调这一水平变形差，在非隔震区范围内支承屋盖的柱的上下端均采用铰接处理，形成摇摆柱。

根据罕遇地震作用下的弹塑性分析结果，摇摆柱顶的最大变形为750mm，三角区在摇摆柱底位置处按层间位移角1/50考虑最大变形为180mm，摇摆柱顶和柱底的最大水平位移差为930mm，变形示意如图9-24（a）所示。在此水平位移差下，屋盖会产生一定的竖向位移，从而在屋盖内产生附加的内力。通过在摇摆柱底部施加水平强制位移，进行考虑大变形几何非线性分析，得到结构变形和内力（图9-24b、c）。可见，摇摆柱顶底位移差引起屋盖局部内力很小，但支座设计时需预留足够的转动能力。

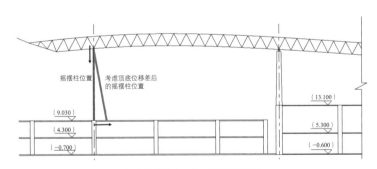

（a）摇摆柱存在顶底位移差示意

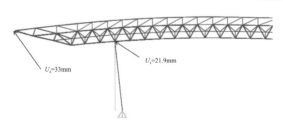

（b）柱底强制竖向位移工况下结构的变形

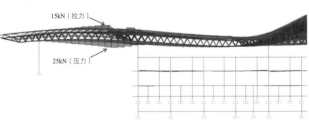

（c）柱底强制位移工况下结构的轴力

图9-24 屋盖跨隔震区影响分析

图 9-25 跨隔震区屋盖下的悬臂幕墙

对于三角区的幕墙，底端与非隔震楼面相连，顶端与隔震屋面相连，也存在消化这一变形的问题。我们选择了幕墙竖杆位移整体跟随楼面的竖向抗风结构体系：竖杆为空间格构形，下部铰接于楼面，中部通过水平支撑杆连接于三角区上层楼板，上部悬挑，与屋盖可伸缩连接（图 9-25）。

3. 积雪荷载下特殊造型屋盖的安全性分析

乌鲁木齐地区冬季降雪量大且风荷载较大，雪荷载是其结构设计的控制荷载之一。在风荷载作用下，雪颗粒在屋面将发生迁移，根据现行的荷载规范很难确定大型复杂屋盖表面的雪压分布，因此，委托同济大学土木工程防灾国家重点实验室采用 CFD 技术进行数值模拟，考虑屋盖外形及风荷载对雪颗粒的漂移影响，分析主要风向下屋盖表面雪荷载的分布规律，并得出可用于结构设计的雪荷载分布[5]，屋面积雪分布系数如图 9-26 所示。

由于本工程屋盖造型特殊、雪荷载分布情况复杂，且侧天窗对整体结构竖向荷载传力有一定影响，因此进行钢屋盖结构非线性稳定极限承载能力分析，考虑了几何非线性和材料非线性，荷载组合采用恒载 + 雪荷载的标准组合。考虑初始缺陷后结构的极限荷载因子不小于 2.5，在 3.0 倍荷载标准组合下进入塑性的杆件仍较少，侧天窗及邻近区域没有成为薄弱部位，塑性区域主要集中在悬挑根部和边跨跨中的少量部位（约 20 根构件），屋盖结构的破坏形式为局部构件首先失效，后逐步向外扩散使得局部区域破坏，但整体结构的承载能力可以继续增加。

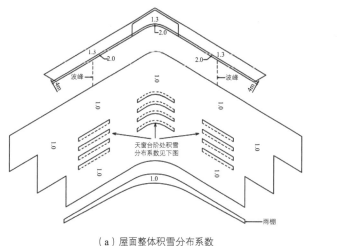

（a）屋面整体积雪分布系数

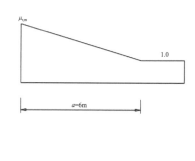

（b）天窗台阶处积雪分布系数

图 9-26 雪荷载均匀分布时屋面积雪分布系数

注：侧天窗台阶高度 h 不小于 1.6m 时，临近天窗处最大积雪系数 $\mu_{r,m}$=4.0；天窗台阶高度 h 小于 1.6m 时，临近天窗处最大积雪系数 $\mu_{r,m}$=2.5×h/1.6，且不小于 1.0。图（b）中 a 为侧天窗积雪线性变化范围的宽度。

9.5　基于风险评估的防恐防爆结构分析

大型机场作为国家的生命线工程，人员密集，功能关键，可能成为恐怖袭击的目标。本工程进

机场航站楼结构设计与工程实践

行了大型航站楼防恐专项研究和设计，包括：航站楼与陆侧核心区内的重要设施及区域风险源识别和风险评估、防恐安全规划、重要结构柱以及玻璃幕墙抗爆分析及防护设计等，具体见本书上篇第 9.2 节。

参考文献

[1] 束伟农，朱忠义，卜龙瑰，等. 机场航站楼结构隔震设计研究与应用 [J]. 建筑结构，2019，49（18）: 5-12.

[2] 日本建筑学会. 隔震结构设计 [M]. 刘文光，译. 北京: 地震出版社，2006.

[3] 住房和城乡建设部. 建筑抗震设计规范: GB 50011—2010（2016 年版）[S]. 北京: 中国建筑工业出版社，2010.

[4] 华东建筑设计研究院有限公司. 乌鲁木齐国际机场北区改扩建工程（航站区工程）航站楼超限建筑结构抗震设防专项论证报告 [R]. 2017.

[5] 同济大学土木工程防灾国家重点实验室. 乌鲁木齐国际机场北区改扩建工程风、雪荷载研究 [R]. 2017.

案例九 乌鲁木齐地窝堡国际机场 T4 航站楼

案例十 | 呼和浩特新机场航站楼

10.1　工程概况　　　　　　　　　　　　　　　　393

10.2　地基基础及地下结构　　　　　　　　　　　394

10.3　主楼中心区主体结构　　　　　　　　　　　395

10.4　钢屋盖结构　　　　　　　　　　　　　　　396

项目地点　　　呼和浩特市和林格尔县
建设单位　　　呼和浩特机场建设管理投资有限责任公司
旅客规模　　　2800 万人次 / 年
建筑面积　　　32 万 m² (航站楼) +15 万 m² (交通中心)
抗震设防烈度　8 度
基本风压　　　0.60kN/m² (50 年)
设计时间　　　2013 年 11 月起
竣工时间　　　2024 年 4 月 (计划)
设计单位　　　华东建筑设计研究院有限公司　原创

10.1　工程概况

呼和浩特新机场航站区工程总体包括 T1 航站楼、交通换乘中心、停车楼、南北旅客过夜用房及预留地下轨交结构等 (图 10-1)。其中航站楼包含一个集中的中央处理主楼和四条位于角部的延伸指廊,地下一层、地上四层 (含夹层),自上而下分别是出发商业夹层、值机大厅及国际出发大厅、国内混流及国际到达层、国际到达检查区及国际国内行李提取厅、设备机房及公共沟 (图 10-2 ~ 图 10-4)。

航站楼中心区平面呈不规则四边形状,结构尺寸约为 280m×495m,最大建筑高度为 44m,主体结构为钢筋混凝土框架结构,设置部分屈曲约束支撑;航站楼主楼屋盖造型为双向自由曲面,总体呈中部高周边低趋势,建筑屋盖设置了贯通高侧窗,将屋盖分为高低屋盖。

本工程结构设计使用年限 50 年,抗震设防类别重点设防类 (乙类建筑)。抗震设防烈度八度,设计地震分组第二组,场地类别Ⅲ类,设计基本地震加速度 0.21g。

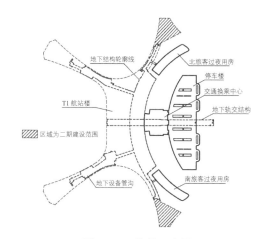

图 10-1　总体示意图

图 10-2　航站楼效果图

图 10-3　航站楼正立面图 (红色示意地下轨交预留结构)

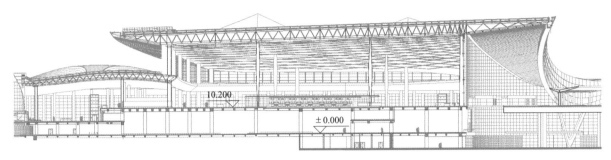

图 10-4 航站楼建筑剖面图

10.2 地基基础及地下结构

1. 场地地质情况

拟建场地现状主要为农田，局部有水井和坟地，地形平坦。抗浮设防水位按绝对标高1032.000m（相对标高为 −1.600m）确定，拟建场地土的标准冻结深度为 1.6m。场地内湿陷性黄土湿陷等级为"轻微"，浅层土地基湿陷等级为 Ⅰ 级（轻微）。相关土层埋深较浅，厚度较小，当采用桩基或基础埋深较深时，这部分土对主体结构基础承载力影响不大。

部分粉土②层、粉砂②₂层、粉土③层、粉砂③₂层存在液化特性，液化指数为 0.13 ~ 17.82，液化等级为轻微至中等，最大液化深度为 11.4m。其中中等液化范围占总面积比例不足 15%，且大部分均为浅层土液化。

浅层老土主要为②层粉土层，其地基承载力特征值为 160kPa。根据地勘报告建议，航站楼建议采用桩基，以⑧₂层或⑨层粉土作为桩基持力层，持力层深度约 45m，该深度范围内各土层的桩极限侧阻标准值为 45 ~ 70kPa，⑧₂层、⑨层粉土层桩极限端阻力标准值分别为 1100kPa、1200kPa。

2. 基础设计

航站楼结构柱距较大，局部位置承担的荷载较大。基础采用钻孔灌注桩基础加独立承台的形式，承台双向设基础梁拉结，以提高基础的整体性。桩端持力层为⑧层黏土层，采用桩端后注浆工艺。指廊区域采用 φ800mm 基桩，桩长 45m，液化区与非液化区的单桩承载力特征值分别取 3100kN 和4400kN；主楼范围主要采用 φ800mm 基桩，局部柱下所需承载力较大时，采用了 φ1000mm 基桩，桩长 45m，液化区与非液化区的单桩承载力特征值分别取 4200kN 和 6000kN。有地下室区域底板典型厚度 700mm；无地下室区域柱底采用桩基承台，承台面标高为 −1.900 ~ −4.900m，承台厚度1000 ~ 3800mm。

设计对液化土范围内的桩身进行配筋加强，并对相应范围的侧摩阻力进行了折减。

本项目首层设置了梁板结构，首层基础梁底至承台顶标高距离较近，设计通过对首层框架梁两端设置梁腋的方式，加强首层梁与承台的连接，使得首层梁可兼作基础连系梁。

3. 单侧开敞地下室结构设计

如图 10-5（a）所示，阴影范围为航站楼地下一层转换大厅及地下管沟，转换大厅区域内的底板面标高约为 −6.150m，阴影范围外无地下室。航站楼下方（东侧）底板与交通中心连成一体、首层结构设缝脱开，从而形成单侧开敞的地下室。航站楼主体混凝土结构计算时，计算模型嵌固在对应位置的基底标高，即有地下一层范围计算模型嵌固在 −6.150m，无地下一层范围嵌固在承台面，结构设计在地下室内尽可能多地设置了剪力墙，以确保楼层水平力有效传递到基础顶面（图 10-5b）。

整体计算结果表明，计算模型嵌固在基底时，由于双向设置的混凝土剪力墙具有很大的抗侧刚度，地下一层 X 向、Y 向在地震作用下的位移均很小，X 向地震作用下约为 0.6mm，Y 向地震作用下约为 0.45mm，层间位移角约为 1/10000，且首层各节点位移基本一致。因此，单侧开敞的地下室具有较大的刚度，可以作为上部结构嵌固端，在屋盖结构计算分析以及大震动力弹塑性分析中，为简化计算，整体模型未计入地下室部分。

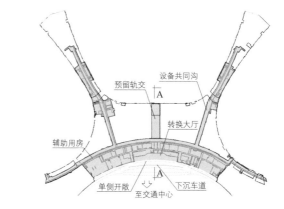

（a）单侧开敞地下室平面图（红色表示混凝土剪力墙）

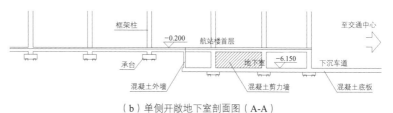

（b）单侧开敞地下室剖面图（A-A）

图 10-5　单侧开敞地下室

4. 轨交预留结构

航站楼中心区下部有规划的地铁和城铁通道穿过（图 10-6），即 -6.150m 标高以下为地铁预留通道，航站楼少量框架柱通过转换梁支撑于地铁通道顶部；航站楼首层与地铁通道之间采用混凝土空腔全封闭，避免回填土对地铁通道顶部产生过大的附加荷载。下部轨交结构与航站楼主体结构连为整体，本次统一实施，未来通过在轨道与土建结构之间设置浮置道床以降低轮轨激励对主体建筑的振动影响。

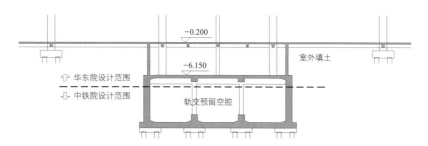

图 10-6　地铁与航站楼关系图

10.3　主楼中心区主体结构

1. 主体结构体系

航站楼采用一个紧凑的主楼加四指廊的构型，建筑整体平面尺寸大且不规则，结构通过防震缝将其分为 9 个相对规则的结构单体（图 10-7），缝宽 150mm。

主楼典型柱网为正方形或长方形布置，典型柱网有 18m×18m 和 18m×9m 两种布置。主体结构采用现浇钢筋混凝土框架结构体系，楼盖结构为现浇钢筋混凝土主次梁楼盖体系。

由于建筑功能的需要，航站楼主楼存在不同程度的楼板缺失、局部转换、平面长宽比较大等情况，从而引起结构平面不规则和竖向刚度的不均匀变化。设计除了尽可能通过结构的布置调整刚度

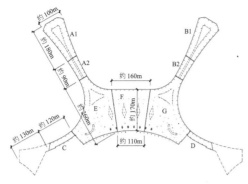

图 10-7　主体结构单元划分示意图

和从构造上采取措施以改善结构的抗震性能外，还在首层和二层设置了屈曲约束支撑，以提高结构抗扭刚度和结构整体抗震性能。

主楼楼面使用活载较大，且两个方向的平面尺寸均较大，结构设计对大跨度框架梁采用缓粘结预应力技术，以增强其抗裂能力，尽可能减小梁高，利于布置设备管道及增加建筑净高。局部位置还通过设置钢骨或采取钢梁等截面形式，以满足建筑净高控制的特殊要求。

对尺寸较大的楼板，设置了板内无粘结预应力筋，以抵消温度应变的影响。

2. 高烈度区的减隔震设计

本项目为位于高烈度设防区重点设防类建筑。住房和城乡建设部于 2014 年 2 月 21 日发布了《关于房屋建筑工程推广应用减隔震技术的若干意见（暂行）》后，全国多地也发出关于积极推进建筑工程减隔震技术应用的通知，对重点设防类的建筑，建议优先采用减隔震技术。

本项目除地下设备共同沟以外，地下室空间范围较小，如采用隔震技术，为避免对上部建筑功能的影响，需增设完整的隔震层，整体代价很大。减震设计则需要在上部建筑空间内设置黏滞阻尼器或屈曲约束支撑，虽然会对建筑使用空间及效果、机电管线等布置有一定影响，但通过各专业之间合理配合，上述影响可以控制在可接受范围。因此，本次航站区结构设计采取了减震设计。综合考虑上部建筑、结构特点，航站楼采用了设置屈曲约束支撑（BRB）的减震设计方案，屈曲约束支撑除了在中、大震下首先发生屈曲耗能，起到"保险丝"的作用外，还可以提供侧向刚度，有利于调整结构整体刚度及扭转性能等。

大震弹塑性计算结果表明，罕遇地震下，90% 以上的 BRB 进入屈服耗能，但耗能占比有限，本工程主体结构自身的非线性耗能所占比例较大。如图 10-8 所示，在 X、Y 两个主作用方向，主体结构非线性耗能分别为 60.22% 和 34.13%，BRB 非线性耗能占比分别为 11.61%、5.94%。

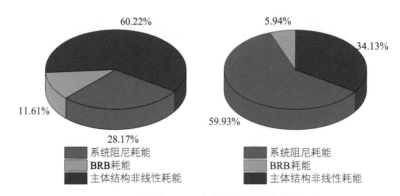

图 10-8　地震波 X、Y 主方向作用下能量耗散图

10.4　钢屋盖结构

1. 建筑意向与基本结构体系

屋盖建筑造型采用中间高两侧低的自由曲面，契合当地文脉寓意为"雕花马鞍"，同时主楼正立面下挂的铝板幕墙形似飘带，寓意为"吉祥哈达"（图 10-9）。

（a）造型效果

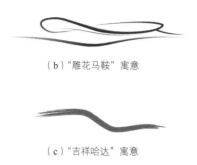

（b）"雕花马鞍"寓意

（c）"吉祥哈达"寓意

图 10-9　屋盖建筑造型寓意

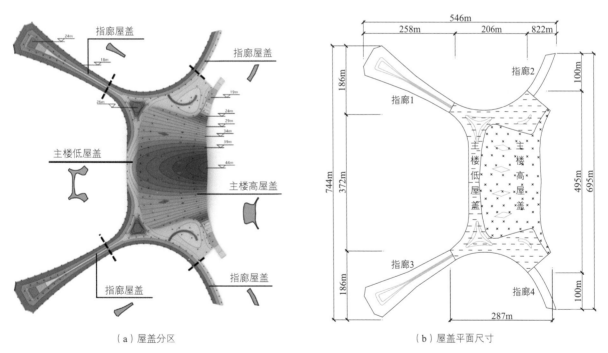

　　根据外观形态，航站楼屋盖可分为主楼高屋盖、主楼低屋盖和指廊屋盖三部分，其中主楼高、低屋盖通过竖向侧窗连接为一个整体结构单元，主楼屋盖和四条指廊的屋盖分别设缝断开（图 10-10a）。屋盖南北长约 495m，东西宽约 287m，屋面最高点标高约 44m，主楼高屋盖周边向外悬挑 10 ~ 36m 不等（图 10-10b）。

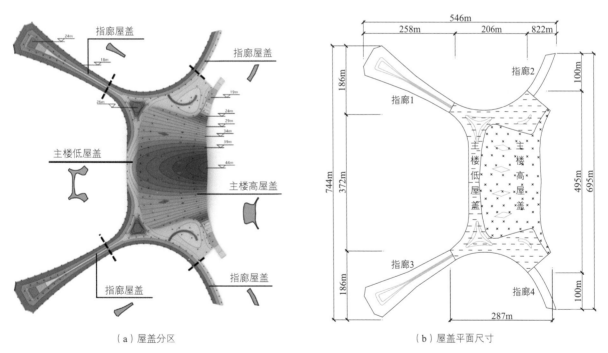

（a）屋盖分区

（b）屋盖平面尺寸

图 10-10　屋盖分区与标高平面示意图

　　主楼高屋盖室内设计中参考了蒙古包的建筑样式，并从中抽象化出菱形网格、拉索、天窗等元素。基于扇形布置的下部结构基本柱网，沿环向的轴网以斐波那契数列进行细分从而形成菱形网格的屋盖肌理，天窗和吊顶嵌入菱形网格之间，结构契合建筑肌理采用交叉布置的平面桁架体系，勾勒出网格的边界（图 10-11）。通过在 Grasshopper 中将结构构件生成逻辑与建筑吊顶生成逻辑"链接"，完成结构建模与建筑建模的实时互动。

结合下部结构布置，支撑屋盖的柱网采用了径向 36m+45m+36m、环向 58～64m 的中等尺度，南侧悬挑 36m 的跨度成为控制结构高度的关键位置（图 10-12）。结构设计中结合"哈达"建筑造型，在南侧立面位置设置了拱形的桁架，通过在两端设置 V 形落地柱，使之具有一定的拱作用，分担悬挑的负担，从而控制悬挑桁架的截面高度（图 10-13）。

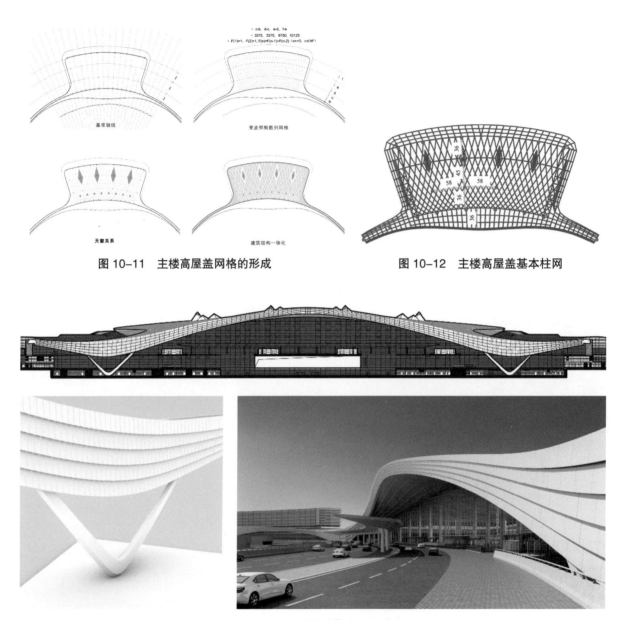

图 10-11　主楼高屋盖网格的形成　　　　图 10-12　主楼高屋盖基本柱网

图 10-13　立面"哈达"结构示意图

2. 柱顶天窗的处理

设于柱顶位置的 4 个菱形天窗是本工程室内空间表达的焦点，建筑师考虑采用 ETFE 气枕来实现最大程度的通透，因而也希望把柱顶位置的结构杆件做到最小以表现举重若轻的效果。常规受力条件下，柱顶桁架连续处的弯矩是最大的，截面需求也最大；如果将桁架在柱顶断开分别与柱铰接，可以一定程度减小连接处的截面尺寸，但离开节点处又需要加大截面。最终选择了斜拉索悬吊屋盖结构的做法，通过将柱顶抬高伸出屋面形成"桅杆"，每根"桅杆"下设 12 根拉索吊住屋面结构，彻底释放柱顶天窗范围的弯矩。放射状布置的拉索与 ETFE 气枕结合，实现天窗结构的极致通透（图 10-14）。

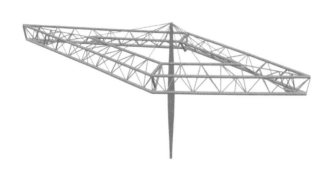

（a）桅杆斜拉天窗周边桁架结构示意图

（b）通透的天窗效果

图 10-14　斜拉索悬吊屋盖图

　　下挂拉索的 4 个柱子直接暴露在天窗直射的光线之下，自然也成为旅客视线的焦点，它们的外观效果直接关系到室内空间的整体效果。如果采用常规的下刚上铰的柱型，柱顶超出屋面的超长柱水平力下会承受很大的弯矩底部截面需求很大，同时斜拉索端能给屋面提供的水平刚度很有限。因此我们选择了两端铰接、只承受竖向荷载的摇摆柱，柱身采用更为纤细的梭形截面，在天窗的光影下具有强烈的表现力。最终采用的柱截面为上下两端直径 600mm、中部最大处直径 1500mm。除 4 个菱形天窗对应位置的柱以外，中部的另外四根柱也同样采用了两端铰接的梭形柱以作为室内表达的一部分（图 10-15）。

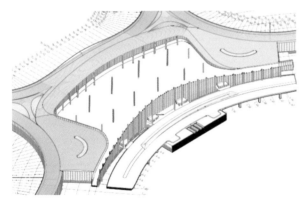

图 10-15　梭形柱（红）与加密柱（蓝）位置

图 10-16　柱顶天窗突出屋面效果

　　这些摇摆柱牺牲了的抗侧能力，需要由其他的柱来分担。设计中结合建筑功能对南北两侧的底端刚接、顶部铰接锥形钢柱进行了加密，钢柱间距由 36m 加密为 18m（图 10-15）；同时设计中结合屋面菱形肌理，在桁架上弦设置系杆使屋面形成三角形，以增大屋盖平面刚度，确保屋架水平力有效传递给周边柱。

　　图 10-16 是柱顶天窗突出屋面的效果，蒙古包的寓意最终在屋面外形上也有了展示。

3. 结构稳定性分析[1]

　　屋盖结构总体为较为平坦的空间网格结构，以受弯为主，主要为承载力控制，整体稳定问题不

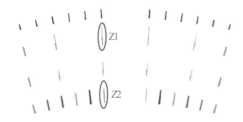

突出，因此选取南侧的拱形桁架进行整体稳定分析。另外还对长细比最大的梭形柱 Z1 和锥形柱 Z2 进行了整体稳定分析（图 10-17）。

屋面桁架对柱的稳定性与侧向变形有一定的约束作用，因此需在结构整体模型中体现柱的作用。由于低屋面的抗侧刚度大，对提高高屋面柱的稳定起有利作用，因此分析时偏安全不考虑此有利作用。在拱桁架、Z1 与 Z2 分析时，仅取高屋面模型。

计算利用通用有限元软件进行了整体非线性稳定分析，分析中考虑了几何非线性、材料弹塑性及初始几何缺陷。考虑"1.0 恒 +1.0 活"荷载组合作用。

经计算梭形柱 Z1 由整体失稳控制，在达到强度极限值前已经失稳，稳定极限荷载系数为 2.72（图 10-18）；锥形柱 Z2 在达到临界荷载之前柱子已经进入塑性状态，由强度破坏控制，稳定极限荷载系数为 6.74（图 10-19）；拱桁架第一阶与第二阶屈曲模态为拱桁架两端底部与格构支座的整体面外失稳，稳定极限荷载系数为 4.16（图 10-20）。三者都满足规范大于 2.0 的要求。

机场航站楼结构设计与工程实践

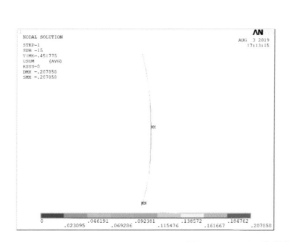

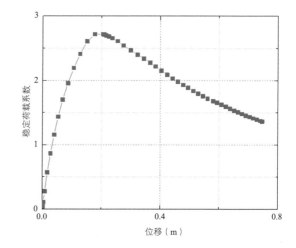

图 10-18　Z1 失稳模态与荷载 – 位移曲线

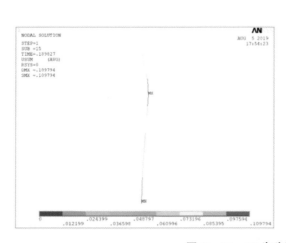

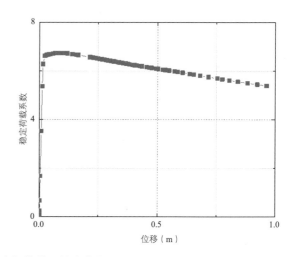

图 10-19　Z2 失稳模态与荷载 – 位移曲线

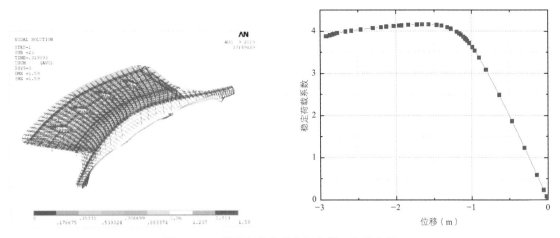

图 10-20　拱桁架失稳模态与荷载 – 位移曲线

4. 防连续倒塌分析[1]

考虑屋盖重要性对其进行抗连续倒塌分析,分析时采用 ABAQUS 程序瞬态动力时程分析方法进行计算,充分考虑关键杆件失效后结构状态改变的惯性效应,初始荷载状态为:1.0 恒 +1.0 活。根据竖向构件的支撑跨度、受荷大小以及失效后引起倒塌可能性的大小,针对低屋盖、高屋盖中靠近车道入口的五根柱,以及顶部天窗受力最大钢拉索,分别进行防连续倒塌模拟分析(图 10-21)。

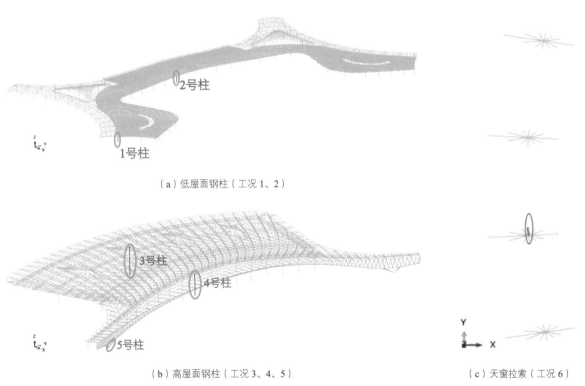

(a)低屋面钢柱(工况 1、2)

(b)高屋面钢柱(工况 3、4、5)　　　　　　　(c)天窗拉索(工况 6)

图 10-21　失效构件位置示意图

分析结果显示，在各柱失效工况下，屋盖均未出现严重发散增大的变形。进入塑性的杆件仅发生在失效柱或失效拉索附近一定区域范围内，绝大部分杆件保持弹性，钢柱全部保持弹性。工况 1 和工况 5 结构基本完好；工况 2 和工况 3 结构局部失效；工况 4 和工况 6 结构局部中度破坏；说明本结构冗余度较高，出现杆件偶然失效的情况下仍具有较高的承载能力，不会发生连续性倒塌。

参考文献

[1] 周健，丁生根，李彦鹏，等 . 呼和浩特新机场项目航站区工程 T1 航站楼系列工程超限高层建筑结构抗震设计可行性论证报告 [R]. 上海：华东建筑设计研究院有限公司，2019.

机场航站楼结构设计与工程实践

案例十一 | 合肥新桥国际机场 T2 航站楼

1.1	工程概况	405
11.2	地基基础与地下结构	406
11.3	航站楼主体结构	408
11.4	航站楼钢屋盖结构	410
11.5	屋盖钢结构的抗火分析与设计	412
11.6	考虑行波效应的多点激励地震分析	415

项目地点	合肥市肥西县
建设单位	合肥新桥国际机场有限公司
旅客规模	4000 万人次 / 年
建筑面积	35 万 m^2（航站楼），17.5 万 m^2（交通中心）
抗震设防烈度	7 度（0.10g）
基本风压	0.35kN/m^2（50 年）
设计时间	2020 年 4 月起
投运时间	2026 年 3 月（计划）
设计单位	华东建筑设计研究院有限公司　原创

11.1　工程概况

新建合肥新桥机场航站区工程包含 T2 航站楼、交通中心和动力中心等单体。T2 航站楼含一个主楼、左右两条横指廊以及三条竖指廊。东西总长约 1380m，最大宽度约 420m，其中主楼面宽约 478m，进深约 267m，地上 3 层，地下局部一层，结构屋面最高约为 42.000m。主楼和指廊均采用混合结构体系，下部则为钢筋混凝土结构，14.000m 标高楼面以上采用大跨钢结构屋盖。交通中心 GTC 工程东西总长约 730m，最大宽度约 270m，地下包括换乘中心、地下停车库、地铁 S1 线站、合新六城际线高铁站厅，地上有交通中心上盖商业和旅客过夜用房。高铁站台层位于交通中心地下三层以下，与地下车库、地铁呈斜交关系（图 11-1）。GTC 与 T2 航站楼之间设有地下人行通道、地下行李通道、地上人行连廊相连。T2 航站楼效果图及剖面图见图 11-2 和图 11-3。

本工程建筑抗震重要性分类为乙类，抗震设防烈度为 7 度，设计地震分组为第一组，场地土为 II 类场地土，特征周期 T_g=0.35s。

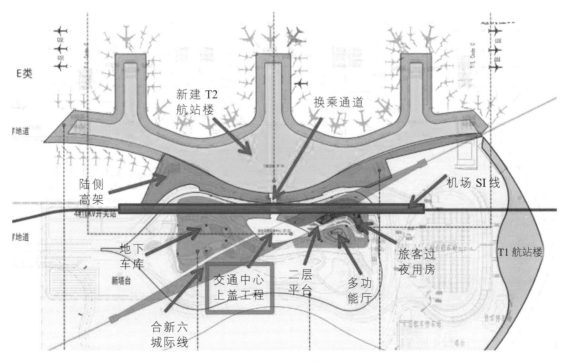

图 11-1　新建航站区工程

图 11-2　合肥机场 T2 航站楼鸟瞰效果图

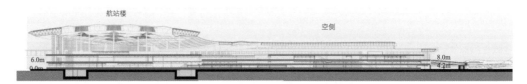

图 11-3　合肥机场 T2 航站楼横剖面图

11.2　地基基础与地下结构

1. 地质条件

拟建场地属于江淮波状平原地貌单元，场地起伏较大，标高在 50.620 ~ 63.610m 范围内。地基土自上而下为：①层素填土、①₁层粉质黏土、②层黏土层、③层黏土、④层全风化泥质砂岩、⑤层强风化泥质砂岩、⑥层中风化泥质砂岩，场地地下水位埋深为 1.00 ~ 2.60m。⑥层为较完整极软岩，可作为桩基持力层。

2. 基础设计

航站楼采用桩基 - 承台基础。桩型选用直径 700mm 钻孔灌注桩，后注浆工艺，桩端持力层为⑥层中风化泥质砂岩，桩长约 20 ~ 32m，竖向抗压承载力特征值为 4000kN，抗拔承载力为 1500kN。由于场地起伏较大，部分位置有最厚约 10m 的填土（图 11-4a），对回填超过 5m 的位置及其影响区域，桩基入岩深度由 3m 增加至 10m 以抵消负摩阻力对桩基承载力的影响（图 11-4b）。对低标高区域，土方回填至基础底标高后开始打桩、基础承台施工，然后继续回填至地面。

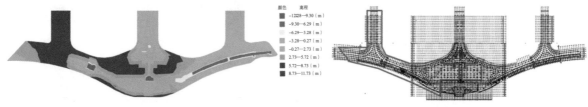

（a）现状及开挖后共同沟底距完成地面深度　　　　　（b）考虑负摩阻力桩基范围

图 11-4　负摩阻对桩基的影响

交通中心地下分别有深度三层、二层和一层的区域，建筑标高分别为 −15.320m、−11.320m 和 −7.320m（图 11-5），采用桩 - 筏基础，桩基均主要由抗浮控制。底板基本位于②层、③层黏土层，天然地基承载力特征值为 220kPa 及 280kPa，可满足大部分停车库基础的需求，因此经方案比选，地下三层的纯地库采用了较为经济的天然基础 + 缓粘结预应力抗拔锚杆方案，锚杆直径 D250mm，预估抗拔承载力特征值 600kN，锚杆长度不大于 15m。对沉降量和沉降差控制更为严格的地铁区域，抗拔采用 700m 的钻孔灌注桩，入岩深度约 4m，抗拔承载力特征值为 1500kN。对于地下二层以上有 8 层过夜用房的区域，抗压为控制工况，也采用直径 700mm 桩端后注浆钻孔灌注桩，抗压承载力特征值为 4000kN。位于交通中心以下的高铁站台层基础标高约 −27.750m，基础由铁四院设计，采用了直径 1000mm 的钻孔灌注桩。

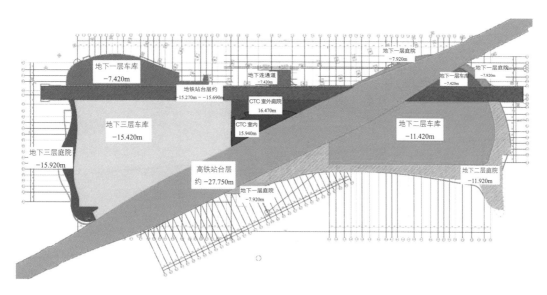

图 11-5　交通中心基础标高图

3. 交通中心地下结构设计

交通中心地下结构东西总长约 730m，地下一层及以下均不设缝，通过设置温度预应力钢筋、施工后浇带、添加混凝土收缩补偿材料等方式降低收缩和温度应力，减小开裂风险。

为提高地下空间通风和采光效果，交通中心周边设置了不同深度的下沉式庭院，与地下室外墙相连的周边楼板大量缺失，结构设计通过分级调整庭院深度和设置斜撑的方式，减小外墙的受力需求（图 11-6a）。由于各处庭院的深度不同，地下结构两侧承受的水土压力也无法通过同一楼层

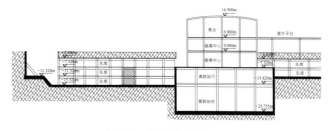

（a）深层庭院外墙的抗侧设计

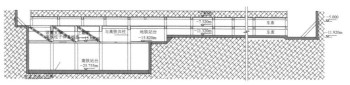

（b）不同深度庭院的侧压力平衡

图 11-6　交通中心地下水平力传递示意图

结构平衡，结构在各楼层楼、电梯间及部分机房分隔位置增设混凝土墙，并在靠近外墙的室内设置斜撑，将上层的不平衡水平力传递至下层完整楼板进行平衡（图 11-6）。

交通中心 2 层的上盖商业和 8 层的旅客过夜用房分别在 −7.320m 标高的高铁站顶板和 −2.500m 的地下结构顶板转换，其中过夜用房采用了竖向隔振设计以缓解高铁通行引起的振动对旅客舒适度的影响，放置钢弹簧隔振支座的隔振层设在 −2.500m 和 ±0.000m 之间。

11.3　航站楼主体结构

1. 结构分缝

下部混凝土主体结构通过防震缝分为 12 个结构单体，最大单体约 200m×270m（图 11-7a）。主楼屋盖采用一个整体单元覆盖 3 个混凝土单元，指廊屋盖分缝同下部混凝土结构（图 11-7b）。主楼混凝土单元典型柱网为 18m×18m。

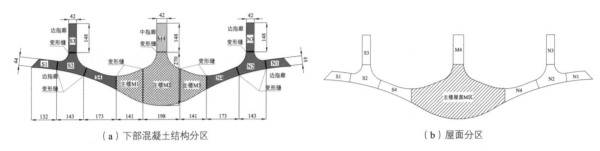

（a）下部混凝土结构分区　　　　　　　　　（b）屋面分区

图 11-7　航站楼结构单元划分

2. 消能减震设计

本工程位于 7 度抗震设防区，根据当地抗震管理部门的要求，重点设防类建筑小震地震作用下需提高一档进行取值，中大震下仍旧按规范 7 度参数。为加强结构抗震性能，考虑采用消能减震技术。方案确定过程中对纯位移型方案（BRB）、纯速度型方案（VFD）、BRB 与 VFD 混合方案进行了比选。减震装置的布置位置基于建筑约束条件并结合结构概念确定，三个方案布置位置相同（图 11-8），减震装置总数量均为 152 个，其中混合方案为 116 个 VDF +36 个 BRB。

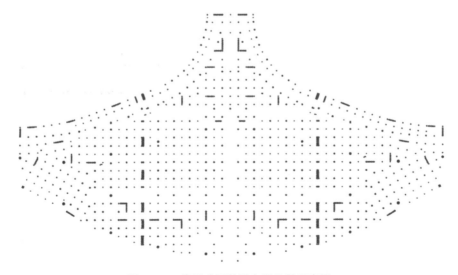

图 11-8　首层减震装置布置位置示意图

采用五条天然波和两条人工波，进行罕遇地震下弹性（减震装置按非线性）时程分析，结果显示减震后与减震前的层间位移角比值为纯速度型最小、纯位移型最大（图11-9a），附加阻尼比纯速度型最大、纯位移型最小（图11-9b）。需要说明的是，此处减震前的结构考虑了BRB作为普通支撑的刚度贡献。

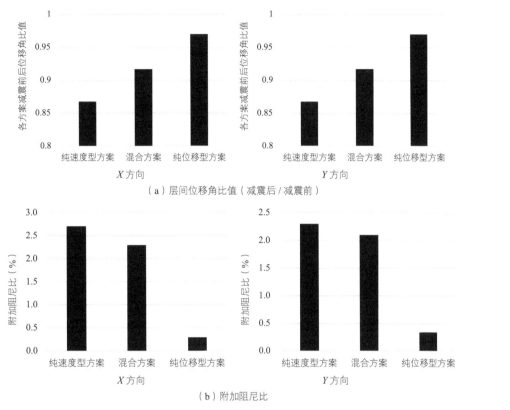

（a）层间位移角比值（减震后/减震前）

（b）附加阻尼比

图11-9 减震方案比较

由于主楼本身抗侧刚度较大，小震下在不设减震装置的情况下层间位移角已经满足规范要求，位移比基本可控制在1.3以下，可以不需要BRB增强刚度和调节扭转。由于罕遇地震的地震参数不需要额外放大，因此也较容易满足设防目标。速度型阻尼器可以在不增加结构刚度的情况下减小地震力，并能一定程度上减小楼面加速度，从而对吊顶及一些重要设备起到保护作用，因此本工程主楼选择了纯速度型阻尼器的减震方案。

本项目主楼黏滞阻尼器主要布置在非公共区域，同时结合墙体布置情况及功能用房的使用限制条件，采取以下三种布置形式：

（1）对于阻尼器可不设在建筑墙体内的情况，根据柱间高宽比情况、机电管线布设要求及人行要求，灵活选用单斜撑式、人字式或V字式；

（2）对于阻尼器必须封闭在墙内的情况，采用悬臂墙式布置方式，以方便后续封闭及检修；

（3）位于行李机房内的阻尼器，为让出行李车行空间，采用套索式。

受建筑布置的限制，阻尼器在底层布置相对较多，二层次之，二层以上为大空间无条件布置。这一不均匀布置对各层的减震作用带来明显的影响，时程反应分析结果显示底层和二层的减震效果（层剪力、层间位移角）接近且较明显，对屋盖层的减震效果很小，而用统一附加阻尼比的反应谱分析显然不能反映这一真实情况，具体分析见本书上篇第4.2.4小节。

罕遇地震作用下弹塑性时程分析，7条地震波的层间位移角平均为：X向1/125、Y向1/109，满

37.58%

62.42%

■ 系统阻尼耗能　■ 结构非线性耗能

（a）大震工况下非减震平均耗能占比

25.10%

50.05%

24.85%

■ 系统阻尼耗能　黏滞阻尼器耗能　结构非线性耗能

（b）大震工况下减震平均耗能占比

图 11-10　减震前后耗能占比

足规范 1/50 要求；阻尼器出力基本达到满负荷，滞回曲线饱满，发挥了良好的耗能能力，为结构主体提供了良好的安全保障，相比减震前结构弹性耗能占比减少了 20%，弹塑性耗能占比减少了 33.2%（图 11-10）。主体结构只有部分轻度损伤，达到预计的性能目标。

11.4　航站楼钢屋盖结构

主楼屋面覆盖范围包括办票大厅、候机 + 商业两个不同的空间，前者有大柱网需求而后者柱网要求相对较低，在建筑外形上二者屋面的高度也有明显落差，因此，办票大厅区域需要做成桁架结构形式以实现较大的结构跨越，而候机 + 商业区域利用较小的柱网做成钢梁的形式以减小结构厚度从而保证室内的净高，整个屋盖分成了两种结构形式（图 11-11）。

在办票大厅区域，建筑在屋面室内效果的设计中吸取了徽派建筑的元素，呼应传统院落天井的寓意，独创了一种穿透屋盖结构厚度、顶部通透的"悬井天窗"，悬井天窗按渐变菱形规律沿斜向排列（图 11-12）。支撑屋盖的柱网和主桁架结构也采用同样的菱形布置，菱形对角线长度 54m×36m，桁架最大跨度 70m，采用长 3.5m、宽 3.0m 的四管空间桁架。菱形网格间采用双向平面次桁架。由于菱形网格平面内刚度相对较小，在网格平面中部和端部附近增设了南北向的刚性杆件和桁架，形成局部的三角形提高平面刚度。南侧楼前高架位置设置悬挑桁架，最大悬挑跨度 29m（图 11-11）。

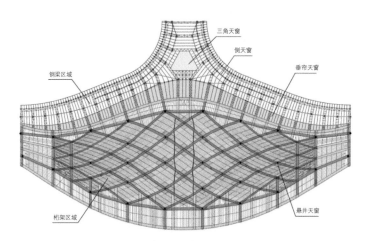

钢梁区域　　　　　　　　　　三角天窗

侧天窗

垂帘天窗

桁架区域　　　　　　　　　　悬井天窗

图 11-11　结合两种结构形式的主楼屋盖

桁架区域屋盖由柱底刚接、柱顶铰接的钢管混凝土柱支撑。为尽可能减小人员密集、视觉聚焦的中部区域的柱截面，适当加大了旅客不易抵达和受商业模块阻挡视线部位的柱截面以补偿中部柱的刚度削弱（图 11-13）。柱子为下大上小的锥形以减小尺度感，中部区域柱截面尺寸为 1.5m 收至 1.1m，其他区域最大柱截面为 2.0m 收至 1.1m。入口处两根柱底部起始于底层楼面、高度达 38m 的通高柱，原本就难以有效提供抗侧刚度，因此做成上下铰接的梭形柱，使其在出发层以上的截面同其他中部小截面柱基本统一。主楼屋盖全长约480m，沿两端各释放了两根温度效应特别严重的柱的沿长向约束。

候机 + 商业区总体上进深不大，采用钢梁结构。沿外立面幕墙柱与支撑屋盖柱合二为一，根据幕墙分隔的韵律沿立面每18m轴网布置一对间距3.6m的箱形钢柱，柱最大高度15.5m，柱宽控制在300mm以保证立面效果，双柱间结合幕墙划格设两道横梁连接形成双肢柱以增强其面内刚度和稳定性。双肢柱下端立于楼面混凝土

图 11-12　主楼屋顶"悬井天窗"效果

梁的悬臂端，因此做成铰接以减小对下部的需求，上端与钢梁刚接形成双向门式钢架（图 11-14）。双肢柱考虑初始几何缺陷的双非线性整体稳定系数为 3.58，具有足够安全度。

办票大厅与候机 + 商业区间设有一条东西贯通的垂帘天窗（图 11-15）。为实现天窗的通透性和控制杆件尺度，垂帘天窗范围需要做成钢梁结构；由于结构跨度达 15 ~ 43m，单靠钢梁跨越难度很大，因此将办票大厅区域桁架结构延伸至垂帘天窗边，垂帘天窗钢梁与桁架下弦贯通，形成桁架与钢梁结合的跨间结构。天窗玻璃对结构的面内变形极为敏感，此区域的面内刚度需求大，对应双肢柱位置的两根钢梁间设置面内支撑。

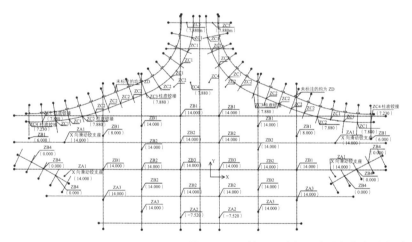

图 11-13　柱平面（括号内为钢柱起始标高）

钢柱截面表

钢柱编号	类型	截面参数 D×t		形状
		柱底（砼楼层标高）截面	柱顶截面	
ZA1	钢管混凝土柱	φ1800×40	φ1100×40	锥形柱
ZA2	钢管混凝土柱	柱底~柱中~柱顶：φ1100~φ1500~φ1100×40		棱形柱
ZA3	钢管混凝土柱	φ2000×50	φ1100×50	锥形柱
ZB1	钢管混凝土柱	φ2000×50	φ1100×50	锥形柱
ZB2	钢管混凝土柱	φ1500×40	φ1100×40	锥形柱
ZB3	钢管混凝土柱	φ1500×50	φ1100×50	锥形柱
ZB4	钢管混凝土柱	φ1500×50	φ1300×40	锥形柱
ZC1	钢管混凝土柱	φ1000×30		等截面柱
ZC2	钢管混凝土柱	φ1000×40		等截面柱
ZC3	钢管混凝土柱	φ1000×50		等截面柱
ZC4	钢管混凝土柱	φ1200×30		等截面柱
ZC5	钢管混凝土柱	φ1200×50		等截面柱
ZD	双肢矩形钢柱	box-700×280×20×25（h×b×tw×tf）		等截面柱

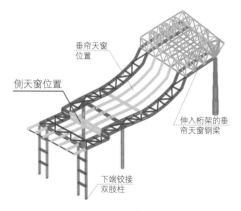

图 11-14　兼作幕墙柱的屋盖双肢柱

图 11-15　垂帘天窗建筑效果图

11.5　屋盖钢结构的抗火分析与设计

航站楼为一级耐火等级建筑，支撑大跨屋盖结构的柱的耐火极限需要达到 3h，屋面钢构件的耐火极限需要达到 1.5h。对于柱，为避免长期使用后出现防火涂层的脱落和实现更好的外观效果，建筑希望采用膨胀型防火涂料替代常规 3h 防火所需要的厚型非膨胀涂料；对于屋盖构件，由于离地距离普遍较远，火灾下升温影响小，是否有必要进行防火保护也需要研究。为此，进行了专门的抗火分析和设计。

对于支撑大跨钢结构屋盖的结构柱，在受火升温的条件下会向上膨胀，由于大跨结构对柱的竖向约束刚度很小，经分析发现柱膨胀过程中轴力的变化相比原来已承受的轴力的比例很小，因此可以采用基于构件耐火验算的设计方法[1]。

对于屋面跨越结构，升温条件下受周边构件的约束大，内力会发生明显变化，因此需要采用基于整体结构耐火验算的设计方法[1]。

1. 钢管混凝土柱抗火性能分析

支撑主楼桁架区域的共有 18 根钢管混凝土柱，由于在相同升温和荷载比条件下，柱周长越大，核心混凝土截面越大，构件吸热能力就越强，在相同荷载条件下其耐火极限越长。经比较，ZB2 的各项情况可以包络其他钢管混凝土，因此选择其进行分析。该柱截面为直径 1500mm 收小至 1100mm 的锥形，长细比 $\lambda=100$，钢管厚度 $t=40mm$，C40 混凝土、Q355B 钢材，荷载比 $n=0.5$（图 11-16）。

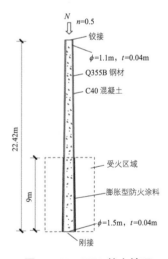

图 11-16　ZB2 基本情况

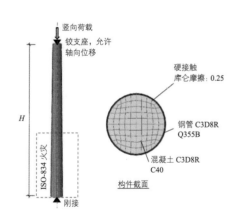

图 11-17　钢管混凝土柱耐火极限计算模型示意

由于该柱长细比大于《建筑钢结构防火技术规范》[1] GB 51249—2017 中 60 的限值，无法直接套用其中的公式和表格进行防火涂层的设计，因此在 ABAQUS 软件平台上建立有限元模型，采用热力顺序耦合的方法对其进行受火分析[2]。该模型由温度场传热分析模型和耐火极限力学分析模型两部分组成。首先进行结构传热分析，确定受火时间内结构的温度场分布情况；其次，在温度场分析结果基础上，对结构在荷载作用下的耐火极限进行计算（图 11-17），此时构件柱耐火极限的判定根据《建筑构件耐火试验方法 第 7 部分：柱的特殊要求》[3] GB/T 9978.7—2008 中的相关要求确定，对于轴向承重构件，当其轴向压缩量（δ）超过 $0.01H$ 或轴向压缩速率（v）达到 $0.003H$ 时，即视为达到耐火极限。其中，H 为试件的高度，单位为 mm，压缩速率单位为 mm/min。火灾场景选用 ISO-834 标准火灾，参考文献[1, 4]中相关建议，空气的热对流系数取 25W/（$m^2 \cdot K$），防火涂层的辐射传热系数取 0.92、无保护钢材的辐射传热系数取 0.7。共进行了无防火保护和在等效热阻 R 分别为 $0.02m^2 \cdot \text{℃}/W$、$0.05m^2 \cdot \text{℃}/W$、$0.07m^2 \cdot \text{℃}/W$ 和 $0.10m \cdot \text{℃}/W$ 五种情况下的计算（图 11-17）。

无保护柱在受火 3h 后，钢管外壁温度达到 1038℃，混凝土中部温度为 44℃，但混凝土中心仅为 22℃（图 11-18a）；采用膨胀型防火涂层条件下，在受火 3h 后，其温度随着防火涂层等效热阻的增大显著下降（图 11-19a），当等效热阻达到 0.1（$m^2 \cdot \text{℃}/W$）时，钢管外壁的温度小于 300℃。经耐火极限分析，无保护 ZB2 柱的耐火极限为 53min（图 11-18b），采用膨胀型防火涂层，当等效热阻不小于 0.07（$m^2 \cdot \text{℃}/W$）时，即可满足 3h 的耐火极限要求（图 11-19b）。需要注意的是，采用的防火涂料除满足等效热阻要求外，还要保证在 3h 受火时间内不发生脱落。

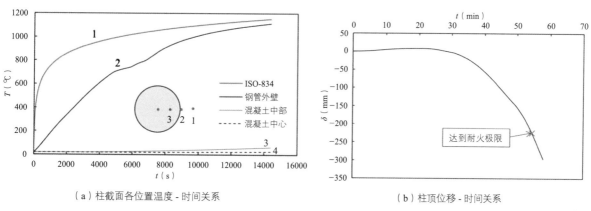

（a）柱截面各位置温度 - 时间关系　　　　　　（b）柱顶位移 - 时间关系

图 11-18　无防火保护时计算结果

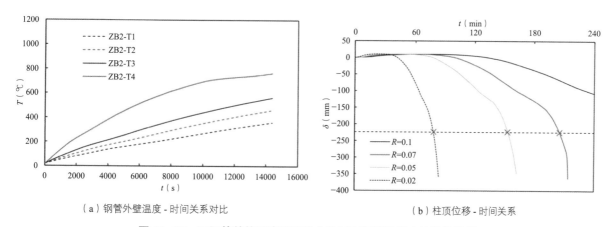

（a）钢管外壁温度 - 时间关系对比　　　　　　（b）柱顶位移 - 时间关系

图 11-19　不同等效热阻膨胀型防火涂层下钢管混凝土柱计算结果

2. 钢柱抗火性能分析

沿幕墙立面兼作屋盖支撑柱的双肢柱由于截面较小，采用纯钢柱的形式，同样也需要达到 3h 的耐火极限。这里根据《建筑钢结构防火技术规范》GB 51249—2017[1]中的临界温度法确定其防火涂装的需求。选择了编号为 ZD 和 LMZ1 的两根典型钢柱为分析对象（图 11-20），根据稳定荷载比

n，可以确定二者的临界温度分别为 621℃ 和 562℃。

温度场传热分析显示[2]，在无防火保护情况下，在标准火灾场景下仅 26min 和 20min，柱 ZD 和 LMZ1 便达到临界温度。分别对采用等效热阻 0.05m²·℃/W、0.10m²·℃/W、0.15m²·℃/W、0.20m²·℃/W 的膨胀型防火涂料保护后的柱进行温度场传热分析显示（图 11-21），钢柱 ZD 采用 0.15 等效热阻、钢柱 LMZ1 采用 0.2 等效热阻膨胀型防火涂料，3.0h 受火后的温度均未达到临界温度，采用满足上述要求的膨胀型防火涂层后均能达到 3h 的耐火极限。

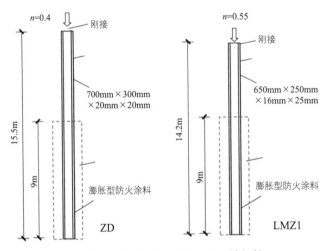

图 11-20 采用临界温度法分析的钢柱

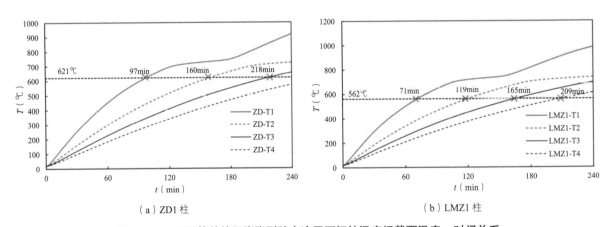

（a）ZD1 柱 （b）LMZ1 柱

图 11-21 不同等效热阻膨胀型防火涂层下钢柱温度场截面温度 – 时间关系

3. 钢桁架抗火性能分析

航站楼钢屋盖所处高度较高，距地面的可燃物较远，此时标准升温曲线已明显不符合屋盖构件实际的受热情况，应根据实际可能火灾场景进行仿真模拟以确定构件的升温，并考虑升温后膨胀效应对构件内力的影响后确定临界温度，最终判断构件是否超过临界温度及是否需进行防火保护。

经分析[2]，各工况下钢桁架荷载比最大杆件的临界温度为 383～413℃，当桁架高度为 9m 时，在选定分析的两个火灾场景下桁架处烟气温度分别为 330℃ 和 270℃，均未达到各构件的临界温度，构件不需防火保护；当桁架高度小于 9m 时，烟气温度可能超过部分构件的临界温度，需进行防火保护或降低杆件荷载比。

11.6　考虑行波效应的多点激励地震分析

航站楼主楼结构长度约 477m，宽度约 270m，设计中考虑了行波效应对抗震设计的影响，具体见本书上篇第 4.2.2 小节。

参考文献

[1]　住房和城乡建设部 . 建筑钢结构防火技术规范：GB 51249—2017[S]. 北京：中国计划出版社，2017.

[2]　中国科学技术大学 . 合肥新桥机场航站楼钢结构抗火性能分析报告中科院报告 [R]. 2022.

[3]　国家标准化管理委员会 . 建筑构件耐火试验方法　第 7 部分：柱的特殊要求：GB/T 9978.7—2008[S]. 北京：中国标准出版社，2009.

[4]　Lie T T. Structural fire protection[M]. New York：American Society of Civil Engineers. 1992.

案例十二 | 太原武宿国际机场 T3 航站楼

12.1	工程概况	419
12.2	场地条件及基础设计	421
12.3	主楼中心区下部主体结构	421
12.4	高烈度区减隔震技术应用	422
12.5	钢屋盖结构	424

项目地点	太原市小店区
建设单位	山西航空产业集团有限公司
旅客规模	3200 万人次 / 年
建筑面积	40 万 m² (航站楼) + 5 万 m² (交通中心) +15 万 m² (车库)
抗震设防烈度	8 度
基本风压	0.40kN/m² (50 年)
设计时间	2020 年 10 月起
竣工时间	2026 年 3 月 (计划)
设计单位	华东建筑设计研究院有限公司 联合体牵头单位 原创设计
	中国航空规划设计研究院有限公司
	山西省建筑设计研究院有限公司

12.1 工程概况

太原武宿国际机场 T3 航站区工程主要包括 T3 航站楼工程、交通中心工程、停车楼工程、轨道交通土建预留工程、场内综合交通工程等。轨道交通土建预留工程贯穿于东、西停车楼及交通中心地下，并与上部各单体连为整体，交通中心与航站楼通过 6.000m 标高通道及地下设备管沟连为整体。航站楼整体平面呈"三指廊 - 主楼一体化"的布局 (图 12-1 ~图 12-4)。

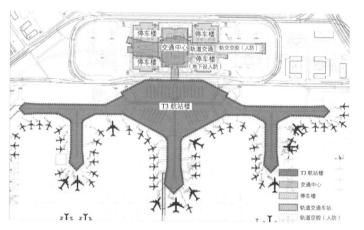

图 12-1 航站区总体平面图

航站楼 13.500m/15.000m 标高主要功能为国内国际出发大厅，国际候机厅及商业；7.500m/6.000m 标高为国内混流层，主要功能为国内混流层及商业，国际国内中转中心，国内国际行李提取厅，和交通中心平层衔接的到达大厅；4.200m 为国际到达通道层。±0.000 标高站坪层，主要功能为行李处理机房，国际国内远机位候机厅，政要和商务贵宾厅，站坪用房等；地下层标高 −6.000m，为设备共同沟及相关设备机房 (图 12-5)。

图 12-2 航站区鸟瞰效果图

航站楼下部混凝土主体结构通过防震缝分为 10 个结构单元 (图 12-6)，其中主楼划分为 3 个结构单元 (A1 ~ A3)，指廊划分为 7 个结构单元。中心区结构单元最大尺寸约 270m×227m，指廊典型宽度约 50m。

下部混凝土主体结构采用混凝土框架结构体系，典型柱网包括 18m×18m、9m×18m 及

9m×9m 等。主楼中心区设置黏滞阻尼器，中指廊设置了屈曲约束支撑，边指廊未设置减震装置。

　　屋盖钢结构分为主楼钢屋盖和指廊钢屋盖，主楼钢屋盖按高度跌落情况分为 5 个结构单元，与下部混凝土结构单元分割情况不对应，指廊屋盖分缝与下部混凝土结构一一对应（图 12-7）。

　　本工程设计使用年限为 50 年，抗震设防类别为重点设防类，抗震设防烈度为 8 度（0.20g），设计地震分组为第二组，场地类别为 Ⅲ 类。地震加速度峰值取安评、规范的加速度峰值较大值，特征周期取规范建议值，其余反应谱参数和反应谱形状均按规范取值。

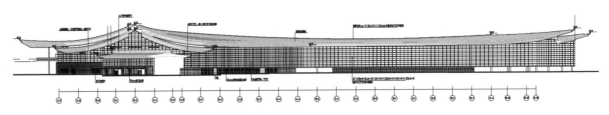

图 12-3　航站楼西立面图

机场航站楼结构设计与工程实践

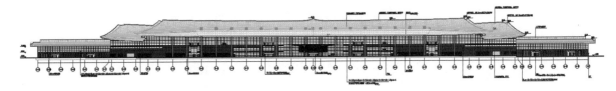

图 12-4　航站楼北立面图

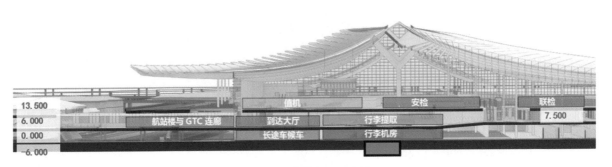

图 12-5　主楼剖面示意图

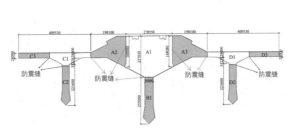

图 12-6　楼层结构单元划分示意图

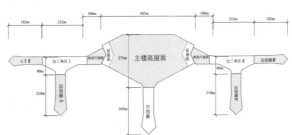

图 12-7　屋盖结构单元划分示意图

12.2　场地条件及基础设计

1. 场地地质条件

拟建场地地貌上位于太原盆地东北部边缘地带，次级地貌单元位于太原东山山前冲洪积倾斜平原前缘，现状为农田、民房、菜地、道路、树林等，场地地势由东南向西北逐渐降低，地形起伏不大。

根据地震安评报告调查结果，本工程位于太原断陷盆地，近场区范围内的主要断裂有 25 条，其中全新世活动断裂有 1 条，距离本项目最近距离为 15km；距离场地最近的断裂为田庄断裂，该断裂属于非全新世断裂，不属于发震断裂。按规范要求均不需计入近场效应对设计地震动参数的影响。

场地同时存在液化土层，液化等级为轻微至严重。从地质、地形、地貌上综合判定，建设场地属对建筑抗震不利地段。

场地内部分位置存在湿陷性黄土，地基的湿陷等级为Ⅰ级~Ⅱ级。

航站楼地下室抗浮设防水位按设计室外地坪标高考虑。

2. 液化土的影响及应对措施

根据地质勘察成果，场地存在范围较大的液化土层，主要为粉土③₁层、细中砂③₂层、粉土④₁层，局部黄土状粉土②₁层、砾砂③₄层、粉细砂④₃层及粉土⑤₁层存在液化，液化指数为 0.04~23.98，液化等级为轻微至严重，最大液化深度为 20m。

综合考虑上部荷载情况及当地工程经验，本项目采用桩基穿过液化层的方式，消除场地液化土的影响。由于场地浅层液化范围较大，为确保场地发生地震液化时基础具有足够的水平承载能力，设计采取了两方面的措施。一方面，结合经济性考虑，桩型采用了 800mm 直径的预制管桩并对桩身进行加强，同时加大灌芯长度；另一方面对液化区域采用沉管碎石桩进行处理、碎石桩桩长 9~12m，桩径 400mm，正三角形布桩，桩间距以 1.4m 为主，工程桩承台及其附近加密至 1.2m。

3. 基础设计

基础采用桩基加独立承台的基础形式，承台双向设基础梁拉结，以提高基础的整体性。

根据上部荷载需求，可采用的桩型包括钻孔灌注桩及预应力管桩。由于预应力管桩在经济性、施工周期等方面比钻孔灌注桩优势明显，经比选，确定航站楼采用预应力管桩。确定单桩承载力时，根据地勘报告的建议值对位于液化土范围内的侧摩阻力进行折减。

航站楼主楼及中指廊区域结构柱距较大，局部位置承担的荷载较大，综合考虑合理性、经济性及液化土层影响等因素，设计选用 D800mm 预应力管桩，根据是否有⑦₂层细中砂分布的情况，分别以⑦₂层细中砂或⑦、⑧、⑨层的粉质黏土与粉土层作为接力层，桩长 31~39m，考虑地震液化折减前的单桩承载力特征值约为 2900~3800kN。顶部第一节桩采用厚壁 PRC 复合配筋预应力管桩（壁厚 150mm），以提高桩基水平承载力，下部两节分别采用 130mm 厚和 110mm 厚的普通 PHC 管桩。结合液化土深度分布情况，确定桩顶灌芯长度为 6m。东西指廊区域结构柱距相对较小，上部荷载较小，全部采用 D800mm 的 PHC 管桩。

12.3　主楼中心区下部主体结构

主楼无地下室，仅局部设置地下设备共同沟。

地上主体结构包含 0m、6m、13.5m（部分 15.0m）三个完整楼层和 10.5m 局部到达夹层，以及

15.000m 标高以上的室内商业钢结构单体等。15.000m 标高及以下采用混凝土框架结构并设置了黏滞阻尼器（VFD），通过防震缝分成三个结构单体，典型柱网为 9m 和 18m 的矩形或梯形，9m 柱网主要应用于办公区域和机电区域等非公共区域，18m 柱距用于行李机房和公共空间。为控制结构高度，对二层、三层大跨度框架梁采用了缓粘结预应力技术。对尺寸较大的楼板，在板内设置了缓粘结预应力筋，以抵消温度应变影响。

1. 首层结构布置

航站楼中心区首层行李机房等属于荷载要求较高的区域，贵宾厅、旅客到达等区域的建筑要求高，为避免地基沉降对建筑功能和效果的影响，以及分隔墙体砌筑的自由度，在首层满铺设置了梁板结构。为减少梁支模工程量，首层设计为框架大板的结构形式，板跨 9m，板厚 250mm。

因总体场地标高限制及建筑功能要求，首层存在 −0.150m、−0.300m、−0.700m、−2.150m 等多种标高；因场地存在湿陷性黄土，部分设备管线不能直埋，需设置结构检修管沟，这些因素导致首层结构布置较为复杂。

2. 二层结构布置

二层结构次梁典型布置为双向十字或井格形。由于 6m 层行李机房顶板范围较大，该范围内悬挂行李传输设备，运行荷载较大，为保证净高需求，局部位置需调整为单向次梁布置方式，以确保单方向结构整体梁高较小，可用于机电管线或满足行李机房净高要求。

3. 三层结构布置

13.5m/15m 楼板上存在数个相互独立的商业钢结构单体，钢柱底通过埋件铰接于混凝土结构面，柱顶与双向框架钢梁刚性连接。在 15m 区域楼板下方为 10.5m 国际到达夹层，为满足建筑净高及下一层无立柱的要求，结构设计采用了吊柱支承钢梁楼板的结构形式，到达夹层悬挂于三层结构下部（图 12-8a）。根据行李系统净高要求，结构设计在局部采用了混凝土悬挑梁支承简支钢梁的结构形式（图 12-8b），钢梁区域设置钢筋桁架楼承板，结构总高度不大于 700mm。

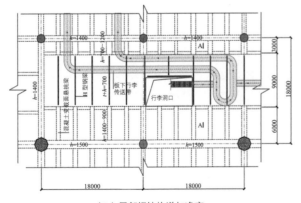

（a）钢结构悬挂夹层做法

（b）局部钢结构增加净高

图 12-8 局部位置净高实现的对策

12.4 高烈度区减隔震技术应用

1. 减隔震方案的选择

本项目为位于高烈度设防区重点设防类建筑。住房和城乡建设部于 2014 年 2 月 21 日发布了《关于房屋建筑工程推广应用减隔震技术的若干意见（暂行）》后，山西省住房和城乡建设厅也发出关于积极推进建筑工程减隔震技术应用的通知，对重点设防类的建筑，建议优先采用减隔震技术。

本项目除地下设备共同沟以外，无其他地下室空间，且场地西低东高，最大高差约 3m，如采用隔震方案，需增设完整的隔震层，整体代价大，最终选择减震设计方案。

结合各结构单体特点，航站楼主楼下部两层设置黏滞阻尼器，中指廊底层设置了屈曲约束支撑，交通中心下部两层设置了屈曲约束支撑；航站楼的边指廊及停车楼未考虑减隔震技术，采用框架结构直接抗震。

2. 减震设计 [1]

目前广泛采用的减震方案主要有三种，分别是屈曲约束支撑方案（BRB）、黏滞阻尼器方案（VFD）和屈曲约束支撑与黏滞阻尼器混用方案。通过对抗震模型的计算分析，发现本工程主楼符合机场平面较大，抗侧刚度较强的特点，刚度已经满足规范的要求，且具有一定的余量，通过柱位和截面的调整布置，位移比可控制在 1.3 以下，除 15.000m 层标高局部位置外，不需要 BRB 或黏弹性阻尼器提供额外的刚度调节扭转。黏滞阻尼器可以在不增加结构刚度的情况下减小地震力，并能在一定程度上减小楼面加速度，从而对吊顶及机场楼面一些重要设备起到保护作用，因此航站楼主楼区选择全黏滞阻尼器的减震方案。

本工程黏滞阻尼器的布置方式有三种：悬臂墙式、支撑式（单斜撑式、人字式或 V 字式）和套索式等。由于航站楼内存在较大范围的公共区域，为了避免对旅客行进流线的干扰，及给后续装修带来限制，所以阻尼器主要布置在非公共区域。对于非公共区域，结合建筑墙体、机电管线和房间功能按照以下原则进行布置：

（1）对于可以不封闭于墙体内的，根据高宽比情况、机电管线布置与人行需求，灵活选用单斜撑式、人字式和 V 字式，此种形式传力直接，减震效率高，对子结构影响较小。

（2）对于必须封闭于建筑墙体内的黏滞阻尼器，采用悬臂墙式布置，方便后续的分封闭和检修。

（3）对于行李机房范围内，为了给行李车辆和传送带让出更多的行进空间，采用套索式。

根据上述原则，航站楼主楼共布置 344 个黏滞阻尼器，各层和各种类型使用数量如表 12-1 所示，阻尼器布置位置如图 12-9 所示。

航站楼主楼各层黏滞阻尼器数量　　　　　　　　　　表 12-1

层数	悬臂墙式阻尼器	斜撑阻尼器	套索阻尼器
一层	140	28	44
二层	110	14	8

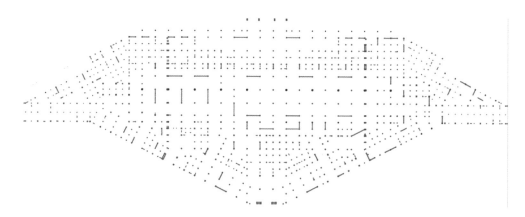

图 12-9　首层黏滞阻尼器布置示意图

本工程布置的悬臂墙式阻尼器数量最多，其参数的选取对结构附加阻尼比的影响最大。悬臂墙的刚度越大，即悬臂墙的厚度和宽度越大，阻尼器的约束越强，阻尼器的耗能损失越少。限于建筑功能的要求，悬臂墙的宽度取 2m，厚度取 350mm。悬臂墙式阻尼器的阻尼系数对附加阻尼比的影响很大，阻尼系数越大则阻尼器的阻尼力越大，但由于悬臂墙布置在框架梁中间，框架梁的转动变形会减少阻尼器的轴向变形，因此阻尼系数不能取得太大。经初步优化计算，悬臂墙式阻尼器的阻尼系数取 $C=500kN/(m/s)^{0.25}$ 时，本工程结构附加阻尼比最大。

套索式阻尼器的设计参考《附加改进肘型斜撑阻尼器体系结构的简化设计与分析》（2009）中的改进下部肘型斜撑阻尼器体系的简化设计。由于是以满足行李车行进空间为条件进行套索阻尼器的形态布置，本项目的套索阻尼器放大系数仅为 0.95 左右。在满足框架水平变形需求且尽量减少框架轴力增量的情况下阻尼系数取 $1000kN/(m/s)^{0.25}$。连接阻尼器的钢斜杆截面需要满足轴压稳定的条件，截面尺寸不小于 200×200×30×30，钢材为 Q355。

斜撑式阻尼器直接连接于梁柱节点，传力最为直接，阻尼器的阻尼力可设计为较大值以增加结构中震下的耗能，因此斜撑阻尼器的阻尼系数取值为 $1500kN/(m/s)^{0.25}$。

3. 减震效果分析

分析结果表明，小震整体附加阻尼比约为 2.0%，中震整体附加阻尼比约为 1.5%。多遇地震作用下，下部混凝土结构的地震剪力可减小 15%~23%，层间位移角减小 23%~31%，最大楼面加速度减小 12%~18%；屋盖剪力可减小 7% 左右，层间位移角减小 11%~15%，最大加速度减小 11%~15%。设防地震作用下，下部混凝土结构的地震剪力可减小 10%~13%，层间位移角减小 13%~15%，最大楼面加速度减小 10%~14%；屋盖剪力可减小 3% 左右，层间位移角减小 7%~12%，最大加速度减小 14%~19%。罕遇地震弹塑性时程分析结果表明，地震波在 X 与 Y 主方向输入时，黏滞阻尼器耗能占比分别为 22.0% 和 22.5%（图 12-10）。

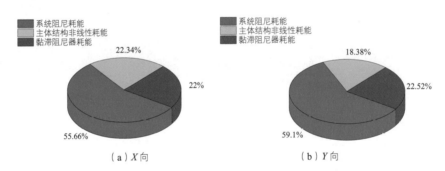

（a）X 向 （b）Y 向

图 12-10 地震波 X、Y 主方向作用下耗散比例图

12.5 钢屋盖结构

1. 航站主楼大跨度钢屋盖结构体系

主楼钢屋盖分为三级"台阶"，分别为高屋盖、低屋盖和贵宾厅屋盖（图 12-11）。

高屋盖南北长约 275m，东西长约 427m，呈中间高两边低的中国古建筑坡屋顶造型，最高点 44m。以"T"形平面分布的天窗沿屋脊线和左右对称轴将高屋盖分为三片，覆盖办票大厅的一个长条形 A 区和覆盖安检与商业区的两个类梯形 B 区。

A 区域支撑屋盖的柱子沿长边布置，屋盖长边总长 427m，短边总长 100m，单向传力趋势明显，因此沿着短向布置平面桁架，桁架跨度约 63m（图 12-12a）。桁架间距同陆侧边柱柱距，也对应屋面每 18m 一条设置的条形采光天窗。桁架下弦在天窗中央低于吊顶面，结构外露成为室内装饰的一部分，桁架高度也可以大于屋面厚度，达到约 4m，较为合理的结构高度。

（a）主楼侧立面效果图

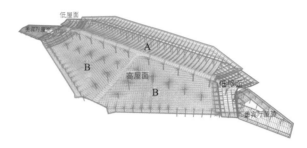

（b）"高""低""贵宾厅"屋面分布

图 12-11　主楼钢屋面

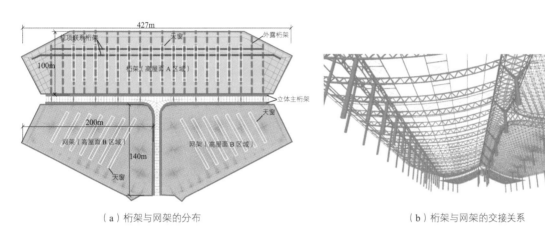

（a）桁架与网架的分布　　　　　　　　　　　（b）桁架与网架的交接关系

图 12-12　高屋盖的结构组成

　　B 区域屋盖平面轮廓为类梯形，尺寸约 200m×144m，支承屋盖的柱子的相对位置不规则，屋盖双向传力趋势明显，因此采用四角锥网架形式（图 12-12a）。根据柱网的形态，网格以东西两边轮廓线为基准进行布置，平面投影尺寸约为 4m×4m，并在受力较小的位置进行网格抽空。结构厚度从较高位置约 5m，减小到较低位置约 2.5m。为方便构件间的连接，网格结构采用焊接空心球节点。

　　高屋盖三片结构间通过"T"形平面分布的天窗连成整体，"T"天窗周边设置了空间桁架收边，加强桁架、网架结构与天窗构件的连接（图 12-12b 和图 12-13）。天窗剖面为菱形，通过设置对角竖杆将菱形分为两个稳定的三角形，并对其截面高度最小处进行加强，使得桁架截面在天窗处尽可能减少削弱（图 12-14），B-B 剖面与 A-A 剖面截面抗弯抵抗能力比值不小于 0.9，基本保证天窗构件抗弯的连续性。

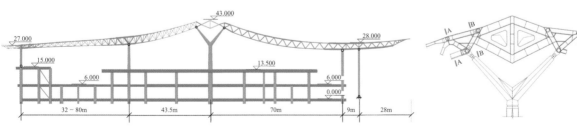

图 12-13　主楼高屋面典型剖面图　　　　　　　　　图 12-14　天窗骨架示意图

天窗和 A 区域桁架上弦设置面内支撑，以协调屋盖平面内变形，并在下弦平面设置支撑防止下弦受压失稳。桁架及天窗上下弦支撑如图 12-15 所示。

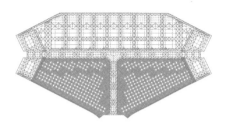 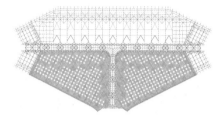

（a）主楼屋盖结构上弦平面支撑　　　　　　　　　　（b）主楼屋盖结构下弦平面支撑

图 12-15　主楼屋盖面内支撑布置

两片低屋盖分别紧邻高屋盖东西两端布置，单个低屋盖南北长约 140m，宽约 56m，同样两边低中间高，最高点 37m，与高屋盖形成重檐的效果（图 12-16 和图 12-17）。为尽量减少屋盖长度，以降低屋盖温度作用下内力和天窗结构的受力，高屋盖与低屋盖之间通过设缝断开。

机场航站楼结构设计与工程实践

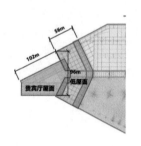 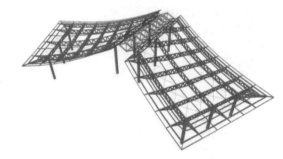

图 12-16　低屋面、贵宾厅屋面尺寸　　　**图 12-17　低屋面结构形式**

贵宾厅位于低屋盖东西两端，平面呈三角形布置，南北长约 100m，东西宽约 80m。屋盖标高约 18m，部分区域为上人屋盖。采用钢框架结构体系。贵宾厅屋盖与低屋盖之间高差较大，两者之间无结构构件直接相连。

入口处屋盖覆盖第二车道边，从外排框架柱向外悬挑 36m。由于悬挑区域位于屋盖低点，要求结构厚度尽可能薄。因此，设置一排摇摆柱减小悬挑跨度，增设一排柱的同时也符合建筑师希望强化航站楼正面柱列的有序性、彰显中国古建筑庄严入口形象的需求（图 12-18）。若摇摆柱较靠外，则需要落在高架桥上，屋盖与高架桥之间的受力和相互作用复杂。因此，将摇摆柱设置在距离外排框架柱 9m 的位置，落在航站楼出发层和高架桥之间的开洞区域。

2. 不同长度柱抗侧刚度的控制

由于屋盖起伏较大，约束结构柱的混凝土楼面标高差异亦较大，导致支撑柱长度差异较大，不同长度柱子抗侧刚度差异大，进而导致地震下剪力和弯矩相差较大。为尽可能使柱子在地震作用下剪力、弯矩均匀，并与各柱承载能力匹配，根据柱子高度分别选择柱顶铰接或柱底铰接。不同约束条件下柱的抗侧刚度从大到小依次为：顶、底均刚接，底刚接、顶铰接，顶刚接、底铰接，顶、底均铰接。

高、低屋盖的柱子，大部分采用底刚接、顶铰接，截面呈下大上小的形式，与屋盖铰接支座连接方便，造型简洁。部分柱子高度特别小，则采用顶刚接、底铰接的方式，减小其侧向刚度，使地震力匹配其承载能力，同时减少对下部混凝土结构的影响，简化与混凝土结构的连接节点。车道边

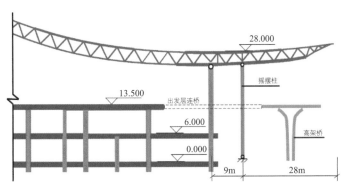

图 12-18　出发层门口摇摆柱

和空侧商业区特别高的柱子，其抗侧刚度贡献较小，同时在建筑空间中需要较细的结构表达，因此该部分柱子上下均铰接（图 12-19）。

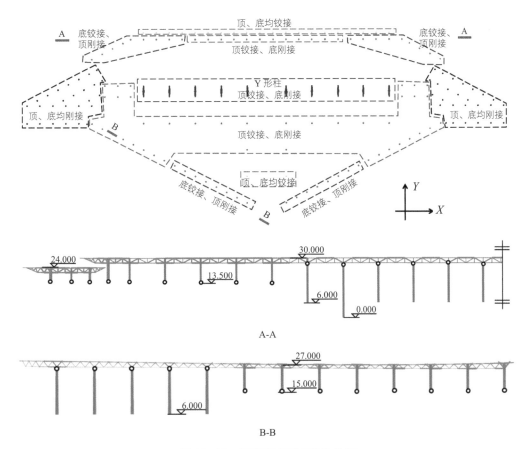

图 12-19　不同约束形式柱的分布

　　贵宾厅为上人屋盖，屋盖质量大，对侧向刚度要求大，因此柱子顶、底均刚接与梁形成框架。

　　本项目地震设防烈度较高。若钢管柱内灌混凝土，可以大幅度提高柱子的抗侧刚度，减小地震下的变形，但对柱截面的抗弯承载力提高相对不大。对于高度较高的柱子，其抗侧刚度较小，承担的地震力较小，适宜灌注混凝土，以提高屋面的抗侧刚度；对于高度较低的柱子，其抗侧刚度较大，本已承担较大地震力，则采用钢管柱更合适。

因此，对于高、低屋盖中间最高的 Y 形柱直段，以及其他区域高度较大的柱子采用钢管混凝土柱，以提高其抗侧刚度。其余柱子均为地震下截面抗弯承载力控制，采用钢柱。

而根据消防性能化分析，最上层楼板以上 8m 范围，钢结构柱耐火极限需要 3h。因此，对于非外露区域，钢柱仍保持空心，涂装厚型防火涂料。在室内外露区域的柱子（图 12-20 中圈出范围以外的柱子），最上层楼板以上 8m 高度范围内的钢柱内也均灌注混凝土，以提高构件耐火极限，保证其可采用超薄型防火涂料。

贵宾厅屋盖为钢框架，且上人，因此，均采用钢管混凝土柱，提高框架的抗侧刚度。

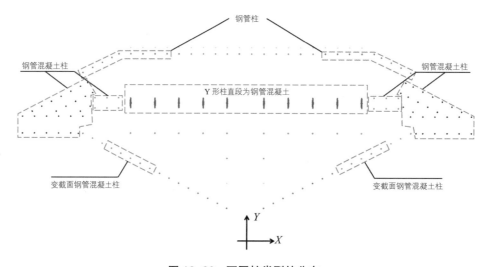

图 12-20　不同柱类型的分布

参考文献

[1]　周健，丁生根，顾乐明，等 . 太原武宿国际机场三期改扩建工程航站区工程超限高层建筑结构抗震设计可行性论证报告 [R]. 上海 . 华东建筑设计研究院有限公司，2022.

后记

从 1996 年参加浦东国际机场 T1 航站楼的桩基和钢屋盖设计开始，伴随着华东院机场设计团队在郭建祥大师带领下的日益壮大，自己参与和主持的机场航站楼结构设计项目不知不觉中已经积累到了超过 20 个，机场航站楼设计成了我职业生涯中最重要的一个领域，总结一下自己的经验教训这一念头也自然而然地萌生出来，于是在 2020 年初开始了这本书的写作。

与结构论著通常聚焦于某一特定结构体系或结构专题的情况不同，以机场航站楼这一建筑类型为对象进行结构设计的论述时，往往需要涉及结构设计的方方面面，因而也容易写成大而全的结构设计教科书。为避免这一情况，本书确定的写作原则是"基于航站楼结构特点的全面论述"：以当代航站楼的结构特点为出发点，从特殊场地形成、基础与地下结构、下部主体结构、屋盖结构各方面阐述航站楼建筑经常会碰到的特殊结构问题；对附属结构、幕墙支承结构、屋面系统这类一般不被作为结构设计主要关注内容，但实际对航站楼建筑的品质保证起到重要作用的次结构设计也分别单列章节进行论述；另外，将既有航站楼更新改造这一需求日趋增加的设计类型也专门进行了讨论；最后，对轨交车致振动与噪声控制、结构防恐抗爆、结构健康监测这三个在航站楼结构楼中经常需要专门研究的问题进行了探讨。

得益于华东建筑设计研究院机场建筑团队"以人为本、立足原创、关注品质"的鲜明设计特点和强大的原创能力，我和我的结构团队也一直有机会参与到建筑师从无到有的创作过程中，并带着我们共同的成果一起去竞标场上过关斩将赢得设计权，然后以建筑最终的完成品质为共同目标，一起追求结构与建筑完美融合的设计。每一个建成项目都是对我们合作效果的检验。

本书的下篇选择了 12 个已建或在建航站楼项目进行了案例分析。每一个项目从投标、设计、配合施工到看着它建成投运，都如同一个孕育和扶养孩子的过程，每一个设计的参与者都要为之付出生命中唯一的一段时光，投入心血越多，收获的成就感就越多，几乎没有例外。可以说，这些案例记录了我和我们团队成员一段段的生命。

在全书的最后，我要由衷感谢华建集团和华东建筑设计研究院这个平台，让我和我的团队能够有机会在机场设计这个很难进入的领域持续耕耘；感谢信任我们、宽容我们的各位机场业主，特别是全程见证了我的机场设计历程的上海机场集团的领导和伙伴；感谢给予我们最大支持的专家、合作伙伴和所有参与项目的建设者，正是你们的辛勤付出成就了项目的完美呈现。

衷心感谢挽我走上机场航站楼结构设计之路并一直扶我前行的领路人汪大绥大师，是您的言传身教让我相信结构工程师的人生也可以非常精彩；感谢华东建筑设计研究院机场团队的灵魂人物郭建祥大师，是您的执着磨炼了我与建筑师配合的意识和能力，让我建立了对建筑与结构关系的深入思考；感谢在最初几个机场项目中给我指点迷津的张富林、高承勇、项玉珍、刘晴云；感谢在机场项目结构设计中一同摸爬滚打的团队伙伴们，每一个项目里都凝聚着您的心血和您家人的付出；感谢并肩作战的建筑、机电、项目管理、基坑支护、科创中心专项分析等各专业的同事们，正是大家日复一日的辛苦努力，成就了让我们共同引以为荣的一座座精品航站楼。

这本专著也是团队多年来产学研一体化发展的一次系统的成果梳理。感谢张耀康、蒋本卫、王瑞峰、李彦鹏、顾乐明、彭超、杨笑天、罗岚、苏骏、丁生根、方卫、崔家春、周伟、季俊杰、陈红宇、徐志敏、许静、施志深、王洪军、朱希、龚海龙、张桂钦、柴佳欣、郜爽、安东亚等同事和同济大学陈素文、上海同磊张少荃，他们以不同方式对本书部分章节做出了贡献；本书的顺利出版也凝聚了中国建筑工业出版社刘瑞霞、辛海丽两位老师的不懈努力。

最后要感谢我的太太许菁和女儿周书茗，你们的支持和鼓励永远是我动力的源泉。

由于作者水平有限，书中疏漏与不当之处，希望广大读者批评指正。

周健
2023 年 4 月写于上海

机场航站楼结构设计与工程实践